JN418933

동아시아
패권경쟁과 해양력

동아시아
패권경쟁과 해양력

발행일 1판 1쇄 2018년 5월 31일 1판 2쇄 2018년 12월 10일 **발행인** 오덕성
저자 김경식 **펴낸곳** 충남대학교출판문화원 **주소** 대전광역시 유성구 대학로 99
전화 042-821-6045 **홈페이지** http://www.cnupress.co.kr E-mail cnupress@cnu.ac.kr

ISBN 978-89-7599-676-4 93390
정가 23,000원

군사학총서 17

동아시아
패권경쟁과 해양력

김경식

충남대학교출판문화원

머리말

오늘날 많은 국제정치학자들은 미·중간의 패권경쟁 상황을 100여 년 전에 일어났던 제1차 세계대전이 발발하기 직전의 유럽 상황과 비교하면서 더 큰 재앙을 막기 위한 위기관리의 중요성을 강조하고 있습니다. 오늘날 한반도 주변상황도 100여 년 전과 유사한 상황을 맞이하고 있습니다.

당시 우리나라의 바다는 우리의 것이 아니었습니다. 근대 세계패권을 놓고 영국과 러시아는 한반도 주변해역에서 격돌하고 있었습니다. 1860년 동해에서는 러시아가 블라디보스토크를 개발하고 1861년 대한해협의 중앙에 있는 대마도를 강점하여 영국의 북상을 저지하고자 하였습니다. 같은 해 서해에서는 영국이 텐진(天津)항을 점령하고 베이징(北京)을 장악하였습니다. 1885년 영국은 대한해협의 중앙에 있는 거문도를 점령하고 러시아가 남진하는 것을 견제하고자 하였습니다. 1894년 영국이 지원하는 청국과, 러시아가 지원하는 일본이 한반도를 놓고 쟁탈전을 벌였습니다. 1890년대 말에는 우리 항구인 마산항을 두고 일본과 러시아가 경쟁을 벌였고 급기야 1904년에는 영국과 미국이 지원하는 일본과, 독일과 프랑스가 지원하는 러시아가 한반도를 놓고 동·서·남해에서 세계 해전사에서 유례를 찾아볼 수 없는 대해전을 치렀습니다.

오늘날에도 우리 바다는 주변 강대국들의 투쟁의 장으로 변모되고 있습니다. 동·서해에서 러시아와 중국은 연합해상훈련을 주기적으로 실시하고 있고 이에 맞서 미국과 일본도 연합해상훈련을 주기적으로 실시하고 있습니다. 우리 바다임에도 불구하고 그들의 안중에는 우리 해군이 보이지 않습니다. 더욱 문제인 것은 우리 국가지도자나 국민들은 눈에 보이지 않는, 육지너머 바다의 일에 대해서는 무관심합니다.

최근 중국 시진핑 주석은 미국 트럼프 대통령에게 한반도는 중국과 특수한 관계에 있다고 언급하였고, 북한의 핵 공격에 대비하기 위한 사드배치를 문제 삼아 대한민국의 안보문제에 직접 개입하고 있습니다. 미국은 미중간 전개되고 있는 남중국해에서의 해양분쟁에 대한 대한민국의 입장을 요구하고 있습니다. 이런 와중에 북한의 무모하고도 지속적인 핵 개발과 장거리 미사일 발사시험은 우리의 안보문제를 더욱 어렵고 복잡하게 만들고 있습니다.

이럴 때일수록 세계정치의 본질과 흐름을 파악하고 미래에 대비하기 위한 지혜가 필요할 때입니다. 세계정치는 해양정치 더 나아가 대양의 정치(ocean politics)라고 일컬을 만큼 해양과 밀접한 관계를 맺고 있습니다. 근대 동아시아의 패권경쟁에서도 마찬가지였습니다. 청일전쟁, 러일전쟁, 미일 태평양 전쟁은 모두 해전이 전쟁의 승패를 가르는데 결정적인 역할을 하였습니다. 또한 현재 진행되고 있는 미·중 간의 패권경쟁도 영토경쟁이 아니라 해양경쟁의 양상을 띠고 있으며, 우리의 생명선과 같은 남방 해상교통로인 북중국해-동중국해-남중국해-말라카 해협에서는 물론 서태평양과 인도양으로 확대되고 있습니다.

본 연구는 이러한 세계정치와 해양력과의 관계를 이해하고 향후 한반도 주변에서 벌어질 강대국 간의 패권경쟁에 대비하는데 도움을 주고자 비롯되었습니다.

이 책은 충남대학교 군사학 총서로서 저의 박사학위 논문인 『동아시아 패권경쟁에서 해군력의 역할』(2017)과 한국군사학 논총 제3집 2권(미래군사학회, 2014)에 게재된 「세계패권경쟁 시 대한해협의 역할에 관한 연구」 논문을 중심으로 추가 자료를 보완하여 최신화하고 재편집한 것이며 총 8개 분야로 구성되어 있습니다.

제1장 서론에서는 연구배경, 목적 및 범위에 대하여 언급하였으며, 제2장은 패권에 관한 이론적 배경을 개괄하고, 제3장에서는 해양력의 개념과 패권경쟁에서의 역할에 대하여 살펴보았습니다. 제4장은 동아시아 패권경쟁에서 한반도의 역할을 조명해 보았고, 제5장에서 제7장까지는 근대 이후 전개된 동아시아 패권경쟁에서 해양력이 수행한 역할을 분석한 사례연구로서, 제5장은 제국 식민주의 시대의 러일간 패권경쟁에서 해양력의 역할

을, 제6장은 근대화 산업화 시대의 미일간 패권경쟁에서 해양력의 역할을, 제7장은 현재 진행 중인 세계화·정보화 시대의 미중간의 패권경쟁에서 해양력의 역할을 분석하고 미래를 전망해보았습니다. 마지막으로 제8장 결론에서는 이러한 동아시아 패권경쟁에서 해양력의 역할에 관한 연구에서 얻은 교훈과 시사점들을 정리하고 향후 전개될 미중간의 패권경쟁에 대한 대비방향을 제시해 보았습니다.

미국 해군대학 마한(A. T. Mahan) 대령은 그의 유명한 저서 *The Influence of Sea Power upon History* 에서 해양력의 역사는 해양에서 또는 해양에 의해 그 국민을 위대하게 만드는 모든 경향들을 광범위하게 포함하고 있지만 대부분 국가 간의 분쟁이나 숙적 간의 경쟁, 때로는 전쟁으로까지 확대되는 폭력에 관한 이야기로서 주로 군사사(military history)라고 하였습니다. 본서에서도 해양력(sea power)이란 용어는 주로 해양 군사력을 의미하며 특별히 해군에 국한된 의미를 부각시킬 필요가 있을 경우엔 해군력(naval power)으로 표현하였습니다.

이 책의 초안은 저의 오랜 바다 생활 및 군 생활에서 얻은 경험과 지식을 토대로 시작되었지만 실제로 발간이 되기까지에는 많은 분들의 격려와 도움이 있었기 때문에 가능한 일이었습니다.

우리나라의 군사학을 개척하고 발전시키는데 평생을 헌신해 오신 풍석(風石) 이종학 교수님께 존경과 감사를 드립니다. 세심한 교정을 해주신 최정화 연구위원님께도 감사드립니다. 격려와 지도편달을 아끼지 않으셨던 최기출 제독님과 충남대학교 윤석경 전 부총장님, 길병옥 전 군사학 부장님을 비롯하여 최병학, 설현주, 박재필, 정진근, 김덕기, 조덕현, 이정근 교수님들께도 감사드립니다. 또한 이 군사학총서가 발간되도록 협조해 주신 충남대학교출판문화원장 김정태 교수님과 직원 여러분께도 감사드립니다.

저의 인생길에서 따뜻한 조언을 해 준 선배님들과 저와 동고동락 해 온 33기 동기생, 4952 동창, 그리고 후배들, 특별히 저와 역경을 함께 해 준 친구들과 이승호 변호사님께도 감사를 드립니다.

끝으로 제가 험난한 해군의 길을 헤쳐 오는데 늘 동행해 준 내 아내 박부연과 사랑하는 아들, 반석·요석과 딸, 이석에게도 고마움을 전합니다.

2018년 4월

저자 **김 경 식**

목 차

1장

서 론

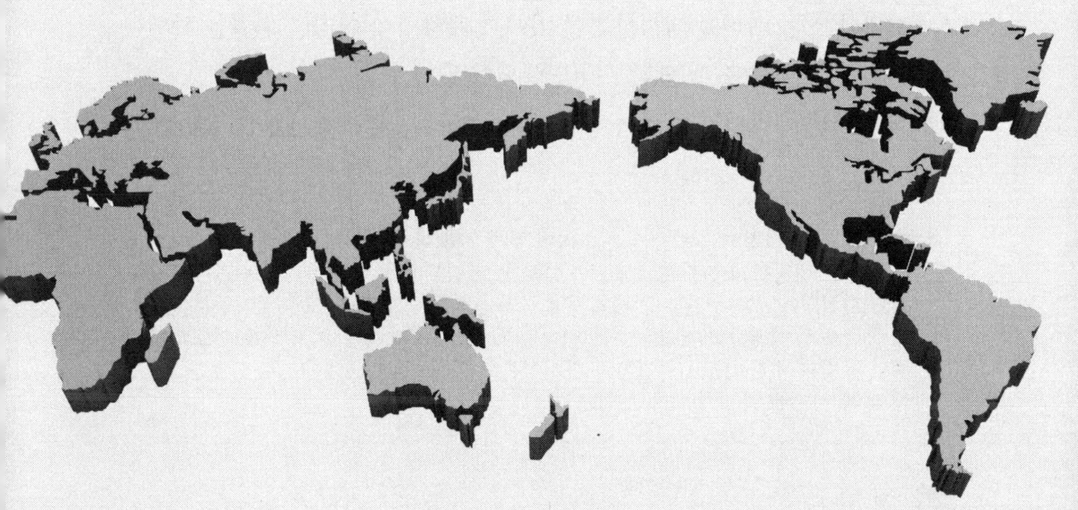

오늘날 동아시아에서 미·중간 패권경쟁에 관한 논의는 국제정치의 핵심 담론이 되고 있다. 특히 2008년 미국의 금융위기 이후 미·중간의 상대적 권력이 급변하게 되자 미·중간 동아시아 패권경쟁 가능성이 본격적으로 논의되어 왔고, 최근에는 2013년 중국 5세대 지도자로 취임한 시진핑(習近平) 주석의 '중국몽(中國夢)' 실현을 위한 '일대일로(一帯一路)' 21세기 실크로드 전략과 2017년 '미국 우선주의(America First)'를 내걸고 취임한 트럼프(Donald J. Trump) 미국 대통령의 '자유롭고 열린 인도-태평양 전략(free and open Indo-Pacific Strategy)'[1]에 따라 양 강대국이 태평양과 인도양에서 해양력을 공세적으로 운용하면서 이미 해양에서는 패권경쟁의 불꽃이 타오르고 있다는 평가도 나오고 있다.

이 책에서는 패권경쟁이 지니고 있는 시간적인 장기성과 지리적인 광역성을 고려하여 거시적 흐름에 바탕에 두고 동아시아 지역체제를 분석대상으로 삼아 과거 동아시아 패권경쟁에서 해양력이 어떠한 역할을 수행하였는가를 분석하고, 미래에는 어떠한 역할을 수행해야 할 것인가를 전망하여, 다가오는 안보환경의 변화에 대비하는데 기여하고자 한다.

세계정치에서 해양력이 어떠한 역할을 하였는지, 특히 패권을 쟁취하는 과정에서 또는 패권을 행사하는데 있어서 해양력이 어떠한 역할을 하였는가에 대한 연구는 오랜 옛날부터 진행되어 왔다.

역사학의 아버지라 일컫는 헤로도토스(Herodotos, B.C. 484~425)는 그의 역작

---

1) 미국의 '인도-태평양' 전략구상은 오바마 행정부의 '아·태 재균형' 전략을 대체하기 위한 트럼프 행정부의 전략으로 2017년 11월 초 트럼프 대통령이 아태 순방길에서 공식적으로 천명하였는데 일본 등 서태평양 국가는 물론 인도 등 인도양 국가들과 협력하여 중국을 양면에서 견제 또는 포위한다는 'bookend'전략이다. 이 전략은 인도의 적극적인 동방정책(Act East)과 일본의 다이아몬드(인도-일본-호주-미국) 안보연대구상에 의해 지지를 받고 있다.

『역사』(*Histories Apodexis*)의 139장에서 "나는, 많은 사람들이 불쾌히 여기겠지만, 진실이라고 믿기에 유보할 수 없는 사실을 밝히고자 한다. 아테나이(Athenai)인들이 바다에서 페르시아 왕 크세르크세스(King Xerxes, B.C. 518~465)에게 맞서지 않았다면, 어떤 경우가 발생하였든지 간에 그 결과는 헬라스(Hellas)가 페르시아(Persia)에게 예속되었을 것이다. 만약에 페르시아 왕이 제해권을 장악하였더라면 지상에서 아테네로 가는 협곡을 차단한 방벽들은 아무 소용이 없었을 것이기 때문이다. 아테나 인들이야말로 헬라의 구원자라는 말은 결코 틀린 말이 아니니다."라고 하였다.[2)] 해양력이 헬라 제국의 서양패권을 지켰을 뿐만 아니라 페르시아 제국의 동양패권을 무너뜨린 것이다.

중세 이후 인류가 세계화로 나선 이래 세계 패권경쟁에서 승리한 국가나 패권을 계승한 국가 모두 해양 강대국이었다. 포르투갈, 스페인, 네덜란드, 영국, 미국 등이 이에 해당된다. 반면에 대륙 강대국은 번번이 실패하였는데, 프랑스, 독일, 러시아, 소련 등을 예로 들 수 있다.

모델스키(George Modelski, 1926~2014)는 그 이유 중 하나를 해양력에서 찾았다.[3)] 해양력은 세계패권을 쟁취하는 능력을 대표하는 가장 중요한 요소이며, 패권계승을 놓고 다투는 세계전쟁에서 승리의 도구였다. 세계 최강의 해양국가들은 그 동맹국들과 함께 바다를 지배하고, 도전자의 공격능력을 제한시키거나 격퇴시켰다. 패권전쟁에서 승리한 후에도 해양력은 중요하였다. 새로운 패권질서를 구축하고 세계교류의 통항로를 규정하고 세계패권국과 그 동맹 및 종속국에 대한 도전세력의 잠재적 공격을 억지해 주는 중요한 군사도구로 사용되었다. 해양력은 세계체제를 관리하고 유지하는

---

2) Herodotos, *Histories Apodexis*, 천병희 옮김, 『역사』(고양 : 도서출판 숲, 2009), pp. 700~787.

3) 세계강대국의 부침과 해양력과의 관계에 대해서는 George Modelski, *Long Cycles in World Politics* (NewYork : Macmillan Press, 1987)와 George Modelski and William R. Thompson, *Sea Power in Global Politics 1494~1993* (Seatle : University of Washington Press, 1988)을 참조.

데 핵심수단이자 세계 지도력을 발휘하는 토대로서 전쟁 시나 평화 시를 막론하고 세계정치에 적극적으로 참여하기 위한 필수적이고 본질적인 특성이었으며, 따라서 해양력의 변화는 세계패권의 성쇠와 깊은 관계를 맺고 있었다.

반면에 동아시아에서는 전통적으로 중국 대륙을 지배하는 국가가 지역패권을 차지하여 왔다. 그러나 19세기 중반, 서양 해양세력이 진출해오면서 중국 중심의 패권질서가 무너지고 역외국가와 역내국가 등 패권경쟁을 둘러싼 국가 간의 활동이 활발해지고 패권경쟁의 양상도 달라졌다. 세계 최강대국이던 중국은 해양력을 보유하지 못했기 때문에 서구의 침탈대상으로 전락하였고, 러시아도 주로 지상력에 의존하여 패권경쟁에 나섬으로써 실패하고 말았다. 이에 비해 도서내륙국가에서 도서해양국가로 국가 개조에 성공한 일본은 해양력을 바탕으로 대륙과 해양으로 진출하는데 성공하였다. 대륙국가에서 대양국가로 탈바꿈한 미국도, 도서해양국가 일본을 물리치고 동아시아의 패권을 인수하였다. 최근에는 대륙국가 중국이 해양화에 성공함으로써 세계 제2위의 강대국 지위에 올랐다. 많은 학자들은 앞으로도 세계화, 민주화, 정보화 추세와 함께 해양시대가 지속될 것으로 예측하고 있다.

한편 패권경쟁은 장기적이고 거시적이며 동태적이다. 이에 따라 많은 학자들은 패권을 놓고 최종적인 계승자를 결정하는 패권전쟁은 다른 일반전쟁과 구별하여 취급하여 왔다. 투키디데스(Thucydides, B.C. 460~400경)는 패권을 겨루는 전쟁을 대전쟁(Big War)이라고 하였고, 토인비(Arnold Toynbee, 1889~1975)는 전면전쟁(War in General), 길핀(Robert Gilpin)이나 월러스타인(Immanuel Wallerstein)은 세계전쟁(World War), 모델스키(George Modelski)는 지구적 전쟁(Global Warfare)이라고 불렀다. 특히 길핀이나 모델스키는 패권경쟁을 하나의 체제적 경쟁으로 보았다. 그래서 패권전쟁의 특성을 체제적 전쟁(Systemic War)으로 규정하였다. 오늘날에도 세계에서는 똑똑한 권력(smart power)을 앞

세운 워싱턴 컨센서스(Washington Consensus), 종합권력(comprehensive power)을 토대로 한 베이징 컨센서스(Beijing Consensus), 그리고 변형권력(transformative power)을 바탕으로 한 스톡홀름 컨센서스(Stockholm Consensus) 등이 체제경쟁을 벌이고 있다.

월러스타인은 사회과학은 지역이나 주권국가가 아니라 세계체제를 연구대상으로 삼아야한다고 주장하면서 유럽의 근대 세계체제가 발단된 때(1450)로부터 현재까지 패권주기를 4기로 구분하면서 경제력을 기준으로 네덜란드(1620~1672), 영국(1815~1896), 미국(1945~현재)을 패권국의 지위에 올려놓았다. 또한 모델스키는 세계 지도력은 장주기에 따라 부침을 거듭해 왔다고 하면서 대해양시대(1495) 이후 현재까지 지도력 변화주기를 5기로 구분하고, 해양력을 기준으로 포르투갈(1516~1580), 네덜란드(1609~1688), 영국(1815~1914), 미국(1945~현재)을 세계지도국으로 분류하였다.

이와 같이 거시적인 관점의 월러스타인의 세계체제론과 장기적인 관점의 모델스키의 장주기론은 공통적으로 세계 패권체제의 순환주기를 대략 100여 년으로 평가했다. 이 개략적 100년 주기설을 근대 이후 동아시아 지역체제에 적용하면 〈표 1-1〉과 같이 두 단계로 나누어 볼 수 있다.

〈표 1-1〉 동아시아 패권경쟁의 과거, 현재 및 전망

패권국	청 국 (~1895)	패권 경쟁시대 (1895~1990)			미 국 (1990~2090)	차기 패권 (2090~)
경쟁국	영·러·청·일	일·러	미·일	미·소	미·중	?
기 간	1800~1895	1895~1905	1905~1945	1945~1990	1990~2090	2090~
주요 패권경쟁	아편전쟁 청일전쟁 (1839~1895)	러일전쟁 (1904~1905)	중일전쟁 태평양전쟁 (1937~1945)	한국전쟁 냉 전 (1947~1985)	체제· 해양경쟁 (2008~)	?

1단계(1895~1990)는 동아시아 지역체제가 중국 패권체제에서 미국 패권체

제로 전환되는 과정이다. 이 기간 동안 청국의 천하질서가 붕괴되었고, 영·청전쟁(1차 아편전쟁, 1839~1842), 영·불 연합과 청나라 전쟁(2차 아편전쟁, 1856~1860), 청·일전쟁(1894~1895), 러·일전쟁(1904~1905), 중·일전쟁(1931/1937~1941), 미·일전쟁(1941~1945) 등 중국 대륙에서 시작하여 서태평양에 이르기까지 끊임없이 전쟁에 휘말렸다. 이 전쟁에는 영국, 러시아, 일본, 중국(청국), 미국 등 강대국들의 패권경쟁이 직·간접으로 개입되었다. 청일전쟁(1894~1895)에서 승리한 일본이 러시아와 미국과 잇달아 패권경쟁을 치렀다. 일본을 물리친 미국은 러시아를 이어 유라시아 대륙의 강자로 부상한 소련과 패권경쟁을 하였고 소련의 붕괴로 미국이 패권적 지위에 올랐다.

2단계(1990~2090)는 동아시아 지역체제가 미국 체제에서 차기 패권국 체제로 전환되는 과정이다. 이 단계는 현재 진행형으로서 차기 패권국을 결정하는 기간이다. 일본이 장기적 경기침제로 쇠퇴하는 가운데 2008년 미국의 금융위기 이후 중국이 경쟁국으로 부상하고 있다. 본 연구에서도 이러한 패권의 장기적 부침의 관점에서 접근하고자 한다.

패권체제는 세계적 또는 지역적으로 광범위하고 장기적인 영향력을 구성원 모두에게 미친다. 한반도도 동아시아 패권경쟁에서 전략요충지이자 주요 전쟁터가 되어 왔으며 그 결과로 과거 강대국들 간에 벌어진 패권경쟁의 파편지대가 되어 왔는데, 근대에는 나라를 잃은 바 있고 현대에 들어서는 세계 유일의 분단국가로 남아 있다.

향후 미·중간 패권경쟁은 한반도의 미래에 중대한 영향을 미치는 변수이다. 불확실한 미래를 예측하고 대비하는 유용한 방법 중에 하나는 역사적 흐름에서 교훈을 찾는 것이다. 이것이 근대 이후 동아시아 패권경쟁의 역사를 살펴보는 이유이다.

이 책에서는 역사적 사례로 식민 제국주의 시대의 러·일간 패권경쟁, 산업화·근대화 시대의 미·일간 패권경쟁, 그리고 세계화·정보화 시대의 미·중간 패권경쟁을 중심으로 지역 패권경쟁 체제의 구조와 과정에서 해양력이 수행한 역할들을 살펴 볼 것이다. 여기서 구조란 체제질서를 정하는 원리로서 행위자들의 능력의 분포로 결정된다. 과정이란 국제체제 내 중요 행위자간 상관관계의 상호작용에서 생성되는 행위패턴을 말한다.

〈표 1-2〉 동아시아 지역 패권경쟁의 주요사례

구분	영·러간 패권경쟁 (1815~1907)	러·일간 패권경쟁 (1853~1905)	미·일간 패권경쟁 (1853~1945)	미·중간 패권경쟁 (1949~?)
시대특징	제국·식민주의 시대	제국·식민주의 시대	산업화· 근대화 시대	세계화· 정보화 시대
체제구조	불균형 다극체제	불균형 다극체제	불균형 양극체제	불균형 일극체제
경쟁성격	해양국가 : 대륙국가	대륙국가 : 해양국가	해양국가 : 해양국가	해양국가 : 대륙국가

패권경쟁은 국제체제의 구조와 권력의 변화를 수반하며, 장기간에 걸친 권력의 집중과 분산에 따라 단극화, 다극화, 양극화, 단극화의 순환과정을 겪는다. 이 패권순환과정에서 나타난 국제체제의 구조와 경쟁국간 상대적 권력관계의 변동에 따라 패권경쟁국들의 국가의 목표와 전략도 변화되며, 이에 따라 해양력의 역할도 변화된다.

〈표 1-3〉 권력변동 단계의 구분

구분	1기	2기	3기	4기
길핀 패권 안정론	체제균형	(성장속도차이) 권력재분배	체제불균형	(패권전쟁) 체제위기해소
모델스키 장주기론	세계지도력 안정화	세계지도력 비정통화	세계지도력 탈집중화	지구적 전쟁
체제구조	일극	일극+다극	불균형 다극	불균형 양극
경쟁국간 권력변동	**권력 불균형기**	**권력 재분배기**	**권력 대등화기**	**권력 전이기**

길핀의 패권안정론과 모델스키의 장주기론에 따르면 패권체제 내 경쟁국간의 권력변동 시기는 패권전이 과정에 따라 4단계로 구분하였는데 그 공통점을 보면 〈표 1-3〉에서와 같이 권력 불균형기, 권력 재분배기, 권력 대등화기, 권력 전이기로 구분할 수 있다. 본서(本書)에서도 이러한 권력변동의 단계를 기준으로 경쟁국간 패권전략과 해양력의 역할을 살펴볼 것이다.

역사적으로 '바다에서의 힘'은 패권경쟁과 세계지배를 향한 분명한 길이었기 때문에, 세계 강대국들은 바다를 통제하기 위해 국가적인 노력을 기울여 왔다. 그들에게 제해권(command of the sea)이란 세계에 대한 압도적 영향력을 의미하였으며, 국가의 힘과 번영을 구성하는 실질적인 요소 중 가장 중요한 요소였다.

특히 해양력은 바다에 대한 보편적 접근성(pervasiveness), 다양한 융통성(flexibility), 힘과 의지를 표출하는 가시성(visibility)으로 말미암아 전통적으로 대외정책의 중요한 수단으로 간주되어 왔으며, 패권전쟁에서의 군사적, 전략적 승리뿐만 아니라 평시 또는 위기 시에도 국제체제에 대한 위협을 억제하고, 국제질서를 유지하는 특별한 임무를 수행할 수 있어서, 패권경쟁이나 패권유지의 필수적 조건이 되어 왔다.

따라서 해양력이 세계체제나 지역체제의 구조와 과정에서 어떠한 역할을 수행하였는가를 올바로 이해하는 것은 다가오는 동아시아의 패권경쟁에 대비하는데 매우 중요한 일이며, 이것을 돕는 것이 이 책의 목적이기도 하다.

2장

패권에 관한 이론적 배경

1. 권력의 개념과 국제정치이론
2. 패권개념과 패권경쟁전략
3. 패권순환이론
4. 대륙주의와 대양주의의 패권론

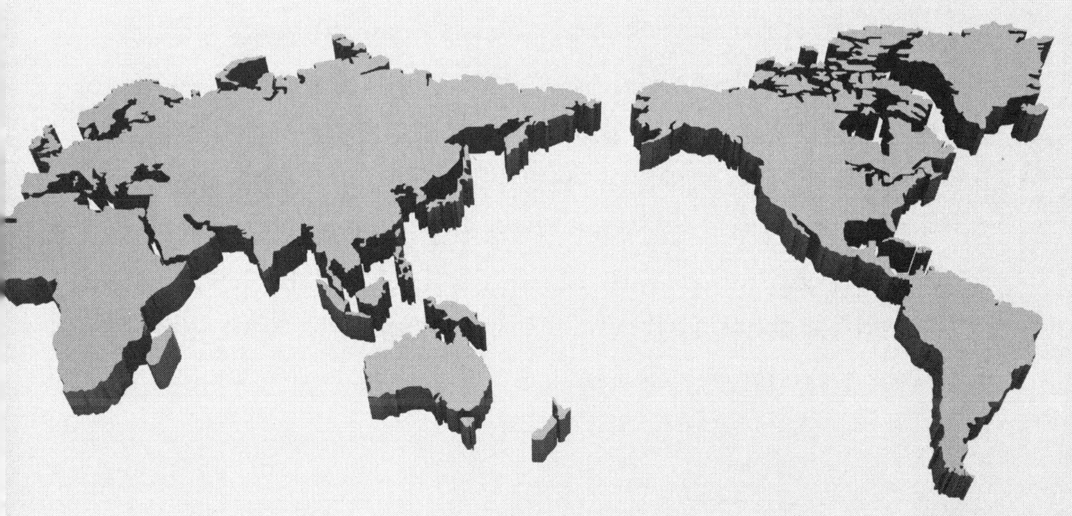

1. 권력의 개념과 국제정치이론

가. 권력(power)의 개념

패권은 권력투쟁의 결과물이다. 즉 패권을 차지하기 위해서는 우선 권력서열 경쟁에서 1위를 하여야 한다. 따라서 패권을 이해하기 위해서는 먼저 권력의 개념과 이를 둘러싼 국제정치에 대한 이해가 필요하다.

권력(power)의 어원은 라틴어 동사 'potere'에서 유래되었는데 이탈리아에서는 'potere', 스페인과 포르투갈에서는 'poder', 프랑스에서는 'pouvoir'가 되었다. 옥스퍼드 사전에 따르면 이 단어는 1297년 'poer'의 형태로 중세 영어에 등장해 14세기에 'W'가 첨가되어 'power'가 되었다. 명사로는 '능력', 동사로는 '할 수 있다'는 의미이다. 15세기 들어서 이 단어는 인간의 능력을 넘어선 신의 권력, 자연의 권력 등 영적 권력의 의미를 표현하는 뜻이 더해지면서 우월성의 의미가 주목을 받게 되었다.

권력의 정의, 의미, 효용성 등에 대한 논쟁은 아리스토텔레스(Aristoteles, B.C. 384~322)에서 투키디데스, 홉즈(Hobbes, 1588~1679), 마키아벨리(Machiavelli, 1469~1527), 아렌츠(Arendt, 1906~1975), 푸꼬(Foucault, 1926~1984), 달(Robert Dahl, 1915~2014)에 이르기까지 계속되어 왔다. 그러나 정치현장에서 권력을 정확하고 날카롭게 묘사한 사람은 마키아벨리였다. 그는 권력을 별도로 정의하지는 않았지만 『군주론』(*Il Principe,* 1513)에서 권력을 군주가 되는 기술, 나라를 보호하고 통치하는 기술, 다른 나라를 정복하거나 필요하면 동맹을 맺는 기술 등으로 묘사하면서 권력을 국가의 힘과 통일을 유지하고, 국가를 완벽히 보호하고, 전쟁을 승리로 이끌고, 적국을 성공적으로 위협하는 능력으로 이미 인식하고 있었다. 16세기 근대 민족국가가 탄생한 이래 권력은 강한 경제적 기반, 탄탄한 군사기술과 무기, 한데 뭉친 시민들의 의지, 그리고 강한

리더십에 의존하게 되었고, 국가 간의 관계와 상황 등 시대에 따라 다양하게 변화되어 왔다.[1)]

현대에 들어서 권력개념은 국제정치를 이론화하는데 가장 중요한 변수가 되어 왔으며, 정치학 개념의 기반이자 정치학 개념을 통합시키는 역할을 수행해 왔다.

조지프 나이(Joseph S. Nye)는 권력을 자원적 권력과 행위적 권력으로 분류하였고, 노어(Klaus Knorr)는 권력의 수단을 추상적인 권력으로, 권력의 효과를 실질적 권력으로 분류하였으며, 발드윈(David A. Baldwin)은 아직 영향력으로 현실화 되지 않은 권력자원을 잠재적 권력으로, 영향력으로 현실화된 권력을 실재적 권력으로 분류하였다. 미어샤이머(John J. Mearsheimer)는 한 국가의 사용가능한 물질적·정신적 자산을 권력자원으로, 국가간 상호작용의 결과로 나타난 영향력과 통제력을 권력으로 분류하면서, 경제력을 잠재적 권력자원으로, 군사력을 실질적 권력자원으로 보았다. 모델스키(Modelski)는 국가간 관계에 입력시켜야 할 자원을 도구로서의 권력으로, 출력된 결과를 목적으로서의 권력이라고 설명하였다. 비오티(Paul R. Viotti)와 카우피(Mark V. Kauppi)는 국가 재량에 속한 자원 또는 국가간 상대적 능력의 차이를 정적인 권력으로, 국가의 자원에 국가의지가 결합되어 타국에 행사되는 지배력과 영향력을 동적인 권력이라고 설명하였다.[2)]

---

1) Leslie H. Gelb, *Power Rules*(New York : Harper Collins, 2009). 원은주 옮김, 『권력의 탄생 : 21세기 군주론』(서울 : 지식갤러리, 2010), pp. 53~57.

2) Joseph S. Nye, Jr., *Understanding International Conflict : An Introduction to Theory and History*, 7thed.(NewYork : Pearson Longman, 2009), pp. 60~61. Klaus Knorr, *The Power of Nations : The Political Economy of International Relations* (NewYork : Basic Books, 1975), p. 9, David A. Baldwin, "*Power Analysis and World Politics : New Trends versus Old Tendencies*", Klaus Knorr, ed., *Power, Strategy, and Security* (Princeton, New Jersey : Princeton University Press, 1983), pp. 5~6, John J. Mearsheimer, *The Tragedy of Great Power Politics* (NewYork : W.W. Norton & Company, 2001), p. 57. George Modelski and William R. Thompson, *Sea Power in Global Politics 1494~1993* (Seatle : University of Washington Press, 1988), p. 13, Paul R. Viotti and Mark V. Kauppi, *International Relations Theory* (New York : Macmillan, 1993), p. 44.

이처럼 오늘날의 학자들은 권력에 대한 개념을 정의함에 있어서 대체로 두 가지 측면에서 접근하고 있다. 하나는 권력을 소유적 권력, 즉 한 국가가 동원할 수 있는 자원이나 도구와 같이 정적 개념으로 보는 것이며, 다른 하나는 관계적 권력 즉 이해 당사자간 상호작용의 결과로 나타난 영향력과 통제력과 같은 동적 개념으로 보는 것이다. 통상 전자를 잠재적 권력, 후자를 실재적 권력이라고 부르기도 한다.

1) 소유적 또는 잠재적 권력 개념

상대방에게 영향력을 행사하는 능력은 특정한 자원의 소유 여부와 관계가 많기 때문에 정치지도자들 대부분은 국가가 소유한 자원을 계량적으로 측정하는 방식으로 권력을 정의한다. 그 자원에는 인구, 영토, 천연자원, 경제적 규모, 군사력, 정치적 안정 등이 있다.

이러한 자원 중심의 접근방법을 택한 연구로서 대표적인 것을 살펴보면, 독일 빌헬름(Wihelm Fucks)은 국가의 권력을 종합적으로 연구하여 『국력의 방정식』(1965)을 출간하였고, 미국의 클라인(Ray S. Cline)은 『세계권력의 평가』(1975)에서 국가권력을 물질적 요소와 정신적 요소로 분류하였다. 물질적 요소는 인구, 영토, GDP, 에너지 자원, 광물, 공업생산력, 식량, 무역, 군사력으로, 정신적 요소는 국가의 전략적 의도와 의지로 구분하였다.[3] 일본 종합연구소는 일본 경제기획청에서 의뢰한 종합국력 연구에서 국력을 국제공헌 능력, 생존능력, 강제능력 3대 요소로 평가하였다. 국제공헌능력은 경제, 금융, 과학기술, 재정 등에서 대외활동 능력으로, 생존능력은 영토면적, 인구규모, 자원, 방위, 경제, 국민의지, 동맹관계로, 강제능력은 군사력, 전략물자, 기술, 경제, 외교능력으로 구분하여 평가하였다. 미국 스피크먼

3) Ray S. Cline, *World Power Assessment : A Calculus of Strategic Drift* (Boulder, Colo. : Westview Press, 1975), p. 11. 클라인 방정식 ; Pp=(C+E+M)*(S+W), Pp=인지된 권력, C=물리적 핵심(인구+영토), E=경제력, M=군사력, S=국가의 전략적 목적, W=국가전략 추구의지.

(Nicholas J. Spykman, 1893~1943)은 영토, 국경의 특성, 인구, 원료, 경제와 기술, 재력, 민족 동질성, 사회결집 정도, 정치 안정성, 국민사기 등으로 한스 모겐소(Hans Morgenthau, 1904~1980)는 지리, 자연자원, 공업능력, 군비, 인구, 민족 특징, 사기, 외교적 능력, 정부역량 등으로 콕스(Cox)와 야곱슨(Jacobson)은 국가 GDP, 1인당 GDP, 인구, 핵 능력, 국제적 명성 등으로 콜(Coll)은 영토, 인구, 철강소비량, 표준 에너지 소비량, GDP, 군사적 역량 등으로 국가권력을 평가하였다.[4] 오간스키(A. F. K. Organski, 1923~1998)는 영토, 인구, 자원, 경제력, 군사력, 정부의 효율성, 국민의 애국심을 중요자원으로 보았고, 이를 도구화하여 실질적으로 사용할 수 있는 능력이 중요하다고 강조하였다.[5] 최근에 국력종합지수(The Composite Index of National Capability)로 가장 많이 이용되고 있는 것은 1963년 미시간 대학의 징거(J. David Zinger) 교수가 국력과 전쟁과의 연관성을 규명하기 위해 개발한 COW(Correlates of War) 지수이다. COW 지수는 인구, 산업, 군사의 3개 분야 총 6개 항목으로 국력을 측정하였다.[6]

소유적 개념의 권력은 관계적 권력 개념보다 권력을 더 구체적이고 측정가능하고 예측 가능한 것으로 만든다는 장점이 있다. 이 개념에 따르면 많이 가진 자가 강한 자이다. 국가들은 행동에 앞서 이해당사국들이 가지고 있는 권력을 계산하고 깊이 고려하여 국제권력의 위계질서에 맞는 행동을 하게 되며 이에 따라 국제질서 유지에 기여를 할 수 있다.

반면 소유적 권력개념에도 유의할 점이 있다. 첫째는 잠재적 권력을 실재적 권력으로 전환시키는 권력의 전환 문제가 따른다. 국가마다 국가자원을 동원하는 내부 체제와 이를 대외적으로 이용하는 체제는 각기 다르다. 또한 실제 권력을 동원하고 행사하는 데에는 그 나라의 정치, 경제, 사회,

---

4) 예쯔청(叶自成) 지음, 이우재 옮김, 『중국의 세계전략』(서울 : 21세기 북스, 2005), pp. 106~108.

5) A. F. K. Organski, *World Politics* (NewYork : Alfred A. Knopf Inc., 1968), pp. 102~111.

6) J. David Singer, ed., *The Correlates of War : I* (NewYork : The Free Press, 1979), p. 60, pp. 273~274.

문화, 제도, 정부성격, 의사결정구조 등 여러 가지 요인이 작용한다. 따라서 각 국가가 보유하고 있는 권력자원을 실효성 있는 영향력으로 전환시키는 능력도 신속성, 효율성, 융통성 측면에서 각기 다르다. 그래서 권력 사용의 결과를 제대로 예측하려면, 그 국가가 가지고 있는 권력자원뿐만 아니라 권력의 전환 능력까지도 알아야 한다.

둘째는 국가가 원하는 권력의 효과를 극대화하기 위해서 어떤 자원이 가장 최선의 권력기반인가를 식별하는 일이다. 권력의 효과는 당시의 시대적·국제적 환경, 양국 간의 상호의존성 및 취약성 등 상대적 관계, 당시 발생한 특정 상황의 성격, 양국간 정부와 국민의 의지 등에 따라 다르게 나타나며, 동원할 권력자원과 사용방법에 따라서도 다르게 나타난다. 당시의 상황과 상대방에게 가장 영향력을 미칠 수 있는 특정한 권력을 찾아내고 이를 효과적으로 활용할 수 있는 전략이 필요하다.

2) 관계적 또는 실재적 권력 개념

관계적 측면에서의 권력이란 어느 한 국가, 집단, 개인이 자신이 원하는 결과를 얻기 위해 다른 국가, 집단, 개인에게 영향을 줄 수 있는 능력이다. 관계적 권력개념은 권력을 상대방에 대한 영향력 또는 통제력으로 정의하고, 권력의 성격을 심리적이고 정치적인 행위로 규정한다. 관계적 권력은 경제에서 화폐가 가치를 전달하는 매개체인 것처럼 정치에서 권력이 매개체 역할을 한다고 강조한다. 즉, 국제정치에서의 권력은 군사력, 경제력, 심리적인 영향력 등 여러 가지 형태를 가질 수 있지만, 최종단계에서의 궁극적인 형태는 힘(force)으로 나타나며, 이 힘의 목적과 행위의 상호작용으로 나타난 결과로 정의되고 다른 나라에 행사된 영향력이나 통제력의 정도가 권력을 측정하는 기준이 된다. 따라서 권력이란 다른 국가에게 행사할 때에만 존재하게 되고, 결말이 확정된 뒤에야 권력의 측정도 가능하게 된다.

관계적 권력 개념에서 대표적인 것은 달(Robert Dahl)의 정의다. 달은 "권력이란 A가 행사하지 않았으면 B가 하지 않았을 일을 A가 행사하여 B에게 하도록 만드는 힘"[7]이라고 정의하였다. 즉 A가 B를 압박하여 B가 자신의 의지나 욕구에 반하는 행동을 하도록 만드는 것이다. 같은 맥락에서 오간스키는 "국제관계에서 권력이란 자국의 목적에 부합되도록 다른 나라의 행태에 영향을 주는 능력이다."[8]라고 하였고, 겔(Leslie H. Gelb)도 "권력이란 사람이나 집단이 상대방이 원치 않는 무언가를 하도록 만드는 심리적이고 정치적인 행위"이라고 정의하면서, 자신이 가지고 있는 자원과 지위를 이용해 심리적이고 정치적인 압박과 강요를 하는 것임을 강조하였다.[9] 그는 군사력이나 경제력과 같은 물질적 자산은 물론 문화, 사상, 가치관, 리더십과 같은 무형자산은 본질적으로 권력이 아니라고 하였다. 권력은 물리적 투쟁이나 정신적 감화가 아니라 심리적 압박으로 원치 않는 일을 하도록 만드는 것이기 때문에 이러한 유무형의 자산들은 권력의 효과를 촉진시키거나 저해하는 환경요소이지 권력자체는 아니라는 것이다.

관계적 권력개념은 여러 가지 측면에서 국제정치에 의미를 주고 있다. 첫째는 국제정치의 불확실성을 이해하는데 도움이 된다. 관계적 권력은 행위가 발생한 다음에 형성되기 때문에 사전에 권력수준을 계량적으로 측량할 수 없다. 어느 나라가 권력이 강한 나라인지 알 수 없다. 어떤 사건의 결과나 상대방의 행동에 대한 예측도 불확실해진다. 이런 불확실성은 국제질서를 불안하게 만드는 중요한 요인이 된다.

둘째, 국제정치에서 권력에 대한 정보와 인식의 중요성이다. 정보의 부족은 상대방에 대한 불신을 가중시키고 실제의 권력과 인식된 권력과의 차이를 양산한다. 따라서 국가행동에 영향을 미치는 변수로서 실제의 권력이 아니라 인식된 권력이 더 중요한 역할을 하게 되고, 심리적 영향력이 중요

---

7) Robert Dahl, "The Concept of Power," *Behavioral Science 2,* No. 3(July 1957), pp. 202~203. John J. Mearsheimer(2001), 전게서 p. 57.

8) A. F. K. Organski, *World Politics* (New York : Knopf, 1958), p. 104.

9) Leslie H. Gelb(2009), 원은주 옮김(2010), 전게서, pp. 56~70.

변수로 떠오른다. 그래서 정치지도자의 임무 중 하나는 상대방 정치지도자가 가지고 있는 권력분포에 대한 인식을 조작시키는 것이기도 하다.[10] 권력에 대한 정보부족과 오인은 전쟁의 결과로 볼 때 왜 권력자원이 적은 나라가 또는 전쟁에서 패한 국가가 전쟁을 일으켰는지를 설명하는 요인이 된다.

셋째, 권력을 사용함에 있어 목표에 맞는 수단과 전략의 중요성이다. 많은 자원보다 좋은 전략이 성공을 거두기도 하고, 어떤 특정한 부분에서는 권력자원이 적은 나라가 더 많은 권력자원을 가진 나라에 대해 더 큰 영향력을 행사하기도 한다. 포커 판에서 좋은 패를 가진 자가 승리하는 것이 아니라 훌륭한 플레이어가 승리하는 것이다.

관계적 권력에서는 경쟁에서 승리한 국가가 권력이 강한 국가이다. 따라서 권력을 결정하는 요인은 전쟁의 결과에서부터 역추적하여 알 수밖에 없다는 한계가 있다. 즉, 과거의 경험을 이론적으로 재구성해야 하는데, 이는 상당한 시간적 여유가 있는 분석가나 역사가에게는 유용할지 모르지만, 불확실한 미래와 현실적인 압박 아래에서 결정을 내려야 하는 정치가나 지도자들에게는 너무 부질없는 것일 수도 있다

3) 그 외 권력개념들

한편, 권력을 행위자가 소요하고 있는 자원에 기반한 권력, 행위자가 체제내 차지하고 있는 지위에 의한 권력, 체제 내에서 이들 권력을 실제로 행사할 수 있는 제도적 권력으로 구분하기도 하고, 제도적 권력과 절차적 권력으로 구분하기도 한다.[11] 하트(Jeffrey Hart)는 권력을 세 가지 통제개념 즉, 자원에 대한 통제력, 행위자에 대한 통제력, 사건이나 결과에 대한 통제력으로 구분하여 설명하였고,[12] 라고스(Gutavo Lagos)는 권력을 세 가지 지위개

10) Robert Gilpin, "The Nature of Political Economy," Robert J. Art & Robert Jervis, *International Politics,* 8thed.(New York : Pearson & Longman, 2007), p. 269.

11) 전재성, 『동아시아 국제정치 : 역사에서 이론으로』(서울 : EAI, 2011), pp. 166~168.

12) Jeffrey Hart, "Three Approaches to the Measurement of Power in International Relations,"

념, 즉 경제적 지위(economic status), 힘의 지위(power status), 명성에서의 지위(prestige status)로 구분하여 설명하였다. 이리에(Akira Irie : 人江 昭)는 권력을 더 큰 개념으로 보았다.[13] 그는 "권력이란 넓은 의미에서 한 나라의 대외적인 힘의 총화이다."라고 하면서, 문화는 정치, 경제, 조직과 제도, 예술과 사상, 관습 등 국가의 모든 활동이 포함되므로 광의의 문화는 광의의 권력 기반으로서 전쟁을 수행하기 위해서는 국내의 모든 것 즉 문화의 힘을 결집하지 않으면 안 되기 때문에 문화와 권력은 표리일체의 관계를 맺고 있으며, 권력은 문화를 바탕으로 형성되고, 권력이 문화를 생성하기도 하며, 권력이 문화에 따라 사용되기도 하지만, 문화를 지키기도 하고 파괴시키기도 한다고 하였다.

지금까지 살펴본 바와 같이 권력에 대한 여러 가지 견해들을 종합해 보면 국제사회에서 권력이란, 한 국가가 바라는 바를 얻기 위하여 그 국가가 가지고 있는 모든 유무형의 잠재적 또는 실질적 자원과 국제사회에서 인정받은 지위를 이용하여 강압적(coercive)이든 포섭적(cooptive)이든 상대방이 무언가를 하도록 영향력을 행사하는 것이라고 정의할 수 있겠다.[14]

또한 권력의 동원과 행사에는 국제 및 국내 환경과 그 사회가 추구하는 가치와 사상, 문화, 정치, 경제 등 광범위한 요소들이 영향을 미친다. 그러나 현실정치에서는 권력을 입력물로서의 권력과 결과물로서의 권력을 구분하여 사용하기는 어렵다. 권력 전쟁에서는 강한 나라가 반드시 승리하는 것도 아니다. 자원이 빈약한 나라도 부강한 나라에게 영향력을 행사할 수

International Organization, xxx(Spring 1976), pp. 291~303.

13) 아키라 이리에(Akira Irie : 人江 昭), 『20世紀の戰爭と平和』, 이종국·조진구 옮김, 『20세기의 전쟁과 평화』(서울 : 을유문화사, 1999), pp. 16~18.

14) 최근 똑똑한 권력, 종합국력 등의 개념은 상대방이 변화하도록 압박을 가하는 것뿐 아니라 스스로 변화하도록 포섭(包攝)하는 것도 권력의 범주에 포함시키고 있다. 홍순식은 후자를 권력의 포섭적 사용이라고 표현하였다. : 홍순식 옮김, 『스마트 파워』(서울 : 도서출판 삼인, 2009), pp. 206~210.

있다. 국가가 추구하는 목적과 상황에 맞게 필요한 권력을 어떻게 신속하고 효율적으로 동원하여, 전략적으로 이용할 수 있느냐가 관건이다.

나. 현대 정치이론에서 본 권력

국제사회에서 정치적 과정이란 권력의 형성, 분배, 사용의 과정으로서 권력은 정치학의 기본개념이자 정치학 전체에 흐르는 가장 근본적인 문제이다. 한 국가의 권력은 국가목표를 달성하는데 궁극적이고 필수적인 수단이 된다. 다만 어떠한 권력을 어떻게 사용해야 하는지에 대한 견해는 학자들 간에 다르다. 로즈크래인(Richard Rosecrane)은 국가의 권력을 증대시키는 방법엔 두 가지가 있다고 하면서 하나는 무력으로 영토를 정복하는 방법이고, 다른 하나는 평화적으로 무역을 확대시키는 방법이라고 제시하였다. 이는 정치이론에 대한 현실주의와 자유주의의 양극점을 표현한 것이라고 할 수 있다.[15)]

현실주의자들은 권력을 정의함에 있어 보편적 원칙보다 자국의 이익을 우선시하고 설득보다는 압력을 강조하며 군사력을 행사하여 적에게 두려움을 주어야 한다고 생각한다. 반면에 자유주의자들은 타인에 대한 이해, 소통과 리더십, 원칙과 가치, 이성과 설득에 기반을 두고 권력을 정의한다. 한편 중도온건파는 보수주의와 자유주의의 각 주장에서 일부를 발췌하고 자신의 주장 일부를 첨가하여 권력을 정의한다. 중도온건파는 실용주의에 바탕을 두고 있지만 간단명료한 설득력을 갖지 못하고 있다.

1) 현실주의 관점에서의 권력

현실주의의 핵심은 국가, 자조, 생존이다. 세계무대는 자국의 국가이익을 극대화하려는 권력 투쟁의 장이다. 세계무대에서의 주요 행위자는 합법

15) Joseph S. Nye Jr.(2009), 전게서, p. 6.

적 주권을 가진 국가이다. 특히 강대국의 역할이 중요하다. 모든 권력은 국가에게 집중되어 있고, 국가는 다른 나라와 비교하여 보다 많은 상대적 이득과 상대적 권력을 쟁취하고자 한다. 현실주의자에게 국가 이익의 핵심은 생존이기 때문에 전통적으로 군사전략적으로 좁게 정의되어 왔다. 결국 그들에겐 권력이란 무력의 사용이나 위협으로 얻고 싶은 것을 얻는 능력을 가리킨다. 따라서 권력자원은 물질적 자산 특히 군사력을 중요시하고 군사력 건설을 뒷받침할 수 있는 인구, 경제, 과학기술 등을 잠재적 권력자원으로 본다. 권력에 관한 주요 현실주의 이론을 요약하면 〈표 2-1〉과 같다.

〈표 2-1〉 주요 현실주의의 권력에 관한 관점

구 분	권력경쟁의 원인	권력경쟁의 목표
인간본능 현실주의	국가의 권력에 대한 욕망	획득 가능한 모든 권력 : 상대적 권력의 극대화 궁극적 목표는 패권국
방어적 현실주의	국제체제의 구조	현 권력보다 크게 많지 않은 수준 : 세력균형, 목표는 현질서유지
공세적 현실주의	국제체제의 구조	획득 가능한 모든 권력 : 상대적 권력의 극대화 궁극적 목표는 패권국

•출처 : John J. Mearsheimer, *The Tragedy of Great Power Politics* (NewYork : W.W. Norton & Company, 2001), p. 22.

한스 모겐소와 같은 전통적 현실주의자는 인간본능이 국가들의 행동을 결정하는 저변의 객관적 법칙이라고 주장한다. 한스 모겐소는 권력이란 한 인간이 가지고 있는 다른 사람에 대한 행동과 사고에 대한 통제력이라고 정의하면서 태어나면서부터 권력의지를 가지고 있는 이기적인 인간들이 국가를 이끌고 있기 때문에 국가는 모든 국가이익을 권력의 관점에서 정의하고, 모든 정치 행위자들도 권력의 관점에서 행동하고 사고한다고 하였다. 특히 무정부상태의 국제정치에서는 자신의 힘을 키우는 것이 생존의 핵심이므로 국제정치란 권력증대를 위한 투쟁이며 권력의 정치(power politics)라고 하였다.[16] 따라서 권력에 대한 경쟁은 다른 나라의 희생을 수반하기도 한다.

케니스 월츠(Kenneth Waltz, 1924~2013)와 같은 방어적 현실주의자들은 국가행동에 영향을 미치는 것은 인간본능이 아니라 국제체제의 구조라면서, 정치체제를 국내정치와 같은 위계질서체제와 국제정치와 같은 무질서체제로 구분하고, 무질서상태에서는 국가간 힘의 분포 즉 상대적 권력의 지위가 중요하다고 하였다. 세계권력의 위계에 따라 국가들의 정치행위가 달라진다는 것이다.[17]

미어샤이머와 같은 공격적 현실주의자는 체제 내 최강의 권력을 확보하는 것이 최대의 안전을 보장하는 길이기 때문에 국가들은 권력의 극대화를 추구하며, 그 궁극적 목표는 패권국이 되는 것이라고 하였다.[18]

2) 자유주의 관점에서의 권력

그러나 자유주의자들은 세계무대의 중요 행위자로서 국가의 중요성은 인정하지만 국제기구, 비정부 기구, 다국적 기업, 그리고 테러집단과 같은 초국가적 행위자도 어떤 영역에서는 중요한 행위자가 될 수 있다고 강조한다. 국제정치 질서는 권력투쟁의 결과가 아니라 법과 합의된 규범, 국제레짐, 제도 등 다양한 층위의 집정제도가 상호작용한 결과로 나타나며, 따라서 국가권력도 국제사회의 레짐이나 제도, 기구 등은 물론 국내사회의 집단에게도 위임될 수 있다고 본다. 국제체제에서 국가간 상호의존성과 협력의 가능성을 강조하고 군사전략보다는 자유무역과 교류협력의 역할을 중요시한다. 자유주의자들은 경쟁을 통해서 다른 나라가 가져가는 권력과 영향력

---

16) Hans J. Morgenthau, *Politics among Nations* (New York : Knopf, 1973), pp. 3~26.

17) Robert J. Art & Robert Jervis, *International Politics,* 8thed.(NewYork : Pearson & Longman, 2007), p. 4.

18) John J. Mearsheimer(2001), 전게서, p. 2.

즉 상대적 이득보다는, 협력을 통해 자국의 권력과 영향력을 증대시키는 절대적 이득을 극대화하고자 한다. 그들에게 문제의 핵심은 협력을 가장 잘 달성할 수 있는 평화로운 국제환경을 고안하는 것이다.

조지프 나이(Joseph S. Nye)는 국제체제에서 국가는 이익을 위해 행동하기 때문에 권력분포는 국가행동을 예측하는데 도움을 준다고 하면서, 권력을 그 자원이 유형적이든 무형적이든 이를 활용하여 원하는 결과를 얻기 위해 다른 이에게 영향을 주는 능력이라고 정의하고 어느 것이 효과적인 권력인지는 시대와 상황에 따라 변한다고 하였다.[19]

〈표 2-2〉 시대별 세계 주도국가와 주요 권력자원

시대	주도국가	주요 권력자원
16세기	스페인	·금괴, 식민지 무역, 용병, 왕계 혈통.
17세기	네덜란드	·무역, 자본시장, 해군
18세기	프랑스	·인구, 농경사업, 공공행정, 육군, 문화(소프트 권력)
19세기	영국	·산업, 정치적 응집력, 금융과 신용, 해군, 지리적 위치(방어에 용이한 도서), 자유주의적 규범(소프트 권력)
20세기	미국	·경제규모, 과학기술의 주도력, 지리적 위치, 군사력과 동맹, 보편적 문화와 자유주의적 국제레짐(소프트 권력)
21세기	미국	·기술주도력, 군사 및 경제규모, 초국가적 커뮤니케이션의 허브(소프트 권력)

·출처 : Joseph S. Nye Jr., *Understanding International Conflict : An Introduction to Theory and History,* 7thed.(New York : Pearson Longman, 2009), p. 63.

지난 5세기에 걸친 근대 국가체제를 보면, 〈표 2-2〉에서 제시한 것처럼 시대에 따라 각기 다른 권력자원이 결정적인 역할을 했음을 알 수 있다. 즉, 18세기 유럽 농업경제체제에서는 인구가 세금과 병력의 원천으로서 결정적인 권력자원이었지만 민족국가가 탄생한 이후로는 민족적 정서가 중요한 문제가 되었으며 19세기 산업혁명 이후로는 산업과 철도시스템이 중요

19) Joseph S. Nye Jr.(2009), 전게서, pp. 34~35, pp. 61~62.

해졌고 1945년 핵시대가 개막되면서 선진과학과 기술이 더욱 더 결정적인 권력으로 자리를 잡았다는 것이다.

이처럼 권력자원은 결코 정태적인 것이 아니라 계속 변화하고 있으며 세계 여러 곳에서 각양각색으로 나타난다. 조지프 나이는 오늘날에는 어떤 자원이 가장 중요한 권력의 원천이라고 할 수 있는가라는 질문을 스스로 던지면서 이에 대한 해답을 얻기 위하여 권력을, 다른 나라를 당신이 원하는 바대로 강제로 변화시키는 경성권력(hard power)과 다른 국가들이 당신이 원하는 것에 매력을 갖게 하여 스스로 변화하게 만드는 연성권력(soft power)으로 구분하고, 민주주의 평화가 전 세계적으로 확산되는 정보화 시대에서는 연성권력이 더 중요한 역할을 할 것이라고 주장하였다. 그는 경성국력을 군사력, 경제력과 같은 물리적 강제력으로, 연성국력을 문화적, 예술적 영향력과 같이 상대방이 자발적으로 움직이게 하는 매력(attractiveness)으로 표현하였다.[20]

〈표 2-3〉 경성권력과 연성권력의 차이

구 분	경성권력	연성권력
영 역	군사, 경제	외교, 문화, 가치
행사방식	강제, 억지력, 유인, 보호	자발적 동의, 매력, 어젠다 설정
주요수단	위협,군사력 행사,보상,제재	문화, 제반가치, 제반정책, 제도
정부정책	강압적 외교, 전쟁, 동맹, 원조, 매수, 제재	일반 외교활동 쌍무적·다자적 외교활동
성격	단단함, 남성적	부드러움, 여성적
비유 동물	사자	여우
적용방법	구체적이고 명시적	모호하고 암묵적

·출처 : 국제전략연구소(CSIS) 스마트권력위원회 지음, 홍순식 옮김, 『스마트 파워』(서울 : 도서출판 삼인, 2009), p. 207.

경성권력은 권력의 직접적 또는 명령적 활용방법으로서, 권유(당근)와 위협(채찍)에 의존하지만, 연성권력은 보다 간접적인 또는 부드러운 방법으로

20) Josheph S. Nye, "Redefining the National Interest," *foreign affairs,* No.78(1999), pp. 22~35.

권력을 사용하는 것으로, 당신이 원하는 것을 상대방도 원하게 만드는, 즉, 상대방의 선호를 바꾸는 매력적인 아이디어나 정치적 의제에 의존한다. 선호를 형성하는 힘은 무형의 권력자원인 문화, 이데올로기, 제도와 관련되어 있는 경우가 많다.

나이의 연성관력과 경성권력은 서로 같지는 않지만 깊이 연관되어 있다. 물질적 성공이 문화적, 이데올로기적 매력을 만들어내고 경제적, 군사적 실패는 자신감 상실이나 정체성의 위기를 가져온다. 그러나 연성권력은 경성권력에만 의존하지 않고 더 다양한 권력자원을 활용한다. 경성권력은 종종 산업화가 진행 중이거나 산업화 이전단계의 사회에서 중요하지만, 정보기반 경제와 초국가적 상호의존의 시대인 탈산업화 사회에서는 권력의 양도성과 실체성과 강압성이 점점 더 약해지고 있기 때문에 연성권력이 더 중요한 역할을 할 수 있다.21)

조지프 나이가 연성권력을 미국의 매력적인 권력으로 주장했다면 레오나르드(Mark Leonard)는 변형권력(Transformative Power)을 유럽의 매력적인 권력으로 주장하였다. 레오나르드는 전통적 권력의 개념에서 볼 때 유럽의 시대는 끝났지만, 새로운 권력 개념에서 보면 유럽은 소리 없는 혁명을 통해 세상을 바꿈으로써, 유럽의 세기를 맞이하고 있다고 주장하면서 이 세상을 바꾸는 새로운 형태의 힘을 변형권력이라고 정의하였다. 그는 유럽권역엔 80여 개의 국가에 지구전체의 1/3에 해당하는 20억 인구가 살고 있고, 지금도 인종, 종교에 관계없이 주변지역을 흡수하면서도 평화를 확산시키고 있는데 이런 변화는 단기적인 무력의 승리로 얻어지는 것이 아니라 장기적으로 세상을 바꾸는 변형권력에서 비롯된 것으로 다음과 같은 특징과 강점을 가지고 있다고 하였다.22)

---

21) Joseph S. Nye Jr.(2009), 전게서, pp. 62~64.

22) Mark Leonard, *Why Europe Will Run 21st Century?* (New York : Harper Collins, 2005), 윤덕노 옮김, 『유럽의 세계지배』(서울 : 매일경제신문사, 2006).

첫째, 유럽연합 회원국은 강요가 아니라 자국의 이익을 위해 자발적으로 사회를 변화시킨다. 유럽연합은 각국마다 개별적 기준과 유럽공동체의 보편적 기준이 공존한다. 개별국가는 유럽의 회원이지만 지배를 받지 않는다. 그래서 자신이 판단한 이익에 따라 개별적 기준과 보편적 기준의 접합점을 찾아내고 이에 합당한 사회변화를 자발적으로 이루어낸다.

둘째, 유럽공동체는 지난 500년간 유럽질서를 지배한 세력균형의 전쟁을 종식시키고 통합과 분산이 조화된 네트워크 체제를 구성하고 있다. 네트워크 체계는 적이 없으며, 세상 모두를 잠재적 친구로 생각한다. 네트워크 체계에 대항하여 균형을 유지하려면 네트워크 체계에 합류하여 합의된 절차에 동참하여야 한다. 유럽식 안보는 군비경쟁이나 지역동맹이 아니라 서로 힘을 합쳐 취약점을 보완하고 공동으로 체제를 보호하고 주권을 유지하면서 평화를 확산하여 달성한다.

셋째, 스톡홀름 컨센서스의 경쟁력은 변형권력을 세계로 확산시키고 있다. 유럽경제의 힘은 경제공동체에서 나오는 규모 경제의 파워와 각 개별국가들이 추구하는 시민들의 높은 생활수준이다. 스톡홀름 컨센서스는 이처럼 역동적 자유주의와 사회민주주의를 통해 안정과 복지를 달성하는 것이다. 스톡홀름 컨센서스의 성공은 다른 나라를 끌어들이는 능력과 글로벌 경제규칙을 선도하는 능력을 갖고 있다.

넷째, 유럽식 지역주의는 평화안보, 경제, 문화, 삶의 질 등에서 새로운 파라다임을 만들어내고 있다. 유럽식 지역주의의 성공이 부상하고 있는 중국을 비롯하여 전 세계로 확산된다면 새로운 유럽의 세기를 맞이할 수 있다. 미국의 패권은 세계와 조화를 이루는 것이 아니라 세계로부터 멀어지고 있다. 그러나 유럽식 권력인 변형권력은 승리나 지배를 추구하는 것이 아니라 변화를 추구한다. 새로운 유럽의 세기는 유럽이 제국으로서 세계를 지배하는 것이 아니라 유럽방식이 세계의 방식으로 자리잡는 시대이다.

위와 같은 연성권력이나 변형권력은 사랑을 받을 수 있는 매력으로 상대방이 스스로 따라오도록 만드는 데에 있다. 이 권력들은 공동이익과 평화적 방식과 정당성 확보가 핵심이다. 그래서 이 권력은 비실체적이고, 덜 효과적이며, 더 장기적이지만 위험부담과 비용을 줄일 수 있다는 장점이 있다.

3) 복합주의 관점에서의 권력[23]

국제현상을 정확하게 설명할 수 있는 유일한 이론은 없다. 모든 이론이 융합되어 나타나는 복잡계가 바로 현실세계이다. 이런 의미에서 자유주의와 현실주의를 통합한 이론들도 중요성을 갖는다.

레슬리 겔은 현실주의와 자유주의에 대해 양비론적 입장에서 접근하였다. 그는 오늘날 권력 패턴은 군사적 효용성 저하와 경제적 효용성 증가라는 지각적 변동을 겪게 됨으로써 권력사용이 복잡하고 어렵게 되었다고 하면서, 보수주의자(경성권력론자)들의 대포소리에 귀를 기울이면 권력의 참 의미를 망각하게 되고, 자유주의자(연성권력론자)들의 마음의 소리에만 귀를 기울이면 현실을 망각하게 된다고 하면서 이들 모두를 비판하였다.[24] 오늘날에는 권력 행위자들의 급격한 증가, 새로운 권력 도구들의 출현, 권력자원의 다층적 구조, 복잡한 권력사용 환경 등의 변화로 말미암아, 강대국이라 할지라도 경성권력을 사용하여 할 수 있는 일들이 많지 않고, 약소국들도 강대국에게 대해 다양한 대항책을 갖게 된 반면, 연성권력으로서는 다른 국가들에게 그들의 국가이익에 반하는 원치 않는 행동을 하도록 할 수 없다는 것이다.

특히 그는 권력개념을 정의하는 워싱턴 전투에서 승리하는 자가 미국의 외교정책을 좌지우지하였는데 최근 이 워싱턴 전투에 참가하는 용사들은 강한 권력, 부드러운 권력, 영리한 권력, 우둔한 권력이라는 용어들을 만들어 내었다고 하면서 조지프 나이 주장의 비현실성을 지적하였다. 그는 국제

---

23) 여기서 복합주의라 함은 현실주의와 자유주의 모두의 주장을 긍정적으로 흡수하거나 비판적으로 수용한 이론들로서 기존의 두 학파와 구별되는 이론들을 말한다.

24) Leslie H. Gelb(2009), 원은주 옮김(2010), 전게서, pp. 21~22.

사회에서는 국가간 공통 기반이 거의 없기 때문에 설득과 리더십이 먹히지 않은 반면, 무력사용은 대항세력을 불러일으키게 되므로 국가 사이에서는 개인간의 관계와는 달리 권력을 사용하기가 더 어렵고 복잡하며 더 강한 권력이 필요하고, 따라서 권력이 지니고 있는 압박과 강요라는 정확한 의미를 이해하고, 이를 통하여 원하는 것을 얻어내는 창조적인 방법을 찾아야 한다고 강조하였다.[25]

한편 미국 국제전략문제연구소(CSIS : the Center for Strategic and International Studies)는 미국의 이미지와 영향력이 세계 곳곳에서 쇠퇴하고 있다고 평가하면서, 이를 극복하고 세계를 주도적으로 이끌 비전을 개발하기 위하여 2006년 양당 인사가 참여한 스마트 파워 위원회를 구성하고 차기 대통령이 초당적으로 실행할 '똑똑한 권력(Smart Power)' 전략을 제시하였다.

이 위원회에서는 "똑똑한 권력이란 미국의 목표를 달성시킬 모든 도구의 모음을 의미하는 것으로서 경성권력도 연성권력도 아닌 그 둘의 솜씨 좋은 조합이다."라고 정의하면서 경성권력이나 연성권력은 물론 그 외 모든 유무형 자산을 끌어들인 통합 전략자원의 발전을 도모해야 하며, 특히 미국은 훨씬 더 긍정적인 비전과 목적을 세계와 공유하여 세계적 매력을 끄는 공공재를 지속적으로 제공하고, 동맹과 파트너십 그리고 제도에 대한 투자에 집중함으로써 세계로부터 신뢰와 존경을 받는 유능한 똑똑한 권력 국가가 되어야 하며, 이것이 의도하지 않은 문명의 충돌을 방지하면서 모든 수준에서 미국의 영향력을 확장하고 미국이 하는 일에 대한 정당성을 확보하며 미국의 압도적 권력이 세계의 이익과 가치에 합치되도록 돕는 길이라고 주장하였다.[26]

---

25) 상게서, pp. 48~70.

26) CSIS the Commission on Smart Power, *a Smarter, More Secure America, Report of the CSIS Commission on Smart Power* (WA. D.C. : CSIS Press, 2007), 홍순식 옮김, 『스마트 파워』 (서울 : 도서출판 삼인, 2009), pp. 25~52.

똑똑한 권력의 핵심은 경성권력과 연성권력을 영리하게 조화시켜, 대상과 상황에 맞게 권력을 행사하는 것으로서 경성권력이나 연성권력과 같은 권력자원 측면보다는 이 두 파워의 조율과 운영능력 즉 관리측면을 강조하고 있다. 따라서 똑똑한 권력은 잠재적 권력자원을 현실적 권력으로 전환하는 능력과 권력을 행사하는 행위방식이 점점 중요해지고 있는 현재의 시대적 상황을 반영한 권력 개념이라고 할 수 있다.[27)]

미국이 '똑똑한 권력(Smart Power)'으로 세계에서 가장 '위대한 국가'를 건설해야 한다고 주장한다면, 중국은 '종합국력(Comprehensive Power)'을 키워 '중화민족의 위대한 부흥'을 실현해야 한다고 주장하고 있다. 중국의 사회과학연구소는 최근 세계 주요 국가들의 종합국력을 주기적으로 평가해 오고 있고, 많은 중국의 학자들도 종합국력의 요소와 평가방법에 대하여 연구하고 있다.

그 중 대표적인 학자로서 예쯔청(叶自成)은 일찍이 덩샤오핑(鄧小平, 1904~1997)이 한 나라의 국력을 평가할 때는 종합적, 전면적으로 보아야 한다고 지적했음을 인용하면서, 종합국력은 주권국가가 가지고 있는 각종 역량의 유기적 총화로서, 경제역량, 군사역량과 같은 하드웨어적 실력과 정신문화, 국가의 역사적 전통, 민족 응집력과 같은 소프트웨어적 실력을 망라할 뿐 아니라, 현재 가지고 있는 실력과 잠재력 그리고 이를 비교적 쉽게 실력으로 전환할 수 있는 메커니즘도 함께 평가되어야 한다고 하였다.

또한 그는 중국은 세계대국으로 성장할 객관적 조건과 역사적 근거를 가지고 있다고 하면서 세계대국으로서 역할을 하기 위해서는 국가 규모와 역량에 맞는 국제사회에서의 생존력과 세계적 발전력과 세계적 영향력을 갖추고 세계와 지역의 평화와 안정을 유지하고, 중요한 국제문제 해결과정이나, 세계적인 규칙의 제정 또는 국제 정치경제의 신질서 구축 과정에서 건설적 영향력을 발휘하며, 세계문명 발전에 창조적 공헌을 하여야 하며, 이것이 세계대국의 자격여부를 판단하는 중요한 기준이 된다고 하였다.[28)]

---

27) 상게서, p. 210.

특히 그는 쇄국정책을 추구하는 나라는 국제적 영향력을 가질 수 없다고 하면서 세계대국으로 가기 위해서는 해양력이 중요하다고 강조하였다. 즉 해양력 경우, 생존력 차원에서 본다면 해상으로부터 오는 외부의 침략을 격퇴할 수 있는 해안방어능력이 필요하고, 발전력 차원에서 본다면 해외운수와 해외무역을 보호하고 근해 해군활동이 보장되어야 하며, 국제적 영향력 차원에서 본다면 다른 대국과 함께 세계 평화와 안정을 지킬만한 행동능력을 갖추고, 원양작전 능력을 확보하여야 한다고 하였다.[29]

예쯔청의 종합국력개념은 미국 국제전략문제연구소(CSIS)의 똑똑한 권력과 유사한 개념이지만, 똑똑한 권력이 자원의 효율적 사용에 초점을 두고 있다면 종합국력은 자원의 관점에서 접근하고 있다는 차이가 있다.

반면 지구촌화 되고 있는 국제사회의 환경변화에 따라 새로운 권력개념을 적용해야 한다는 주장들도 제기되고 있다. 정치질서가 고대 '사람에 의한 통치'에서 근대 '법과 국가에 의한 통치'로 발전되어 왔다면, 정보통신 혁명과 다원화된 사회로 특징지어지는 탈근대사회에서는 '네트워크에 의한 통치'라는 개념으로 발전되고 있고 이에 따라 21세기 권력은 네트워크들 간의 경합이 될 것이기 때문에 세계권력으로서 지구 네트워크 거버넌스(network governance)가 새로운 권력으로 등장하게 되었다는 것이다.[30]

네트워크 권력은 네트워크를 만들어내고 설계하는 권력, 노드들을 매개하는 브로커 권력, 네트워크 연결 및 통합관리 권력 등으로 다양하게 나타난다. 네트워크 속의 행위자는 다른 노드들과의 연결성과 자신의 노드에 대한 집중성을 권력의 자원으로 삼는다. 특히 오늘날 다원화·다중화된 네트워크로 구성된 세계체제는 영토를 정복하는 것과 같은 방법으로는 지배당

28) 예쯔청(叶自成) 지음, 이우재 옮김(2005), pp. 103~105.

29) 상게서, pp. 108~115.

30) 네트워크와 거버넌스와 권력과의 관계에 대해선 Bob Jessop, *the Future of the Capitalist State* (Cambridge : Polity, 2003), Anne Marie Slaughter "America's Edge : Power in the Networked Century," *Foreign Affairs,* No. 88, pp. 94~113을 참조.

하지 않는다. 네트워크에서는 소유자원보다 연결성이 권력의 핵심이다. 지구적 차원의 큰 틀에서 인구, 지리, 문화의 연결성 확보 뿐 아니라 전쟁, 정보, 경제, 과학기술, 미디어, 가치 등 특정 상황에서도 적시적 연결성 확보가 지구적 네트워크 거버넌스의 핵심이다.

그래서 이 복합 네트워크에서의 권력은 기존의 권력과는 상이한 권력이다. 기존의 권력이 행위자가 소유하고 있는 자원에 의한 권력, 국제구조 속에 차지하고 있는 지위에 의한 권력, 그리고 아이디어나 제도의 창출에 의한 제도적 권력, 상호간 관계에 의한 관계적 권력 등의 형태를 띠고 있다면, 네트워크 거버넌스 권력(Network Governancing Power)은 이 모두에 네트워크 사회를 형성하는 사회적 권력이 포함된다고 할 수 있다. 네트워크 거버넌스는 다양한 행위자들로 이루어진 다층적 구조를 가지고 있으면서도 자율적으로 문제를 조정 관리해 나가는 메커니즘을 의미하며, 네트워크 거버넌스 권력은 사회를 복잡계로 인식하고 접근하는 방법의 대표적 사례로서, 정보화, 민주화, 세계화의 탈근대이행기의 핵심권력으로 자리 잡아 가고 있다.[31)]

다. 세계권력의 서계

패권의 핵심은 세계권력의 독점적 확보에 있다. 그래서 세계권력에 대한 서열전쟁이 패권을 만들어낸다. 국제정치학자들은 국제정치환경의 변화를 설명하기 위한 자신들의 정치이론을 내세우면서 이 권력서계에 관한 다양한 용어를 개발하여 왔다.

오간스키는 세계정치체제를 피라미드 권력구조로 설명하면서 5개의 층으로 구분하였다. 최고위층엔 체제를 지배하는 강대국(Dominant Power), 그 다음 순으로 주요 강대국(Major Power) 집단, 중진국(Middle Power) 집단, 약소국(Minor Power) 집단, 그리고 마지막엔 식민지(Dependencies) 집단으로 분류하였다.[32)]

---

31) 전재성(2011), 전게서, pp. 154~173.
32) A. F. K. Organski(1958), 전게서, p. 369.

겔도 마찬가지로 세계 권력의 서계를 사닥다리 구조로 설명하면서 7계단으로 구분하였다. 맨 위의 꼭대기 자리엔 유일하게 미국을, 2위 자리는 강대국들로서 중국, 일본, 인도, 러시아, 영국, 프랑스, 독일, 브라질 등 8개국, 3위 자리는 전략자원을 가진 산유국들로서 사우디아라비아, 이란, 페르시아 연안국, 베네수엘라, 나이지리아 등, 4위 자리는 지역 권력자로서 잠재력을 가진 중간급 국가, 5위 자리는 자율적 통치능력을 가진 50여개 군소국가, 6위 자리는 다양한 수준의 정치 또는 경제적 혼란을 겪고 있는 약 75개 국가, 7위인 밑바닥 자리엔 국제적 영향을 미치는 비국가조직들로서 난민 및 인권 단체, 국제미디어, 국제비지니스, 국제 테러리스트 등을 위치시키고, 초국가적 비정부조직의 역할을 포함하여[33] 관심을 받고 있다.

폴 케네디(Paul Kennedy)는 특별한 정의를 내리지는 않았지만 『강대국의 흥망(*The Rise and Fall of the Great Powers*, 1987)』이라는 저서에서 국가간 상대적 권력의 차이를 설명하면서, 패권국(Hegemon), 초강대국(Super Power), 강대국(Great Power), 중간국(Middle Power), 약소국(Small Power)들의 용어를 사용하였다.[34]

미어샤이머도 세계정치의 중요 행위자인 강대국들의 서계를 패권국, 잠재적 패권국(Potential Hegemon), 강대국, 주요국이라는 용어로 설명하면서, 이를 그 지리적 영향권의 범위를 기준으로 각각 세계적, 지역적으로 구분하였다.[35]

한편 모델스키는 한 국가가 차지하고 있는 권력비중과 영향력의 범위를 기준으로 세계적 초강대국(World Power), 지구적 강대국(Global Power), 지역 강대국(Regional/Local Power)로 구분하여 사용하였는데, 세계적 초강대국은 세계 권력의 50% 이상을 차지하고 그 영향력이 전 세계에 미치는 세계체제 내의 독보적 강대국을 의미하고, 지구적 강대국은 세력 권력의 10% 이상을 차지하고 대양을 넘어 자기의 영향권을 행사할 수 있는 다수의 강대국을, 지역

---

33) Leslie H. Gelb(2009), 원은주 옮김(2010), 전게서, pp. 111~120.

34) Paul Kennedy, *The Rise and Fall of the Great Powers : Economic Change and Military Conflict from 1500 to 2000* (NewYork : Random House, 1987).

35) John J. Mearsheimer(2001), 전게서, pp. 40~42.

강대국은 자기가 속한 대륙 또는 대양 내에서의 강대국을 의미하였다.[36]

한편 초강대국(Super Power)이란 강대국의 수준을 초월한 세계적인 영향력을 행사하는 국가를 말한다. 원래는 1944년에, 제2차 세계대전의 승자가 되어 국제사회를 지배하게 될 대영제국과 미국, 소련을 지칭하기 위해서 나온 말이나 대영제국이 해체됨에 따라 전후 냉전체제의 특징인 양극체제를 형성하고 있는 두 개의 강대국 즉, 미국과 소련을 지칭하는 용어로 주로 사용되었다.

극초강대국(Hyper Power)라는 용어는 초강대국의 수준을 초월한 강대국으로서 세계무대에서 군사, 경제, 과학기술 분야 등 모든 영역을 지배하는 국가를 의미하는데, 소련의 붕괴로 양극체제가 해체된 이후 유일한 초강대국으로 부상한 1990년대의 미국을 묘사하는 단어로 주로 사용되고 있다.

이처럼 국가들 간의 상대적 권력격차를 설명하는 용어는, 학자마다 자신의 이론을 정리하는데 용이한 용어를 만들어 내거나 선택적으로 사용하고 있기 때문에 동일한 용어라도 학자마다 의미가 다른 경우가 있고, 다른 용어라 할지라도 유사한 의미를 가지고 있는 경우가 많다. 예컨대, 세계 강대국과 지구적 강대국(Global Power) 또는 세계체제(World System)와 지구적 체제(Global System) 등을 동일한 개념으로 사용하는 학자도 있고, 이를 구분하여 사용하는 학자도 있다. 또한 국제체제의 중요 행위자로서의 강대국(Major Power) 개념을 어떤 사람은 'Great Power'에 가까운 의미로, 어떤 사람은 'Middle Power'에 가까운 의미로 사용하고 있다. 따라서 학문적 보편성과 각 학자들의 개인적 창의성을 동시에 고려한 용어 개념의 정의와 사용도 국제정치발전을 위한 하나의 과제라고 생각된다.

---

36) George Modelski and William R. Tompson, *Sea Power in Global Politics, 1494~1993* (Seattle : University of Washington Press, 1988), pp. 11~19.

2. 패권개념과 패권경쟁 전략

가. 패권개념

역사상 패권체제가 등장한 것은 기원전 3,000년 메소포타미아, 수메르(Sumer) 도시국가들, 기원 전 4세기 인도의 초기 미루리아(Miruria) 제국, 기원 전 2세기 중국의 한(漢) 제국 등이다.[37] 패권(hegemony)의 어원은 고대 그리스어 헤게몬(hegemon)에서 유래되었는데 본래의 뜻은 선도자, 통치자, 리더(guide, ruler, leader) 또는 통치, 리더십(rule, leadership)을 의미하였다. 고대 그리스에서 패권이란 여러 도시국가들이 다른 도시국가나 다른 동맹의 군사적 위협에 공동으로 대처하기 위하여 자유롭게 자발적으로 참여하여 구성한 동맹의 리더를 의미하였다.

패권개념을 최초로 이론화시킨 것은 헤로도토스와 투키디데스로 알려져 있다. 헤로도토스와 투키디데스는 패권을 자치적 독립국가들의 정치·군사적 동맹체제를 설명하는 도구로 사용하였다. 이때의 패권이란 동맹 안에서 탁월한 정치적·군사적 리더십을 가진 특정국가가 동맹에 호혜적으로 참가한 국가들의 동의 아래 행사되는 지도력을 의미하였으며, 패권체제는 하나의 국제체제로 간주되었다.[38]

아리스토텔레스는 『정치론』(*Politics*)에서 통치형태를 두 가지로 분류하면서 모든 사람의 균등한 이익을 추구하는 리더십을 헤게모니(hegemony) 통치라 하였고, 통치자 자신의 이익을 위해 다른 사람을 지배하는 리더십을 전제주의(despotism) 통치라고 하였다.

---

37) Robert D. Kaplan, *Warrior Politics*, 이재규 옮김, 『승자학』(서울 : 생각의 나무, 2002), p. 210.

38) Benedotto Fontana, “Hegemony and power in Gramsci,” in Richard Howson & Kylie Smith eds., *Hegemony : Studies in Consensus and Coercion* (NewYork : Routledge, 2008), pp. 80~81.

이소크라테스(Isocrates, B.C. 436~338)도 『찬양(*Panegyricus*)』에서 헤게모니적 통치란 동맹 내에서 독립적인 국가들의 동의하에 행사되는 리더십을 의미하고, 전제주의 통치는 정복 대상에 대하여 강압적으로 행사되는 지배를 의미한다고 기술하면서 헤게모니 행사의 정당성은 도덕적·지성적·문화적·교육적인 이상(理想)의 창출 및 형성과 밀접한 관계가 있다고 주장하였다. 아테네는 다른 도시국가들보다 도덕적, 문화적, 지성적 우월성을 바탕으로 동맹을 집정하고 통치할 수 있는 개념을 창출하는 헬라학당이었기 때문에 그리스의 리더가 될 자격이 있다는 것이다. 그러나 그는 델로스 동맹(Delos League) 체제가 그리스 공리주의에서 아테네 제국으로 변질된 것을 비판하면서, 펠로폰네소스 전쟁(Peloponnesian War)에서 아테네가 스파르타에게 패한 원인이 바로 그리스 동맹국가들에 대한 아테네의 전제주의적 통치 때문이라고 하였다.[39)]

플라톤(Plato, B.C. 428~347)은 권력과 지성(철학)과의 관계에 대하여 정당하고 안정된 정치질서를 유지하기 위해서는 어떻게 권력과 지성을 결합시킬 것인가가 핵심문제라고 지적하면서 지성이 없는 권력은 더 폭력적이고 더 강압적인 경향을 갖게 되어 맹목적이고 몰지각한 것이 되고, 권력을 갖추지 못한 지성은 사회적, 정치적 토대가 부실하여 효력을 볼 수 없게 되지만 권력과 지성이 결합되면 서로를 강화시킬 수 있다고 하였다. 이처럼 플라톤은 정치현장에서 헤게모니를 권력과 지성이 통합된 변증법적 합으로 인식하고, 이것이 그리스 정치사상의 목적과 방향을 제시해주는 지도원칙이라고 이해하였다.[40)]

이와 같이 고대 패권체제는 다음과 같은 네 가지 특징을 가지고 있었다. 첫째, 패권국가 또는 주도적 국가와 그 동맹국들은 구조적으로 독립적이고, 각기의 독특성을 유지하는 이중 구조를 갖고 있었다. 둘째, 전 동맹차원의 공동 시민정신이 부재하여 각 도시국가들은 자기 나름대로 시민정신의 기준을

---

39) 상게서, pp. 82~83.
40) 상게서, p. 83.

가지고 있었다. 셋째, 동맹은 회원국들의 동맹에 대한 가입 또는 탈퇴가 개별적인 자유의사에 따라 결정되므로 유동성을 가지고 있었다. 넷째, 패권동맹이 지도국 중심의 제국으로 변형되려는 역사적 경향을 가지고 있었다.

근대에 들어서 그람시(Antonio Gramsci, 1891~1937)는 20세기 초 사회주의 혁명을 달성하는데 필요한 힘을 동원하고 조직화하는 정치적, 전략적, 이론적 수단으로서 고대 헤게모니 개념을 이용하였다. 그는 사회집단의 지배형태를 '도덕적이고 지성적인 리더십'에 의한 지배(direzione)와 '전제와 강압'에 의한 지배(despoteia)로 분류하고, 어느 사회 또는 계급에 의한 지배가 정당성을 갖는 것은, 폭력이나 강압적 수단이 아니라 도덕적, 지성적 리더십의 우월성에 의하여 달성될 때라고 하였다. 그람시는 패권체제를 이 우월성에 의한 지배로 형성된 하나의 사회통합체제로 보았다.[41)]

그런데 현대에 들어 국제정치의 무대가 권력투쟁의 장으로 변화되면서 패권의 개념도 변화되었다. 현대적 개념의 패권이란 국가나 사회집단 더 나아가 개인이 다른 상대방에 비해 가지고 있는 우월성(preeminence)을 바탕으로 행사하는 최고의 지배성(supremacy)을 의미하며, 패권질서는 본질적으로 힘에 의한 지배 질서이고, 사회적·경제적·정치적 현장에 적용되고 있다. 현대 국제정치학에서 패권국가는 대체로 두 가지 측면에서 정의하고 있다. 하나는 국제체제의 권력구조에서 최고의 권력과 지위를 갖는 국가를 지칭하는 것이며, 다른 하나는 이 국가가 세계체제를 지배함에 있어서 수행해야 할 역할과 기능을 강조하는 것이다.

조지프 나이는 국제체제 구조를 단 하나의 절대적 권력이 존재하는 일극체제, 두 개의 권력이 중심을 이루는, 즉 두 강대국이나 두 동맹체제가 국제정치를 지배하는 양극체제, 세 개 이상의 권력 중심이 존재하는 다극체제, 그리고 어느 정도 대등한 국가가 다수 존재하여 권력이 분산된 체제 등으로 구분하면서 일극체제를 형성하는 유일한 강대국을 패권국이라 불렀다.[42)]

41) 상게서, pp. 84~87.

미어샤이머도 국제체제를 강대국의 존재 수에 따라 단극체제, 양극체제, 다극체제 등으로 분류하면서 패권국(hegemon)이란 본질적으로 국제체제 내에 강대국이 유일하게 한 나라만 존재할 때에만 그 나라를 패권국이라고 할 수 있다고 하였다. 예를 들어 19세기 중엽 영국은 패권국으로 불렸지만, 당시 유럽 대륙에는 4개의 강대국 - 오스트리아, 프랑스, 프러시아, 러시아 - 들이 존재했고, 영국은 이들 모두를 제압하지 못하였기 때문에 진정한 패권국은 아니었다는 것이다. 그는 세계전체를 좀 더 좁은 개념으로 적용하면 유럽체제, 동북아 체제, 서반구 체제와 같은 특정한 지역체제에도 적용될 수 있기 때문에 패권도 세계전체를 지배하는 세계패권 국가(global hegemon)와 특정지역을 지배하는 지역패권 국가(regional hegemon)로 구분할 수 있다고 하면서 미국도 지난 100년 동안 단지 서반구의 지역패권국이었을 뿐이었다고 평가하였다.[43]

골드스타인(Joshua Goldstein)은 패권이란 정치적, 군사적 국제관계의 규칙과 협정들을 명령하거나 적어도 지배할 수 있는 능력으로서, 특히 군사적으로 세계를 지배할 수 있어야 한다고 하면서 군사적 지배력을 강조하였다.[44]

반면에 월러스타인(Immanuel Wallerstein)은 패권이란 농업, 공업, 상업 그리고 금융 부분에서 우월한 경제적 기반을 가지고, 다른 나라들의 행위 양식과 규칙을 패권국의 국익에 따라 조정할 수 있는 능력으로 정의하면서, 세계체제에 대한 경제적 지배력을 강조하였다.[45]

로버트 길핀(Robert Gilpin)은 패권국이란 국제체제의 모든 다른 국가를 지배할 수 있는 강력한 힘을 가진 국가로서, 세계질서 유지와 세계체제를 지배하는데 필요한 지구적 공공재(公共財, global public goods)를 생산하고, 세계를

42) Joseph S. Nye Jr., 양준희, 이종삼 옮김, 『국제분쟁의 이해 : 이론과 역사』(서울 : 한울, 2011), p. 77.

43) John J. Mearsheimer(2001), 전게서, pp. 40~41.

44) Joshua Goldstein, *Long Cycle : Prosperity and War in the Modern Age* (New Heaven : Yale University Press, 1988), p. 281.

45) Immanuel Wallerstein, *The Politics of Economy : The State, The Movement and The Civilizations Essays* (NewYork : Cambridge University Press, 1984), pp. 38~41.

지배할 수 있는 법적 규칙과 관념을 개발하고 집행할 능력을 갖춘 국가라고 정의하였다.[46] 즉, 패권국가는 세계안보와 국제무역의 질서유지와 같은 세계 공공재 생산능력, 세계에 적용될 규칙의 제정 및 집행능력, 그리고 국가 간의 관계를 규율할 수 있는 능력을 갖추어야 하고, 전 세계를 군사적으로 지배할 필요는 없지만 현존 국제정치체제를 다른 적대국의 도전으로부터 보호할 수 있는 충분한 군사력을 갖추어야 한다고 하였다.

로버트 코헤인(Robert O. Keohane)도 헤게모니의 원천은 세계의 천연자원, 자본, 시장에 대한 통제능력, 그리고 고가치의 기술상품에서 다른 나라보다 비교우위를 유지하는 데에 있다고 하면서 경제적 패권을 강조하였다. 그는 패권국이란 국제질서를 확립하는데 필요한 지구적 공공재들과 체제내의 헌법과 같은 게임의 법칙을 제공하여 세계질서를 유지해 나가는 국가이며, 다른 강대국들이 패권국이 제공한 영토적·정치적·경제적 국제질서에 만족하여 도전하지 않는 상태를 패권체제로 보았다.[47]

또한, 모델스키는 15세기 이후 세계를 지배한 국가들의 권력요소로서, 범지구적으로 세계에 도달할 수 있는 군사능력, 동맹을 동원할 수 있는 외교능력, 세계전쟁을 수행할 수 있는 정책결정능력, 제도를 창출할 행정능력과 세계적 어젠더의 형성능력을 제시하면서, 세계초강대국(World Power)이란 세계체제에 대한 지도력(global leadership)을 행사할 수 있는 국가라고 정의하였다.[48]

이와 같은 여러 학자들의 의견을 종합해 보면, 현대적 패권의 의미는 고대의 패권개념과는 달리 변질되어 왔음을 알 수 있다. 고대 패권은 권력의 정당성과 수용성에 기초를 둔 반면, 현대 패권은 권력의 우월성과 지배력에

[46] Robert Gilpin, *War and Change in World Politics* (Cambridge : Cambridge University Press, 1981), p. 29.

[47] Robert O. Keohane, *After Hegemony : Cooperation and Discord in the World Political Economy* (Princeton, N.J : Princeton University Press, 1984), pp. 32~40.

[48] George Modelski, *Long Cycles in World Politics* (New York : Macmillan Press, 1987), pp. 14~18, pp. 221~227.

초점을 두고 있다. 현대적 의미의 패권국은 체제 내 국가들의 자발적 동의 여부보다는 다른 국가들을 압도할 권력의 우월성을 바탕으로 절대적인 지배력을 행사하며, 체제를 보호하고 질서유지에 필요한 공공재를 제공하고, 이를 집행할 역량과 의지를 갖춘 국가라고 할 수 있다. 물론 패권국가는 체제의 공동선을 추구한다는 명분을 내세우지만 이것이 자국의 이익을 위한 것인지 집단적 공동이익을 위한 것인지 그 의도의 순수성을 보장할 수는 없다.

나. 패권경쟁 전략

세계는 국가들의 지속적인 권력투쟁 무대이며 패권의 향방은 장기간의 경쟁의 결과로 나타난다. 이 장기간의 권력투쟁에서 승리하는 방법은 첫째, 국가 내부의 절대적 권력을 증대시키는 방법이다. 둘째, 다른 국가와의 상대적 권력에서 비교 우위를 차지하는 것이다. 셋째, 경쟁국을 물리칠 수 있는 효과적인 전략을 구사하는 것이다. 이에 따라 많은 학자들이 권력전쟁에서 승리하기 위한 국가전략들을 다양하게 제시해 왔다.

이동선은 국가전략을 패권전략, 리더십전략, 균형전략, 그리고 타협전략으로 분류하였다. 패권전략이란 세계 또는 자기가 속한 지역에서 유일한 강대국이 되는 것을 목표로 하는 전략으로서, 전쟁이나 강압을 사용하여 적대국을 굴복시키거나 경쟁국들 사이에 소모전을 조장해 어부지리를 얻는 방법 등이 있다. 리더십 전략은 특정 지역에 세력권을 형성하거나 또는 특정 의제에 대해 일련의 국가들과 블록을 형성하고 그 리더가 됨으로써 국제질서에 중요한 영향력을 행사하는 전략이다. 지역 리더십은 자기가 속한 지역 내 세력을 형성하는 것이며, 역외 리더십은 자국이 속하지 않은 다른 지역에 세력권을 설정하는 것이다. 패권은 세계전체를 지배한다는 의미를 갖는 반면, 리더십은 추종자의 동의하에 지도력을 발휘하는 것으로 다른 리더의 존재를 인정한다는 점에서 차이가 있다. 균형전략은 자신의 국력을 증대시켜 직접 군비경쟁에 나서는 방법과 다른 국가와 동맹을 체결하여 상대적으로 열세인 국력을 보완하는 방법이 있고, 이보다 더 공격적인 방법으로는 예방전쟁, 군사적·경제적 제재, 다른 국가를 동원하여 대리전을 치루는 방법이 있다. 타협전략은 공격적인 국가에게 일부를 양보하여 충돌이나 대립을 회피하는 전략으로서 더 큰 피해는 줄일 수 있으나 자국의 국력을 취약하게 만든다는 문제점을 안고 있다.[49]

전재성은 패권경쟁 과정에서 국가들이 선택할 수 있는 전략으로서 균형전략, 봉쇄전략, 개입전략, 편승전략, 평행전략(hedging strategy) 등을 예시하였다.[50] 균형전략은 우월한 국가의 패권을 방지하는 전략이다. 봉쇄전략은 패권국이 도전국의 권력 확장을 억지시키는 전략이다. 개입전략은 상호 이해관계를 공유하여 갈등을 통제할 수 있는 평화적 환경을 조성하는 전략이다. 편승전략과 평행전략은 주로 약소국이 강대국들에게 취하는 전략으로서, 편승전략은 패권국 또는 도전국과 힘을 합하는 전략이며, 평행전략은 패권국과 도전국 모두에게 양다리를 걸친 헤징전략을 말한다.

미어샤이머는 강대국들이 가지고 있는 더 강한 권력에 대한 욕망은 패권이라는 최종 목표가 달성될 때까지 사라지지 않는다면서 이 목표를 달성하기 위한 전략을 크게, 자신의 상대적 권력을 확대시키는 전략, 적대국의 권력 우위를 저지시키는 전략, 상대방과 충돌을 회피하는 전략 등으로 구분하고, 자신의 권력을 증대시키는 전략으로는 전쟁(war), 공갈협박(blackmail), 미끼를 이용한 전쟁촉발(bait & bleed), 방혈(bloodletting) 전략이 있고, 적대국의 권력 우위를 저지시키는 전략으로는 균형(balancing)과 책임전가(buck-passing)전략이 있으며, 회피전략으로는 편승(band-wagoning)과 회유(appeasement) 전략 등이 있다고 하였다.

상대적인 힘을 증대시키기 위한 중요한 전략으로서, 전쟁은 승리한 국

---

49) 이동선, 「미·중 군사관계 2025」, 김병국·전재성·차두현·최강 공편, 『미중관계 2025』(서울 : 동아시아연구원, 2012), pp. 70~75.

50) 전재성(2011), 전게서, pp. 198~204.

가에게 국제적 권력과 지위의 대폭적인 상승을 가져다준다. 공갈협박은 동맹국을 갖지 못한 약소국에 대해서는 효과적이다. 미끼를 이용하여 전쟁을 촉발시키는 전략은 경쟁국들에게 미끼를 던져 그들이 장기적으로 전쟁에 빠져들게 하는 대신, 자신은 군사력을 보존하여 경쟁국들을 약화시키는 전략이다. 방혈전략은 경쟁관계에 있는 다른 강대국이 관여한 전쟁을 장기화시키고 격화시켜 경쟁국을 쇠진시키는 전략이다.

자신의 힘을 증가시키는 전략은 경쟁국의 도전을 자제시키기도 하지만 경쟁국을 자극시켜 공격적인 행동을 유발하기도 한다. 균형전략의 방법으로는 첫째, 위험한 적대국을 제어하기 위해 다른 국가와 방위동맹을 형성하는 방법이 있다. 이처럼 외부의 힘을 이용하여 균형을 유지하는 것을 외적균형(external balancing)이라고 한다. 둘째, 자신의 자원을 더 많이 동원하여 침략국에 대응하는 방법이다. 이를 내적균형(internal balancing)이라 하며 자조(self-helf)를 의미한다. 셋째, 다른 지역의 월등한 강대국에 대항하기 위해 이 강대국과 경쟁관계에 있는 다른 국가를 지원하여 균형을 유지하는 방법이 있다. 이를 역외균형(offshore balancing) 전략이라고 한다. 넷째, 보다 외교적인 방법으로는 공격자에게 현상유지를 위해 전쟁도 불사할 것이라는 강력한 의지를 보여주어 제어하는 방안도 있다. 책임전가 전략은 다른 강대국으로 하여금 공격적인 강대국에 대항하도록 하고 자신은 방관자로 남아 있는 전략이다.

경쟁국과의 충돌을 회피하기 위한 전략으로는 유화전략과 편승전략이 있다. 편승전략은 위협을 받는 국가가 오히려 위협을 하는 적국의 편에 가담하여 전쟁의 전리품 일부를 나누어 가지려는 야심적인 전략이다. 유화전략은 상대방에게 어느 정도 양보하여 침략국가의 행동을 바꾸려는 전략이다. 유화나 편승은 상대방의 힘을 강화시켜주는 비효과적이고 위험한 전략이지만 상대방에게 양보하는 것이 더 좋은 일이 되는 특별한 상황에서는 의미가 있다.[51]

---

51) John J. Mearsheimer(2001), 전게서, pp. 138~140, pp. 147~165.

3. 패권순환이론

사회체제도 일반 유기체와 마찬가지로 생성, 발전, 쇠퇴의 경로를 따른다. 강대국의 권력도 이러한 과정을 거치면서 다른 강대국의 권력변화 과정과 상호작용을 하고, 그 결과에 따라 세계패권의 향방이 정해진다. 이와 같이 강대국들의 부침에 따라 세계패권도 반복적으로 순환된다는 주장이 패권순환론이다. 이러한 이론의 대표적인 것들로는 오간스키의 세력전이론, 길핀의 패권안정론, 월러스타인의 세계체제론, 콘드라티에프(Nicholai Dmitrievich Kondratiev, 1892~1938)의 장파이론(Long Wave), 모델스키의 장주기(Long Cycle) 이론, 폴 케네디(Paul Kennedy)의 강대국 부침설 등이 있다. 여기서는 패권순환의 원인을 설명하는 대표적인 이론으로서 세력전이 이론과 강대국 부침설, 그리고 패권순환 현상을 설명하는 대표적 이론으로서 패권안정론과 장주기 이론에 대하여 살펴보고자 한다.

가. 세력전이론(Power Transition Theory)

세력전이론은 세력균형론과 대비되는 개념으로서 세력균형론이 국제정치, 특히 산업화 시대 이후의 국제정치상황을 제대로 설명하지 못한다는 비판이 제기되면서 등장하였다. 세력균형론은 강대국들의 국력이 대등할 때 전쟁이 억제되고 체제 안정성이 유지된다고 주장하는 반면, 세력전이론에서는 국제체제에서 압도적 힘의 우위를 점하고 있는 지배국이 존재할 때 체제가 안정되고, 강대국 간 국력이 비등해질 경우 오히려 체제가 불안정해진다고 주장한다. 세력균형 이론은 국제체제를 무정부체제(anarchical)로 간주하지만, 세력전이 이론은 국제체제가 권력서열에 의해 어느 정도 질서가 내재한 위계체제(hierarchical)라고 본다.[52)]

오간스키는 1958년 출간한 그의 저서 *World Politics* 에서 국제체제의 위계질서를 피라미드형의 위계체제로 보고 지배국가, 강대국들, 약소국들 그리고 제일 밑바닥에는 식민지 국가군이 있다고 하면서 이들 국가군들을 크게 기존질서에 대한 만족 국가군과 불만족 국가군으로 구분하였다. 만족 국가군은 지배국을 중심으로 한 현상유지 세력들이며, 불만족 국가군은 현상타파 세력들로서 현 국제체제의 상황을 바꿀 수 있는 기회가 주어진다면 언제든지 새로운 체제로의 변화를 추진하려는 도전세력이다.[53]

〈그림 2-1〉 오간스키의 위계적 체제

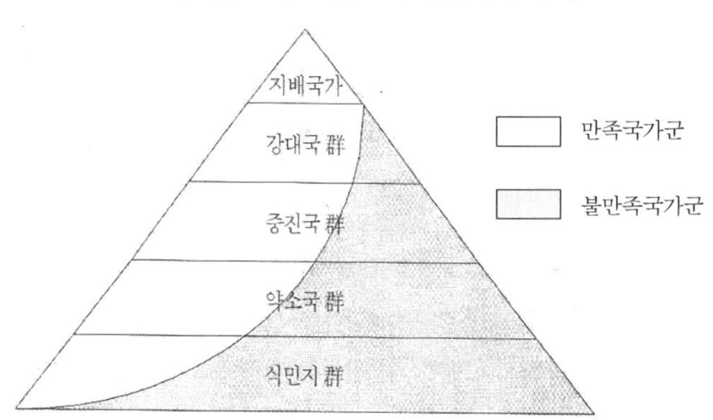

•출처 : A. F. K. Organski, *World Politics* (New York : Alfred A. Knopf, 1958), p. 369.

오간스키는 산업혁명 이후 국가들 간의 국력변동이 심한 동적체제에서는 국가마다 국력증대의 속도에 차이가 발생하고 급속도로 부강해지는 국가는 기존 지배국가에 의해 세워진 국제질서에 불만을 갖게 되고, 지배국가에 도전할 기회를 노리게 된다고 하면서 도전국의 국력이 지배국의 국력을 따라잡아 비등하게 될 때, 전쟁 가능성이 높아진다고 주장하였다.

이를 토대로 그는 국제체제의 변화를 세 단계의 세력전이의 과정으로 설

52) 김우상, 『신한국 책략』 II(파주 : 나남, 2007), pp. 223~235.
53) A. F. K. Organski(1958), p. 369.

명하였다. 1단계는 잠재적 국력의 단계이다. 국제체제의 국력분포에서 변동이 거의 일어나지 않는 안정된 체제로서 산업화 이전의 국제체제이다. 2단계는 세력전이가 일어나는 단계이다. 국가들마다 산업화 속도의 차이에 의해 국력증대의 속도에서도 차이가 발생하고 이에 따라 국제체제 내 국가들 간에 상대적 권력의 재분배 현상이 일어나는 단계이다. 3단계는 산업화가 성숙된 단계이다. 거의 모든 국가가 산업화를 마치고 성숙된 형태가 되는 미래의 어느 한 시점을 말하며 국가 간의 국력변화가 미미하여 안정된 체제를 유지한다. 오간스키는 대부분의 국가는 첫 번째 단계를 거쳐 두 번째 단계에 진입해 있다고 하면서 특히 두 번째 단계를 설명하는데 세력전이 이론과 같은 새로운 이론이 필요하며, 세 번째 단계인 산업화 이후의 체제에서는 국력증대가 동맹과 같은 외적 요인보다는 산업화를 통한 내부적 발전 즉 경제적·정치적·사회적 근대화 및 발전이 국력을 증대시키는 가장 중요한 방법이라고 주장하였다.[54]

나. 강대국 부침설

폴 케네디는 『강대국의 흥망』(*The Rise and Fall of the Great Powers : Economic Change and Military Conflict from 1500 to 2000*)에서, 1500년 이후 유럽국가에서 범대양적(transoceanic) 세계체제가 시작된 이래 5세기에 걸친 국제적 권력변화를 경제력과 군사력의 상호관계에 초점을 두고 연구한 결과 다음과 같은 결론을 도출하였다.

첫째, 평시 국가들 간의 경제성장 속도의 차이가 상대적 군사력의 변화를 야기하였고 이것이 결국 전쟁의 승패를 결정지었다. 따라서 평시 강대국이 권력 지위를 어떻게 꾸준히 상승시켜 왔는가하는 문제는 전시에 어떻게 싸웠는가하는 문제만큼 중요하다. 둘째, 경제적 변화와 혁신으로 상대적 국력이 클수록 더 강한 군사력을 유지할 수 있게 된다. 혁신에 성공한 국가들은 생산

54) 김우상(2007), 전게서, pp. 229~230.

역량이 증진되어 평시에 대규모 무장을 갖추는데 드는 비용을 지속적으로 부담하는 것이 용이해지고 전시에도 대규모 군대와 함대를 유지하고 군수지원을 하기가 쉬워진다. 셋째, 군사력 유지가 쉬워질수록 군사력에 더욱 의지하게 되고, 군사력에 의존도가 심화될수록 무력분쟁은 잦아지며 군사에 대한 투자도 확대된다. 그러나 국부창출이나 군사적 목적 이외에 쓰일 국가자원이 군사적 목적으로 지나치게 많이 전환되면, 장기적 측면에서 국력이 약해질 가능성도 높아진다. 넷째, 국가가 영토 정복이나 값비싼 전쟁 등 군사적 확장정책을 지나치게 추진하게 된다면, 팽창정책을 수행하는데 드는 막대한 비용이 팽창으로부터 얻을 수 있는 잠재적 이득보다 더 많아질 위험이 높아진다. 다섯째, 군사적 강대국은 사회의 경직성을 초래하고, 정책결정과정에서의 유연성을 떨어뜨려 잘못된 정책을 수정할 기회를 놓칠 우려가 있다.[55]

이와 같이 경제적 부에 힘입어 강대국이 되었던 국가가 군사적 과잉팽창으로 국력을 소진하게 되면서 결국 한 시대를 지배했던 강대국은 급성장하는 도전국에게 패권국의 지위를 이양하게 되는데, 케네디는 이런 현상을 제국의 과잉팽창(Imperial Overstretch)이라고 설명하면서, 16세기 서유럽의 강대국 흥망사는 이런 표상의 증거를 잘 보여주고 있다고 하였다. 즉 스페인, 네덜란드, 오스트리아, 합스부르크 왕가, 프랑스, 영국이 그러하였으며 최근의 미국도 예외가 아니라는 것이다.[56]

이 제국 과잉팽창설은 강대국의 흥망을 설명해 주는 이론으로서, 제국이 외부로 팽창하는데 드는 비용이 팽창으로부터 얻는 이익보다 많이 드는 경우 또는 팽창에 필요한 군사력 건설비용이 경제적 능력을 초과하는 경우 이를 과잉팽창이라고 하며, 이럴 경우 상대적 국력이 급격히 감퇴하여 제국이 붕괴된다는 것이다.

오간스키의 세력전이론은 도전자의 부상에 초점을 맞춘 반면 케네디의

55) Paul Kennedy(1987), 전게서, pp. xv~xxv.
56) 상게서, pp. 329~332.

제국 과잉팽창설은 지배국의 쇠퇴에 초점을 맞추고 있다는 점에서 관점의 차이가 있다.

다. 패권안정론

로버트 길핀은 세계체제에 패권국이 존재할 때 국제정치와 경제질서가 안정된다고 주장하였다. 길핀의 패권안정 이론은 국력증대 속도차이에 따라 나타나는 상대적으로 쇠퇴하는 패권국과 급부상하는 도전국간의 세력전이 과정과 전쟁 가능성 등에 대한 설명으로서 오간스키의 세력전이 이론과 유사하다. 다만 패권순환 과정을 구체적으로 제시하였다.

그의 패권론은 〈그림 2-2〉와 같이 국제체제가 4단계의 패권전이 과정을 거치면서 지속적으로 순환한다는 것이다.[57]

〈그림 2-2〉 길핀의 국제체제의 변화단계

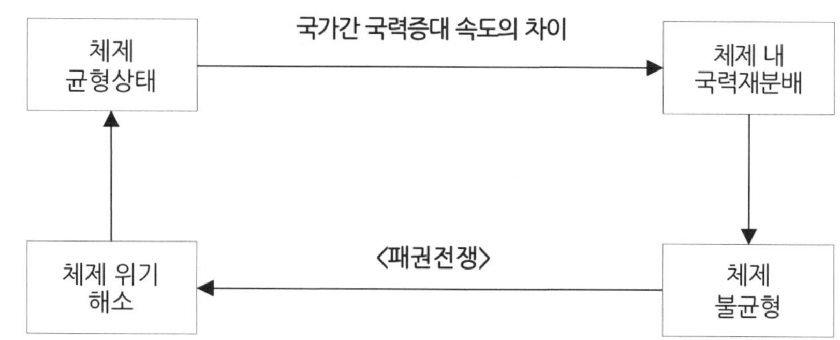

•출처 : Robert Gilpin, *War and Change in World Politics* (Cambridge : Cambridge University Press, 1981), p. 12.

1단계는 국제체제가 균형상태를 이루고 있는 단계이다. 이 단계에서는 패권국이 국제질서를 확립하는데 필요한 공공재들과 체제 내 헌법과 같은 게임의 법칙을 제공하고 질서를 유지해 나간다. 여러 강대국들도 패권국이

57) Robert Gilpin(1981), pp. 10~15.

제공한 영토적·정치적·경제적 국제질서에 만족하고 있는 상태이다.

2단계는 체제 내 국력의 재분배가 일어나는 상태이다. 강대국들 간에 경제적·군사적·기술적 능력의 성장속도 차이로 인해 국제체제 내에서 국력 재분배 현상이 일어난다. 쇠퇴하는 패권국과 급성장하는 강대국 사이에 국력증대 속도의 차이는 체제를 불균형 상태로 몰아넣는 원동력이 된다.

3단계는 체제가 불균형한 상태이다. 패권국의 쇠퇴와 다른 강대국들의 상대적인 급성장 현상은 체제를 불균형 상태로 몰아넣게 되며 패권국이 세운 정통성과 국제질서도 흔들리게 된다.

4단계는 패권국과 도전국의 패권전쟁 결과로 체제위기가 해소되는 단계이다. 도전국이 승리하여 새로운 체제의 질서를 수립하거나 패권국이 승리하여 기존의 질서를 회복함으로써 체제위기가 해소되고 균형상태를 회복하게 된다. 그러나 대개의 경우는 급성장하는 도전국이 승리한다.

길핀의 패권순환론은 국제체제 내 패권국과 도전국 간에 권력의 재분배 현상과 전쟁 불가피성에 집중되어 있다.

라. 장주기 이론

모델스키는 1494년 대양시대 이후 세계리더십의 변화에 대한 연구를 토대로 세계체제는 세계적 국가(World Power)와 지구적 강대국(Global Power)들간의 상호 역학관계에 의해 형성되고 붕괴되며, 그 기본적 과정이 반복적인 주기성과 진화성 모두에서 규칙성을 가지고 있다고 주장하였다.[58] 즉, 세계최강대국은 지구적 전쟁에서 승리한 강대국들 중에서 출현하며, 세계최강대국으로 등장한 강대국은 국제안보, 국제경제 등의 공공재를 공급하여 세계질서를 유지해 나간다. 그러나 산업화와 제도 또는 기술의 혁신으로 급성장한 국가가 도전국가로 부상하게 되어 세계국가와 투쟁을 하게 된다. 역사상 이러한 투쟁은 약 100년에서 120년의 일정한 간격으로 되풀이 되어 왔다.

---

58) George Modelski and William R. Thompson(1988), 전게서, p. xi, pp. 14~16.

즉 지난 500년 동안 포르투갈, 네덜란드, 영국, 미국이 세계 지도력을 인계 및 인수해 왔고, 이러한 능력을 갖추기 위해서는 약 100년에서 120년의 기간이 필요했던 것이다.

모델스키의 세계 리더십 모델은 동태적 모델로서 〈그림 2-3〉에서 보는 바와 같이 통상 4단계에 걸친 성장과 쇠퇴의 순환과정을 겪는다.

〈그림 2-3〉 모델스키의 패권순환 과정

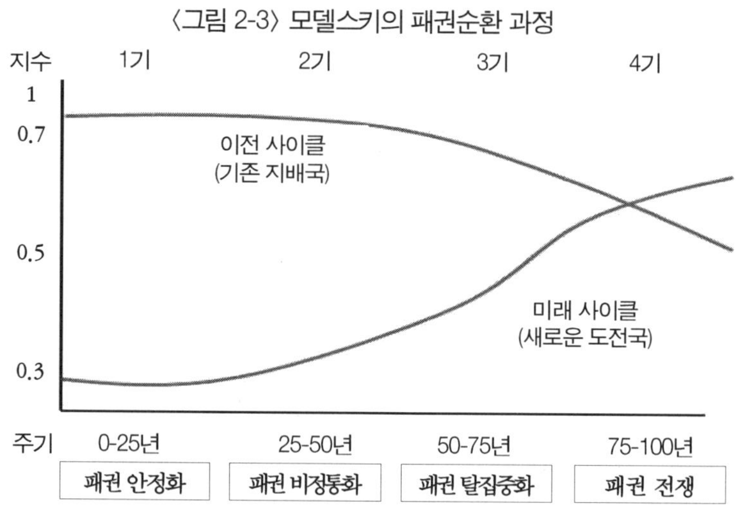

•출처 : Colin Flint, *Introduction to Geopolitics* (Roultedge, 2006), 한국지정학회 옮김, 『지정학이란 무엇인가』(서울 : 도서출판 길, 2009), p. 74. 참고하여 작성

1기는 세계최강국(World Power)의 지도력이 안정화(stabilization)되는 단계이다. 지구적 전쟁(global war)에서 승리한 강대국이 새로운 세계최강국으로 등장하여 세계권력을 장악하고, 체제안보, 국가간 영토권, 세계무역질서 등 새로운 질서를 구축하고 새로운 비전과 세계적 의제 등 새로운 프로젝트를 설정하며 이를 강제할 새로운 제도를 안착시킨다. 이때가 세계질서의 정통성이 가장 높고, 체제가 안정된 상태에 있는 시기이다.

2기는 세계 지도력의 비정통화(delegitimation) 단계이다. 세계최강국의 행위가 점차 자기 충족적으로 바뀌고, 시간이 갈수록 반대자가 증가한다. 세계 리더십의 정통성과 지도력이 서서히 약화되고, 대안적 의제의 비중이 점차 높아간다. 세계지도국의 선의도 무시되고 도전이 시작된다.

3기는 세계 지도력의 탈집중화(deconcentration) 단계이다. 정통성 하락 국면에서 시작된 도전이 더욱 많아지고 거세진다. 세계최강국은 물리적, 이데올로기적 능력을 강화하여 이러한 도전에 대응하지만, 도전은 더욱 잦아지고 때로는 폭력적이고 조직적인 캠페인으로 진행된다. 세계 지도력은 더욱 더 취약해지고, 지구적 강대국으로 부상한 국가들에게 권력이 분산된다. 이 세계최강국과 지구적 강대국 간의 도전과 응전의 회오리바람이 세계를 전쟁국면으로 이끈다.

4기는 지구적 전쟁(global warfare) 단계이다. 기존의 세계지도국가가 급성장한 지구적 강대국의 강력한 도전을 받아 대전쟁을 치루는 기간이다. 양대 세력을 중심으로 동맹국이 결성되고 여러 차례 전쟁과 갈등을 겪는다. 지구적 전쟁을 거치면서 세계질서를 강제할 물리적 능력과 이데올로기적 메시지를 갖춘 한 강대국이 등장하고, 다른 국가들로부터 세계지도국으로 인정받는다. 새로운 세계최강국의 탄생으로 새로운 체제가 정립된다.[59]

모델스키의 세계전쟁은 체제를 결정하는 도구적 성격을 가지고 있다. 모델스키에게 양차 대전은 영국의 뒤를 이어 누가 세계지도국이 되느냐를 결정하는 전쟁이었고, 미국은 신생 세계지도국이 되기 위한 기분 좋은 전쟁을 수행했던 것이다. 모델스키의 세계전쟁이 길핀의 패권전쟁과 다른 점은 신생 세계최강국은 도전국이 아니라, 세계최강국과 동맹이나 연대를 맺고 있는 세력 중에서 탄생했다는 점이다.[60]

---

59) George Modelski, "The Long Cycle of Global Politics and the Nation State," *Comparative Studies in Society and History*, No.20(1978), pp. 214~235 ; 김우상(2007), 전게서, pp. 243~244에서 재인용.

60) Colin Flint, *Introduction to Geopolitics* (Roultedge, 2006), 한국지정학회 옮김, 『지정학이란 무엇인가』(서울 : 도서출판 길, 2009), pp. 71~77.

4. 대양주의와 대륙주의 패권론

가. 대양주의 패권론

1) 마한(Alfred T. Mahan)의 제해권(command of sea)

제해권에 대한 이해는 고대로부터 현대에 이르는 역사를 통해 경험적 학습으로 얻어진 것이다. 제해권(thalassocracy : 바다의 지배)이란 용어는 기원전 5세기 경 부터 아테네에서 일반화되었는데, 같은 시기에 민주주의(democracy : 다수의 지배) 개념도 등장하였다. 문헌상 제해권 개념을 이론화시키기 시작한 것은 투키디데스와 헤로도토스였다. 해양의 역사가 지구적 대양개념으로 발전하면서 제해권 개념도 더욱 강화되고 확산되었으며 스페인, 포르투갈, 네덜란드, 영국 등이 이를 교과서로 삼았다. 중세 상업화 시대에 들어서자 영국의 롤리(Sir Walter Raleigh, 1552~1618) 경은 "바다를 지배하는 자가 세계무역을 지배하고 세계무역을 지배하는 자가 세계의 부를 지배할 것이며 궁극적으로 전 세계를 지배할 것이다"라는 명언을 남겼고, 베이컨(Francis Bacon, 1561~1626)은, 그의 저서 『에세이』(*Essays of the True Greatness of Kingdoms and Estates*, 1625)에서 "제해권이란 위대한 자유권(Great Liberty)이다. 제해권은 원하는 것을 원하는 만큼 쟁취할 수 있게 해준다."고 주장하였으며, 베이컨의 권면을 받은 토마스 홉즈(Thomas Hobbs, 1588~1679)는 1628년 투키디데스의 저서에 대한 정력적인 번역에서부터 그의 저술활동을 시작하였다.[61]

따라서 제해권을 주장한 것은 마한(A. T. Mahan, 1840-1914)이 처음이 아니었다. 그러나 그는 제해권이 국가를 부강하게 만들었다는 역사적 사실을 규명하고 이를 이론으로 정교화시키는데 획기적 업적을 남겼다. 마한은 미국의 대륙횡단 철도가 대륙의 서부 끝단에 이르게 되자, 미국이 강대국으로 성장

61) George Modelski and William R. Thompson(1988), 전게서, pp. 4~8.

하기 위한 방안으로 대륙 너머로의 확장전략을 고려하였다. 그는 이를 위해 두 가지 관점에서 접근하였다. 하나는 역사학적 접근으로 다른 사람이 주목하지 못했던 해양의 역사에서 국가발전에 교훈이 될 수 있는 일반적 법칙을 찾아내는 것이었다. 다른 하나는 지정학적 접근으로 국가가 가지고 있는 환경과 자원을 어떻게 효율적으로 활용할 것인가를 찾아내는 것이었다. 그 해답은 바로 제해권이었다.

마한의 역사적 접근은 해양력이 지상의 역사에 어떠한 영향을 끼쳐왔는가를 보여주는 것이었다. 그는 해양력의 역사는 바다에서 또는 바다에 의해 국민을 위대하게 만드는 모든 경향을 망라하고 있지만 대체로 군사적인 역사라고 하면서 해군 역사는 제해권 투쟁의 역사였고 이 투쟁에서 승리한 나라가 부강한 나라가 되었다는 결론을 도출하고, 바다는 모든 인류가 공유하는 광대한 공동체이자 세계 어디로든지 접근할 수 있는 거대한 고속도로서 한 국가의 경제발전은 물론 국가안보에서도 중요한 역할을 수행해 왔기 때문에 바다를 지배하는 제해권 전략이 바로 미국이 추구할 전략이라고 주장하였다.[62]

마한의 지정학적 접근은 미국의 대륙 개척 역사가 막을 내림에 따라 미국이 대륙의 한계를 넘어 세계 강대국으로서 역할을 찾아야 할 때라고 인식하면서 시작되었다. 그는 지정학적으로 세계를 이분법적 틀로 구성하였다. 지구는 해양과 대륙으로, 대륙은 북반구와 남반구, 동반구와 서반구로 구성되어 있고, 그 핵심은 북반구의 유럽이라고 보았다. 마한은 미국을 지구의 서반구(서양)에 위치한 것으로 보았고, 러시아를 동반구(동양)의 지배적인 대륙세력으로 보았다. 따라서 미국을 유럽 강대국의 권력과 문명을 확산하는 전방기지로, 태평양 연안과 도서들을 대서양-유럽 영역의 확장지대로 인식하였다.[63] 그래서 미국의 필리핀, 하와이, 괌, 푸에르토리코의 병합과

---

62) A. T. Mahan, *The Influence of Sea Power upon History 1660-1783* (Boston : Little, Brown and Company, 1890), p. 1.

63) Neil Smith and Jan Nijman, "Alfred Thayer Mahan," in *Dictionary of Geopolitics*, John O'Loughlin, ed.(Westport, Conn. : Greenwood, 1994), pp. 156~158.

파나마 운하의 통제, 쿠바에 대한 보호감독을 강력히 주장하였다. 마한은 세계분쟁을 일으키는 중요한 지역은 러시아의 지상력과 영국의 해양력이 맞부딪치는 위도 30~40도 사이에 있는 아시아 지역이라고 보았다. 그는 미국, 영국, 독일, 일본 등이 러시아와 중국에 공동으로 대항할 목적을 갖게 될 것이라고 예견하였는데[64] 이 예측은 냉전시대의 동맹체제와 오늘날의 세계정세를 미리 예견한 셈이 되었다.

마한은 국제 경쟁력이 이동능력에 있다고 보고, 해상운송이 어떤 경우든지 지상운송보다 훨씬 쉽고 비용이 적게 들기 때문에 해상세력이 지상세력보다 유리하고, 해상무역이 국부의 지름길이라고 생각하였다. 그래서 매킨더의 견해와는 정반대로, 마한은 러시아가 공격당할 수 없는 견고한 지리적 위치를 차지하고 있지만 육지로 갇혀있기 때문에 해양을 이용할 수 있는 국가보다 불리할 것이며, 그래서 결국 세계지배는 유라시아를 포위한 핵심기지를 가지고 있는 앵글로-아메리칸이 가지게 될 것이라고 예견하면서, 유라시아 대륙세력을 견제하기 위해서는 미국과 영국과의 동맹이 필요하다고 주장하였다. 당시 지배적인 영향력을 가진 영국 해군과의 충돌을 피하면서 미국의 세계적 영향력을 증대시키고자 한 것이다.[65]

마한은 제해권을 전략적 체계 즉, 목표와 수단과 방법의 논리체계로 구체화시켰다. 마한의 제해권 개념은 우군의 자유로운 바다 사용은 보장하는 반면 적 또는 잠재적 적군의 그러한 바다 사용을 거부하는 것이었으며, 바다 사용의 핵심은 해상교통로의 이용이었다. 제해권의 목적은 두 가지였다. 하나는 경제적 이익, 즉 자유로운 해상통상을 보호하여 국부를 증진시키는 것이고, 다른 하나는 군사적 이익, 즉 자유로운 해양의 사용을 보장하여 전쟁에서 승리를 쟁취하는 것이었다. 제해권을 쟁취하기 위한 핵심수단

---

64) Alfred T. Mahan, *The Problem of Asia and its Effect upon International Policy* (Boston : Little Brown, 1900), pp. 21~26. pp. 63~125.

65) Saul Bernard Cohen, *Geopolitics : The Geography of International Relations* (Maryland Lanham : Rowman & Littlefield Publishers Inc, 2009), pp. 19~20.

은 강력한 해군력과 이를 지원하는 신뢰성 있는 전방기지(항구)였다. 특히 전략적 중앙의 위치와 교통이 밀집되는 병목지역의 선점을 중요하게 생각하였다. 제해권을 쟁취하기 위한 방법으로 마한은 주력 함대의 결전을 가장 중요하게 여겼으며, 봉쇄는 적이 결전에 응하도록 강요하는 부차적인 수단으로 보았다. 바로 이러한 이유 때문에 마한을 대양주의자 또는 결전주의자로 부르게 되었다.

한편, 심프슨(Mitchell Simpson III)은 마한이 우리에게 준 또 하나의 업적으로서 전쟁을 전략적으로 분석할 이론적 틀을 제공하였다는 점을 지적하였다. 그는, 마한이 역사적 전쟁을 네 가지 범주, 즉 ① 전쟁의 성격과 우선순위 ② 전쟁에서 얻고자 하는 요망효과와 목표 ③ 요망효과와 목표를 달성할 수 있는 전략 ④ 적이 전쟁에서 얻고자하는 요망효과 또는 목표를 달성하지 못하도록 저지하는 전략 등으로 구분하여 전략적으로 분석하였고, 전술적 목표들은 이들 전략의 요망효과 달성에 기여해야 한다는 점과 정부의 역할을 강조하였다고 평가하였다.[66]

마한의 위대한 업적 중 하나는 해양력(Sea Power)[67] 개념을 정립한 것이었다. 마한은 국가 해양력을 한 국가의 바다를 자유롭게 이용하고 통제할 수 있는 능력으로 보았고 그 핵심수단도 제해권 확보를 위한 군사적 수단(naval fleet) 뿐만 아니라 제해권 행사를 위한 상업적 수단(merchant fleet)까지를 포함하여 포괄적으로 이해하고 있었다. 그래서 그는 해양력을 지탱하는 연결고리로 ① 교역을 요구하는 생산, ② 교역품을 운반하는 해운, ③ 해운을 확대하고 보호해 주는 안전한 거점을 제공해주는 식민지라고 하면서 이 고리가 해양국가의 정책과 역사의 중요한 열쇠라고 하였다. 또한 그는 해양력에 영향을 미치는 중요한 조건들로서 ① 국가의 지리적 위치 ② 자연조건의 물리

---

66) B. Mitchell Simpson III, *The Development of Naval Thought Essays by Herbert Rosinski* (Newport, Rhode Island : Naval War College Press, 1977), pp. ix~xvi.

67) 마한은 해양력을 표기하면서 기존의 'maritime power'나 'maritime strength'라는 용어 대신 'sea power'란 용어를 최초로 사용하여 해양의 역할을 강조하고자 하였다.

적 형태 ③ 영토의 크기 ④ 인구의 규모 ⑤ 국민성 ⑥ 정부의 성격 등을 제시하여[68] 국가 해양력이 지니고 있는 포괄성과 통합성을 강조하였다.

마한의 세계환경에 대한 인식은 여러 가지 방법으로 맥킨더와 스피크먼 등 지정학 학자뿐만 아니라, 아시아와 남미를 포함한 세계 여러 나라의 해양전략 사상에도 많은 영향을 주었다. 특히 대양해군 전략(blue water strategy)의 전도사로서 그의 저술은 독일 황제 빌헬름 2세의 해군정책에 결정적 영향을 미쳤고 대륙국가 미국을 해양국가로 변모시키는데 결정적 기여를 하였으며, 맥킨리(William Mckinley, 1843~1901)와 루즈벨트(Theodore Roosevelt, 1858~1919) 행정부의 외교정책에도 큰 영향을 주어 미국의 고립주의를 종식시키는데 기여하였다.

2) 모델스키의 해양력(Sea Power)

모델스키는 1494년 대항해시대 이후 500여 년간 세계 지도력을 쟁취하기 위한 지구적 전쟁이 100~120년 주기로 5번이 있었으며, 이 장주기와 해양력과의 관계를 연구한 결과 다음과 같이 다섯 가지 가설을 입증할 수 있었다고 하였다. 첫째, 현대 세계체제에서 최강대국은 모두 대양국가였다. 대양국가란 대륙을 연결한 해양에서 제해권을 행사하는 국가를 말한다. 둘째, 세계 지도력 변화는 세계체제 내에서 해양력의 분포와 깊은 연관성을 갖고 있는데 세계 지도력의 이양은 바로 제해권의 이양을 의미하였다. 특히 지구적 개입능력(global reach)을 제공해 주는 해양력은 세계 지도력을 행사하는 핵심 수단이 되었다. 셋째, 세계 지도력을 쟁취하기 위한 모든 지구적 전쟁은 결정적으로 해전이었다. 지구적 전쟁은 대륙 사이의 전쟁이기 때문에 기본적으로 대양의 전투였다. 넷째, 지구적 전쟁의 발발 원인도 해양력에서 비롯되었으며, 전쟁수행과정에서도 해양력이 결정적인 역할을 하였다. 다섯째, 현대 해양력의 발달은 장주기에 걸친 하나의 학습과정으로서 혁신과 밀접한 관계

---

[68] A. T. Mahan(1890), 전게서, pp. 25~89.

를 맺고 있다. 그 중에서도 해군의 혁신은 세계체제에 큰 변화를 가져왔다.

모델스키는 지구적 개입능력을 갖지 않은 국가는 세계 초강대국이 될 수 없다고 주장하면서 지구적 개입능력이란 대양을 횡단하여 상대편 대륙에 자국의 영향력을 뻗칠 수 있는 능력을 의미하며, 해양력만이 이러한 능력을 제공할 수 있다고 강조하였다. 즉, 해양력은 근대 세계정치체제에서 필수적 요소이기 때문에 해양력 특히 해군의 구성과 운용에 대한 체계적인 지식은 세계정치를 이해하는데 기본이 된다는 것이다.[69]

〈표 2-4〉 장주기와 세계전쟁

세계리더십 장주기	세계강대국과 동맹 (주요 지원국가)	세계전쟁	도전강대국과 동맹 (주요 지원국가)
1500년대	포르투갈+스페인 (영국)	이탈리아 및 인도양 전쟁(1494~1516)	프랑스
1600년대	네덜란드+영국+ 프랑스	네덜란드 스페인 전쟁(1580~1608)	스페인
1700년대	영국+네덜란드	루이 16세 전쟁 (1688~1713)	프랑스 (스페인, 러시아)
1800년대	영국+러시아	나폴레옹 전쟁 (1792~1815)	프랑스 (네덜란드, 스페인)
1900년대	미국+영국+ 프랑스+러시아	제1차·제2차 세계대전(1914~1945)	독일 (일본)

·출처 : George Modelski and William R. Thompson, *Seapower in Global Politics 1494~1993* (Seattle : University of Washington Press, 1988), p. 16.

모델스키가 이처럼 해양력을 세계체제를 지배하는 핵심수단으로 주장하는 근거는 다음과 같다. 첫째, 역사적 사실로 입증된 것으로 제해권은 새로운 세계질서를 구축하는 토대이며, 지구정치를 독점적으로 통제할 수 있게 해 준다는 것이다. 그의 장주기 이론에 따르면 〈표 2-4〉에서처럼 15세기

69) George Modelski, *Long Cycles in World Politics* (New York : Macmillan Press, 1987), George Modelski and William R. Tompson, *Sea Power in Global Politics, 1494~1993* (Seattle : University of Washington Press, 1988).

대양 탐험시대 이후 세계를 주도한 패권국은 포르투갈, 스페인, 네덜란드, 영국, 오늘날 미국에 이르기까지 모두 해양국가였는데, 이들 국가들은 모두 해군 예산과 주력함정 척수를 측정한 결과 세계 해양력의 50% 이상을 차지하였다는 것이다.

즉, 세계 최강대국은 압도적인 해양력을 보유하고 있었으며 마한이 의미하는 제해권을 행사할 수 있는 능력을 가지고 있었다. 더구나 현대의 세계체제는 대양을 넘어 지구촌화됨으로써 성격적으로나 중요성 측면에서 하나의 대양체제이기 때문에 세계를 지배하는 국가는 엄밀한 의미에서 해양세력이 아니라 대양세력이라는 것이다.

둘째, 세계패권을 쟁취하기 위한 지구적 전쟁(global warfare)은 결정적으로 해군 전투라는 것이다. 세계 리더십을 행사하기 위해서는 제해권 확보가 필수적이었기 때문에, 지구적 전쟁을 촉발하는 원인도 제해권 문제나 해양교통의 문제와 관련될 수밖에 없었다. 실제로 지구적 전쟁이 발생하여 전투를 수행함에 있어서도 해양전투는 결정적이었으며 이는 지구적 전쟁 이전의 여건조성 작전인 경우에도 마찬가지였다. 강대국들이 비록 대륙적 또는 지역적 차원의 승리를 하였다 할지라도 해양전투에서 실패한다면 지구적 수준에서 승리를 기대할 수 없다. 더구나 해양력은 제2차 세계대전 이후 항공력, 핵, 유도탄과 결합하게 됨으로써 세계적 도달능력을 향상시켰으며, 모든 전투 국면에서 궁극적 승리의 전제조건이 되었다. 따라서 해양력이 지구적 전쟁의 핵심 성분으로 간주되어야만 한다는 것이다.

셋째, 해양력은 패권경쟁과 패권체제 유지에 가장 적합한 군사력이라는 것이다. 세계체제는 내부적으로 바다를 통해 연결된 하나의 광대한 대양체제이며, 이를 통제하기 위해서는 지도력 즉 힘과 이 힘을 전달할 매개체와 전 지구에 도달할 능력이 필요한데 이러한 조건을 모두 만족시킬 수 있는 것이 바로 해양력이다. 또한 해양력은 세계질서 유지의 필수적 요소이다. 세계체제에 대한 통제는 영토적 정복을 의미하는 것이 아니며, 다른 국가의 내부나 지역 내의 모든 문제를 통제하는 것도 아니다. 세계정치 구조와 지구적 문제를 해결하는 제도와 규칙을 설정하고, 이를 실행시키며, 위반자에게는 징벌적 조치를 가하는 체제이다. 해양력은 이러한 기능을 수행하는데 가장 적합한 군사력이며, 세계질서에 대한 감시와 감독 기능, 위반과 도전에 대한 예방과 억제 기능, 도발 시 강압과 징벌 기능 등을 수행할 수 있다. 따라서 세계지도력과 해양력은 직접적인 관계를 맺고 있다는 것이다.

모델스키는 역사에 기초하여 해양력의 역할을 재조명하였지만 마한과 마찬가지로 인과관계의 규명보다는 서술적 묘사의 성격을 가지고 있다. 또한 과학기술의 발달로 지구접근성의 강도와 속도 면에서 해양력을 대체할 수단들이 개발됨으로써 지구 접근성의 의미를 재정립할 필요가 있다는 문제도 제기되고 있다. 즉, 지구전역 상시 감시체계(위성), 지리공간 정보관리 체계, 무인 초음속 크루즈체계, 지구 어디에라도 적시적 타격이 가능한 공격체계 등의 발전은 지구접근성의 영역과 성격을 변모시킬 수도 있다는 것이다.[70]

나. 대륙주의 패권론

1) 맥킨더의 심장부 이론(heartland theory)

지정학은 영토 전략의 실행과 표상이며, 전 세계를 투명한 공간으로 보는 방식을 제공해 준다. 지정학을 학문과 현실의 영역으로 도입한 맥킨더(Halford Mackinder, 1861~1947)는 지리적 현실을 사람과 상품과 아이디어의 효율적인 이동과 장소의 집중성이 주는 이점의 관점에서 보았다.[71] 그는 지난 4세기 동안의 콜럼버스 시대에 유럽 강대국들이 누렸던 해외탐험과 정복의 시대는 이제 정복할 땅이 별로 남지 않았으므로 지금까지의 해외팽창주의도 내적 발전으로 대체될 것이며 대륙횡단 철도시대의 효율성을 바탕으로

70) Colin Flint(2006), 한국지정학회 옮김(2009), 전게서, pp. 94~97.
71) Saul Bernard Cohen(2009), 전게서, pp. 38~43.

부상하는 유라시아 대륙국가들이 영국의 최대 위협이 될 것이라고 생각하였다.[72] 또한 그는 유라시아 내륙의 거대한 저지대(Great Eurasian Lowland)는 시간과 접근성에서 선박보다 비교 우위에 있는 철도가 발달되고 해양력이 관통할 수 없기 때문에 세계를 지배하는 기반이 될 것이라고 주장하고 이 개념을 토대로 1904년 유라시아 대륙의 내륙지역이 세계정치의 주축지역(pivot area)이 될 것이라는 이론을 전개하고, 대륙세력(land power : 러시아, 독일, 중국, 특히 독일과 러시아의 동맹)이 해양세력을 추월할 것이라고 예측하였다.[73]

이어 맥킨더는 1919년 *Democratic Ideals and Realities*를 저술하면서 인구증가, 지상수송과 산업화의 발전 등을 고려하여 유라시아의 전략적 내륙지역(Inner Eurasia`s Strategic Annex)을 발틱해를 거쳐 동유럽까지 확대하고 이를 심장부지역(heart land)이라고 부르면서,[74] 그 유명한 격언, "동유럽을 지배하는 자가 심장지역을 지배하고 심장지역을 지배하는 자가 세계섬을 지배하며 세계섬을 지배하는 자가 세계를 지배한다"는 이론을 발전시켰다.[75] 맥킨더는 해양국가인 영국이 세계 주도국가로서 갖고 있는 지위가 흔들릴 것을 예상하면서 세계지배의 중요한 열쇠는 독일과 슬라브 국가들 간의 연대 또는 독일이나 러시아로 접근할 수 있는 중구 유럽(Mitteleuropa)에 있기 때문에 이에 대비하여 서유럽과 북미가 하나의 국가공동체를 구성할 것을 촉구한 것이었다. 지금으로 말하면 북대서양기구의 전신과 같은 것이다.

그러나 그는 1943년 "The Round World and the Winning of the Peace"라는

---

72) 당시 세계의 대륙횡단철도는, 1869년 미국 동-서부 Union Pacific, 1896년 유럽-아시아의 Berlin-Anatolia-Baghdad, 1905년 러시아 TransSiberian 철도 등이 있었다.

73) Halford Mackinder, "The Geopolitical Pivot of History," *Geographical Journal 23,* No.4 (1904), pp. 421~444, Saul Bernard Cohen(2009), 전게서, p. 13에서 재인용.

74) 원래 심장지역(Heartland)이라는 용어는 맥킨더 심장부 이론이 나오기 4년 전인 1915년 영국 지리학자 페어그리브(James Fairgrieve)가 유라시아를 지배하기에 가장 좋은 위치는 중국이라고 하면서 이 지역을 심장지역이라는 용어로 설명하였다. James Fairgrieve, *Geography an World Power* (London : University of London Press, 1915), pp. 329~346 ; Saul Bernard Cohen(2009), 전게서, p. 16에서 재인용

75) Halford Mackinder, *Democratic Ideals and Reality* (London : Constable, 1919), pp. 265~278. 그는 심장지역을 기존의 주축지역, 내부 초생달 지역, 외부 초생달 지역으로 구분하였다.

논문에서 제2차 세계대전 이후 세계질서 형태를 분석하고 세계가 다섯 개의 세력단위로 구성되어 지리적 균형을 유지할 것으로 예측하였다. 그는 유럽대륙 중앙을 가르는 북대서양 국가조합(Midland Ocean)과 아시아 심장국가가 힘을 합쳐 독일의 미래 야망을 억지하고, 몬순지대인 인도와 중국이 세계체제에서 제3위의 균형세력으로 발전할 것이며, 균형 과정에서 남대서양과 경계를 맺고 있는 대륙국가들이 제4위의 세력단위로 성장할 것이고, 사하라에서 중앙아시아 사막으로 뻗어있는 지표의 거주 공백지대가 인류사회를 분리시키는 장벽 역할을 하고 있지만 제5의 세력단위를 형성할 것으로 보았다. 이 장벽지대는 언젠가는 고갈될 자원을 대체할 태양에너지를 제공할 지역으로 생각하였던 것이다.[76)]

맥킨더가 제시한 1904년, 1919년, 1943년간의 심장지역의 범위에 대한 변천과정은 그의 지구관에 대한 변화과정을 보여 준다. 그가 제시한 핵심지역(pivot area) 개념은 지상권력의 기동범위와 같은 지리적 이동영역의 개념에서 벗어나 인구, 자원, 기술 그리고 내선에 뿌리를 둔 권력 아성의 개념으로 변경되었다. 즉 맥킨더의 세계지도 개념은 각 지역마다 자연적, 인간적 자원을 토대로 구성된 지역의 독특성을 가지고 있음을 인정하고, 이 지역의 다중성을 고려한 균형된 세계개념을 도입한 것이었다.

마한의 영향을 받았던 맥킨더는 지구 지정학을 하나의 닫힌 체제로 보았고 그 갈등의 주요 축은 대륙세력과 해양세력 사이에 존재한다고 생각하였다. 맥킨더는 과거에는 해양세력이 더 유리하다고 믿었지만 대륙 철도의 도입으로 대륙세력이 유리해졌고 특히 강대국이 대륙의 심장지역을 지배하고 조직화할수록 더욱 더 유리해 질 것으로 보았다. 소련 영토의 중심부에 해당하는 심장지역 이론을 발전시키고 동맹의 중요성을 강조하였던 맥킨더의 지정학적 견해는 지난 50년간 강대국들의 국가전략과 정책을 수립하

76) Halford Mackinder, "The Round World and the Winning of the Peace," *Foreign Affairs 21*, No. 4(1943), pp. 595~605, Saul Bernard Cohen(2009), 전게서, p. 16에서 재인용.

는 자들에게 지적 토대를 제공하였고, 양차 세계대전을 일으킨 독일의 지정학과 냉전 시 서방의 봉쇄정책에도 영향을 미쳤다. 미국의 봉쇄정책은 맥킨더의 1904년과 1919년의 심장지역에 기초하고 있고, 탈냉전 시 미국의 세력균형 정책은 1943년의 견해와 많이 일치한다.

2) 미어샤이머의 지상력(land power)

공격적 현실주의 이론을 창시한 미어샤이머는 힘의 정치인 국제사회에서 가장 큰 영향력을 가진 권력자원은 군사력임을 강조하고, 특히 지상군 신봉자로 잘 알려져 있다. 미어샤이머에게 패권경쟁의 핵심수단은 대륙을 지배하는 지상력이었으며, 이에 따라 해·공군력은 지상력을 지원할 때에만 의미가 있었다. 그는 국제정치에서 권력이란 한 국가가 가지고 있는 군사력의 산물이고, 현대세계에서 권력으로 유용한 군사력은 육군, 독립적 해군, 전략공군, 핵무기 등 네 가지가 있지만 그 중에서도 가장 압도적인 형태의 군사력은 지상력이라고 주장하였다.[77]

그는 지상력이 패권경쟁의 핵심수단이며, 지상력을 측정하는 것이 강대국들 간의 상대적 힘을 측정하는 건전한 지표가 될 수 있다고 주장하였는데 그 근거는 다음과 같다.

첫째, 대륙 사이에 있는 광대한 대양이 강대국 사이의 차단벽 역할(stopping power of waters)을 해 주기 때문에 강대국 간에는 해상전보다는 지상전의 가능성이 높고, 따라서 해군보다는 육군이 결정적인 역할을 한다는 것이다. 대륙강대국이 지구상의 거대한 대양 너머로 전력을 투사할 수 있는 능력보다 상대편 대륙 강대국의 방어능력이 더 우수하기 때문에 대륙 강대국 간에는 상대방을 공격할 수 없고, 이런 전쟁은 역사상 존재하지 않았다는 것이다.

둘째, 패권경쟁의 핵심은 영토를 정복하는 능력이며, 이러한 임무 수행

---

77) John J. Mearsheimer, *The Tragedy of Great Power Politics* (NewYork : W.W. Norton & Company, 2001).

에 가장 적합한 군대는 육군이라는 것이다. 땅을 점령하고 통치하는 것은 영토국가들로 이루어진 세계에서 최상의 정치적 목표이자 모든 국가가 가장 두려워하는 생존의 문제인데 육군은 땅을 정복하고 통치하는 주요 군사력인 반면, 해군과 공군은 지상을 통제해야 하는 영토 정복 임무에는 적합하지 않기 때문에 전쟁에서는 육군이 가장 중요하다는 것이다.

셋째, 해군이나 공군은 신속하게 결정적 승리를 이끌어 내지 못하기 때문에 전쟁의 승패는 지상군의 결정적 전투에 의해서 판가름 난다는 것이다. 미어샤이머는 지상력이 결정적인 군사적 수단이며, 전쟁의 승리는 육군 전투부대에 의해서 얻어지는 것이라고 하였다. 해군의 봉쇄나 공군의 전략폭격이 적의 육군이 궤멸되기 전에 항복할 것을 강요할 수도 있고, 또한 적국의 경제를 파탄시켜 전쟁수행능력과 시민의 전쟁의지를 약화시켜 적의 항복을 받아내는데 기여할 수도 있지만, 강대국은 이러한 강압적인 수단에 굴복하지 않으며, 강대국 간 전쟁에서 이런 간접적인 방법이 승리로 귀결된 적도 없었다는 것이다.

미어샤이머의 지정학적 견해는, 모델스키가 세계를 하나의 해양체제로 본 것과는 달리, 세계를 해양의 장벽으로 인해 분할된 여러 대륙으로 구성된 지역체제로 보았다. 대륙 내에서의 강대국간 경쟁목표는 지역패권이고 이를 실행할 핵심수단은 바로 지상력이라는 그의 주장은 패권전쟁을 장기적으로 국가의 전 역량을 집중시켜 치르는 총력전의 개념이 아니라 결정적·단기적 지상전투의 결과로 보는 전술적 시각을 보이고 있다.

다. 대양주의와 대륙주의의 비교

지금까지 살펴본 대양주의와 대륙주의의 패권에 대한 견해를 비교해 보면, 〈표 2-5〉에서 보는 것처럼 우선 마한은 세계를 지배하는 힘의 중심(COG, Center of Gravity)이 해양이 있다고 보고 해양에 대한 통제력, 즉 제해권을 확보해야 세계적 강대국이 될 수 있다고 주장하고 해양력을 제해권 확보의 핵심 수단으로 보았다. 반면 맥킨더는 세계권력의 중심이 대륙의 심장부에 있다고 보고 이 심장부와 연결된 주변 교통지대를 통제하여야 한다고 주장하였다. 이처럼 마한과 맥킨더는 세계체제가 대륙과 해양으로 구성되어 있다는 지정학적 세계관에 대해서는 서로 비슷한 한 점이 많았지만, 각자의 조국이 처한 상황에 대한 인식의 차이와 육상교통과 해상교통의 비교우위에 대한 견해 차이로 말미암아 정반대의 결론을 내렸다.

〈표 2-5〉 마한과 맥킨더의 견해 비교

구분	맥 킨 더	마 한
목표	영국의 지속 성장	미국의 지속 성장
상황	영국 경제성장 둔화, 전통질서 혼란, 유라시아 대륙철도 부설, 독일통일	미국 대륙 서부개척 완료 유럽 열강의 대서양·중남미 지배
위협인식	대륙(러시아-독일 연대)	대륙(러시아-중국 연대)
패권중심	대륙(유라시아 심장지역)	해양(제해권)
패권수단	우세한 육상교통망	우세한 해상교통망
대외정책	영·미 연합+대륙개입	영·미 연합+대륙봉쇄

즉, 맥킨더는 세계중심이 영국의 해양시대에서 유럽의 대륙시대로 이전되는 것을 우려하고 이를 경고하기 위하여 심장부 이론을 개발하였던 반면에, 마한은 미국의 지속적인 발전을 위해 대륙시대에서 해양시대로의 전환을 주장하였던 것이다. 그러나 마한이나 맥킨더 공히 유라시아 대륙세력이 해양으로 진출하는 것을 자신들의 조국인 영국이나 미국에게 가장 큰 위협으로 인식하고 있었다는 공통점을 지니고 있었다. 결론적이지만 양차 세계대전을 겪으면서 나타난 세계의 권력구조를 보면, 영국의 쇠퇴와 소련의 부상은 맥킨더의 예견에 부합되는 반면, 소련의 쇠퇴와 미국의 부상은 마한의

견해와 부합되고 있다.

그레이(Colin S. Gray)와 바넷(Roger W. Barnett)은 바다와 땅에 대한 변함없는 지정학적 차이점, 즉 땅은 인류의 천혜의 서식지인 반면에 해양은 인류에게 적대적인 환경이라는 인식은 인간의 사고에 중요한 영향을 미쳐왔다고 하였다.[78] 그러나 고대 아테네의 페리클레스(Pericles, B.C. 495~429)는 "우리 앞에 있는 세계전체를 바다와 땅 두 부분으로 나누어 볼 수 있지만, 이 둘은 모두 인류에게 가치있고 유용한 것이다"고 하였고 더 나아가 페르시아를 물리친 아테네 지도자 테미스토클레스(Themistocles, B.C. 524~459)는 "바다를 지배하는 자가 모든 것을 지배한다."[79]고 하였다.

미어샤이머는 전자의 견해를 따라 해양을 적대적 환경으로 보았다. 인류는 바다에 사는 것이 아니라 육지에 살고 있기 때문에, 지상이 모든 힘의 근원이며 지상에 대한 통제는 민족국가와 정치를 구성하는 원칙이고 지상통제권의 치명적 중요성을 해상통제권과는 비교할 수 없으며, 역사적 관점에서 보더라도 모든 분쟁은 대부분 영토에 대한 배타적 통제권을 두고 발생하였고, 따라서 세계정치는 대륙의 정치라는 견해이다.[80]

반면에 모델스키는 후자의 견해를 따라 세계를 하나의 대양체제로 보고 세계국가가 되기 위해서는 대양체제를 지배할 수 있어야 한다고 주장하였다. 한 국가의 권력이란 세계 전역의 중요 사건에 대해 얼마나 영향력을 행사할 수 있느냐의 능력을 말하는데, 바다는 세계로 나가는 국가권력의 통로로서 역할을 해 왔고 역사적으로 돌이켜 볼 때에도, 이런 영향력은 대양을 통제해야만 행사할 수 있었다는 것이다. 따라서 해양력은 지구적 개입능력

78) Colin S. Gray, Roger W. Barnett, eds., *Seapower and Strategy* (Annapolis Maryland : United States Naval Institute Press, 1989), p. ix.

79) Robert D. Hein, *Dictionary of Military and Naval Quotations* (Annapolis : Naval Institute Press, 1981), p. 78.

80) Roger Barnett, "Maritime and Continental Strategies ; an Important Question of Emphasis," Colin S. Gray, Roger W. Barnett, eds.(1989), 전게서, p. 355.

이자 세계패권 경쟁과 패권체제 유지의 핵심 수단으로서 세계국가의 권력은 대양을 통제할 수 있는 능력의 집중도로 측정이 가능하다는 견해이다.

〈표 2-6〉 미어샤이머와 모델스키의 견해 비교

구분	미어샤이머	모델스키
지정학적 세계관	해양과 대륙의 이분체제	대양을 통한 통합체제
해양에 대한 인식	대륙간 장벽 (Stopping power)	대륙간 통로 (Global reach)
세계체제	대륙중심 분할체제	해양중심 통합체제
권력 핵심자원	군사력	군사력
패권방법	영토정복	체제지배
패권수단	지상력(육군)	해양력(해군)

인류가 고대도시국가-근대민족국가-세계화국가 체제로 발전해오면서 바다는 국가 간 정보와 사람과 상품과 혁신적 아이디어가 거래되는 공동시장 역할을 하였고, 이 바다를 통제하는 자가 세계를 지배해 왔다. 따라서 세계패권 전쟁은 제해권을 확보하기 위한 해군의 전쟁이었다. 역사적으로 포르투갈, 네덜란드, 영국, 베니스, 오만 등과 같이 제한된 국토와 적은 인구, 빈약한 자원, 특히 취약한 육군을 가진 국가가 어떻게 성공한 나라가 되었는지를 설명할 수 있는 것은 유일하게 해양력 뿐이다.[81] 더구나 세계화된 지구촌 세계에서 해양은 더 이상 장벽으로 남아있을 수 없게 되었다. 그러나 대양주의자나 대륙주의자 모두가 공통적으로 지향하는 방향은 육지의 안전과 번영을 추구하고 있다는 사실이다. 즉, 뱃사람이 바다로 멀리 나갈수록 땅을 더욱 그리워하는 것처럼 대양주의자들이 더 먼 바다로 활동무대를 확장할수록 그들의 지향점과 목표는 바로 육지를 더 강하고 부하게 만들고자함에 있었다.

81) Geoffrey Till, *Seapower : A Guide for the Twenty-first Century*(London : Routledge, 2009), 배형수 역, 『21세기 해양력』(서울 : 한국해양전략연구소, 2011), pp. 65~66.

3장

패권경쟁과 해양력

1. 패권경쟁에서 해양력의 역할에 관한 연구들
2. 해양력의 개념과 역할
3. 패권경쟁에서 해양력의 역할

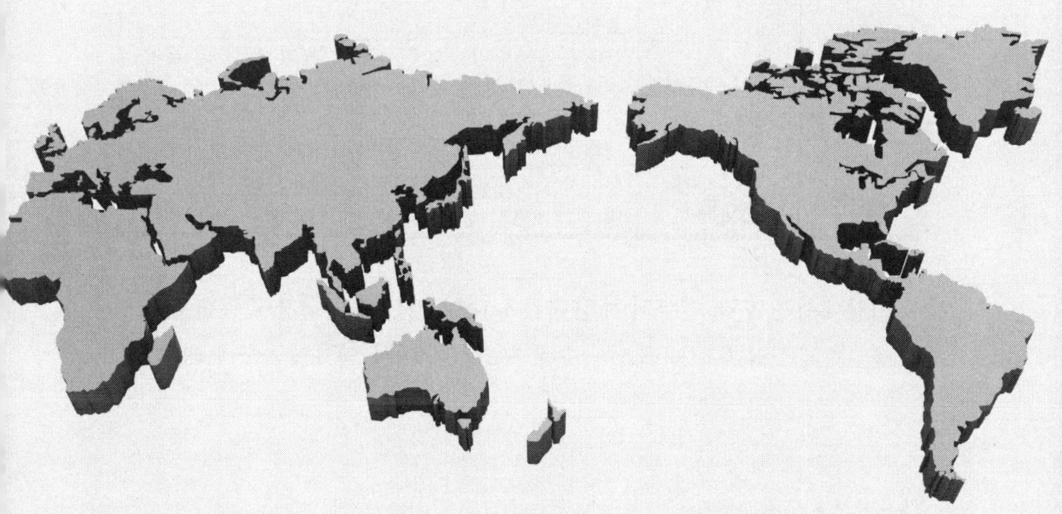

1. 패권경쟁에서 해양력의 역할에 관한 연구들

〈표 3-1〉 패권경쟁과 해양력의 역할에 관한 기존의 연구성과

저자	저서명	특징 및 성과
헤로도토스	역사	·페르시아와 그리스 간 패권전쟁에서 해양력의 역할 분석 및 제해권 개념의 일반화
투키디데스	펠로폰네소스 전쟁사	·아테네와 스파르타 간 경쟁에서 전쟁발발 원인과 해양력 균형과의 관계 규명, 제해권 개념 일반화
마한	해양력이 역사에 미치는 영향	·세계지배력과 해양력과의 관계 규명 ·제해권 및 해양력 개념 정립 ·해양력의 전·평시 경제적·군사적 역할 강조
콜벳	해양전략의 원칙	·전쟁과 해양력의 역할과의 관계 규명 ·해양력을 지상작전에 대한 영향력으로 정의 ·제해권 확보·지상에 대한 무력투사·연합합동작전, 동맹형성에서 해양력의 중요한 역할 강조
레이놀즈	제해권	·고대에서 현대에 이르는 해양제국의 역사를 통하여 제국들 간의 전쟁 분석 ·제국체제 유지에서 해양력의 역할 분석
모델스키 톰프슨	세계정치와 해양력	·세계지도력과 해양력과의 관계를 계량적 방법으로 규명 ·세계문제 개입능력으로서 해양력 역할 강조
콜린 그레이	역사를 전환 시킨 해양력	·기원전 5세기부터 냉전해체 시까지 해양세력과 대륙세력간 세계적 주요 전쟁에서 해양력의 역할 분석 ·해양력이 대륙세력이나 해양세력 모두에게 전승의 요인으로 작용함을 도출.
이삼성	동아시아의 전쟁과 평화	·근대 동아시아 역사를 서구 해양세력의 제국주의 침략전쟁이자 일본 해양세력과 서구 해양세력간의 카르텔에 의한 지배로 규정 ·근대 이후 세계사에서 해양력의 중요성 인식
김종성	동아시아 패권경쟁	·동아시아 패권경쟁과 세계무역로와의 관계 규명 ·미·중간 바닷길 경쟁과 국제관계의 변화 경고

서양에서는 오래 전부터 해양패권에 대한 역사적 연구가 활발하였다. 헤로도토스와 투키디데스는 고대 그리스에 대한 역사연구를 통해, 기원

전 5세기 아테네 정치의 핵심을 해양지배(Thalassocracy)와 민중지배(Democracy)로 이해하고, 세계패권이 지중해의 해양지배로부터 비롯되었다는 결론을 도출하였다.

헤로도토스는 기원전 430년에 저술한 두 권의 책, 『역사』(*Histories Apodexis*)와 『아테네 정치』(*Athenian Polity*)에서 제해권(Thalassocracy)이라는 용어를 사용하였다. 특히 페르시아 전쟁사를 기술한 『역사』에서는 아테네의 지도자 테미스토클레스가 농업 중심의 대륙제국인 헬라스를 해양국가로 탈바꿈시키고, 이를 통하여 페르시아 제국을 물리친 역사를 기록하였다. 그는 페르시아군 500만 명이 동원된 이 세기적인 패권전쟁에서, 헬라스가 그들의 중심인 아테네가 함락위기에 처했음에도 불구하고, 지상방어보다는 해상방어를 택하여 살라미스 해전(The Battle of Salamis, B.C. 480)에서 승리함으로써, 아테네를 지키고 적의 해상보급로를 차단하여 결국 지상의 적 육군도 후퇴하게 만들었다고 분석하였다.[1] 해전이 패권전쟁의 승패를 갈랐던 것이다.

거의 동시대에 아테네의 장군(Strategos)을 역임한 투키디데스는 기원전 431년, 8권의 『펠로폰네소스전쟁사』(*Ho Polemos, Ton Peloponnesian, Kai Athenaion*)를 저술하면서 "과거사에 관해, 그리고 인간의 본성에 따라 언젠가는 비슷한 형태로 반복될 미래사에 관해, 명확한 진실을 알고 싶어 하는 사람들에게는 나의 역사기술이 유용한 것으로 여겨질 것이며, 나는 그것으로 만족한다."고 하면서 영구히 남을 수 있는 국제정치의 속성을 제시하고자 하였다. 그는 아테네와 스파르타의 전쟁을 다른 일상적인 전쟁과 구별되는 대전쟁(Big War), 즉 해양세력 아테네와 대륙세력 스파르타 간의 패권전쟁으로 인식하였고, 그 전쟁의 발단이 해양력의 세력균형 문제에서 비롯되었다는 사실과, 아테네의 과잉 해양팽창이 결국 패인임을 기술하였다.[2]

헤로도토스와 투키디데스의 가장 큰 업적은 제해권 개념을 세상에 보편

---

[1] Herodotos, *Histories Apodexis*, 천병희 옮김, 『역사』(고양 : 도서출판 숲, 2009).

[2] Thoukydides, *Ho Polemos, Ton Peloponnesian, Kai Athenaion*, 천병희 옮김, 『펠로폰네소스 전쟁사』(고양 : 도서출판 숲, 2011).

화시킨 것이었다. 아테네에게 해양력은 도시 안보의 중요한 원천이었고, 동맹을 유지하고 무역을 보호하는 수단이었으며, 반대로 잠재적 적대국의 그러한 능력을 차단시켰다. 이것이 바로 그리스인들이 생각한 제해권 개념이었다.

해양의 역사가 지구적 대양개념으로 발전하면서 유럽의 르네상스 시대를 열게 되자, 스페인, 포르투갈, 네덜란드 및 영국 등이 그리스인들이 소개한 제해권 개념을 교과서로 삼았다. 투키디데스의 저서는 1450년 이후 교황 니콜라스 2세(Pope Nicholas II) 위원회의 로렌초 발라(Lorenzo Valla, 1407~1457)에 의해 라틴어로 번역되었고, 1527년 프랑스 번역본이 첫 출간되었으며, 영어 번역본은 1550년에 나왔다. 투키디데스의 전쟁역사는 20세기까지 케임브리지와 옥스퍼드에 몰려든 영국의 차세대 정치가와 공무원들의 고전적인 교과서가 되었으며, 대영제국을 건설하는 초석이 되었다.[3]

근대에 들어 패권경쟁에서 해양력의 역할에 관한 탁월한 연구는 미국 해군대학의 마한 대령으로부터 나왔다. 마한의 가장 큰 업적은 해양력 개념과 제해권 개념을 정립한 것이었다. 그는 1890년 출간된 『해양력이 역사에 미치는 영향』(*The Influence of Sea Power upon History, 1660~1783*)을 통하여 해양력이 한 국가를 위대하게 만드는 국부의 원천이자 세계를 지배하는데 핵심적인 수단임을 밝혀내고, 제해권을 확보하는 것이 상업적으로나 군사적으로 세계를 지배하는 지름길이라고 주장하였다.[4]

마한은 해양력의 역할을 경제적 역할과 군사적 역할로 구분하여 설명하였는데, 경제적으로는 상품생산, 해운, 식민지와 기지 등 해양력의 고리를 보호하는 것이며, 군사적으로는 제해권을 확보하여 우군의 자유로운 해상교통로 사용을 보장하는 반면 적의 그러한 능력을 거부하는 것이라고 하였다. 마한의 해양사상은 미국이 고립주의에서 탈피하여 세계국가로 성장하

---

3) George Modelski and William R. Thompson, *Seapower in Global Politics 1494~1993* (Seattle : University of Washington Press, 1988), pp. 7~8.

4) 이종학 편저, 『군사전략론』(대전 : 충남대학교출판부, 2009), p. 288.

는데 견인 역할을 하였으며, 독일을 비롯한 유럽뿐만 아니라 일본과 중국 등 아시아를 포함하여 전 세계에 해군력 건설 붐을 일으켰다.[5)]

영국의 해군사학자 콜벳(Sir Julian S. Corbett, 1867~1914)은, 마한이 국부 측면에서 해양력을 시작한 것과는 달리, 전쟁에서의 해양력의 역할을 강조하였다. 그는 『해양전략의 원칙』(*Some Principles of Maritime Strategy*)에서 전쟁의 목표는 제해권 확보보다 제해권 행사, 즉 적국 해안에 대한 전투력 투사가 더 중요하다고 보았다. 그는 함대의 기능은 적국의 해안에서 아군의 군사작전을 용이하게 하거나 적국의 군사작전을 방해하는 것이라고 주장하면서 해외원정과 우방국과의 연합작전의 중요성을 강조하고, 동맹국을 확보하거나 적국이 동맹국을 얻지 못하게 하는 것이 해양력의 중요한 역할 중 하나라고 제시하였다.[6)]

레이놀즈(Clark G. Reynolds, 1939~2005)는 『제해권』(*Command of the Sea*)에서, 제국(帝國)과 해양력과의 관계를 지배하는 상수들과 전략원칙들을 찾기 위해 기원 전 2000년부터 기원 후 2000년까지의 해양강대국이 세계패권을 쟁취한 역사를 분석하였다. 그는 세계의 진정한 해양제국으로, 고대의 아테네, 중세의 베니스(Venice)와 네덜란드, 근대의 영국, 현대의 미국을 꼽으면서 이들 국가들은 공통적으로 지리적으로 해양성을 유지할 수 있었고, 정치적 자유주의, 경제적 상업자본주의, 중산층에 의한 사회의 다양성, 종교적 관용성, 지적(知的) 자유와 역동성, 해군 우위의 군사력 유지 등의 특징이 있었다고 하였다.[7)]

콜린 그레이(Colin S. Gray)는 『역사를 전환시킨 해양력』(*The Leverage of Sea*

---

5) A. T. Mahan, *The Influence of Sea Power upon History 1660~1783* (Boston : Little, Brown and Company, 1932), 김주식 옮김, 『해양력이 역사에 미치는 영향 2』(서울 : 책세상, 1999).

6) Sir Julian S. Corbett, *Some Principles of Maritime Strategy* (London : Longmans, Green and Co., 1911).

7) Clark G. Reynolds *Command of the Sea : The History of the Sea* (Florida, Malabar : Robert E. Krieger Publishing Company inc., 1974).

Power)에서 해양력과 지상력의 중립적 입장에서 해양력의 본질과 전략적 이점을 규명하고자 시도하였다. 그는 페르시아와 그리스 간의 전쟁(B.C. 480~479)에서부터 미·소간 냉전(1947~1989)까지 세계 역사에서 중대한 영향을 미친 대륙강대국과 해양강대국 간의 분쟁사례를 분석하고, 세계적인 해양강대국들과 그 연합세력들이 대부분의 역사적 전쟁에서 승리하였으며, 거대한 지상강대국들과 그 연합세력들이 해양강대국을 패배시킨 경우도 있었지만, 그것은 오직 그들이 충분한 해양력을 육성하여 바다를 지배하거나 또는 해양통제권을 행사하는 적을 거부할 수 있을 때에만 가능하였다는 결론을 도출하였다. 그는 해양력의 전략적 이점은 전쟁상황을 유리하게 조정·통제 할 수 있는 능력, 다방면에서 적을 압박할 수 있는 동맹의 형성능력, 그리고 평시 해외국익의 보호와 유리한 협상환경을 조성해주는 능력이라고 제시하였다.[8)]

모델스키와 톰프슨(William R. Thompson)은 『세계정치에서 해양력의 역할, 1494~1993』(*Seapower in Global Politics, 1494~1993*)에서 15세기 말 이후 세계를 지도한 모든 국가들은 해양국가(Maritime Power)라기 보다는 대양국가(Ocean Power)였다고 주장하면서 해양력은 세계 지도력을 쟁취하는 수단이자 유지하는 핵심수단이었다고 하였다. 그들의 연구에 따르면, 대항해시대(1494) 이후 500년 동안 해양력과 세계정치는 밀접한 관계를 맺고, 장주기의 파동에 따라 부침을 거듭해 왔는데, 가장 강력한 해군을 보유한 국가가 세계에서 가장 강한 국가이며, 이 세계 최강대국이 세계체제를 지배하게 된다는 것이다.[9)] 모델스키와 톰프슨은 계량적 접근방법으로 해양력과 세계지도력과의 상관관계를 규명하였다는데 큰 업적이 있다.

---

8) Colin S. Gray, *The Leverage of Sea Power : The Strategic Advantage of Navies in War* (New York : The Free Press, 1992), 임인수·정호섭 공역, 『역사를 전환시킨 해양력』(서울 : 한국 해양전략연구소, 1998).

9) Modelski and William R. Thompson(1988).

반면에 아시아 권역에서는 역사적으로 해양력에 대한 연구가 매우 빈약하였다. 특히 동아시아 지역의 전통적 패권질서는 중원을 차지한 강대국과 이에 편승한 주변국가 간의 주종관계를 근간으로 한 위계성에 기초하고 있었다. 이처럼 패권중심을 대륙의 중원에 둔 중화세계 체제에서는 지상군이 패권을 쟁취하고 유지하는 핵심 수단이 되어 온 반면, 농업경제 기반의 폐쇄된 봉건주의는 해양진출을 국력유출로 인식하고 있었기 때문에 근대 서양 해양세력이 아시아에 도달하기 이전까지 아시아 국가들은 모두 해금정책(海禁政策)을 고수하고 있었다. 19세기 후반에 이르러서야 중국이 북양함대를 보유하였고, 일본도 최초로 연합함대를 구성함으로써 패권경쟁에서 비로소 해군을 사용할 수 있었다. 따라서 동아시아 패권경쟁의 역사에서 해양력의 역할에 대한 연구도 거의 전무하다시피 하였고 오랜 역사를 통해 각인된 육중경해(陸重輕海)의 군사사상은 오늘날 우리나라의 군사사상에도 그대로 남아 있다.

최근 들어 전통적 대륙국가인 중국과 해양국가인 미국간의 패권경쟁 양상이 나타나자 일부 동아시아 역사발전과 해양력과의 관계에 대한 관심이 제기되고 있기는 하다. 이삼성은 『동아시아의 전쟁과 평화 2』에서, 아편전쟁 이후부터 제2차 세계대전 발발 시까지 근대 동아시아의 정치적 급변과정을 기술하면서, 이 시기를 서구 해양세력이 동아시아로 진출하여 일본과 제국주의 카르텔을 형성하고, 중국과 한국 등 아시아 대륙을 침략한 역사로 규정하고 해양력이 근대 동아시아 패권쟁탈전을 지배하였다는 사실을 시사해 주었다.[10)]

또한 김종성은, 고대로부터 현대에 이르는 동아시아의 패권경쟁의 역사를 무역로의 경쟁으로 해석하고 〈표 3-2〉에서와 같이 초원길 시대, 비단길 시대, 바닷길 시대로 구분하였다. 인간과 물자와 정보를 실어 나르는 무역로가 세계정치의 역학구도를 변화시켜 왔다는 것이다. 그는 갈수록 효용성

---

10) 이삼성, 『동아시아의 전쟁과 평화2』(서울 : 도서출판 한길사, 2009).

이 높은 바닷길을 지배하는 것이 패권을 쟁취하는 지름길이며 이 바닷길을 지배하고 있는 미국이 아시아의 패권을 장악할 것으로 보고 있다.[11]

〈표 3-2〉 아시아 패권경쟁 시대별 구분

구분	세부	내용
제1기 초원길 시대	유목민족 패권	·만리장성으로 대륙 분할
제2기 비단길 시대	2-1 장성 서북과 장성 이남의 투쟁	·농경민족의 부상
	2-2 장성 동북과 장성 이남의 투쟁	·농경·유목 민족의 대립과 포용
제3기 바닷길 시대	3-1 대륙과 해양의 소강기	·대륙 주변부 간의 교류
	3-2 해양의 절대적 우세기	① 서양 단독 주도기
		② 서양·일본 공동 주도기
		③ 일본 단독 주도기
	3-3 해양의 상대적 우세기	① 일극과 다극 연합의 대립기
		② 일극과 다극의 대립기
		③ 일극의 단독 주도기

·출처 : 김종성 지음, 『동아시아 패권경쟁』(서울 : 도서출판 자리, 2011), p. 72.

[11] 김종성 지음, 『동아시아 패권경쟁』(서울 : 도서출판 자리, 2011).

2. 해양력의 개념과 역할

가. 해양력 개념

해양력 또는 해군력에 관한 용어는 다소 불명확하고 불투명하여 일관된 용어 사용이 어렵고, 각기 학자마다 사용하는 의미도 다른 경우가 많다. 같은 해양력을 지칭할 때에도 'maritime power', 'sea power', 'sea force', 'naval power' 등 다양하게 사용되고 있다.[12] 그러나 이러한 언어의 다양성과 다의성은 그만큼 해양력의 개념 정의가 복잡하다는 것을 내포하고 있다. 통상 우리가 해양력이라고 칭하는 'maritime power'나 'sea power'는 해군력(naval power)보다는 상위의 개념으로 주로 사용되는데, 형용사인 'maritime' 은 지상의 관점에서 해양을 이용할 수 있는 능력을 의미할 때 사용되고, 명사인 'sea'는 해양의 관점에서 지상에 주는 영향력을 강조할 때 주로 사용된다.

라이첼(William Reitzel)은 해양력 개념의 모호성을 정리하기 위하여 해양력을 하나의 체계로 설명하고자 하였다. 라이첼은 해양력 체제(maritime power system)는 포괄적이고 복잡한 체제로서 두 개의 하부 체계로 구성되어 있는데 하나는 'sea power' 체계이고, 다른 하나는 'sea force' 체계라고 하였다. 'sea force'는 바로 'sea power'를 보호할 수 있는 전투수단을 의미한다.[13] 또한 해

---

12) Geoffrey Till, *Seapower : A Guide for the Twenty-First Century* (Routledge, 2009) 배형수 역, 『21세기 해양력』(한국해양전략연구소, 2011), pp. 41~42. 바다관련 용어에는 세 가지 부류가 있다. 명사 없이 형용사로 구성된 용어로서는 maritime, nautical, marine 등이 있고, 형용사 없는 명사들로서는 sea, sea power, 그리고 형용사를 가지고 있는 명사들로서는 ocean-oceanic, navy-naval 등이 있다. 또한 바다를 표현하는 용어에도 high sea, open sea, off sea, near sea, deep sea, blue sea, blue water 등 상황마다 사용하는 용어가 다르다.

13) William Reitzel, "Mahan on Use of the Sea" in B. M. Simpson III, *War, Strategy, and Maritime Power* (New Jersey : Rutgers University Press, 1977), pp. 105~106.

군력(naval power)은 한 국가의 군사력 중 하나로서 해군에 편성되어 바다에서의 운용되는 군사력을 의미한다.

이러한 용어의 구분들은 해양력의 독특한 특성 즉, 자국의 자유로운 바다 이용과 경쟁국의 바다이용을 거부하는 것이 평시 국가의 부를 창출하는 필수적 수단이자 전시에는 승리를 보장해 주는 관건이었다는 역사적 교훈을 설명하기 위한 노력에서 비롯된 것이다. 이 논리에 따르면 해양력은 국가의 부를 창출하기 위한 해양전략의 중요한 수단인 동시에 국가안보를 증진시키기 위한 군사전략의 핵심수단으로서 전시나 평시를 막론하고 제해권을 확보하기 위한 수단으로서의 의미가 있었다.

현대에 들어 바다의 광역성과 무기체계의 발달은 해양력의 활동 및 영향력의 범위를 해상과 지상과 공중을 망라하여 전 지구적 영역으로 확장시켰다. 특히 세계화·정보화 시대의 세계안보 개념의 변화와 현대적 과학기술의 발달로 해양력의 전투공간(battle space)과 전장영역(domain)이 더욱 확대되었고 지상, 공중, 해상, 우주, 사이버 등의 영역에 대한 자유로운 접근능력이나 이런 접근을 거부하는 능력까지를 포함하게 되었으며, 해군력도 기능과 영역과 군간의 경계(cross-function· cross-domain· cross-services)를 초월한 시너지 효과(synergy effect) 중심의 해상 합동작전(Joint Operation at Sea) 능력을 의미하게 되었다.

이와 같이 해양력은 군사뿐만 아니라 정치와 경제 등 복합적인 의미를 갖는 동시에 그 영역도 진화적으로 확대되어 왔으며, "해양에서(at the sea)" 또는 "해양으로(to the sea)"의 투사능력(force projection) 중심에서 지구적 영역에서 지구적 공공재와 관심영역, 시장, 자원 등 전략적 목표에 대한 자유로운 접근을 보장하는 통합 해양력 개념으로 확대되고 있고 국가적 차원의 국력투사(power projection) 능력도 포함하고 있다.

한편 한 국가의 대전략은 국제체제 등 외부환경과 국가이익 및 목표를 고려하여 설정된다. 국가전략은 국가목표와 군사목표, 국가정책과 군사개념, 그리고 국가자원과 군대 및 군용물자를 통합한다. 군사전략은 정치적 목적 또는 전쟁의 목적을 달성하기 위하여 가용한 군사적 자산을 운용하는 술과 과학으로 정의되며, 전통적인 군사목적을 달성하기 위한 수단이라는 형태에서 벗어나 다차원적이고 다양한 국가이익을 확보하기 위하여 사용되는 모든 수단의 총체적인 합으로 확대되는 경향이 있다.[14]

〈그림 3-1〉 국제체제, 국가전략, 군사전략 및 해양력과의 관계

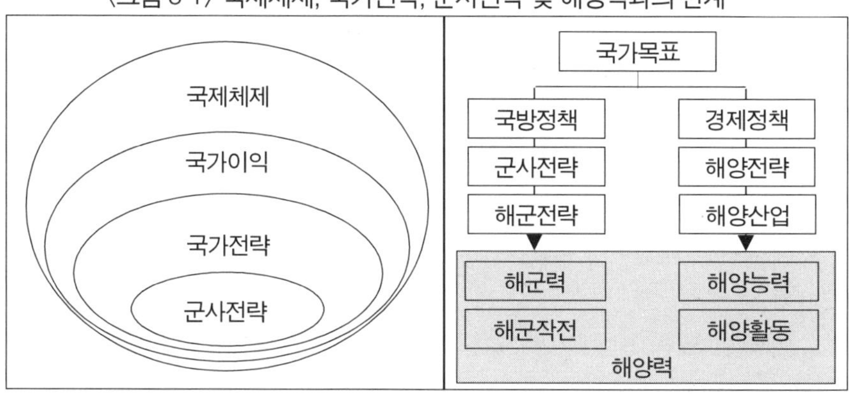

•출처 : Geoffrey Till, *Sea Power : A Guide for the Twenty-First Century*(London : Routledge, 2009), 배형수 역, 『21세기 해양력』(한국해양전략연구소, 2011), p. 44.

해양력도 〈그림 3-1〉에서와 보는 바와 같이 군사력의 하나인 동시에 국가정책의 수단으로서 다양성을 가지며, 국가전략과 군사전략에 통합되어 운용된다.

나. 해양력의 특성

전통적 개념에서 해양력을 이해하기 위해서는 먼저 모든 인류의 활동무대로서 바다와 육지의 차이를 이해할 필요가 있다. 바다와 육지의 가장 큰

14) 길병옥, 「비교군사전략론」 군사학연구회, 『비교군사전략론』(대전 : 충남대학교출판문화원, 2014), pp. 19~24.

차이는 개념상 육지는 영속적인 폐쇄체제인데 비하여 바다는 비영속적인 개방체제이다. 이런 차이로 말미암아 해전과 육전에서도 독특한 차이가 발생한다.

첫째, 육지는 지속적으로 통제할 수 있으나 바다는 통제할 수 없다. 육지는 지형적 구분이 가능하고 정치와 행정적으로 조직되어 있어 군사적으로도 통제가 가능하다. 그러나 바다는 지형적 구분도 없을 뿐만 아니라 본질상 통제될 수 없고 통제할 대상도 없다. 설사 통제된다고 할지라도 지속성을 유지하기가 힘들다.

둘째, 기본적으로 육지는 소유의 대상이나 바다는 공유의 대상이다. 바다는 어느 누구에게도 정복당하지도 않고 점령할 수도 없다. 바다에는 지켜야 할 전선도 공격해야 할 전선도 없다. 그러므로 바다는 정복의 대상이 아니라 이용의 대상이다. 경쟁자보다 더 자유로운 바다 이용은 전략적 우위를 가져온다.

셋째, 바다는 누구나 접근할 수 있다. 해중, 해면, 해공, 3차원으로 구성된 거대한 해면체인 바다에는 누구나 접근할 수 있으나, 이를 막기 위하여 요새를 구축하거나 울타리를 칠 수가 없다. 이런 침투성은 육지와는 달리 바다에서는 어느 일방의 독점적 사용을 불가능하게 만든다. 바다에 대한 통제는 정도의 차이만 있을 뿐 항상 분쟁상태에 있다.

넷째, 전쟁에서 종국적으로 공격해야 될 모든 고가치 핵심 표적은 인류가 활동하고 있는 지상에 있지, 해상에 존재하지 않는다. 따라서 해전의 효과는 육전에 비해 간접적이고 전략적이다. 그러나 간접적이고 전략적이라는 의미가 결정적이지 않다는 것을 의미하는 것은 아니다. 전술적 차원보다 전략적 차원 즉 국가의 군사전략과 해양전략의 관계가 매우 중요하다는 것을 내포한다.[15]

이와 같은 특성 때문에 해양력은 영토적 정복이 아니라 바다의 자유로운

---

15) Colin S. Gray, Roger W. Barnett, eds.(1989), 전게서, pp. ix~xiii, pp. 33~24.

이용권을 확보하기 위하여 경쟁해 왔다. 이를 제해권이라 하며 여기에는 우군의 자유로운 바다 사용을 통해서 얻는 적극적 이득과 적의 사용을 거부함으로써 얻는 소극적 이득이 포함된다. 그러나 제해권은 항상 경쟁상태에 있다. 강도면에서 완벽하지도 않고 공간적 범위에서도 무제한하지도 않으며 시간적으로도 영속적이지 않다. 통제수준에 있어서 상대적인 비교우위만 있을 뿐이다. 제해권의 목표는 바다에 있지만 그 목적은 지상에 있다. 그래서 해군의 첫 번째 목표는 제해권 획득이며, 두 번째 목표는 획득된 제해권의 올바른 행사이다.[16] 제해권의 확장은 우군 지상에 대하여 확장된 방어력를 제공하며 적 지상에 대한 공격가능성을 높여준다. 따라서 평시에도 은밀한 가운데 제해권 각축이 벌어지며, 사전전개, 전진배치 등과 같은 방법으로 제해권에 대한 도전을 예방하거나 억제하며, 국제질서를 유지한다. 특히 해양력은 다음과 같은 특성으로 패권경쟁이나 패권유지의 필수적 조건이 되었다.

첫째, 바다의 광역성(great sphere)이다. 해양력의 지리공간적 활동범위와 양은 지상력이나 공중력과는 비교할 수 없을 정도로 넓고 많다. 지구 면적의 29%는 육지이고 71%가 바다이다. 육지는 군사활동을 통제하거나 차단하는 200개에 가까운 국가가 존재하지만 대부분의 바다에는 국가가 없다. 바로 이러한 이유 때문에 해양력의 활동범위는 거의 무한하다고 할 수 있다.

둘째, 세계적 문제에 대한 민첩한 접근(global accessibility)이다. 바다는 모든 정보와 상품과 사람이 만나는 곳이자 확산되는 곳이다. 바다의 일은 세계적인 일이다. 이러한 바다에 해양력은 어디든지 접근할 수 있다. 육·공군의 세계문제에 대한 접근은 여러 가지 마찰과 장애를 안고 있다. 반면에 군함은 공해상 통항의 자유를 누리며, 통합된 단일 전투체계로서 즉시적 출동이 가능하다.

---

16) Bernard Brodie, *A Guide to Naval Strategy* (Princeton : Princeton University Press, 1944), pp. 91~135.

셋째, 권력을 전달하는 매개체(power medium)로서 중개성이다. 정치에서 권력이란 경제에서의 화폐와 같다. 화폐가 재화의 가치를 상징하는 것처럼 해군은 한 국가의 권력의 지위를 상징하고, 화폐가 신뢰성 있는 유통수단을 제공하는 것처럼 해군도 국가 권력과 의사를 전달하는 신뢰성 있는 매개체 역할을 한다. 군함은 많은 정보 용량, 위협적 무장, 높은 가시성 등 뛰어난 상징성을 운반하고 다니며, 상대방보다 더 큰 혁신을 일반화하여 보여 줌으로써 영향력을 행사한다.[17] 특히 권력의 전달자로서 우방국을 지원하고 잠재적 적대국을 강압하거나 억제시킨다.

넷째, 다재다능한 임무(mission versatility) 수행능력이다. 해군은 평시에서부터 전쟁에 이르는 모든 분쟁 즉, 저강도에서 고강도에 이르는 다양한 분쟁에 직간접적으로 개입할 수 있으며, 전투 및 비전투, 국내에서 세계에 이르는 다양한 임무를 수행할 수 있다.

다섯째, 전술적 융통성(tactical flexibility)이다. 해군은 다양한 임무와 상황에 맞게 맞춤형 편성이 가능하며, 육·공군과의 합동작전과 외국과의 연합작전도 원활히 수행할 수 있다.

여섯째, 지상에 대한 영향력 투사능력(projection ability)이다. 세계 인구의 대부분이 해안가에 살고 있으며, 전 세계 국가의 약 75%에 이르는 150여개 국가가 바다에 접해 있고, 그 국가의 중요 산업시설과 도시, 그리고 인구가 산업화 속도만큼 빠르게 해안가로 이동하고 있다. 이처럼 각 국가의 중심이 해안가로 이동하는 반면, 해군의 항공기, 장거리 정밀 유도탄 등 지상에 대한 공격능력은 지속적으로 향상되고 있어, 세계 대부분의 중심이 해군의 무력투사권(force projection) 안에 들어오고 있다.

일곱째, 부대 통제성(forces controllability)이다. 해군 함대는 상황에 따라 참가 범위와 강도를 조정하고 공격과 후퇴를 쉽게 통제할 수 있다.

여덟째, 전·평시 안보 및 경제에 있어서 가장 중요한 동맹체제 유지능력

[17] George Modelski and William R. Thompson(1988), 전게서, pp. 13~14.

(coalition ability)이다. 해양력은 다른 대륙에 있는 국가와도 동맹을 맺거나 제휴관계를 유지하게 해 주는 반면 적대국과 그 동맹국들의 연결을 차단하는 역할을 수행한다.

아홉째, 해양 네트워크체계 구축능력(networking capability)이다. 해양력은 해상교통로 보호, 해양질서 및 합의유지 등 지구공공재에 대한 자유로운 접근을 보장하고, 테러, 해상재난, 대량살상무기 확산 등 초국가적 위협으로부터 세계체제를 보호하기 위한 지구적 해양협력네트워크를 구성하는데 핵심적 역할을 한다. 이와 같은 특징으로 말미암아 해양력은 세계정치의 필수조건(sine qua non of action)이 되어 왔었다.

다. 해양력의 역할

일찍이 켄 부쓰(Ken Booth, 1943~)는 해군의 역할을 군사적 역할, 외교적 역할, 경찰적 역할로 구분하여 설명하였다. 군사적 역할은 평시의 세력균형 유지 기능과 전시 무력투사 기능을, 외교적 역할은 힘을 이용한 협상, 상대방의 정치적 계산을 변화시키는 조작, 그리고 국가의 위상과 영향력을 개선하는 국위선양 기능을, 경찰적 역할은 주권의 확장, 자원보호 및 해상질서 유지 등 해안경비 기능과 국가 내부의 안정 및 발전을 도모하는 국가토대 구축 기능을 제시하였다.[18)]

한편 케이블(James Cable, 1920~2001)은 해군력의 외교적 역할을 무력의 잠재적 사용과 실제적 사용으로 구분하면서 이를 각각 국기시현과 함포외교라는 용어로 묘사하였다. 또한 함포외교로는 일방적으로 기정사실화를 달성하기 위한 결정적 무력사용, 상대방에 대하여 강요나 억제 등 특정 목적을 위한 목적적 무력사용, 환경조성이나 예방을 위한 불특정 목적의 촉매적 무력사용, 자신의 의사를 전달하거나 공신력을 강화하기 위한 표현적 무력사

---

18) K. Booth, *Navies and Foreign Policy* (London : Croom Helm Ltd., 1977), pp. 15~25.

용 등으로 구분하였다.[19]

에릭 그로브(Eric Grove)는 켄 부쓰가 제시한 이론의 골격을 유지한 가운데 케이블의 이론을 수용하여 세부내용을 현대적 개념으로 재정리하였다. 〈그림 3-2〉는 그로브가 이를 알기 쉽게 도식화한 것이다.[20]

〈그림 3-2〉 해군의 전·평시 역할

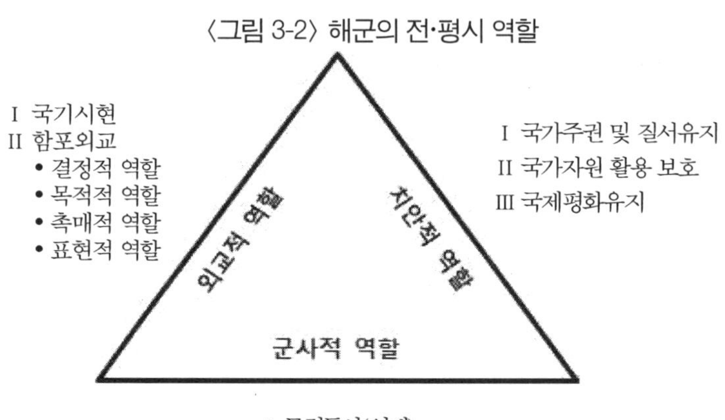

•출처 : Eric Grove, *The Future of Sea Power* (London : Routledge, 1990), p. 234.

또한 저프리 틸(Geoffrey Till)은 해군의 형태를 전근대적 해군, 근대적 해군, 탈근대적 해군으로 분류하면서 전근대적 해군(mosquito Fleet)은 해군으로서의 정상적인 활동을 할 수 없는 명목상 해군이며, 근대적 해군(ballanced fleet)은 자국의 영해와 이익을 중심으로한 배타적이고 경쟁적인 해군이며, 탈근대적 해군(contributory fleet)은 개방적이고 협력적인 해군으로서 세계체제 보호와 평화유지에 공헌하는 해군이라고 구분하였다.[21]

---

19) James Cable, *Gun Boat Diplomacy 1919~1979* (London : Mcmillan, 1981), pp. 38~81.
20) Eric Grove, *The Future of Sea Power* (London : Routledge, 1990), pp. 232~236.
21) Geoffrey Till(2009), 배형수 역(2011), 전게서, pp. 3~37.

〈그림 3-3〉 현대적 해군의 역할

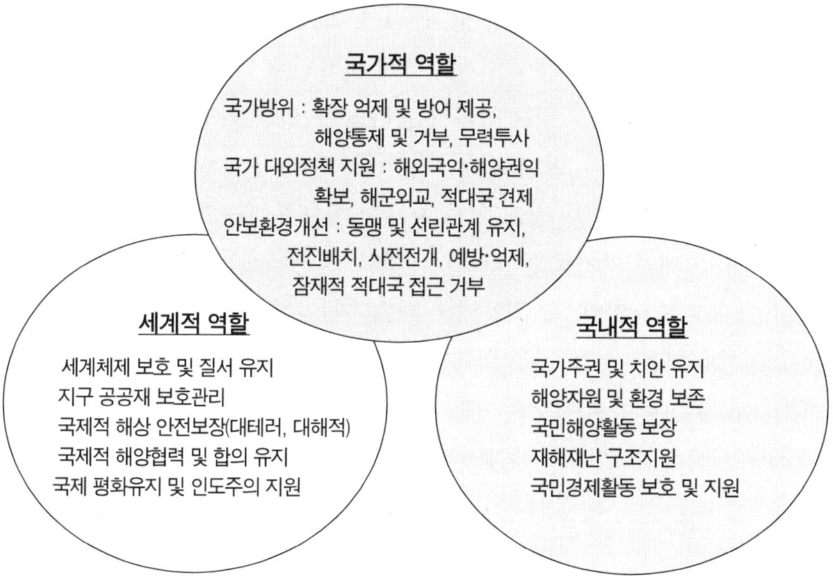

국가적 역할

국가방위 : 확장 억제 및 방어 제공,
해양통제 및 거부, 무력투사
국가 대외정책 지원 : 해외국익·해양권익
확보, 해군외교, 적대국 견제
안보환경개선 : 동맹 및 선린관계 유지,
전진배치, 사전전개, 예방·억제,
잠재적 적대국 접근 거부

세계적 역할

세계체제 보호 및 질서 유지
지구 공공재 보호관리
국제적 해상 안전보장(대테러, 대해적)
국제적 해양협력 및 합의 유지
국제 평화유지 및 인도주의 지원

국내적 역할

국가주권 및 치안 유지
해양자원 및 환경 보존
국민해양활동 보장
재해재난 구조지원
국민경제활동 보호 및 지원

한편, 오늘날의 세계화·정보화 추세에 따른 환경변화로 말미암아 해상으로부터 또는 해상에서의 위협은 전면전에서부터 초국가적 테러, 대량살상무기 확산, 재해재난, 기후 등 그 범위와 성격과 강도 면에서 다양해지고 있다. 여기에 바다가 가지고 있는 고유 특성인 세계성과 접근성이 결부되어 해군의 역할과 임무도 더욱 확대되고 있다. 즉 자국 중심적 임무에 추가하여 세계적 임무 소요가 늘고 있는데, 전투적 임무에서 비전투적 임무로, 단독임무에서 합동·연합 임무로, 국내주변에서 해외 원정작전 임무로 증가하는 추세에 있다. 이러한 해군 임무의 확대 추세를 반영하여 해군의 역할을 재구성해 보면, 〈그림 3-3〉에서처럼 해군의 역할을 세계적 역할, 국가적 역할, 국내적 역할로 구분할 수 있다.

이와 같이 해군의 세계적 임무의 확대는 세계 패권경쟁에서 해군의 중요성을 더욱 부각시켜주고 있다. 대양을 통제하지 못하면 다른 대륙에 도달할 수 없고, 세계문제에 개입할 수 없게 되며, 결국 세계 패권국가도 될 수가 없다. 또한 자기가 속한 해양을 통제하지 못하면 지역 패권국가도 될 수 없다. 지상만을 통제할 수 있는 나라가 올라갈 수 있는 최고의 지위는 지역내륙의 강대국일 뿐이다. 반대로 해양력만을 가지고서도 역시 세계 패권국가가 될 수는 없다. 인간이 살고 있는 지상에 대한 통제능력이 없이는 상대방의 저항 근거지와 의지를 말살시킬 수 없다. 지상통제능력은 최후의 수단으로서 언제나 필요하다. 즉 해양력은 세계패권경쟁에서 필수조건이지 충분조건은 아니라는 것이다. 맥킨더도 그의 심장이론에서 유라시아 대륙을 세계섬(world island)이라고 표현하였으며, 해양과 육지를 잘 결합하는 자가 세계제국을 건설할 수 있다고 하였다.[22)]

---

22) 전웅 편역, 『지정학과 해양세력이론』(서울 : 한국해양전략연구소, 1999), pp. 56~75.

3. 패권경쟁에서 해양력의 역할

바다를 지배하는 자가 세계를 지배한다는 마한은 바다를 거대한 공유재(共有財, a wide common)라고 하였다. 모델스키는 지구적 공공재(公共財, global public goods)에 대한 접근능력을 해양력으로 규정하면서 이것이 세계지도력의 근간이라고 하였다. 오늘날 미국도 지구적 공유재에 대한 지배능력(command of the commons)을 패권경쟁의 핵심으로 보고 있다.[23] 앞서 살펴본 바와 같이 해양력은 지구적 공공재와 세계문제에 대한 개입능력을 발휘하는데 적합한 특성을 말미암아 오래 전부터 패권경쟁의 핵심 수단이 되어 왔으며 강대국간 해양경쟁 자체가 패권경쟁이었다. 특히 해양력은 패권경쟁에서 다음과 같은 역할을 수행하여 왔다.

첫째, 해양력은 국가내부의 국력을 증진시키는 원동력으로서 강대국으로 성장할 기반을 조성해 준다.

둘째, 해양력은 세계패권 또는 지역패권에 도전할 수 있는 강대국 조건을 갖추게 해준다.

셋째, 해양력은 패권전쟁에서 결정적인 승리를 보장해 준다.

넷째, 해양력은 패권체제와 질서를 유지하기 위한 최적의 군사적 수단을 제공해 준다.

---

23) DOD JCS, *Joint Operational Access Concept(JOAC) Version 1.0*, 17 January 2012 ; 미국은 향후 미·중간 경쟁을 지구적 공유재(global commons)나 선택된 지상, 해양, 공중, 우주, 사이버 공간에 대한 자유로운 접근능력의 경쟁으로 규정하고 이 접근능력을 확보하기 위해 세 가지 전략개념을 적용하고 있다. 첫째, **확증접근(Assured Access)**은 외교·정치·경제·정보·군사(DIME) 등 모든 국력투사(Power Projection)를 통하여 지구적 공유재를 국가적으로 자유롭게 활용할 수 있는 능력을 말하며, **전략적 접근(Strategic Access)**이란 전략적 목표 즉 상업, 시장, 자원에 대한 접근이나 미국의 결의를 과시하기 위한 군사력 배치, 위기관리, 전쟁예방 또는 전쟁에서 적을 격퇴하기 위한 군사력 투사능력을 의미한다. **작전적 접근(Operational Access)**이란 주어진 임무를 완수하기 위하여 필요한 작전지역에 대한 군사력 투사(Force Projection) 능력을 말한다.

가. 국가의 국력증진 수단으로서 해양력

마한은 한 국가의 해양력을 건설하는데 영향을 주는 중요한 요소로서, 지리적 위치, 자연적 조건, 영토의 크기, 인구, 국민성, 정부의 성격 등을 꼽았다. 이처럼 해양력이란 국가의 총체적 역량을 의미한다. 특히 해군력은 국가재정, 산업력, 기술력이 뒷받침되어야할 뿐만 아니라 정부의 적극적인 주도와 국민들의 성원이 있을 때에야 건설될 수 있었다. 역사적으로도 러시아의 피터 대제, 독일의 빌헬름 2세, 일본의 명치 왕, 미국의 루즈벨트 대통령 등 정부 지도자들의 선구자적 노력이 수반될 때에야 비로소 해군력이 건설될 수 있었다.

이처럼 해양력은 국가적 역량을 모아 건설되는 것이니 만큼, 이에 비례하여 해군력 건설 역시 국가의 권력증진에 크게 기여해 왔다. 먼저 해군력 건설은 국가의 산업화와 근대화를 촉진시켜 주었다. 군함은 첨단기술의 총화로서 기술발전을 선도하며, 각 분야별 산업기반과 기술인력의 확충을 촉진시킨다. 아시아에서도 청국은 북양함대, 일본은 연합함대 등을 건설하는 과정을 통하여 국가의 근대화와 산업화가 이루어졌다. 특히 일본은 서양의 선진문물과 기술을 수입하는 통로로 해군을 활용하였다.

현대에 들어서도 해양력은 새로운 과학기술 개발과 산업발전을 촉진시키는 중요한 수단이 되고 있다. 더구나 해양산업은 'Blue Economy'로 세계의 각광을 받고 있어서 각국은 다각적인 해양산업 전략을 경쟁적으로 발전시키고 있다.[24] 특히 2000년대에 들어 미국, 중국, 일본 등은 해양산업과 해양과학기술발전을 국가적 전략과제로 선정하고 이를 추진할 국가조직을 대대적으로 정비한 바 있다. 영국 웨스트우드(Duglas Westwood)사에 의하면 2005년 해양산업 시장규모는 약 20여개 분야에서 매출 기준 1.2조 달러어치를

---

24) 'Blue Economy'는 2005년 미국의 미래 연구소(Institute for Future)의 타운샌드(Townsend) 박사가 주장한 것으로서, 새로운 국가성장 동력으로 해양기반의 지속 성장 가능한 경제발전 모형을 제시하고, 해양과 공생하는 경제발전을 강조함.

생산하였는데 매년 증가일로에 있다.[25] 향후 미래 해양산업의 중요성과 발전추세를 볼 때, 세계적 지도국이 되기 위해서는 첨단 해양 과학기술과 새로운 해양 산업분야를 개척하는 선구자 역할을 할 수 있어야 하는데 해양력은 이러한 해양산업을 촉진시키거나 지원하는 공공재로서 기여하고 있다.

둘째, 해양력 건설은 자국의 군사력을 증진시키고 군사적 역량을 강화시켜 국력 증진에 기여한다. 해군은 지상에 대한 확장된 방어력을 제공하여 국가 안정성을 증진시키고, 단독 또는 합동작전 등 군대의 작전 융통성과 활동영역을 크게 확대시킨다.

셋째, 해양력은 대외적 외교와 해외팽창의 중요한 수단으로서 국가활동의 영역을 확장시키고 국가정책결정에서 선택의 폭을 넓혀주며 국력사용의 양과 질을 개선시켜줌으로써 국제사회에서 자국의 지위를 높여준다.

넷째, 해양력 건설은 국가를 해양화로 개조시키는데 기여한다. 해군이 없었던 도서국가 일본이 해군건설에 나선지 20년 만에 청국의 북양함대를 격파하고 또 10년 만에 러시아 발틱함대를 격멸한 것은 해군을 올바로 사용하였기에 가능한 것이었으며 이는 전통적 소군체제로서는 불가능한 일이었다. 틸(Geoffrey Till)은 미국과 패권경쟁을 벌였던 소련이 붕괴된 것은 마한이 예견한 것처럼 본질적으로 육지에 종속되어 해양화 되지 못함으로써 붕괴된 것이라고 하였고,[26] 반면에 코헨(Saul Bernard Cohen)은 오늘날 중국의 부흥은 해양국가로서 거둔 성공이며, 중국의 미래는 전통적인 대륙성과 새로운 해양성과의 조화 여부에 달려 있다고 하였다.[27]

나. 패권에 대한 도전조건으로서 해양력

지정학자 라첼(Friedrich Ratzel)은 세계적 명성을 얻고자하는 국가는 반드

25) 임진수·황기형·황진희·홍장원·엄선희·박광서, 『해양기반 신국부 창출 전략(I)』(서울 : 한국해양수산개발원, 2009), p. 48.

26) Geoffrey Till(2009), 배형수 역(2011), 전게서, p. 65.

27) Saul Bernard Cohen(2009), 전게서, pp. 253~254.

시 해양을 지배해야만 한다고 하였다. 독일 경제학자 리스트(Wrist)도 해양은 패권을 획득하는데 필요한 부와 자원의 보고라고 하였다.[28] 코헨은 세계패권을 획득하기 위해서는 세계를 주도할 경제력과 세계경제 질서를 보호할 군사력이 있어야 한다고 하였다.[29] 길핀도 세계패권을 차지하기 위해서는, 우선 시장, 자본, 자원 및 고가치 상품의 생산기술을 통제할 수 있는 경제적 패권을 확보해야 하고, 이런 경제적 패권을 유지하기 위해서는 전 세계적인 해상통제권의 확보가 필요하다고 하였다.[30]

먼저, 경제적 패권경쟁 측면에서 해양력은 다음과 같은 역할을 수행한다. 첫째, 해양력은 전통적으로 세계 시장에 대한 접근을 보장하고 국가의 상업적 이익을 확대하는데 큰 기여를 해 왔다. 세계무역량의 95%가 바다를 통해 수송되고 있으며 계속 증가하고 있다. 세계 해상으로 운송되는 화물의 가치는 1990년 3조 592억 달러 어치에서 2005년에는 10조 7,122억 달러어치로 약 3.4배 증가하였다. 전 세계의 화물선은 6억 2,100 DWT에서 2008년 10억 8,000 DWT로 1.7배 증가하였다.[31] 해상에서 철광석을 10,000km 운반하는 비용은 육상에서 100km 운송하는 비용과 같다. 이처럼 해상운송은 육상운송보다 훨씬 많은 양을 저렴하게 멀리 보낼 수 있기 때문에 향후 몇 백 년이 지나더라도 해상무역의 중요성은 감소되지 않을 것이며, 강대국들의 해군은 계속해서 세계시장에 대한 자유로운 접근을 통한 상업적 이익을 증진시키는데 중요한 역할을 하게 될 것이다.[32]

둘째, 해양력은 세계의 주요자원에 대한 안전한 접근을 보장해 준다. 육

---

28) 전웅 편역(1999), 전게서, p. 15.

29) Robert O. Keohane, *After Hegemony : Cooperation and Discord in the World Political Economy* (Priceton N.J. : Princeton University Press, 1984), pp. 31~39.

30) Robert Gilpin, *U.S. Power and the Multinational Cooperation* (New York : Basic Books, 1975), pp. 45~190, Robert Gilpin, "The Nature of Political Economy", Robert J. Art & Robert Jervis(2007), 전게서, p. 271.

31) 임진수·황기형·황진희·홍장원·엄선희·박광서(2009), 전게서, pp. 101~105.

32) 무라타 료헤이(村田良平) 지음, 『海が日本の將來を決める』, 이주하 옮김, 『바다가 일본의 미래다』(서울 : 도서출판 청어, 2008), p. 33.

지자원이 고갈되면서 해양자원을 획득하기 위한 분쟁이 날로 확산되고 있고, 해양자원을 자국의 통제 안에 두기 위한 노력도 치열해지고 있다. 이러한 해양자원 쟁탈시대에 해양력이 없으면 해양자원의 안정적 확보는 물론, 세계패권국이 되기 위한 자격도 상실하게 되는 것이다. 코헨은 세계패권의 경제력 요소로 자원, 자본, 시장, 공공재 생산 등을 제시하면서 이중에서도 전략적 자원인 석유는 세계패권국이 되기 위해서는 반드시 통제해야 할 요소라고 하였다.33) 겔도 세계권력의 피라미드 구조를 7단계로 구분하면서 산유국을 3위의 위치로 평가하였다.34)

〈표 3-3〉 해양과 육지의 자원 비교

구분	해양	육지
지구 표면	71%	29 %
서식 생물 종	90%	10 %
금속 매장량	10,000년	110년
석유매장량	1.6조 배럴 중 미개발 62%	1.6조 배럴 중 미개발 19%
연간 총가치	22조 5,970억 달러	10조 6,710억 달러

·출처 : 임진수·황기형·황진희·홍장원·엄선희·박광서, 『해양기반 신국부 창출 전략(I)』(서울 : 한국해양수산개발원, 2009), pp. 26~27 참고하여 작성

그런데 해양은 지구상 마지막 프런티어로서 무한한 자원 잠재력과 지속가능성을 보유하고 있다. 지구 표면의 29%를 차지하는 육지의 자원은 고갈되어가고 있지만, 71%를 차지하는 해양은 거의 무제한의 자원 보고로 알려져 있다. 〈표 3-3〉에서 보는 바와 같이 현재까지 찾아낸 해양석유 부존량은 약 1조 6,000억 배럴로서 육지와 비슷하나 그 중 62%는 개발되지 않은 상태로 있고, 아직 발견되지 않은 해저 석유 부존량은 측정하기도 어렵다. 해저에 매장된 가스 하이드레이트는 10조 톤 이상으로 추정되며, 현재 소모량을

33) Robert O. Keohane(1984), 전게서, pp. 31~39.

34) Leslie H. Gelb(2009), 원은주 옮김(2010), 전게서, p. 115.

기준으로 향후 5,000년까지 사용이 가능하다. 해양 에너지 자원은 연간 150억kw로 추정되는데 무한정 재생이 가능한 에너지이다.[35] 또한 금속매장량으로 육상광물은 110년간 사용량인데 비해 해양은 1만년 정도의 사용량이 보존되어 있는 것으로 추정되고 있으며, 최근 관심을 끌고 있는 희토류의 저장량도 막대하다.[36]

군사적 측면에서 해양력은 세계패권을 경쟁할 수 있는 강대국의 조건을 갖추게 해준다. 해양력은 이미 언급한 바와 같이 세계문제에 참여할 수 있는 필수조건이다. 충분한 해양력이 없으면 다른 대륙에 도달할 수 없고, 세계문제에 개입할 수도 없게 되며, 결국 세계 강대국이 될 수가 없다. 모델스키와 톰프슨은 1494년 이후 500년 간 지구적 전투를 할 수 있는 회원국들은 세계 해양력의 10% 이상을 차지한 국가들이었고, 지구적 전투를 통하여 세계적 지도국가로 출현한 국가는 세계 해양력의 50% 이상을 차지한 국가들이었다고 하였다.[37] 이는 패권전쟁에 참가하기 위해서는 적어도 세계 해양력의 10% 이상은 보유하고 있어야 되며, 세계 지도국가는 압도적 해양력을 독점적으로 가진 국가여야 한다는 것을 보여 준 것이다.

그래서 패권경쟁 국가들은 패권전쟁에 앞서 해양력 경쟁부터 벌여야 했다. 지배자는 도전자를 억제하겠다는 명목으로 도전자는 지배자의 해양위협을 거부해야한다는 명목으로 치열한 해군경쟁을 벌였고 해군력 균형을 위해 동맹을 구하려 나서기도 하였다. 청일전쟁 후 러·일간 해군경쟁, 제2차 세계대전 직전 영국과 독일 간의 해군경쟁, 워싱턴 조약 해체 후 미·일간의 해군경쟁 등 패권전쟁의 길목에는 항상 해군 군비경쟁이 있어 왔다.

또한 해양력은 패권도전에 필요한 동맹을 획득하고 결성하는데 핵심적인 동기를 제공하고 연합전투의 인프라를 제공한다. 세계 패권전쟁은 여러 나라가 동참하는 동맹 간의 전쟁이었다. 기원전 5세기 아테네의 델로스 동

---

35) 임진수·황기형·황진희·홍장원·엄선희·박광서(2009), 전게서, pp. 25~27.

36) 무라타 료헤이(村田良平), 이주하 옮김(2008), 전게서, pp. 38~50.

37) George Modelski, William R. Thompson(1988), 전게서, pp. 97~132.

맹과 스파르타의 펠로폰네소스 동맹은 해군력에서 세력균형을 이루기 위한 동맹이었다. 중세 이후 500년 간 스페인, 네덜란드, 프랑스, 영국은 돌아가면서 세계패권에 도전하는 수단으로 해양동맹을 이용하였다. 20세기 초 영·일 동맹은 대륙세력을 견제하기 위한 지구촌 반대편에 위치한 해양국가 간의 동맹이었고, 러시아도 근래 세 차례 글로벌 전쟁에서 대양연합(oceanic coalition)에 가담했다.[38] 이처럼 해양력은 패권경쟁에 필수적인 동맹을 획득하고 동맹간 협력기반을 구축하는데 중요한 역할을 한다.

콜벳 경은 "취약한 지상군을 보유한 작은 국가인 영국이 세계를 지배할 수 있었던 사실을 설명할 수 있는 것은 오로지 해양력뿐이다"[39]라고 하였고, 제2차 세계대전의 명장 몽고메리 원수(Field Marshall Sir Bernard Montgomery, 1887~1976)는 "인류가 바다를 사용한 이래 역사적 가장 중요한 교훈은 지상전략에 갇혀있는 국가는 결국 패배하였다"고 하였다.[40] 즉, 지상력만으로는 세계국가가 될 수 없다는 것이다. 이와 같이 지구적 도달 능력인 해양력을 충분히 확보하지 않고서는 세계패권을 경쟁할 수 없을 뿐만 아니라 세계국가로 도전할 자격 자체를 잃게 되는 것이다.

다. 패권전쟁에서 승리를 위한 해양력의 역할

칼웰(Charles E. Callwell, 1859~1928)은 해양력은 군사작전의 전반에 영향을 미치며 비록 해양력의 영향이 간접적일 수 있지만, 그러나 결정적이라고 주장하였다. 그 이유는 해양력이 지상전역에 주는 효과는 전략적 맥락 안에 중

---

38) 러시아는 1700년 이후 영불 대결에서 영국과 네덜란드를 지지하였고, 나폴레옹에 대항한 영국과의 연합에 가담하였으며, 20세기 양차 대전 간 소련은 영·미의 연합전선에 가담하였다.

39) Sir Julian S. Corbett, *Some Principles of Maritime Strategy* (London : Longmans, Green and Co., 1911), p. 49.

40) Sir Peter Gretton, *Maritime Strategy : A Study of Defense Problems* (New York : Praeger, 1965), p. 43 ; Colin S. Gray, "Sea power and Land power," Colin S. Gray and Roger W. Barnett, eds.(1989), 전게서, pp. 13~14에서 재인용.

요성이 있기 때문이라는 것이다. 해전의 전략적 효과가 지상에 나타나기까지는 상당한 시간이 걸리고, 지상에서 육군이 행진하는 것처럼 눈으로 볼 수도 없다. 따라서 우리가 수평선 너머를 볼 수 없는 것처럼 해양력의 역할을 잊고 있지만, 그 효과는 전쟁국면 전체에 중대한 영향을 미친다.[41] 세계패권전쟁은 한 나라만의 전쟁도 아니고, 군사력만 가지고 하는 전쟁도 아니다. 하루 동안 단 1회의 결투로 결정되는 전쟁은 더욱 아니다. 패권전쟁은 장기적이고 포괄적이며 전략적으로 수행된다. 모든 국력을 동원한 장기적인 권력경쟁과 수 년 간에 걸친 해·육상의 여러 전투가 누적된 결과이다. 특히 패권전쟁을 수행하는데 해양력은 다음과 같이 중요한 역할을 수행한다.

첫째, 해양력은 패권전쟁에서 승리할 여건을 사전에 조성해 준다. 마한(A.T. Mahan)은 해양력은 전술보다는 전략적인 부분에 속한다고 하였다. 해양력은 평시에 기지와 동맹을 획득하고 유지하게 하며, 광범위한 군사 및 외교활동을 지속적으로 전개하여 전략적인 전승 여건을 조성한다.[42] 해군은 지리적으로 적보다 유리한 전략적 위치를 선점하여 적의 접근을 거부하며, 때로는 적을 위험에 노출시켜 도발을 억제하기도 하고 유리한 상황이 조성될 때까지 전쟁을 지연시키기도 한다. 해군의 평시 활동의 전략적 효과는 전시에 더 오래 지속되는 전략적 가치를 발휘한다.

둘째, 해양력은 동맹간 협조된 작전을 수행하는데 중요한 연결고리 역할을 하며 상호지원을 제공해주고 적대세력들의 그러한 역할을 차단시켜 준다. 제2차 세계대전에서 영·미동맹은 영국과 미국 간의 북대서양 생명선을 보호했고, 무르만스크를 통해 소련에 대한 재보급에도 상당한 기여를 하였다. 반면에 독일-일본 간 동맹은 연합국의 해양동맹에 의해 차단되어 사실상 존재하지 않았다. 동맹국 해군은 상호 병력 및 군수 지원 등 재보급, 전시 자원과 생필품 확보를 위한 무역로 개방, 지역과 상황에 맞는 임무와 역

41) Charles E. Callwell, *The Effects of Maritime Command on Land Campaigns since Wateroo* (Edinburgh : William Blackwood and Sons, 1897), p. 29, 상게서, pp. 11~12에서 재인용.
42) Alfred T. Mahan(1890), p. 22.

할의 분담, 협조된 전역관리, 그리고 최종적으로 동맹국에 대한 지상전 수행능력을 제공하여 연합전선을 구축해 준다.[43] 향후 세계화 추세를 고려할 때, 해군은 동맹들과의 필수적이고 효과적인 연결고리를 공고히 하는데 더욱 중요한 역할을 하게 될 것이다.

셋째, 해양력은 전쟁을 결심하는데 중요한 결정적인 요소이다. 제1차 세계대전 직전까지 계속된 유럽의 해군경쟁은 제1차 세계 대전의 근인 중 하나였으며, 전쟁이 끝나자마자 세계는 전쟁 재발을 방지하기 위하여 워싱턴 해군조약체제를 구축하였다. 그것은 해군력이 전쟁의 중요한 수단이자 원인이 될 수 있다는 이유에서였다. 또한 일본이 러시아와 전쟁을 일으키고, 미국의 하와이를 기습공격을 결심한 데에는 모든 여건이 일본에게 불리함에도 불구하고 해군력만은 일본이 우세를 유지하고 있었던 것이 결정적인 요인이 되었다.

넷째, 해양력은 패권전쟁에서 제해권을 확보하여 승리를 쟁취하게 해준다. 제해권은 자유로운 바다의 이용을 보장해 줄 뿐만 아니라, 우군의 지상에 대한 종심 깊은 방어를 제공하는 한편 적 핵심이 우군의 직접적인 공격에 노출되도록 만든다. 일찍이 마케도니아의 알렉산더 대왕(Alexandros III, B.C. 356~323)은 제해권의 중요성을 인식하고 있었다. 그의 첫 전투는 334척의 함정으로 그리스 헬레스폰트(Hellespont)를 건너 그래니쿠스(Granicus) 강에서 페르시아 군과 벌인 해전이었다. 이집트 원정에 앞서 그는 "우리는 마케도니아, 페니키아, 키프로스 등에서 함정을 더 동원하여 제해권을 확보해야만 이집트 원정에 어려움이 없을 것이다."라고 하였다.[44]

제1차 세계대전 중 연합군 해군은 제해권을 획득하여 북해의 독일 해군 함대를 봉쇄시켰고, 독일 함대는 제해권을 확보하지 못해 비결정적인 행동을 함으로써 결국 침몰되었다. 제2차 세계대전에서도 독일은 제해권을 획

---

43) George Modelski, William R. Thompson(1988), 전게서, pp. 11~12.

44) Clark G. Reynolds, *Command of Sea : The History and Strategy of Maritime Empires* (Malaar, Florida : Robert E. Krieger Publishing Company, 1974), p. 25, pp. 43~45.

득하지 못함으로써 영국 본토에 대한 공격을 지속할 수 없게 되었고, 오히려 자국의 해안을 방어하는데 전투력을 집중해야만 했다. 태평양 전쟁에서도 일본이 초기에는 큰 성공을 거두었지만 미국이 해군력을 복원하여 주요 전투에서의 승리와 꾸준한 소모전을 통하여 제해권을 탈환하고 일본 본토를 초토화시킬 수 있었다.

다섯째, 해양력은 지상에 대한 무력투사로 전세를 결정짓는다. 1805년 영국은 트라팔가르 해전(Battle of Trafalgar, 1805)에서 승리함으로써 나폴레옹(Napoleone Bonaparte, 1769~1821)의 영국 침략계획을 포기하게 만들었으며, 프랑스를 대륙과 해양 양면에서 압박할 수 있었다.[45] 콜벳은 영국 원정함대가 적을 혼란시키는 효과를 거두어 대륙전략에 큰 영향을 미쳤다고 하였는데, 당시 영국은 다운스(Downs)에 3만 명을 상륙시켜 프랑스 육군 30만 명을 고착시킴으로써 프랑스 육군을 2급 수준의 세력으로 격하시켰다.[46] 잘 알려진 바와 같이 제2차 세계대전 시 연합군의 노르망디(Normandy) 상륙공격은 독일제국을 패퇴시키기 위한 충분한 조건을 만들어 주었다.

오늘날에도 장거리 정밀타격무기와 항공기, 잠수함, 함정 등 플랫폼의 다양한 발전에 힘입어 무력투사능력이 획기적으로 개선되고 있다. 구 소련의 고르쉬코프(Sergei G. Gorshkov, 1910~1988) 제독은 전략 핵잠수함의 역할을 강조하면서 지상에 대해 작전을 수행할 수 있는 해군의 혁신은 영토 점령과 관련된 문제를 해결해 줄 뿐만 아니라 전쟁의 방향과 결과에 직접적인 영향을 미치게 하였다고 하였다.[47] 즉, 해군의 전투가 작전적·전술적 수준에서도 직접적이고 즉각적이며 결정적인 영향을 미치게 되었으며, 전략적 수준에서도 전쟁 결과에 영향을 미치게 되었다는 것이다. 이와 같이 해군의 무

---

45) J. Holland Rose, *Man and Sea : Stage Maritime and Human Progress* (Cambridge : W. Heffer and Sons, 1935), p. 219 : 상게서 p. 16 에서 재인용. 반면에 나폴레옹은 1806년 12월 6일 그의 형제(Louis, King of Holland)에게 보낸 편지에서 "나는 지상의 힘으로 바다를 정복하려고 하였다"고 술회하였다.

46) Geoffrey Till(2009), 배형수 역(2011), 전게서, pp. 366~367.

47) Sergei G. Gorshkov, *The Sea power of State* (Oxfrd : Pergamon Press, 1979), pp. 189~212.

력투사(force projection) 기능이 중요해짐에 따라 학자들은 해군의 위계를 무력투사 능력을 기준으로 분류하기도 한다.[48]

여섯째, 해양력은 적의 전쟁지속능력을 파괴하고, 우방국의 전쟁수행능력과 전시경제를 유지하는데 기여하여 승리를 도모한다. 해군은 우방국에 대한 해상교통과 무역을 보호하고 적대국의 통상과 교통을 차단한다. 해군의 봉쇄는 적국의 경제를 파탄시키고 전쟁수행능력과 전쟁수행의지를 약화시켜 적에게 항복을 강요한다. 전통적으로 해군봉쇄는 강대국 간 전쟁에서 유력한 전략으로 자주 이용되어 왔고, 모든 지구적 전쟁은 봉쇄전쟁 성격을 지니고 있었다.

나폴레옹전쟁 이후 강대국간 전쟁에서도 봉쇄는 총 8회 있었다. 특히 제2차 세계대전 시 미국의 일본에 대한 해상 봉쇄는 대표적인 성공 사례로서 결정적인 지상전투가 일어나기 전에 적을 항복시키는데 직접적으로 기여하였다.[49] 미국은 1942년 8월부터 일본에 대한 통상파괴전을 실시하였는데, 일본상선 2,346척 8,600,000톤을 침몰시켰다. 영국과 네덜란드 해군도 일본 상선 100,000톤을 격침시켰다. 전쟁이 끝날 무렵에는 더 이상 공격할 일본 상선을 찾기가 어려울 정도였다.[50] 일본은 원폭이 없었다 할지라도 항복할 수밖에 없었다.

이와 같이 해양력은 패권전쟁에서 전쟁을 결심하는 중요한 요소일 뿐만 아니라 제해권을 확보하여 해양으로부터의 위협을 제거하고, 자유로운 해상교통로를 확보하여 전쟁지속능력을 유지하며, 공고한 동맹체제를 유지

---

48) Eric Grove, *The Future of Sea Power*(London : Routledge, 1990.), pp. 237~240 ; 그로브(Eric Grove)는 무력투사능력(Force Projection)의 범위를 기준으로 세계 해군 위계를 9등급으로 분류하였는데, 1위에서 5위까지를 세계적(Global : Major. Complete/Partial, Medium) 지역적(Regional Medium), 접속수역(Adjacent)에 대한 무력투사 능력을 가진 해군으로, 6위부터 9위까지는 무력투사능력을 가지지 못하여 방어 및 치안유지 임무(Offshore, Inshore, Constabulary, Token)를 수행하는 해군으로 분류하였다.

49) John J. Mearsheimer(2001), 전게서, pp. 90~92.

50) 이정수, 『제2차 세계대전 해전사』(서울 : 남영문화사, 1981), pp. 191~210.

하고 지원하며 봉쇄와 무력투사를 통해 지상전에 결정적으로 기여함으로써 지구적 전쟁에서 최종 승리를 위한 전제조건들을 창출해 준다. 그러나 해군전투는 현지의 지역적 수준에서 많은 지상전투와 필수불가결하게 결합되어야만 그 효과를 극대화 할 수 있다.

라. 세계 패권체제 유지를 위한 해양력의 역할

해양력은 영토를 정복하고 지배하기보다는 세계체제를 보호하고 유지하는데 더 적합한 조직으로서, 세계체제의 공공재를 공급하고 이를 실행시키며, 체제의 안정을 도모하고 체제의 상태를 감시·감독하고, 세계적 규칙을 위반한 자를 징벌하고, 패권에 대한 도전자를 억제시키며, 체제에 대한 침략자를 격퇴시키는데 유용하게 사용된다. 해양력은 정보성·접근성·효율성·기동성을 바탕으로 현시능력(presence), 여건조성능력(picture building), 강압능력(coercion), 연합구축능력(coalition building) 등 세계체제에 접근하는데 필요한 충분한 능력과 자원을 제공하며, 다음과 같이 패권체제와 질서 유지면에서 다른 군이 할 수 없는 특출한 유용성을 제공해 준다.

첫째, 해양력은 세계 해양 네트워크체계를 구축하여 패권체제의 통합성과 안정성을 유지하고 보호해 준다. 지역패권체제는 대륙의 안정을 목표로 하지만, 세계패권체제는 해양의 평화를 목표로 한다. 왜냐하면 세계체제는 절대적으로 해양 네트워크에 의존하고 있기 때문이다.

고대 대륙제국으로 알려진 마케도니아도 마찬가지였다. 기원전 4세기 마케도니아의 알렉산더는 그리스-이집트-페르시아-인도에 이르는 대제국을 형성하면서 주요 점령지마다 해군기지와 항구를 개척하여 이 거대한 제국을 지배할 해양네트워크를 구성하였다. 그는 바빌론(Babylon) 연안을 따라 일련의 항구도시를 건설하였고(B.C. 333), 나일강 하구의 알렉산드리아(Alexandria, B.C. 332) 항, 인도 인더스 강의 파타라(Pattala, B.C. 325) 항, 걸프만 유라쿠스(Eulacus) 강의 수사(Susa, B.C. 324) 항 등 주요 거점에 해군기지와 무역항구를 건설하였으며, 스웨즈 운하를 재개통시켜 홍해-아라비아 해를 통한 이집트-인도 간 무역항로를 개척하였다. 그 결과 지중해에서 인도양에 이르는 제국의 해양 네트워크체제를 완성하였다. 그리고 이 체제를 보호하고 관리하기 위해 당시 조선능력이 뛰어났던 페니키아(Phoenicia), 실리시아(Silicia), 키프로스(Cyprus) 등에서 1,000척의 전함을 건조하여 지중해 함대(사령관 : Antipater, B.C. 397~319)와 아시아 함대(사령관 : Nearchus, B.C. 360~300)를 편성하고 주요 거점에 분산 배치시켰다. 즉, 지중해와 인도양을 정치적·경제적·사회적으로 통합한 해양제국체제를 구축하고, 알렉산드리아 평화시대(Pax-Alexandria)를 연 것이다.[51]

대륙 지상력주의자인 미어샤이머가 역사상 유일한 세계 패권국이라고 지칭하였던 로마제국도 마찬가지로 강력한 해양제국체제를 통하여 로마평화시대(Pax-Romanna)를 누렸다.[52] 기원전 3세기 당시 이탈리아 반도의 일부 지역만 장악하고 있었던 로마는 지중해 건너편 아프리카 북부의 카르타고(Carthage)와의 세 차례 전쟁에서 승리를 거둔 뒤 지중해 중앙과 서부에서 해상통제권을 장악하고 세력을 확장하기 시작하였다. 로마는 악티움 해전(Actium, B.C. 31) 이후 지중해를 장악하고 그 세력을 전 세계로 확장하였다. B.C. 29년 아우구스투스(Augustus) 황제로 등극한 옥타비아누스(Octavianus, B.C. 63~A.D. 14)는 중산층 출신으로서 기존의 대륙 중심의 사고를 가진 지도자와는 달리 중상주의 정책을 펼쳤다. 그는 그리스 지리학자와 항해사들을 이용하여 아라비아 무역항로를 지배하였으며, 로마함대를 홍해에 파견하여 아덴을 점령하고 인도양으로 가는 동양항로를 지배하였다. 아우구스투스는 제국의 해양을 통제하기 위하여 상비해군을 창설하였다. 사령부는 나폴리

51) Clark G. Reynolds(1974), 전게서, pp. 44~46.

52) 로마평화시대(Pax-Romanna)란 아우구스투스 황제(B.C. 27~A.D. 14)에서부터 마르쿠스 아우렐리우스 황제(A.D. 161~180)까지의 200년 동안을 말하는데, 로마제국이 지중해를 지배하던 시대와 일치한다.

(Naples) 근처의 미세넘 갑(Cape Misenum)에 위치하였고, 주력함대는 3단 노(櫓)를 가진 50척의 트리레메스(Triremes)에 10,000명의 병력을 승선시켜, 티르헤니아 해(Tyrrhenian Sea)를 거쳐 시실리(Sicily)와 이집트 해역을 초계했다. 제2함대는 라벤나(Ravenna)에 기지를 두었는데 5,000명의 병력을 태우고, 아드리아해(Adriatic Sea)와 남쪽으로 키프로스와 크레타(Creta)에 이르기까지 초계했다. 또한 이들 함대는 여러 전략적 전초기지에 지방 전대를 주둔시켰다. 로마황제는 해로 개척에도 심혈을 기울였다. 나일강의 관개시설과 운하를 복원하여 델타지역의 내부를 서로 연결시켰다. 스에즈 운하는 홍해에 있는 아르시뇨(Arsinöe) 항과 연결되어 있었고, 또 하나의 수로가 1세기 후에 황제 트라얀(Trajan)에 의하여 완성되었다. 그 결과 동아프리카, 동남아시아, 인도, 중국으로부터 상품과 아이디어가 홍해를 거쳐 알렉산드리아로 몰려왔으며 알렉산드리아에서 다시 로마로 흘러갔다. 로마에는 동서양의 사람과 상품뿐만 아니라 철학, 종교, 역사, 물리, 천측, 우주론 등 모든 지식이 융합되는 곳으로 지적 활동에서도 생기가 넘쳐났다. A.D. 14년 옥타비아누스가 죽을 때 그는 해양제국이 된 로마를 유산으로 남겼다. 로마의 황금시대는 이러한 자유로운 무역과 해양 중심의 세계주의에 의하여 발단되었다. 이 거대한 해양 네트워크는 로마의 제해권 덕분에 A.D. 3세기까지 아무런 간섭을 받지 않았다. 그들은 당연하다는 듯 지중해를 우리의 바다, 평화의 바다로 불렀다.[53] 즉 로마 해군은 지중해를 그리스 내해의 시대(Thalassocracy)에서 로마의 해양(Mare Nostrum) 시대로 바꾸어 놓았으며, 로마 제국의 패권체제를 통합시키고 유지하는 핵심이 되었다.

오늘날에도 세계 최강대국인 미국은 전 세계 대양과 중요 기지에 해군을 전진 배치하여 해양 네트워크체계를 구축하고 해상통제권을 유지하고 있다. 원래 통제권(control)이란 프랑스어의 'controle'에서 유래하였는데 실제 의

---

53) Clark G. Reynolds(1974), 전게서, pp. 51~77 ; R. G. Grant, *Battle at Sea : 3,000 Years of Naval Warfare*, 조학제 역, 『해전 3,000년』(해군본부, 2012), pp. 44~45.

미는 지배(command)가 아니라 감독(supervision)의 의미를 가진 것이었다. 프랑스 철학자 미셸 푸꼬(Michael Foucault)는 현대사회가 힘의 정치체제에서 감시체제로 바뀌었기 때문에 구제도보다 적은 비용으로 치안을 유지할 수 있다고 하였다. 제레미 밴덤(Jeremy Bentham)은 안에서 밖을 볼 수 없는 원형교도소의 시험을 통해 감시의 계도효과를 입증하였다. 오늘날 전 세계는 감시감독체계를 통해 질서를 유지한다. 국내적으로는 시민행동을 체계적으로 감시할 수 있는 기록과 법률체계를 운용하고 있고, 국제적으로 유엔은 핵 무기, 질병, 의료건강, 인권 등 다양한 사찰과 감시제도를 운용하고 있으며, 세계은행은 전 지구의 경제를 감시하고 있다.[54] 이처럼 현대사회는 질서를 유지하는데 있어서 힘의 지배체제보다는 감시통제체제를 통해서 더 적은 비용과 위험부담으로 더 큰 효과를 발휘하고 있으며 패권적 지위를 가진 미국 해군도 평시부터 전 세계를 감시·감독하고 통합시키는 역할을 수행하고 있다.

둘째, 자유로운 해상통상과 안정된 해양체제는 세계체제의 근간으로서 어떠한 패권국이라 할지라도 최우선적으로 달성해야 될 목표이다. 해양력은 국제적으로 합의된 공해의 자유권, 해상무역거래질서, 해양자원 관리, 해양환경보존, 기후변화 등에 관한 국제적 합의를 실행시키고 감독하며, 마약 밀매 등 해상 불법행위를 단속하여 세계 해양질서를 유지한다.

먼저 해양력은 모든 국가에게 중요한 국제 해상교통로의 안전을 제공한다. 해상 교통은 육상보다 빠르고 저렴하고 안전하며 많은 이익을 남길 수 있었다. 16세기에 인도양을 왕래했던 포르투갈 향신료 무역 선박은 그 선박의 1/4과 선원의 절반 이상을 잃어도 여전히 이익을 남길 수 있었다. 즉 6척 중 1척만 살아남아도 이익이 되었다. 오늘날 TV 한 대를 중국에서 유럽으로 수송하는 비용은 10달러가 넘지 않는다. 해상무역은 국가번영의 중심이었기 때문에 평시에는 경쟁의 대상이었고 전시에는 공격의 대상이 되었다. 해

54) Mark Leonard(2005), 윤덕노 옮김(2006), 전게서, p. 50.

양력은 평화로운 상업적 이익을 보장하는 것을 언제나 첫 번째 임무로 삼아 왔다.[55]

이는 고대에서도 입증되었다. 고대 그리스는 지중해 해적에 대항하기 위해 함대를 분산 배치하여 운영하였지만 알렉산더 사후에 제해권을 상실해 감에 따라 도처의 해적에게 시달려야 했으며 점차 제국도 쇠약해지고 말았다. 로마는 카르타고와의 전쟁에서 승리한 이후 1세기가 지나자 해양의 방비를 소홀히 하기 시작하였고 이에 따라 해적들이 날뛰었다. 한때 B.C. 66년 로마 해군은 폼페이우스(Gnaeus Pompeius, B.C. 106~48) 지휘 하에 500척의 선박과 12만 5천명의 병력을 동원하여 대규모 해적 소탕작전을 펼쳐야 했을 정도였다. 로마 제국은 전 지중해 해안에 대하여 해적을 소탕하고 통상을 보호함으로써 로마체제를 유지할 수가 있었다.[56]

현대에 들어서도 해적은 국제적 문제가 되고 있다. 〈표 3-4〉에서 보는 바와 같이 2008-2016년 간 전 세계에서 해적으로부터 공격당한 사례만도 총 2,380건으로서 최근 들어 해적퇴치를 위한 국제적 공조에 힘입어 감소추세에 있는 하나 연평균 314회에 이른다. 지역별로는 아프리카가 1,388건, 동남아 838건, 인도 217건, 남미 191건, 극동 176건, 기타 20건순으로 아프리카와 동남아에 집중되어 있다.[57] 우리나라 해군도 2009년부터 아덴만 해적퇴치 작전에 참여하고 있다.

〈표 3-4〉 최근 10년간 해적 및 무장강도 발생현황

2008	2009	2010	2011	2012	2013	2014	2015	2016	합계
293	410	445	439	297	264	245	246	191	2,380

•출처 : 해양수산부 해양안전종합시스템(http : //www.gicoms.go.kr/pirate/(검색일 : 2017. 9. 20.))

---

55) Geoffrey Till(2009), 배형수 역(2011), 전게서, pp. 54~57.

56) R. G. Grant, 조학제 역(2012), 전게서, p. 45.

57) 해양수산부 해양안전종합시스템(http : //www.gicoms.go.kr/pirate/(검색일 : 2017. 9. 20)

또한 초국가적 위협으로부터 세계체제와 질서를 보호하는 것도 해양력의 중요한 임무로 부상되고 있다. 먼저 해상테러 위협에 대한 억제와 차단이다. 2000년 아덴 항에서 미국 구축함(USS Cole) 함이 자살보트에 의해 피격을 당하였고, 2007년 아라비아 해 북부에서 영국 호위함(HMS Cornwall) 승조원 납치사건, 2006년 이스라엘 초계함(Hanit)의 헤즈볼라 미사일(C-802) 피격 사건, 2010년 한국 천안함 피격사건, 그리고 중동에서 발생한 여객선 납치 사건 등 해상테러는 계속되고 있으며, 패권국 해군이 깊은 관심을 가져야 할 분야가 되었다.

또한 대량살상무기 확산 방지를 위한 해양차단작전도 테러집단의 확산에 따라 중요한 임무로 떠오르고 있다. 예를 들면 2003년 PSI(Proliferation Security Initiative)가 출범했을 때에는 단지 11개국만 참여했지만 2012년까지 102개국으로 급속히 늘어났다.[58] 현재 PSI는 여러 지역에서 다양한 형태의 다국적 연합훈련을 하고 있으며 유엔의 대량살상무기 확산방지를 위한 노력과 함께 더욱 강화되고 있다.

초국가적 해양 재난에 대한 인도주의적 지원작전 역시 세계체제를 안정시키는데 큰 기여를 한다. 1896년 6월 일본 산리꾸에서 발생한 지진으로 해일이 발생하여 22,000명의 사망하는 대참사가 있은 후 '쓰나미'는 세계적 공통어가 되었다. 2004년 12월 26일 인도양의 해저지진으로 발생한 쓰나미는 시속 800km 속도로 인도양 연안을 강타했다. 이 쓰나미는 인도네시아, 미얀마, 태국, 스리랑카, 인도, 소말리아, 심지어 아프리카 동부해안에까지 영향을 미쳤고, 인도네시아에서 13만여 명, 소말리아 200여 명 등 총 20만여 명의 사상자가 발생하였다. 2012년 3월 일본 동부해안을 강타한 쓰나미는 2만여 명의 사상자를 비롯해 원전시설까지 훼손되어 방사능 유출과 같은 대형 참

---

58) Park Young-Gil, "Transnational Maritime Threats and Ways to Promote Interagency Cooperation," KIMS, ed., *Changing Maritime Security Environment and the Role of ROK Navy* (Seoul : KIMS, 2014), pp. 110~111.

사를 일으킬 뻔하였다. 이제 해상 재해는 세계의 안보를 위협하는 수준으로 인식되어 있고 각국의 군대는 재난구조 지원을 군의 기본임무로 채택하고 있다. 이와 같이 해양력은 세계체제의 평화와 안전을 위한 공공재를 제공하고 있다.

셋째, 해양력은 국제체제의 질서와 합의를 구축하고 유지하는데 기여한다. 대항해시대의 세계 최강의 해양 강대국이었던 스페인과 포르투갈은 1494년 '토르데실라스 조약(The Treaty of Tordesillas)'을 체결하고 전 지구의 해양을 아프리카 대륙 서단 베르데(Cape Verde) 섬 서방 1,100마일 해점의 서경 46도 37분선을 기준으로 양분하여 동반구는 포르투갈이 서반구는 스페인이 관리하기로 합의하였고 1506년 교황청으로부터 공식적으로 인정을 받게 됨으로써 이것이 세계 최초의 국제 해양법이 되었다.[59] 양국은 이 합의를 존중하고 지켜냄으로써 세계 해양에서 약 100년간의 평화를 누리고 도전세력을 제거하는데 성공하였으며, 포르투갈은 인도양과 인도지나반도를 거쳐 마카오와 일본으로 진출하였고, 스페인은 동인도제도에서 남미를 우회하여 태평양의 필리핀까지 진출할 수 있었다.

그러나 1600년대에 들어 네덜란드가 해양강국으로 성장하면서 동인도제도에서 포르투갈과 무역마찰을 겪자 네덜란드의 국제법학자 그로티우스(Hugo Grotius, 1583~1645)는 1609년 『자유해론』(*Mare Liberum*)을 발표하고 모든 국가는 바다를 자유롭게 이용할 권리가 있다는 '공해개념'을 주장하였다. 이에 대하여 영국의 법학자 셀던(John Seldon, 1584~1654)은 1635년 『폐쇄해론』(*Mare Clausum*)을 발표하고 연안국의 주변해양에 대한 배타적 권리를 인정해야 한다는 '영해개념'을 주장하였다. 영국 내륙의 강에서 흘러나와 바다를 이룬 주변해역은 영국 국왕의 지배에 속한다는 것이었다.[60]

해양강대국과 해양약소국 간의 이런 시각 차이는 오늘날에 까지 그대로

---

59) 이재형, 『중국의 해양전략』(서울 : 도서출판 황금알, 2007), pp. 30~32.

60) Hedley Bull, "Seapower and Political Influence," Jonathan Alford, ed., *Sea Power and Influence* (The International Institute for Straregic Studies, 1980), p. 5.

전수되어 왔는데 국제사회는 이 갈등을 해결하기 위한 노력도 꾸준히 전개해 왔다. 1930년 국제연맹에서는 그동안 국제적으로 통용되어 왔던 해양관습과 규칙을 국제법으로 규정하고자 논의한 바 있었고, 유엔에서는 1958년 이후 3차례의 해양법 회의를 통해 제네바 해양법 협약을 도출해 내었으며, 이어 1982년에는 유엔 해양법 협약이 체결되었고 1994년에 발효되었다. 특히 오늘날에는 해양이 생물, 광물 및 에너지 자원의 보고로 부각되면서 세계도처에서 해양영유권 분쟁이 끊임없이 발생하고 있는데 해양력은 이와 관련된 국제적 합의를 준수하고 유지하는데 기여한다. 이미 미국 해군은 남중국해에서 중국과 마찰을 겪고 있는 도서국가들을 지원하며 중국의 도발을 억제하고 있다.

넷째, 해양력은 세계체제에 대한 위협을 사전에 예방하거나 도전을 억제하여 체제를 보호해 준다. 특히 해군력은 분쟁이 예상되는 지역, 전략적으로 중요한 지역, 취약지역 등에 대한 전진배치, 순환배치, 사전전개(또는 예방전개), 전방현시, 현존함대 등 다양한 방법으로 전력의 공백을 방지하고 분쟁을 예방한다. 때로는 함대의 존재만으로도 이러한 목적을 달성할 수 있다. 세계질서를 지배하는 국가는 충분히 강력하고 즉각 투입이 가능한 현존함대(Fleet in Being)를 효과적으로 유지함으로써 적대국이 접근하는 것을 거부하고, 기습(제1격)의 기회를 박탈한다. 또한 체제에 도전하는 자에 대해서는 군사력을 이용한 설득, 강압, 억제 등으로 도전의지를 제거하거나 약화시킨다. 이러한 방법에는 국기시현(showing flag), 무력시위(showing forces), 포함외교(gunboat diplomacy) 등 무력사용의 위협과 더 나아가 군사적 개입과 봉쇄 등 제한된 군사력을 직접 사용하는 방법 등이 있다.[61]

프로이센의 프리드리히 대왕(Friedrich the Great, 1712~1786)은 무기가 없는 외교는 악보 없는 콘서트라고 하였다.[62] 포함외교의 역사는 고대로 거슬러 올

---

61) Edward N. Luttwak, *Strategy and History* (New Brunswick, New Jersey : Transaction Books, 1985), pp.79~98.

62) Leslie H. Gelb(2009), 원은주 옮김(2010), 전게서, p. 24.

라간다. 제2차 펠로폰네소스 전쟁(B.C. 431~405)의 근본적 원인은 스파르타와 아테네 간의 세력다툼이었지만 촉발원인은 아테네의 포함외교가 실패한 데에 있었다.[63] 근세에 들어 영국의 중국에 대한 개방이나 미국의 일본에 대한 개방도 해군의 포함외교의 사례라고 할 수 있다.

그러나 세계체제 면에서 해군력을 외교적으로 가장 잘 이용한 사람은 미국의 루즈벨트(Theodore Roosevelt) 대통령이다. 그는 미 해군으로 하여금 최신예 전함 16척으로 대백색함대(The Great White Fleet)를 구성하여 1907년 12월 16일부터 1909년 2월 21일까지 14개월에 걸친 세계일주의 군함외교를 실시하도록 하였는데 이는 미국 역사상 처음으로 그리고 그 이후 지금까지 세계에서 유래가 없는 대규모 해군의 예방외교(preventive diplomacy)였던 것이다. 이 함대는 6대륙 22개 항을 방문하면서 43,000마일의 항정 동안 파나마, 베네수엘라, 브라질, 아르헨티나, 칠레 등 남미의 해양을 미국의 통제권역으로 편입시켰고, 당시 청·일전쟁과 러·일전쟁의 연이은 승리로 급부상한 일본의 도전을 잠재웠으며, 미국의 중국 개방정책(Open Door Policy)을 위한 입지를 강화시켜 주었고, 영국이 미국에 도전하기보다는 협력의 길을 나아가는 계기를 제공하였다.[64] 오늘날에도 미국은 세계의 위기를 관리하는데 해군력을 중요하게 사용하고 있음은 잘 알려진 사실이다.[65]

다섯째, 해양력은 우군 동맹을 굳건히 하고 지원함으로써 세계패권체제를 강화시키는 역할을 한다. 지구는 본질적으로 해양을 매개로 연결되어 있다. 이 해양을 연결하는 해양동맹은 안보이익뿐만 아니라 경제적 이익을 보장해 주며 문화적 연대를 강화시킨다. 반면에 도전자 동맹 간의 대륙 간 교

---

63) Thucydides, *The Peloponnessian War*, Translated by John H. Finley Jr.(New York : Modern Library, 1951), pp. 15~87, Joseph S. Nye Jr.(2009), 전게서, pp. 14~15에서 재인용.

64) Ruhl J. Bartlett, *The Record of American Diplomacy* (New York : Alfred A. Knopf, 1964), p. 414.

65) 미국은 1946~1975년까지 30년간 국제적 분쟁에 총 263회 군사적 개입을 했는데, 이 중 불확실한 것을 제외한 215회 중 177회가 해군이 개입한 것으로 82%를 차지하였다. : B.M. Blechman and S.S. Kaplan, *Force Without War : U.S. Armed Forces as a Political Instrument* (Washington D.C : Brookings Institution, 1978), p. 40.

류와 군사 이동을 제한시킨다. 동맹은 패권국의 출현을 저지하기 위해 결성되기도 하지만, 도전국의 부상을 억제하기 위해 결성되기도 한다. 미국은 냉전 시 NATO(1949), ANZUS(1951), SEATO(1954), 바그다드조약(1955년 ; 1959년에는 CENTO로 확대됨)과 같은 다자동맹과 한국(1953), 일본(1954)과의 쌍무적 동맹으로 전 세계에 걸친 동맹네트워크를 구성하고 소련을 봉쇄했다. 또한 동맹 간 주기적인 연합훈련은 우방군간 협력체제를 강화하여 전투수행능력뿐만 아니라 동맹에 대한 신뢰와 공신력을 높여준다. 스미스(Alastair Smith)도 "동맹의 공약에 대한 높은 신뢰성은 적대국의 침공 가능성을 억제하는 역할을 한다."[66]고 하였다. 이와 같이 해군동맹은 세계패권체제의 유지에 기여하는 한편 도전자를 억제시키는 역할을 한다.

해양력은 패권전쟁에서의 승리 못지않게 평시 패권체제 유지에서 중요한 역할을 수행한다. 루즈벨트는 미 해군대학에서 '워싱턴의 잊혀진 금언'이라는 제목의 연설을 하면서 "건강한 해군력은 전쟁의 도구가 아니라, 평화의 가장 확실한 보증수단"이라고 강조했다.[67] 후세의 학자들은 이를 해군외교, 포함외교, 강압외교, 설득외교, 예방외교 등으로 불렀다. 알렉산더(George Alexander)는 국제관계 현대용어집에 '강압외교(coercive diplomacy)'란 용어를 소개하면서 상대에게 어떤 행동을 전환시키거나 중단시키도록 운용되는 방어적 전략을 강압외교라고 정의하였다.[68]

플린트(Colin Flint)는 모델스키의 패권순환이론에 따라 패권국의 새로운 지구적 의제가 수용되면 이를 실행하는 것은 지구적 해군력이라고 하였다. 포함외교뿐만 아니라 함대의 존재 자체가 통제효과를 발휘한다. 그는 〈그

66) Alastair Smith, "Extended Deterrence and Alliance Formation," *International Interactions*, Vol.24(1998), pp. 315~343, 김우상(2007), 전게서, p. 66.

67) Henry J. Hendrix, *Theodore Roosevelt's Naval Diplomacy : the U.S. Navy and the Birth of American Century* (Annapolis Maryland : the United States Naval Institute, 2009), 조학제 역, 『시어도어 루즈벨트의 해군외교』(서울 : 한국해양전략연구소, 2010), p. 315.

68) Alexander George and William Simons, *The Limites of Coercive Diplomacy* (San Francisco : Westview Press, 1994), pp. 7~16.

림 3-4〉에서 도식한 것처럼 패권이 강화될수록 해군력의 운용 소요가 많아지지만 패권국의 권력이 약화될수록 육군의 운용소요가 많아진다고 하였다. 왜냐하면 국력이 약해지면 해군력부터 약해지고 그럴수록 도전국들의 저항이 거세지고 육지에서의 갈등으로 더 많이 확산되며 이에 따라 패권유지에 드는 비용도 많아지는 악순환을 겪게 된다는 것이다.[69]

〈그림 3-4〉 패권질서와 해군과 육군의 군비변화

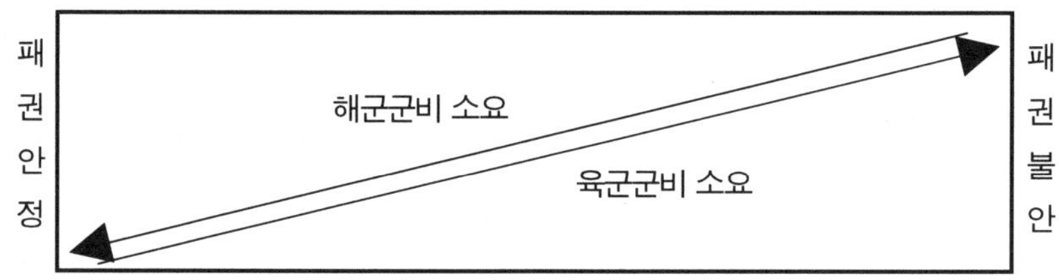

이와 같이 해양력은 패권체제 유지를 위해 최우선적으로 투입되는 군사력으로 지상군이 투입되기 이전에 체제 내 문제를 예방하고 해결하여 체제 유지의 비용과 위험부담을 감소시켜 주는 최적의 군사력이다.

69) Colin Flint(2006), 한국지정학회 옮김(2009), 전게서, p. 83.

4 장

동아시아 패권경쟁과 한반도

1. 한반도의 전략적 지위
2. 근대 열강들의 한반도 해양에 대한 인식
3. 동아시아 패권경쟁에서 한반도의 역할

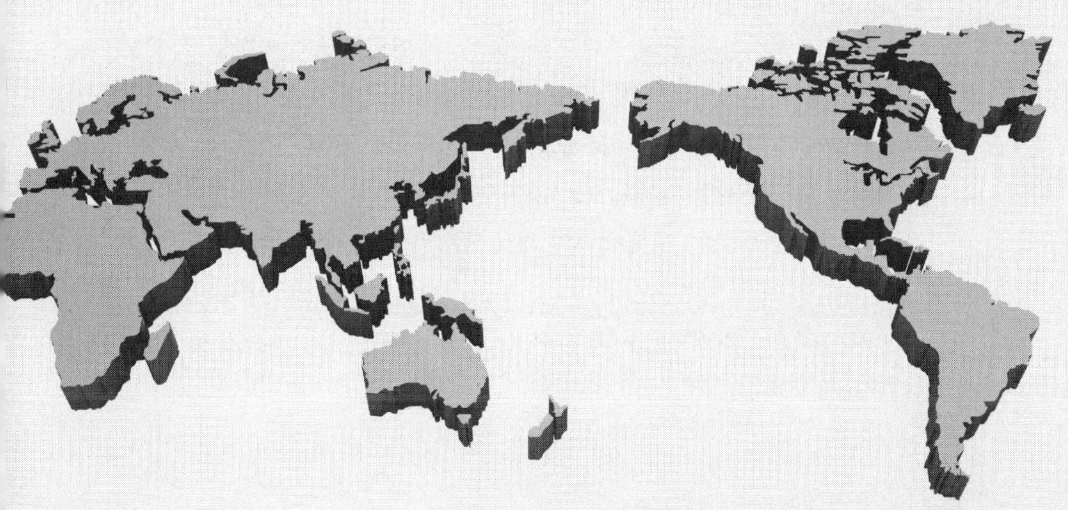

1. 한반도의 전략적 지위

한반도는 맥킨더의 심장이론에서는 외곽 초생달지역(outer crescent)이지만 스피크먼의 주변지역론(rimland theory)에 따르면 림랜드에 해당된다. 대륙세력과 해양세력을 연결하는 매개지역이자, 양 세력이 부딪히는 충돌지역이며, 강대국간 쟁탈의 대상이 되는 교통지대이기도 하다. 강대국들은 교통요충지를 장악하여 자유롭게 이용하고자 한다. 마한은 대륙세력인 러시아와 해양세력인 영국간의 결정적 갈등지역을 위도 30~40도 사이에 있는 아시아 지역으로 보았다. 한반도의 지리적 위치는 바로 마한이 주목한 지역에 있다.

니얼 퍼거슨은(Nial Ferguson)은 강대국 사이의 교통지대가 지닌 전쟁 위험성을 지적하면서, 이 지역은 인종, 민족, 부(경제 변동), 권력(제국) 간의 갈등과 분열과 불안과 변동의 근원지로서 이곳이 바로 20세기 피의 현장이었다고 강조하였다. 그는 이런 화약고 지역으로 유럽의 중북부와 아시아의 만주 및 한반도를 지목하는 것을 잊지 않았다.[1] 조지 프리드먼(George Friedman)은 강대국간 교통지대를 세력균형의 통제점으로 보고 향후 미국의 전략은 이 세력균형점을 통제하는데 두어야 한다고 하면서 그 대상으로 바로 퍼거슨이 화약고로 지적한 유럽의 폴란드와 아시아의 한반도를 지목하였다. 한반도가 중국과 일본의 세력균형점에 있다는 것이다.[2] 퍼거슨은 20세기 한국을 세력충돌에 의한 파편지대로 보았고, 프리드먼은 21세기 한국을 동아시아 세력균형을 통제할 관제탑으로 보았던 것이다.

이와 같이 한반도는 대륙세력의 해양진출 욕구와 해양세력의 대륙진출

---

1) Nial Ferguson, T*he War of the World : History's Age of Hatred*, 이현주 옮김, 『증오의 세기』 (서울 : ㈜민음사, 2010), pp. 35~36, p. 56.

2) George Friedman, *The Next Decade* (New York : Anchor Books, 2012), pp. 160~165, pp. 183~186.

욕구가 충돌하는 지점이자 이들이 상호 견제하여 균형을 이루는 지점이기도 하다. 뿐만 아니라 서양세력과 동양세력, 북양세력과 남양세력이 서로 교류하는 통로이자 충돌 지점이기도 하다. 또한 한반도는 동북아의 중앙적 위치에 있는 전략적 요충지로서 내선과 외선 모든 방향으로 진출이 가능하다.

한반도는 북태평양 연안에 있는 동북아 지중해의 중앙을 차지하고 있다. 이 동북아 지중해는[3] 남북한을 비롯하여 중국, 러시아, 일본, 타이완 등으로 둘러싸여 있는데 육지로는 한반도와 일본열도 사이를, 바다로는 동해와 서해 및 동중국해 사이를 연결되는 통로 가운데에 있다.

한반도 남단에 위치한 대한해협과 제주해협은 해상교통의 병목지역에 위치하여 통제가 용이하다. 더구나 이 해협들은 러시아의 극동 해양권역인 동해를 봉쇄할 수 있고, 중국의 핵심권역인 서해를 차단할 수 있는 길목에 위치하고 있다. 특히 대한해협은 아시아 대륙과 태평양을 연결하는 전략적 지대에 위치해 있다.

대한해협의 서북쪽에 위치한 서해는 중국 동북부 연안과 한반도의 서부 연안 및 제주도로 둘러싸여 있는데 요동과 산동 등에 발달된 공업도시가 산재해 있고 동북아의 창고인 만주로 가는 접근로인 동시에 베이징, 서울, 평양 등 전략적 도시로 가는 길목이기도 하다. 동중국해에는 상해, 광동 등 중국 경제발전의 핵심 역할을 하는 연안도시가 발달되어 있고, 타이완과 중국, 그리고 일본과 중국간에 긴장이 서려 있는 곳이기도 하다.

대한해협의 북동쪽에 위치한 동해는 아시아 대륙 북동부와 한반도, 러시아 연해, 일본 본토, 사할린으로 둘러싸인 태평양 연해이다. 조선시대에는 조선해(朝鮮海) 또는 창해(蒼海)라고 하였으나 해방 이후 동해라 부르기 시작하였다. 러시아 오호츠크(Okhotsk) 해와는 소야(宗谷)해협, 북태평양과는 쓰가루(津輕)해협, 서해 및 동중국해와는 대한해협으로 연결된다. 러시아의 유

---

[3] 윤명철 교수는 한반도 주변연안과 러시아 연해주 일본열도 및 타이완으로 둘러싸여 있는 해양을 동아지중해라 불렀다. ; 윤명철, 『한민족의 해양활동과 동아지중해』(서울 : 학연문화사, 2002).

일한 해양 진출로이자 북한, 중국, 러시아를 잇는 신흥개발지로서 주목 받고 있다. 냉전 시에는 미·소간 전략적 억제력이 충돌하는 해역이었으며 이 해역에서 벌였던 미·소간 잠수함들의 상호 견제활동은 이미 잘 알려진 사실이다. 따라서 대한해협이 차단된다면 대륙과 해양과는 물론 전략적으로 중요한 동서남북의 모든 해역 간 교류가 차단되는 것이다. 이러한 대한해협의 전략적 가치는 다음과 같다.

첫째, 해상 교통지대에 위치하고 있다는 점이다. 고대에서 중세까지 인류는 유라시아 대륙을 횡단하는 육상 교통로를 중심으로 발전해 왔지만 근대에 들어오면서 해상교통로를 중심으로 상업과 금융문화권이 발달되었다. 해상 교통지대는 인구가 조밀한 지역 또는 자원이 풍부한 지역과 근접한 항구들을 서로 잇는 항로들이 개척되면서 형성되었다. 아테네, 알렉산드리아, 카르타고, 로마, 파리, 뉴욕, 일본 대도시는 바다뿐 아니라 하천을 이용하여 내륙으로도 접근이 용이한 곳에 위치하고 있다.[4] 어느 나라도 혼자서는 자력갱생할 수 없는 세계화 시대에 들어서게 되자 해상교통로는 세계체제에서 가장 중요한 위치를 차지하게 되었다. 더구나 대한해협은 동북아 4대 강국이 만나는 해상 접합점에 위치하고 있어서 동북아 해상교통의 핵심이 되고 있으며, 대한해협을 통제하면 동북아 해상을 통제하게 된다.

둘째, 대한해협은 전략적으로 중앙적 위치를 차지하고 있다. 동북아 지중해의 중앙에 위치하고 있을 뿐 아니라 아시아 대륙, 해양, 열도 그리고 해양과 해양을 연결해 주는 십자로상의 중앙에 위치하고 있는 것이다. 나폴레옹은 전쟁은 위치의 문제라고 하였고, 마한은 전략적 위치, 해상교통로, 집중, 제해권을 전략원칙으로 제시하면서, 중앙적 위치의 중요성을 강조하였다. 중앙적 위치는 적을 통제하기에 유리하고, 내선을 이용하여 힘을 집중시킬 수 있으며, 집중된 힘을 이용하여 적을 각개 격파시킬 수 있기 때문에 이 모든 전략원칙을 연관시켜주는 중요한 요소이다. 또한 중앙적 위치는 자

---

4) 김종두, 『한반도 해양지정학』(서울 : 문영사, 2000), pp. 97~99.

신에게는 힘의 중심점이지만 상대방에게는 힘을 분리시키는 차단벽이다. 유럽 지중해 중앙에 있었던 로마 제국은 '세계의 모든 길은 로마로!'라는 격문처럼 모든 힘을 로마로 집중시킨 반면 카르타고 등 다른 강대국의 힘은 분산시켰다. 일본제국은 러일전쟁에서 중앙위치인 대한해협을 통제하여 러시아의 뤼순(旅順) 함대와 블라디보스토크 함대를 분리시킨 후 각개 격파하였다.

셋째, 한반도는 대륙세력과 해양세력이 접촉하는 림랜드에 위치해 있다. 림랜드 지역은 강우량이 많고 기후가 좋아 농경도 발달하고 사람이 살기 좋은 환경을 가지고 있다. 또한 내륙의 생산활동과 해상의 상업활동이 접합되는 인구 조밀지역이다. 림랜드는 갈수록 도시화되어 정치와 종교의 중심지로서 하트랜드의 역할을 한다.[5] 대한해협 주변에는 상업, 금융, 공업뿐 아니라 정치적으로 주요한 도시들이 집중되어 있다. 이와 같은 특징으로 말미암아 대한해협을 장악하는 나라는 대륙과 해양을 막론하고 모든 주변국가와 폭넓은 교류협력을 바탕으로 번영을 누릴 수 있다. 최근 한·중·일간 경제적 상호의존과 연대현상은 이를 말해 준다.

넷째, 대한해협은 전략적 가치에 비하여 통제하기가 용이한 국제해협(國際海峽, International Straits)이다. 국제해협에선 연안국 영해 내에서는 무해통항권이, 영해 밖에서는 자유통항권이 인정된다. 세계를 연결하는 주요 관문들이 바로 이 국제해협들이다. 대서양과 지중해를 연결하는 지브롤터 해협, 지중해와 인도양을 연결하는 스웨즈 운하-홍해, 인도양과 태평양을 연결하는 말라카 해협, 태평양과 대서양을 연결하는 파나마 운하-카리브 해 등이 있고 각 지역에는 이 대양들과 연결되는 지역 관문이 있다. 흑해와 지중해를 연결하는 보스포러스-다르다넬스 해협, 아라비아해와 인도양을 연결하는 호르무즈 해협 그리고 동북아시아에서는 동해와 태평양을 연결하는 대한해협이 이에 해당된다. 대한해협은 쓰시마 섬을 중앙에 두고 동서

---

5) 상게서, pp. 80~81.

각 약 40㎞ 폭과 약 200㎞의 길이를 가지고 있다. 폭이 좁고 길이가 길어 통제하기가 쉽고, 해협 내에는 함대가 기항할 수 있는 도서와 항구들이 많이 산재해 있다. 영·러간 1859~1863년에 걸친 대마도 쟁탈전과 1875~1885년간 거문도 쟁탈전, 그리고 러일간 1895~1905년간 마산포 쟁탈전이 이를 말해준다.

다섯째, 군사적으로 대한해협은 완충지대와 충돌지대로의 양면성을 가지고 있다. 대한해협은 바다의 차단력으로 말미암아 대륙과 해양세력간의 충돌을 완화시키는 역할을 해왔다. 역사적으로 한일, 또는 중·일간 충돌, 냉전 시의 미·소간 직접적 충돌이 대한해협의 차단력(stopping power)으로 완화되었고 때로는 강대국간 상호 견제에 의해 완충지대로 남아 있기도 하였다. 반면 이 완충지대에 대한 강대국의 경쟁은 전쟁으로 이어지기도 하였다. 이 전쟁에서 대한해협은 승리의 기반이 되었다. 한일 간의 임진·정유전쟁(1592~1598), 청일전쟁(1894~1895), 러일전쟁(1904~1905), 한국전쟁(1950~1953) 모두 대한해협의 통제권을 장악하는 자가 전쟁의 승리자가 되었다.

2. 근대 열강들의 한반도 해양에 대한 인식

1558년 포르투갈 상선이 조선근해를 측량·조사하여 조선해도를 작성한 것이 가장 오래된 서구의 조선해도이다. 그 후 열강들은 조선의 바다에서 무엇을 얻을지 탐색하며 접근해 왔다. 1866년 이전까지 조선은 이들 선박이 무엇을 의미하는지 깨닫지 못한 채 먼 산 바라보듯 외국 선박이나 군함을 황당선(荒唐船) 또는 이양선(異樣船) 이라는 이름으로 불렀다. 서구 열강들은 조선 바다를 제집 드나들듯 들어와 정찰하고 위협하고 빼앗아 가기까지 하였다.[6] 당시 서구열강들이 한반도 해양에 대한 인식을 살펴보면 다음과 같이 요약할 수 있다.

가. 일본

일본은 대한해협과 연결된 도서국가로서 한반도는 그들의 역사발전에 매우 중요한 역할을 차지하고 있었다. 일본의 한반도 해양에 대한 인식은 다음과 같다.

첫째, 역사적으로 일본은 한반도를 대륙의 선진 문물을 받아들이는 통로로 인식하였다. 그들은 선진문물을 받아들이기 위해 끊임없이 한반도의 여러 왕국과 통교를 시도했으며 신라, 백제는 물론 중국과의 해상교역을 통해 성장해 왔다. 일본 해상인들은 평시에는 무역상이요 궁핍할 때는 해적이요 전시에는 수군이 되었다. 그들은 대한해협을 통한 해상교역으로 선진 문물을 흡수했다.

둘째, 일본에게 한반도는 북방의 위협을 차단해주는 방어벽으로서 인식

6) 金容旭, 「청일전쟁(1894~1895)·러일전쟁(1904~1905)과 조선 해양에 대한 제해권」, 『법학연구』 제49권 제1호(부산대학교, 2008. 8.), p. 282.

되어 왔다. 역사적으로 일본은 대한해협이라는 해양방벽 덕분에 외부의 지배를 받지 않았다. 13세기 말 몽고·고려 연합 해군이 두 번(1274, 1281)에 걸쳐 무려 4,000척이 넘는 병선과 20만 여명을 동원하여 대마도 정벌에 나섰지만 일본인들이 말하는 신풍(神風 : 카미가제)으로 말미암아 극심한 피해만 입고 되돌아가야만 했다.

그러나 근대에 들어서 1861년 러시아의 대마도 점령, 1885년 영국의 거문도 점령 등 서구열강들의 대한해협에 대한 위협이 거세지자 일본은 대한해협의 취약성을 보완하기 위하여 조선반도의 점령을 주장하게 되었다. 1890년 11월 29일 야마가타 아리토모(山縣有朋, 1838~1922) 수상은 제1회 제국의회의 일반연설에서 군비증강 예산을 요구하면서 이익선인 조선을 확보하지 않으면 일본 쓰시마 섬의 주권선이 머리위에 칼날을 맞게 되는 형국이 된다고 하면서 이익선 방어를 위한 해군 군함 건조를 주장하였다.[7] 여기에 일본 천황은 궁정운영비까지 털어가며 군함 건조에 진력하였다. 근대 일본은 대한해협을 일본 본토 방어의 최후의 보루로 인식하고 조선반도를 일본의 확장된 방위권으로 편입시키고자 하였다.

셋째, 일본에게 한반도는 대륙진출을 위한 가교로 인식하였다. 역사적으로는 일본이 중국으로의 진출을 빌미삼아 조선반도를 침략한 1592~1558년간의 7년전쟁이 대표적인 예이다. 근대에 들어서도 메이지 정부의 영토 확장과 대륙정책으로 대한해협은 대륙으로 진출하는 가교로서 더욱 중요하게 되었다. 1870년대 소에지마 다네오미(副島種臣, 1828~1905) 외교의 목표는 타이완 획득(征台)뿐만 아니라 조선에 대한 군사적 진출(征韓)과 장차 중국 본토에서 식민지(만주) 획득까지를 시야에 넣은 지극히 강경한 군사적 색체를 띤 해외 팽창주의적 성격을 가지고 있었다.[8] 1874년 일본 외교 고문 르젠드

---

7) 야마무로 신이치(山室信一) 지음, 정재성 옮김, 『러일전쟁의 세기』(서울 : 도서출판 소화, 2010), pp. 70~71.

8) 오비나타 스미오(大日方純夫), 「근대 일본 대륙정책의 구조」, 홍미화 역, 『동북아 역사논총』 제32호(동북아역사재단, 2011. 6.), pp. 144~147.

르(Charles W. Le Gendre, 1830~1890)가 태정관에게 제출한 각서에서도, "조선은 무역만이 아니고 군사적 측면으로도 필수적인 요충지이고 아시아 북방 제일의 요지이다. 조선을 영유한다면 사방으로 위세를 떨치는 것이 자유로워지기 때문에 일본은 서해(황해)까지 세력을 떨칠 수 있게 되고 동해를 일본 것으로 만들 수 있다."고 하면서 타이완에 이어 조선을 일본이 점령할 대상으로 삼아야 한다고 주장하였다.[9] 이러한 근대 일본의 대외팽창 정책에서 대한해협은 대륙진출을 위한 핵심적 교량이 될 수밖에 없었다.

넷째, 일본은 동북아 중앙에 있는 대한해협을 일본의 지배권역을 상호 연결해 주는 내선의 축으로 삼고자 하였다. 일본 막부 말부터 정한론이 들끓을 때, 하시모토 사나이(橋本左內, 1834~1859)는 러일동맹론을 제창한 바 있는데, 일본이 산단(山丹 : 중국 간쑤성), 만주, 조선국을 합치고 미국의 한 주나 인도의 한 영을 가져야 한다고 주장하였고,[10] 1874년 타이완 정벌을 주장한 소에지마 다네오미(副島種臣) 외상의 외교고문 르젠드르도, 조선, 타이완, 호코지마(膨湖島)는 일본제국의 분명한 내지(內地)라고 밝히고 있다. 그는, "일본이 한반도를 영유하게 된다면 일본의 본토와 조선, 류큐, 타이완의 모든 섬이 고리 모양을 형성하여 동방문명의 선진제국으로서 중국 제국을 포위하게 되어 일본 황제 한 명의 통치 아래 귀속될 것이고, 도쿄는 신 제국의 수도가 될 것이다."[11]라고 주장하였다. 이와 같은 일본의 동아시아 지배구상에 따르면 대한해협은 일본권역의 중앙해역으로서 각 권역을 상호 연결을 해주는 내해로서의 역할을 하게 된다.

---

9) 早稻田大學 圖書館 소장, 『大隈文書』 A 4424, 상게서, p. 152에서 재인용.

10) 야마무로 신이치(山室信一) 지음, 정재성 옮김(2010), 전게서, p. 43 ; 정한론은 마쓰야마(松山) 번 유학자 야마다 호코쿠(山田方谷), 쓰시마 번 오시마 도모노조(大島友之允) 등이 주장해 왔고, 1873년엔 사이고 다카모리(西鄕隆盛)가 강력히 제기하였다. 러일동맹론은 안세이 4년(1857년) 11월 무라타(村田)가 壽宛書簡에서 밝힌 주장으로 당시의 상황에서는 현실적인 주장이 되지 못하였지만 조선과 만주 문제를 러시아나 미국과의 관련성에서 생각하고 있었다는 점은 그 후 일본의 행보를 생각하면 매우 시사적이다.

11) 早稻田大學 圖書館 소장 『大隈文書』 A4424, 오비나타 스미오(大日方 純夫), 홍미화 역(2011), 전게서, p. 152에서 재인용.

다섯째, 일본은 대한해협을 일본 번영을 위한 경제적 교류의 핵심 축으로 인식하였다. 국제정치론을 지정학적 시각에서 새롭게 내세웠던 이나가키 만지로(稲垣満次郎, 1861~1908)는 『동방책(東方策, 1891)』에서, 태평양은 다음 세기(20세기)에 전 세계의 정책 및 무역의 일대 활극장이 될 것이 틀림없다고 예측하면서 일본이 태평양의 동서남북의 중심축에 있기 때문에 세계 경제를 연결하는 세계의 중추에 있고, 교역에서 성공할 호기를 맞게 될 것이라고 주장하였다.[12] 따라서 남북 태평양과 동서태평양을 연결하는 축의 위치에 있는 대한해협은 당연히 태평양 경제권역의 핵심이 될 수밖에 없었다.

여섯째, 일본은 해양국가로서 대한해협에 대한 통제권이 전승의 관건이라는 것을 잘 인식하고 있었다. 청일전쟁에 대비한 작전계획을 수립할 당시 대본영 상석 참모 가와카미(川上)는 직예평야에서의 결전을 주장했지만 야마모토 곤베이(山本權兵衛) 대령이 제해권 보장이 없는 작전계획은 공론에 지나지 않는다고 반대하자 대본영에서도 이를 수용하여 1894년 8월 5일 제해권 확보 여부를 기준으로 하는 3개 방안의 작전계획을 대본영 작전계획으로 채택하였다.[13] 또한 러일전쟁 시에도 이와 같이 제해권에 바탕을 둔 합동작전을 골자로 한 작전계획을 수립하였고, 특히 중앙적 위치를 차지한 대한해협의 장점을 극대화함으로써 러시아 함대를 분리시켜 각개 격파할 수 있었다.

나. 러시아

러시아 피터 대제(Peter I, the Great, 1682~1725)는 향후 태평양이 부와 권력의 근원이 될 것으로 전망하고, 상트페테르부르크가 서구의 관문이라면 오호츠크는 태평양의 창문이라고 비유하면서 동방에 대한 탐사를 적극 추진하였다. 그 결과 러시아는 영국이나 프랑스 보다 반세기 일찍 태평양에 진출

12) 야마무로 신이치(山室信一) 지음, 정재성 옮김(2010), 전게서, p. 68.
13) 해군본부 편, 『일본·영국 해군사 연구』(계룡대 : 해군본부, 1997), pp. 38~39.

하였다. 1732년 북태평양 연안에 오호츠크(Okhotsk)주를 창설하고, 1740년 캄차카(Kamchatka) 반도에 페트로파블로프스크(Petropavlovsk) 항을 건설하였으며, 1745년 말 쿠릴열도(Kuril Islands)를 장악하였고, 1799년 태평양 연안을 방어하는 러시아 해군을 창설하였다.[14] 러시아 해군에게 태평양 진출은 부동항을 해군기지로 확보해야 한다는 것과 태평양과 본국과의 안전한 통교를 확보해야 된다는 숙명적 과제를 안겨주었다. 러시아에게 대한해협은 이러한 문제들을 동시에 해결해 주는 전략적 요충지로 인식되었다.

첫째, 러시아는 한반도 및 대한해협 인근을 러시아의 부동항을 확보하기 위한 최적지로 인식했다. 1850년 캄챠카의 페트로파블로프스크에 태평양에서 최초의 해군기지를 건설하였으나 결빙과 방어의 취약성으로 제대로 기능을 발휘하지 못하게 되자 무라비예프(N. Nikolai Muraviev, 1809~1881) 동(東)시베리아 총독은 1854년 니콜라예프스크(Nicholaevsk)로 해군기지를 옮겼다. 그러나 상황은 별반 나아지지 않았다. 러시아 극동함대 사령관 푸티아틴(E. V. Putiatin, 1803~1883) 중장은 1854년부터 1858년 사이 3-4척의 함대를 이끌고 한반도 남해와 동해를 탐사하고 부동항을 확보하고자 시도하였다. 1854년 프리깃함 팔라다(Pallada) 호를 이끌고 거문도에 무단 입항하여 조선정부에 개항을 요청한 바 있었고, 영흥만을 발견하고 이 항구를 그의 옛 상관의 이름을 따서 라자레프(port of Lazaref) 항이라 이름을 붙였다. 그러나 조선의 완강한 저항으로 여의치 않았다. 그래서 1860년 블라디보스토크 항을 개발하고 1872년 이곳을 제1의 해군기지로 삼았다.[15] 그러나 블라디보스토크도 연중 4개월은 결빙으로 제 기능을 발휘할 수 없었다. 더구나 러시아 함대의 해군기지가 동해로 옮겨오면서 대한해협은 그들의 관문이 되었다. 러시아는 대한해협을 통제할 수 있는 곳에 부동항을 갖기 위하여 노력했다. 그 첫 시도가 1861년 대마도 점령이었다.

14) 송금영, 『러시아의 동북아 진출과 한반도 정책(1860~1905)』(서울 : 국학자료원, 2005), pp. 29~30.
15) 최문형, 『러시아의 남하와 일본의 한국침략』(서울 : 지식산업사, 2007), pp. 61~69, p. 97.

둘째, 러시아는 한반도의 대한해협을 보스포러스(Bosphorus) 해협과 같은 세계적 전략요충지로 보았다. 특히 크리미아 전쟁(Crimean War, 1854~1856) 이후 흑해가 막힘으로써 대한해협은 러시아에게 대양으로 나갈 수 있는 유일한 출구가 되었다. 러시아는 지중해 진출의 길목에 있는 보스포러스처럼 태평양 진출에 있어서 대한해협이 중요하다고 평가하고 있었다. 그들은 부산을 터키의 콘스탄티노플(Constantinople)에 비유하였다. 러시아 극동함대 사령관 푸티아틴은 지중해의 터키처럼 한반도는 태평양 진출에 있어서 전략적 요충지이자 연해주 등 극동지역의 안전을 확보하기 위한 배후지로서 중요하다고 평가하고, 한반도에 부동항을 확보해야 하며, 대한해협의 자유로운 항해를 확보하는 것이 러시아 함대에게 매우 중요하므로 종국적으로 한반도를 러시아가 장악해야 한다고 주장하였다.[16)]

그래서 러시아는 일찍부터 거문도에 관심을 기울였다. 1853년 이후 이 섬에 수차례 방문하면서 일본이나 중국으로 들어가는 함대 집결지로 이용하였다. 1857년에는 총4척으로 구성된 푸티아틴 함대가 거문도에 도착하여 거주민들로부터 석탄저장소를 설치할 수 있는 허가를 얻었다. 1882년 11월 러시아 태평양함대 고필로프(Gopilov) 제독은 영국이 거문도를 점령할 것이라는 소문을 듣고, 그럴 경우 거문도가 영국의 홍콩이나 말타가 될 것이라고 경고하면서 대응방안을 정부에 건의하였다. 1883년 청국 주재 러시아 공사 블란갈리(A. E. Vlangali)도 일본주재 러시아 공사 로젠(Roman Romanovitch Rosen, 1847~1921)에게, 어느 열강이 거문도를 점령하게 되면 서해의 보하이 만(渤海灣)과 동해의 연해주로 가는 입구를 장악하게 되어 러시아 태평양함대가 불리한 상황에 처해진다고 지적하고, 거문도는 모든 국가에 개항되어야 한다고 주장하였다.[17)]

1894년 8월 청일전쟁 직전 개최된 러시아 각료회의에서도 대한해협의

16) 송금영(2005), 전게서, p. 274.
17) 상게서, pp. 113~114.

전략적 중요성이 논의 되었다. 기르스(M. N. Giers, 1820~1895) 외무장관은, "만일 일본이 한반도를 점령하게 된다면 대한해협이 제2의 보스포러스가 될 것이다. 현재 러시아가 대양으로 진출할 수 있는 유일한 출구인 대한해협이 봉쇄된다면 러시아 태평양함대 역시 흑해함대의 처지와 다를 바가 없다." 고 우려하였다.[18]

셋째, 극동에서 군사적 기반이 취약한 러시아는 한반도를 서구 해양세력의 침략을 막아주는 전략요충지로 생각하였다. 러시아 동부 시베리아 총독 무라비예프는 1859년 7월 러시아 아시아 국장 코발렙스키(E. P. Kobalebsk)에게 유럽 해양강국들이 조선에서 항구를 갖게 된다면 러시아 해군은 마비될 것이며, 육군도 청국의 위협을 크게 받을 것을 우려하고 이를 방지하기 위해서는 종국적으로 한반도를 점령해야 한다고 하였다.[19] 즉, 유럽 해양강국이 동해로 진입하는 것을 방어하기 위해서는 대한해협의 통제권을 행사할 수 있는 기지를 선점해야 한다는 것이었다.

특히 1885년 4월 15일 영국이 불법적으로는 거문도를 점령하자 러시아의 「루스키예 베도모스티」지는 블라디보스토크를 봉쇄하는 근거지를 영국이 갖게 되었다고 하였고, 「크론시탓스키 베스트니크」지는 영국이 지브롤터 및 몰타와 같은 입지를 갖게 되었다고 지적하였다.[20] 이는 당시 러시아 국민에게 대한해협이 블라디보스토크 방어에 얼마나 중요한가를 일깨워준 사건이었다.

넷째, 러시아는 한반도의 대한해협을 러시아의 서해 해군기지와 동해 해군기지를 연결해 주는 통로로 인식하였다. 1898년 러시아가 만주에 부동항을 확보하게 되자 대한해협의 자유로운 항행권 확보는 러시아에게 절실한 전략적 문제로 인식되었다. 특히 러시아 해군은 태평양함대의 모항은 블

18) 상게서, pp. 276~277.
19) 상게서, pp. 65~67.
20) 박보리스 드미트리예비치 저, 민경현 역, 『러시아와 한국』(서울 : 동북아역사재단, 2010), pp. 297~298.

라디보스토크에 두고, 함대 지휘부는 뤼순에서 운영하는 이중적 구조를 보완하기 위해서는 대한해협을 통제할 수 있는 중간기지를 확보하는 것이 절실하다고 판단하였다.

다섯째, 러시아는 한반도를 영국과 일본 등 해양국가들의 대륙진출을 저지하는 전략요충지로 인식하였다. 대한해협은 영국과 일본과 같은 해양국가의 북상을 저지하기 위해서는 반드시 장악해야 할 전략 요충지였다. 그래서 러시아 해군은 러시아 외무성의 반대에도 불구하고 독자적으로 거제도와 마산포를 획득하기 위하여 필사적으로 노력하였다. 독일의 자오저우만(膠州湾) 점령(1897. 11. 14.)문제를 토론하기 위한 러시아 각의(11월 26일)에서 해군상 대리 티르토프(Pavel Petrovich Tyrtov)는 뤼순 점령을 반대하면서 태평양함대의 근거지는 마산포가 되어야 한다고 주장하였다. 그는 무라비예프(M.. N. Muraviev, 1845~1900) 외무장관에게 보내는 각서에서도 "동북아에서 러시아는 조선 남부에 기지를 확보하지 않는 한 안전하다고 할 수 없다. 일본이 먼저 조선의 항만을 차지하게 된다면 뤼순은 쓸모없게 된다. 반대로 러시아가 마산포와 거제도를 통제하게 된다면, 우리는 일본을 위협할 수 있는 효과적인 무기를 보유하게 되는 것이며, 일본에게 러시아에 대한 도전을 재고하도록 강요할 것이 분명하다."고 하였다.[21]

러일전쟁 직전인 1903년 9월부터 1904년 1월 말까지 러·일 간에 전쟁발발을 방지할 협상이 진행되었다. 러시아의 만한분리론(滿韓分離論)과 일본의 만한일체론(滿韓一體論)에서 부터 시작한 교섭은 상호 4차례 걸쳐 협상과 수정안을 주고 받았다. 1904년 1월, 러시아 니콜라이 2세(Nicholas Nicholai II, 1868~1918)는 최종안으로 대한해협의 자유로운 항행권 보장만을 약속한다면 일본이 백두산 천지를 점령하는 것도 허용하겠다고 제시하였다.[22] 그러나 일본은 끝내 이를 거절하고 공격명령을 내렸다. 이처럼 대한해협의 자유로

---

21) 송금영(2005), 전게서, pp. 291~292.

22) 로스투노프 (I. I. Rostunov)외 전사연구소 편, 김종헌 옮김, 『러일전쟁사 : 1904~1905』 (서울 : 건국대학교출판부, 2004), pp. 51~56.

운 통항은 러시아에게 모든 것을 양보해서라도 확보해야 될 중요한 과제였으며, 조선 진출을 목표로 설정한 일본은 전쟁을 불사하고 이를 거부해야만 했다.

다. 영국

영국이 한반도 주변해역에 관심을 보인 것은 1800년대 초반부터 였다. 영국 벨처(Sir Edward Belcher, 1799~1877) 경은 몽금포 등 한국 서해안을 탐사한 바 있고 1845년에는 사마랑(Samarang)호를 직접 이끌고 제주도와 거문도를 탐사하고 한라산을 오클랜드 봉(Mount Auckland)으로, 거문도를 헤밀턴 항(Port Hamilton, 해군성 장관 명)으로 각각 명명하였다.[23)]

그러나 영국에게 한반도가 전략적 의미를 갖게 된 것은 러시아와의 패권경쟁에서 비롯되었다. 나폴레옹 전쟁(Napoleonic Wars, 1797~1815) 이후 발트해, 흑해, 중앙아시아 등 전 세계적 규모에서 경쟁하던 영국과 러시아는 19세기 중반부터는 중국을 놓고 남북에서 잠식해 들어갔다. 세계 최강의 해군을 가진 영국은 지상에서는 러시아에게 양보할 수 있지만 해상에서는 어떠한 타협도 하지 않고 해군력을 공격적으로 운용하고자 하였다.

이런 상황에서 영국은 먼저, 한반도의 대한해협을 러시아 극동함대 본영에 대한 중요한 공격로로 인식하였다. 크리미아 전쟁(Crimean War, 1853~1856) 중 영·불 연합함대는 1854년과 1855년 두 차례에 걸쳐 오호츠크 해와 동해에서 러시아 함대와 그 기지들을 공격하였다.[24)] 당시 영국의 중국해 함대는 주로 동해에서 작전을 하였고 그 통로로 대한해협을 이용하였다. 그 결과 울릉도와 독도가 서양 해군에 노출되는 계기가 되었고, 동해에 이르는

---

23) 최문형, 「러시아의 남하정책과 한국-특히 부동항 획득정책을 중심으로」, 『서양사론』 제54호(한국서양사학회, 1997), p. 9

24) 극동에서 벌어진 크리미아 전쟁의 상세한 내용에 대해선 John J. Stephan, “The Crimean War in the Far East”, *Modern Asian Studies*, Vol.3. No.3(1969), pp. 257~277을 참조.

대한해협은 블라디보스토크를 공격하는 루트로서 중요성을 갖게 되었다.

둘째, 영국은 러시아와의 세계적 경쟁 전략의 하나로서 대한해협의 통제를 무기로 삼았다. 앞서 살펴본 대로 1853년 러시아가 발칸반도에 상륙하자 영국은 극동의 캄차카 반도와 아무르 강 하구에 있는 러시아 함대의 기지와 시설들을 공격하였다. 이는 영국이 가지고 있는 우세한 해양력과 기동성을 이용하여 전쟁을 전 세계지역으로 확산시키고 러시아를 다방면에서 압박함으로써 발칸반도의 위기를 타개하기 위함이었다. 또한 1885년 러시아가 아프가니스탄에서 인도방면으로 남하하여 영국 육군과 직접 충돌할 위기가 발생하자 영국은 극동의 대한해협에 있는 거문도를 점령하였다. 거문도는 대한해협을 통제할 수 있는 요충지이자 러시아 태평양함대의 근거지인 블라디보스토크를 공격할 수 있는 전초기지로서 영국의 거문도 점령은 중앙아시아의 위기를 타개함과 동시에 아시아에서 주도권을 확보하는데 목적이 있었다.[25] 영국의 인도 총독 블랙우드(D. A. Blackwood)는 영국의 거문도 점령은 개의 목을 졸라서 물고 있는 뼈다귀를 떨어뜨리게 만드는 전략이었다고 술회하였다.[26] 이와 같이 러시아와의 패권경쟁에서 영국은 극동에 있는 대한해협의 자유로운 이용이나 통제를 무기삼아 범세계적인 전략을 구사할 수 있었다.

셋째, 영국은 대한해협을 대러(對露)동맹을 결성하는 연결고리로 인식하였다. 영국은 러시아의 남하를 저지하기 위해 1860년대부터 청국, 일본, 조

---

25) 영국의 거문도 점령의 목적에 대해선 한·러밀약에 대한 대응 목적과 영국의 아프가니스탄 위기의 타개 목적, 이 두 가지설이 주류를 이루고 있으나 최근 외교문서의 공개와 연구가 증가함에 따라 후자의 견해가 늘어나고 있다. 대표적인 것으로 김용구, 『거문도와 블라디보스토크』(서울 : 서강대학교 출판부, 2010), 김종헌, 「왜 영국은 거문도를 점령했나?」, 『내일을 여는 역사』 제26집(서해문집, 2006 여름호), 김원수, 「그레이트 게임과 한러관계의 지정학」, 『서양사학연구』 제30집(한국서양문화 사학회, 2014. 6.)을 참조.

26) George A. Lensen, *Balance of Trigue : International Rivalry in Korea & Manchuria 1884-1899 2Vols* (Florida State University Book, 1982), p. 55, 김용구(2010), 전게서, p. 67에서 재인용.

선에게 공러증(恐露症)을 심어주고 이들로 하여금 러시아에 대항하도록 하였다. 주일 청국 공사관의 서기관 황준헌(黃遵憲, 1848~1905)은 영청간 동맹설이 나오던 시기에 조선에 친청결일연미항아(親淸結日聯美抗俄)의 조선책략을 전달하였다. 이는 반러(反露) 연합전선을 구축하여 두만강-한반도-대한해협-일본으로 이어지는 남북 차단벽을 형성하자는 것이었는데 그 중간 고리가 대한해협이었다.

그리고 1897년 12월 11일 러시아가 뤼순·다롄(旅順·大連)을 점령하자, 영국은 일본과 공동전선을 폈다. 당시 일본은 이미 웨이하이웨이(威海衛)를 점령하고 있었고, 영국은 1897년 11월 27일 동양함대를 제물포에 입항시켰었다. 영국과 일본은 러시아 함대의 남하를 견제하기 위하여 웨이하이웨이와 제물포를 연결하는 제1선은 영국이 주도하고, 마산을 중심으로한 대한해협의 제2선은 일본이 주도하는 연합전선을 구축하였다. 즉, 양국간에 서해와 대한해협을 두고 암묵적 역할 분담을 한 것이었다. 이는 영일간 최초의 연합작전태세를 구축한 사례로 영일동맹의 초석이 되었고, 실제로 이 일이 있은 후 얼마 되지 않은 1898년 3월 16일 영국 식민상 체임벌린(Joseph Chamberlain, 1836~1914)은 주영 일본공사 가토 다카아키(加藤高明, 1860~1926)에게 영일동맹을 제의해 오라고 종용하기도 하였다.[27] 이어 1900년 러시아가 만주로 진출하자 영국은 일본은 물론 미국까지 가담시켜 대한해협을 축으로 하는 해양세력간의 연합전선을 형성하였다. 이처럼 영국이 연합전선이나 동맹을 구축하는데 대한해협은 지리적 연결고리의 역할을 하였다.

넷째, 영국은 한반도의 대한해협이 물류거점지대로 발전할 가능성을 인식하고 있었다. 영국은 1845년부터 대한해협에 위치한 거문도를 여러 차례 측량을 하고 동남아 홍콩과 같은 동북아 물류거점으로 사용하는 문제를 검토했었다. 1875년 7월, 주일 영국 공사 파커스(Alfred Philips Parkers)와 영국의 중국함대사령관 라이더(G. O. Ryder) 제독은 거문도가 군사적으로 뿐만 아니

27) 최문형(2007), 전게서, pp. 291~293.

라 통상적으로도 매우 중요하다고 강조하고, 영국 외상 더비(Edward Henry derby, 1826~1893)에게 이 섬을 싱가포르나 홍콩처럼 동북아 물류기지로 만들자고 제안하였다.[28] 1882년 한영 수교 협상시 전권사절 대표였던 영국의 중국함대사령관 윌리스(G. O. Willes) 제독은 거문도를 영국 군함 정박지로 지정할 것을 조약으로 규정하자고 요구하였다. 그러나 마젠종(馬建忠, 1845~1900)이 국가간 조약에 그런 조항을 삽입하는 것은 불가하다고 반대하여 무산되었다.[29] 1885년 영국 해군성은 거문도 점령을 결정하는 요인 중의 하나로, 거문도는 영국, 러시아, 프랑스 등의 인접 무역국가들에게 무역상 이익에서도 중요하게 될 것이며, 영국은 중국이나 일본 그리고 수년 내에 있게 될 조선과의 무역적 이해관계로 보아 이 해역에 군함을 배치해야 한다고 하였다. 영국왕립지방위원회에서도 거문도를 점령하여 홍콩 이북의 영국 무역을 보호하여야 한다고 하였다.[30]

라. 미국

미국은 1844년 청국, 1854년 일본, 1882년 조선과 각각 수호조약을 체결하면서 다른 나라와 문제가 발생할 경우 거중조정권(居中調整權, Good Offoce)을 갖게 되었다. 대한해협은 이런 거중조정에 적합한 지역이었다. 그들에게 한반도는 한·중·일·러간 안보와 이해가 교차하는 동북아의 요충지였다. 당시 미국 북부에서 동북아로 오는 항행로는 알류산 열도의 남방을 따라 연안항해를 하였기 때문에 일본은 중국으로 오는 중간기지였다. 이런 전통으로 말미암아 미국은 한반도의 중요성을 일본과 중국의 연관성에서 찾고 있

---

28) Johnes F. C. *Foreign Diplomacy in Korea 1866-1894*, ph. D. Dissertation University of Harvard 1935, p. 11, George A. Lensen(1982), 전게서, p. 54, 최문형,『한반도를 둘러싼 제국주의 열강의 각축』(서울 : 지식산업사, 2001), pp. 68~69에서 재인용.

29) 최문형(2007), 전게서, pp. 195~196.

30) 김용구(2010), 전게서, pp. 32~39, pp. 63~68.

었으며 이는 오늘날에 들어서도 마찬가지이다.

첫째, 미국은 한반도를 한일간의 교량이자 일본이 대륙으로 진출하는 교두보로 인식하고 있었다. 미 해군 준장 슈펠트(Robert W. Shufeldt, 1821~1895) 제독은 조선수교 사절로서 브루클린(Brooklin) 함을 이끌고 일본의 소개장 하나만 들고서 1880년 5월 4일 부산에 나타나 조선과 통상을 요청했다. 부산이 일본에게는 대한해협을 건너 첫 번째로 마주지는 대륙 관문임을 알고 있었던 것이다. 미국은 1875년 일본이 타이완을 정벌하자 영국과 함께 이를 반대하여 일본을 철수시키면서도 일본의 북진을 지속적으로 부추겼다. 더 나아가 일본의 한반도 진출을 지원하기 위해서 1905년 「테프트(W. H. Taft)-가쓰라(桂太郞) 밀약」처럼 은밀한 거래도 서슴치 않았다. 일본의 북방진출은 바로 대한해협을 건너는 것을 의미하였다.

둘째, 미국은 한반도를 대륙세력이 해양으로 진출하는 교두보로 인식하고 이를 차단하기 위하여 노력했다. 1950년 1월 미국이 선포한 '에치슨 방어선(Acheson Line)'은 바로 대한해협과 타이완의 동쪽해협이었다. 대한해협이 대륙세력에 대한 최전방의 방어선이었던 것이다.

셋째, 미국은 한반도의 대한해협을 북중국해와 서해로 진입하는 요충지로 인식하고 있었다. 미국 아시아함대 사령관 벨(H. H. Bell)은 1866년 12월 하순 슈펠트에게 대한해협의 섬들을 조사하도록 명령하였다. 슈펠트는 거문도를 지중해 입구의 지브롤터로 비유하면서 훌륭한 해군기지이며 해군의 요양소로서 적격지이라고 판단하였다.[31] 그런데 그 진출방향은 영국과 반대였다. 영국은 거문도의 북동방향의 동해에 있는 러시아 함대근거지에 접근하는데 초점을 두었던 반면에 미국은 서북 방향의 서해에 있는 베이징 및 한양으로 접근하는데 의미를 두었다. 특히 1899년에 이은 1900년 미 국무장관 존 헤이(John Hay, 1838~1905)의 문호개방 선언은 미국이 더 적극적으로 만주로 진출하겠다는 뜻을 밝힌 것으로 그 출입구에 있는 대한해협은 더욱 중

31) 상게서, p. 31.

요한 위치를 차지하게 되었다.

넷째, 미국은 대한해협을 한반도로 진출하는 입구이자 한반도를 통제하는 요충지로 인식하였다. 미국 아시아함대사령관 벨 제독은 제너럴 셔먼호(General Sherman) 사건(1866) 후 조선에 대한 대응책을 놓고 여러 차례 대안을 미 해군성 장관 웰즈(Gideon Welles, 1802~1878)에게 보고하면서 대한해협 중앙에 있는 거문도는 조선에 진입하는 전초기지이자 조선을 통제할 수 있는 훌륭한 위치에 있다고 하면서 이 섬의 점령을 건의하였다. 그는 1866년 12월 14일과 12월 27일 계속해서 캘리포니아로부터 거문도에 군대를 파견하여 이 섬을 기지로 삼고 서울을 점령할 것을 건의하였다. 1880년 5월 슈펠트도 톰손(Richard W. Thompson, 1809~1900) 해군장관에게 조선과 수교를 위해선 강제적인 방법이 필요하다고 건의하면서 거문도가 한반도에 대한 작전을 전개하는데 가장 적합지라고 하였다.[32] 즉 대한해협은 미국에게 인접국가간의 관계뿐 아니라 한반도 자체를 통제하는데 유리한 지점으로 인식되었던 것이다.

마. 청국

서구 열강이 동아시아에 진출하자 근대 청나라는 대외정책 상 두 가지 과제에 직면했다. 하나는 서구열강의 새로운 도전에 대한 대책이고 다른 하나는 기존의 전통적 중화질서를 유지하는 것이었다. 이런 상황에서 청국이 택할 수 있는 방어책은 서구열강의 위협에 대비하기 위한 해방(海防 : 해양방위)과 기존의 화이체제를 유지하기 위한 색방(塞防 : 변경방위)의 조화였다. 이를 추진할 내부동력은 존왕변법(尊王變法)의 양무운동(洋務運動)이었다. 이에 따라 기존에 고수해 오던 해금정책(海禁政策)도 해군건설 정책으로 전환될

32) Bell to Welles Dec.14,1866. ADPP.9, pp. 49~51, Shufeldt to Thompson May 29, 30. 1880, Frederick C. Drake, *The Empire of Seas a Biography of Rear admiral Robert William Shufeldt USN* (Honolulu, 1984), pp. 243~244. 상게서, pp. 31~38에서 재인용.

수밖에 없었고, 근대 해양사상도 태동하기 시작하였다.[33] 그러나 내우외환에 시달린 청국은 베이징과 지리(直隸 : 북경 주변)를 방어하기에도 급급하여 한반도 주변의 바다에 까지 관심을 둘 수 없었다. 이러한 현상은 청일전쟁에서도 나타난다. 청국은 전쟁기간 동안 방어에만 치중하여 해군력을 효과적으로 운용하지 못하였고 대한해협으로 진출할 생각도 하지 못하였다.

그러나 청국 해군활동 중 몇 가지는 의미를 지니고 있었다. 첫째는 조선에 대한 종주권 행사 차원에서 행한 거문도 문제에 대한 개입이다. 1885년 4월 15일 영국이 군함 6척과 수송선 2척을 이끌고 와 거문도를 점령하자, 청국 조정은 5월 5일 딩루창(丁汝昌, 1836~1895)을 톈진으로 불러 초용호(超勇号)와 양위호(揚威号) 두 군함을 이끌고 조선 거문도로 나가 영국인의 동정을 살피도록 하였다. 조선 외부관리 엄세영과 외교고문 묄렌도르프(Paul Georg von Möllendorff, 1847~1901)가 부산에서 딩루창 함대와 합류하여 5월 16일 거문도에 도착하였다. 엄세영은 조선 대표자로서 현지 책임자인 플라잉피시(The Flyingfish) 호의 함장 맥클리어(Macklear) 대령을 만나 항의한 데 이어 5월 18일에는 나가사키 항으로 이동하여 도웰(William Dowell, 1825~1912) 제독에게 공식 항의문서를 전달하고 5월 21일 나가사키 항을 떠나 복귀하였다.[34] 그러나 이러한 청국의 개입은 당시 아시아 정치에서 차지하는 대한해협의 위상과 역할 때문이 아니라 종주권 확보라는 정치적 이유 때문이었다.

둘째는 일본에 대한 군함외교이다. 1891년 청국 북양함대 수사 딩루창(丁汝昌)이 최신예 전함인 정원(定遠), 진원(鎭遠)을 비롯하여 6척의 군함을 이끌고 일본의 동경, 나가사키 등 각 항구를 방문하고 함대의 위용을 과시하였다. 명목은 친선방문이었지만 일종의 무력과시도 포함되어 있었으며 서구

33) 중국의 근대 해양사상의 태동에 관해선 劉中民 저, 이용빈 역, 『中國近代海防思想史論』(서울 : 한국해양전략연구소, 2013)을 참조.

34) 정상수, 「비스마르크의 식민정책과 거문도 사건」, 『서양사연구』 제46집(한국서양사연구회, 2012. 5.), pp. 151~152, 김종헌, 「왜 영국은 거문도를 점령했나?」, 『내일을 여는 역사』 제26집(서해문집, 2006, 여름호), pp. 146~147.

의 함포외교라는 개념을 동양에선 처음으로 적용한 것이었다.

셋째는 중국 역사상 처음으로 근대적 함대를 건설하고 대규모 해전을 경험하게 되었다는 것이다. 해군이 없어서 외우내환에 시달린 청국은 1871년 근대식 함대건설에 나섰지만 정치적 혼란과 재정문제로 별 진척이 없게 되자 황제의 주문에 따라 색방과 해방의 우선순위와 해군정비계획을 놓고 두 차례의 대토론회를 가졌다. 제1차 토론회는 1874년 일본이 타이완을 정벌하고 치욕스런 베이징 전조가 체결되자 1875년에 개최되었고, 제2차 토론회는 1884년 청불전쟁으로 다시 타이완 성이 공격당하고 마닐라 해전에서 청국 해군이 패배함에 따라 1885년에 열렸다. 회의 결과 비록 색방과 해방을 병행하여 추진하기로 하였지만 해군에 대한 관심과 지원이 제고되었고 청국은 영국과 독일 등의 지원에 힘입어 1885년 북양함대를 창설하고, 1886년엔 요동반도에 뤼순 해군기지를 건설하고 요새화시켰으며, 청일전쟁 직전까지 78척의 함정(총 배수량 83,900톤)을 갖게 됨으로써 1894년 청일전쟁 시에는 아시아에서 최대의 해군력을 보유하게 되었다.

비록 청일전쟁에서 일본의 연합함대에 패전은 하였지만 이 전쟁을 통하여 해군의 중요성을 재인식하고 해전에서는 전력과 무장의 우월 못지않게 함대운용술과 함정을 운용하는 장병의 숙련도 등도 중요하다는 사실을 깨우쳤다. 그러나 20세기에 들어오면서 중국은 국공 내전과 항일전 등 주로 육전전투에 매달리게 됨으로써 해군력을 제대로 육성하고 운영할 수가 없었다.

3. 동아시아 패권경쟁에서 한반도의 역할

패권경쟁국들은 지정학적 목표를 달성하기 위해 전 지구적 차원에서 전략적 요역을 판단하고 대처한다. 그들이 경쟁하고 있는 주요 지역은 ① 교통의 요충지, ② 자원(에너지)이 풍부한 지역, ③ 자신의 안보를 위한 완충지역, ④ 기술과 자본과 권력이 몰리는 도회지 지역 등이다.[35]

한반도는 교통의 요충지이자 강대국 간의 완충지역으로서 동아시아 패권경쟁에서 모든 강대국들의 쟁탈대상이 되어왔다. 19세기 말 외국인들은 조선에 대하여 "세계의 두 경쟁국 사이에 위치하면서 중국과 일본이라는 위짝과 아래짝의 맷돌사이에 갈려진 곡식가루"라고도 하였고, "일본의 심장을 겨누는 단도", "해양제국을 침략하기 위한 전초기지", "중국의 머리를 때릴 준비된 망치", "아시아 본토로 뛰어오를 도약대" 등 다양한 수식어로 조선의 지정학적 위치와 현실을 설명하고자 하였다.[36]

한반도는 이와 같은 지정학적 가치로 말미암아 역사적으로 동아시아 패권경쟁의 요충지가 되어 왔다. 삼국시대에는 한반도의 고대왕국들과 일본열도와 활발한 교류도 있었지만, 쌍방간 반도와 열도의 권력투쟁에 개입하고 심지어 원정 동맹전쟁도 치렀다. 13세기 말 원나라와 고려 연합군은 두 차례에 걸쳐 일본 정벌에 나섰다가 대마도에서 태풍으로 후퇴하였지만 고려 말(1389) 박위 장군과 세종원년(1419) 이종무 장군은 왜구를 토벌하기 위한 대마도 원정작전을 성공적으로 마치고 귀국했다.

---

35) 필립 모로 드파르쥐 지음, 이대희, 최연구 옮김, 『지정학 입문 ; 공간과 권력의 정치학』(서울 : 새물결, 1997), p. 46.

36) John Chay and Thomas Ross, eds., *Buffer States in World Politocs* (Boulder : Westview Press, 1986), pp. 191~192. 김연지, 「한반도를 둘러싼 국제전에 대한 지정학적 연구」 박사학위논문(고려대 정치외교학과, 2013), p. 5에서 재인용.

일본은 임진·정유전쟁(1592~1598)에서 중국 대륙을 정복하러 간다며 대한해협을 건너왔다. 1890년 일본 수상 야마가타는 제국의회에서 쓰시마의 주권선을 확보하기 위해서는 이익선인 조선을 획득해야 한다고 주장하였는데, 그 후 일본은 청일전쟁(1894~1895), 러일전쟁(1904~1905), 중일전쟁(1937) 등 대한해협을 교량으로 삼아 대륙으로의 팽창전쟁을 지속적으로 감행하였다.

19세기 영국과 러시아가 전 세계적 규모의 패권경쟁을 할 때에도 대한해협은 양 강대국의 쟁탈 대상이 되었다. 유럽에서 프랑스 제국에게 대항하기 위하여 힘을 합쳤던 영국과 러시아는 나폴레옹 전쟁(1803~1814)이 끝나자마자 세계패권을 놓고 100년 가까운 대결을 벌였다. 중앙아시아 서부지대(1809~1837 : 이란, 아프가니스탄 서부), 발칸반도(1853~1878 : 크리미아, 터키), 중앙아시아 동부지대(1865~1885 : 타슈켄트, 투르키스탄, 투르크메니스탄, 아프가니스탄 동부), 중국(1839~1905 : 홍콩, 양쯔 강, 아무르 강, 이리, 만주) 등 양국 간 분쟁은 전 세계적으로 확산되었다.

영국은 바닷길을 이용하여 유라시아 대륙의 림랜드에 있는 요충지를 먼저 차지했다. 영국은 1600년 동인도 회사를 설립하고, 인도양과 태평양의 무역을 담당케 했다. 1700년대에는 인도경영에 주력하였고, 1800년대는 중앙아시아와 동남아에 진출하였다. 1819년엔 싱가포르, 1824년엔 말라카(Malacca)에 이어 1824~1853간 두 차례 전쟁을 통하여 버마를 점령했다. 1858년엔 전 인도의 영토를 점유하였다. 그리고 제1차 아편전쟁(1839~1842)을 통하여 1842년 중국 남경에 진출하였고, 제2차 아편전쟁(1856~1860)을 일으켜 베이징까지 침입하고, 1860년 베이징조약을 체결하여 베이징의 관문인 텐진을 개항시켰으며, 영국의 해양활동 영역을 상하이에서 보하이 만으로 확장시켰다.

반면에 러시아는 동서로 길게 뻗은(9,300km) 내륙의 연결을 강화하는 한편 이를 토대로 대양으로 가는 출구를 차지하고자 하였다. 영국의 드레이크(Sir Fransis Drake, 1543?~1596)가 지구 일주를 시작하기 3년 전인 1574년 동방개척을 시작하였다. 1582년 우랄 산맥을 넘어 시비르(Sibir)를 점령했다. 러시아 인들은 약 70년(1582~1648) 만에 오늘날 러시아의 북부, 동부 및 남부 일부 국경까지 진출하였다.[37] 러시아는 중국이 쇠약해진 틈을 이용하여 1689년 네르친스크 조약, 1727년 카흐타 조약, 1858년 아이훈 조약, 1860년 베이징조약을 연이어 체결하고 한만국경까지 진출하였고, 1860년 동방의 지배자로 불리는 블라디보스토크(Vladivostok) 항을 건설하였다.

러시아는 대양으로 나가기 위한 노력도 끈질기게 전개하였다. 러시아가 대양으로 나갈 수 있는 길은 발틱해-대서양, 흑해-지중해, 동해-태평양 이었다. 1696년 제국함대를 창설하고 1713년부터 발틱해 개척에 나섰다. 10년 여간 스웨덴 및 영국과 전투한 결과 1721년 고틀랜드(Gotland)를 장악하고 대서양으로 진출할 통로를 확보하였다. 발틱함대는 1770~1774년에는 지중해에 진입하여 터키 함대를 격파하고 흑해를 개척하였다. 1783년엔 크리미아를 점령하여 세바스토폴(Sevastopol) 해군기지를 건설하고 흑해함대를 건설하였다. 극동에는 1850년 페트로파블로프스크, 1854년 니콜라예프스크, 1872년에 블라디보스토크에 해군기지를 구축하였다.[38]

이와 같이 영·러간 세계 패권경쟁의 종국은 한반도를 사이에 두고 서해의 영국과 동해의 러시아가 충돌하는 양상을 띠게 되었고 이에 따라 한반도 주변의 해군기지에 대한 쟁탈전도 심화되었다. 영국은 크리미아 해전(1853~1856)동안 일본의 하코다테를 선점하여 오호츠크해와 동해에서 장기적으로 작전할 수 있는 능력을 확보하고 캄차카 반도와 아무르 강 입구에 있는 러시아 극동함대의 기지들을 공격하였다. 이에 러시아는 북태평양 해양권역의 중심을 동해의 블라디보스토크로 옮기고 1861년 대마도를 강점했다. 1885년 중앙아시아에서 러시아에게 한방 맞은 영국은, 러시아 동아시아 해양권역의 중심인 블라디보스토크를 타격하기 위해 거문도를 점령

37) Andrew Malozemoff, *Russian Far Eastern Policy 1881~1904* (Berkeley : University of California Press, 1958), 석화정 옮김, 『러시아의 동아시아 정책』(서울 : 지식산업사, 2002), p. 19.

38) S. G. Gorshkov, *The Sea Power of State* (Oxford : Peramon Press, 1979), pp. 71~73.

(1885~1887)했다. 19세기 말에는 한반도의 제물포 항 및 마산 항과 자오저우 만의 칭다오(靑島), 보하이 만의 뤼순·다롄 항에 대한 쟁탈전이 영·러간에 전개되기도 하였다.

동북아 정세가 불안정해 지자 서구 열강은 한반도 주변해역에 해군력을 증파하기 시작하였다. 청·일전쟁 당시에는 러시아 24척 10만 톤, 프랑스 9척 2만 톤, 독일 7척 2만 2천 톤, 영국 31척 7만 톤의 함대를 각각 배치하였고, 일본은 주력함 31척을 포함 총 55척 6만 1천 톤, 청국은 주력함 82척 포함 107척 8만 5천 톤으로 전쟁에 임했다. 대략 230여 척, 35만 7천 톤의 함정이 조선근해에 밀집되었던 것이다.

러·일전쟁 시에는 러시아 태평양함대 전함 7척 등 총 72척 19만 2천 톤에 1905년 5월 발틱함대 전함 11척 등 총 40척, 28만 톤, 합계 총 112척, 47만 2천 톤이 참전하였고, 일본은 전함 6척 등 152척 26만 4천 6백 톤이 참전하여 청·일전쟁 시보다 군함 척수는 3배, 톤수는 4배나 증가하였다. 당시 한반도 주변바다엔 러시아와 일본 군함 이외에도 영국, 미국, 프랑스, 독일 등의 군함 약 2백 척이 활동한 것을 감안하면 근 400~500척의 함정이 한반도 주변 바다에서 활동하고 있었다는 계산이 된다.[39] 이것은 바로 동북아시아 분쟁에서 해군력이 어떤 역할을 하는 것인가를 보여준 것이었다.

특히, 러일간 패권전쟁은 대한해협에서 발단되었고 대한해협에서 종결된 전쟁이었다. 러시아 황제 짜르 II세는 러일전쟁 발발 직전의 대일 협상에서 대한해협의 자유항행권만 보장 받는다면 일본에게 조선을 포기할 수 있다고 통보하였지만 일본은 어떠한 경우든 대한해협은 양보할 수 없었기 때문에 전쟁에 돌입하게 되었다. 지상전투에서 비결정적이고 소모적인 전쟁이 지속되고 있을 때 대한해협에서의 벌어진 일본 연합함대와 러시아 발틱함대의 해전결과는 러시아로 하여금 패전을 받아들이게 만들었다.

또한 제2차 세계대전 종전 시기에 구 소련의 대한해협에 대한 인식도 주

---

39) 金容旭(2008), 전게서, pp. 293~294.

목받을만하다. 소련 외무성 미주국장 짜랍킨(S. K. Tsarapkin)은 1945년 9월 5일 「과거 일본의 식민지와 신탁통치 지역에 대한 제문제」라는 문건에서, 대한해협의 안전한 통항과 뤼순항으로의 자유로운 접근을 보장할 수 있도록 한국의 남서해안의 중요 항구를 자국의 관할에 두고, 역사적으로 한국 침략의 교두보 역할을 해 온 쓰시마 섬을 한국에 양도하는 안을 유엔에 상정하자고 제안하였다. 소련 외상 몰로토프(V. M. Molotov, 1890~1986) 역시 소련, 미국, 영국, 그리고 중국이 공동으로 대한해협을 통제하는 방안을 마련하기 위해 특별 국제협약의 체결이 필요하다고 하였다. 소련은 역사적으로 대한해협이 어떤 역할을 해 왔는지 잘 알고 있었던 것이다.[40]

오늘날 중국과 미국 간에서도 한반도를 사이에 두고 노골적인 주도권 다툼을 벌리고 있다. 중국은 그들의 첫 번째 항공모함을 한반도 서해에 배치하고 미국의 항공모함 진입을 저지한 가운데 한반도내 사드(THAAD) 배치를 문제 삼아 한국을 압박하고 있다. 미국 역시 한국에 대하여 동맹으로서 중국의 남중국해에 대한 진출을 저지하는데 동참하라고 요구하고 있다. 북한의 계속되는 ICBM 시험발사 도발에 대하여 미국은 지난 2017년 11월 11일부터 나흘간 동해에서 미국 로널드 레이건(CVN-75), 시어도어 루즈벨트(CVN-71), 니미츠(CVN-68) 등 핵 항모 3척이 고강도 연합훈련을 실시하였는데, 중국은 이에 맞서 동중국해에서 대규모 해·공군합동훈련을 실시한데 이어 한국 서해의 보하이 만에서 최신형 구축함과 J-15 함재기 등이 참가한 가운데 랴오닝(遼寧) 항모전단 기동훈련을 실시하였다.[41]

이처럼 미·중 간 패권경쟁도 한반도를 가운데 둔 주변해역으로부터 시작되고 있다. 또한 한반도 주변해역은 미·중 간 패권경쟁에서 중요한 역할

---

40) 최덕규, 『제정 러시아의 한반도 정책 1891~1907』(서울 : 경인문화사, 2008), pp. 95~96.
41) http : //news.heraldcorp.com/view.php?ud=20171118000044(검색일 : 2017. 11. 25.), 「헤럴드 경제」, "美中, 한반도 인근 항공모함 신경전, 中 항모 서해 맞불훈련."

을 할 수 있는 일본과 러시아가 인접해 있다. 과거 조선반도를 둘러싸고 세계열강의 해군력이 모두 집결한 양상이 21세기에도 재현되고 있음을 상기하여야 한다.

5장

러·일간 동아시아 패권경쟁과 한반도

1. 러·일간 패권경쟁체제의 특징
2. 러·일간 패권목표
3. 러·일간 패권전략과 해양력의 역할

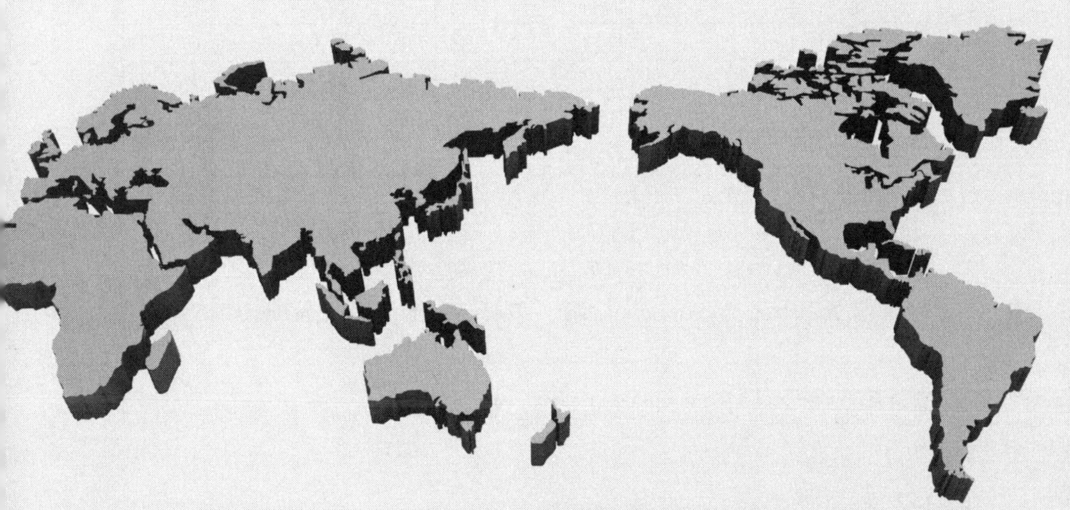

1. 러·일간 패권경쟁체제의 특징

가. 제국 식민주의 시대의 패권경쟁

대해양시대 이후 시작된 서구의 해외 식민지 개척은 19세기에 들어와 전성기를 이루었다. 서구의 제국 식민주의는 대양을 넘어 다른 대륙에 진출하여 다른 사회의 인간과 자원을 지배하고 시장을 만들어내는 활동에 경쟁적으로 나섰다. 그들의 힘의 원천은 대양을 지배하는 해양패권이었으며 해양패권은 유럽이 동아시아에 대한 지배를 확보하는데 결정적인 기반이 되었다.

〈표 5-1〉 제국주의 국가들의 식민지 현황(1900년 기준)

국 가	식민지수	지역(천 평방마일)		인구(백만 명)	
		모국	식민지	모국	식민지
영국	50	121	11,605	40.6	345.0
프랑스	33	204	3,741	38.5	56.4
독일	13	209	1,027	52.3	14.7
네덜란드	3	13	782	5.1	35.1
포르투갈	9	36	801	5.0	9.1
스페인	3	198	244	17.6	0.1
이탈리아	2	111	188	31.9	0.8
오-헝가리	2	241	24	41.2	1.6
덴마크	3	15	87	2.2	0.1
러시아	3	8,660	255	129.0	15.7
터키	4	1,112	465	23.8	15.0
미국	6	3,557	172	77.0	10.5
합 계	131	14,476	19,392	464.1	504.4

·출처 : J. A. Hobson, *Imperialism* (Michigan : The University of Michigan Press, 1965), p. 23[1].

1) 이재형, 『중국과 미국의 해양경쟁』(서울 : 황금알, 2014), p. 33에서 재인용.

1840년부터 1900년까지 60년 동안 많은 유럽 국가들은 아프리카와 아시아 그리고 태평양 지역의 많은 섬들을 합병하거나 자신들의 정치적 영향권 아래에 두었다. 영국은 인도와 미얀마를 거쳐 중국의 홍콩을 차지하고 있었고, 프랑스는 인도차이나 반도를 거쳐 중국의 타이완을 한 때 점령하기도 하였다. 네덜란드는 인도네시아 군도를 점령하였고, 뒤늦게 아시아로 진출한 독일은 남태평양의 사모아, 마리아나, 마셜, 캐롤라이나 등 여러 군도를 점령하였으며, 중국 산둥반도에 까지 진출하였다. 제국 식민주의 시대의 패권경쟁은 영토의 정복이나 정치적, 군사적 영향력을 통한 시장과 자원과 노동력의 확보 경쟁이었으며 이에 따라 전쟁이 도처에서 빈번히 발생한 시대였다.

나. 불균형 다극체제하 패권경쟁

19세기 중반 이후 동아시아 지역체제는 전통적 종주국이었던 중국의 단극체제가 영국과 러시아를 중심으로 한 역외국가들의 잠식으로 무너지기 시작하였고, 여기에 일본이 근대화 체제를 갖추고 지역 강대국으로 부상하면서 다극화 현상을 심화시켰다. 특히 러·일간 패권경쟁이 본격화된 청일전쟁(1894~1895) 이후 동아시아 국제질서 구조는 어떤 패권국도 존재하지 않은 가운데 패권 야심을 가지고 있는 국가들 간의 경쟁이 심화되어 불균형 다극체제를 형성하고 있었다.

19세기 후반에 들어서자 동아시아 패권국 중국은 열국의 경쟁 마당으로 변했다. 일본은 청일전쟁에서 승리한 대가로 타이완과 펑후(澎湖)열도를 차지하였다. 독일은 1896년 12월 자오저우 만을 점령한데 이어, 1898년 3월, 차관 제공을 빌미로 자오저우 만을 99년간 조차하는 내용의 조약에 조인하면서 철도부설권과 광산채굴권을 쟁취하였다. 이 조약이 조인되기 3일 전에는 러시아가 뤼순과 다롄 항을 25년간 조차하고 동청철도의 남만주선 부설권을 얻었다. 4월에 들어서자 프랑스가 광주만 조차와 운남철도 부설권을 요구하고 2주 후에는 광주만을 점령하였다. 6월에는 영국이 홍콩의 대안에 있는 구룡반도를 99년간 조차하고 7월에는 웨이하이웨이를 25년간 조차하였다. 동아시아 정세에 자극받은 미국도 1898년 스페인과 전쟁을 벌여 쿠바와 필리핀을 자국의 세력권으로 편입시키는데 성공하였고 다음 해인 1899년 각국에 청국의 문호개방 선언을 통지하고 동아시아 분할 경쟁에 참가할 것을 선언하였다.[2)]

이처럼 동아시아에서는 각국 국력과 지정학적 위치에 따른 다소의 우열은 있었지만 동아시아를 독점적으로 지배할 패권적 지위를 보유한 국가는 없었다. 이러한 불균형 다극체제는 경쟁국들이 동아시아 전략을 구상하는데 선택의 폭을 넓혀 주었고, 주변영역의 국가들에게도 융통성을 갖게 해주었다. 영국은 대러(對露) 견제를 위하여 청국을 선택할 것인가 일본을 선택할 것인가, 러시아는 영국과 일본 중 누구를 주적으로 삼을 것인가, 일본은 영일동맹과 러일동맹 중 어느 것을 선택할 것인가 등 각 나라마다 전략 선택을 두고 논쟁을 벌였으며, 프랑스, 독일, 미국은 이러한 경쟁체제에서 어부지리(漁父之利)를 얻고자 하였다. 중국과 조선은 이이제이(以夷制夷) 전략에 따라 외세를 끌어들여 다른 외세를 막으려고 하였고, 조선은 이런 열강들의 경쟁에 휘말리지 않기 위하여 중립국을 선포하려고 시도하기도 하였다.

다. 해양세력과 대륙세력간 패권경쟁

나폴레옹 전쟁 이후 세계질서는 세계 최대의 영토와 최강의 육군을 가진 러시아와 세계 최대의 해양과 최강의 해군을 가진 영국 간의 세계 전 지역에 걸친 패권경쟁이 핵심이었다.[3)] 영국과 러시아는 유럽에서 크리미아전

2) 하라다 게이이치(原田敬一) 지음, 최석완 옮김, 『청일전쟁·러일전쟁』(서울 : 어문학사, 2012), pp. 246~247.

3) 심헌용, 『한반도에서 전개된 러일전쟁 연구』(서울 : 국방부 군사편찬연구소, 2011), p. 50. 1890년대 초 러시아는 세계1위의 육군(844천명)을 보유하고 있었고, 영국은 세계1위의 해군(738척)을 보유하고 있었다.

쟁(Crimean War, 1853~1856)과 러·터전쟁(1877~1878)을 통해 군사적 대결을 벌였으며, 중앙아시아의 아프가니스탄에서도 충돌하였고 이어서 동북아에서도 대립구도를 형성하게 되었다.

러시아는 1895년 청일전쟁 직후 일본이 남만주로 진출을 시도하자, 대륙국가인 프랑스 및 독일과 함께 삼국간섭을 통하여 일본을 저지한데 이어 1896년에는 청국과 비밀동맹을 맺고 영국과 일본을 견제하였다. 즉 러시아는 유럽의 3대 대륙세력과 아시아의 대륙세력인 청국을 연계하여 범세계적인 대륙동맹을 구성하게 되었던 것이다.

반면에 영국은 청일전쟁에서 청국이 패배하자 아시아 신흥 강국으로 떠오른 일본을 이용하여 러시아를 견제하려고 하였다. 이러한 상황에서 일본도 영국과의 동맹을 원했으며, 일본에게 영국과의 동맹은 국제적 고립에서 탈피함은 물론 1895년 당했던 삼국간섭과 같은 반일(反日) 대륙동맹에 대항할 강력한 수단을 확보할 수 있는 기회를 제공해 주었다. 1900년 러시아가 만주로 진출하자 1902년 1월 30일 영·일 간의 해양동맹이 런던에서 체결되었다. 미국도 국무장관 헤이(John Hay, 1838~1905)를 통해 영일동맹을 전적으로 지지한다고 공식적으로 언급하였다. 1902년 2월 21일 「이브닝 스타(The Evening Star)」지는 이를 두고 미국이 영일동맹에 가입했음을 의미한다고 논평했다.[4] 러시아는 강도는 약했지만 1902년 3월 프랑스와 공동선언을 발표하여 이에 대응하였다.

〈그림 5-1〉 대륙동맹 대 해양동맹 구도

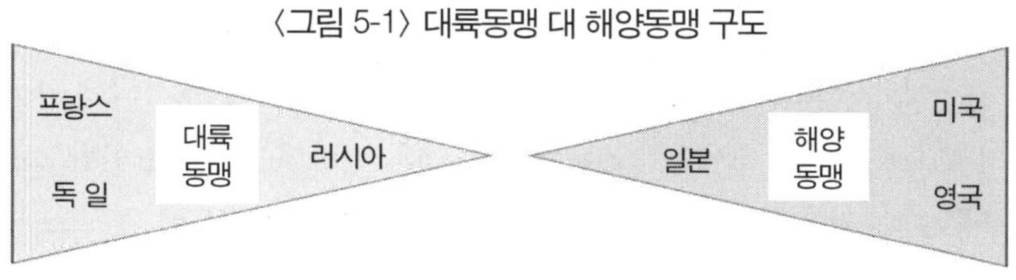

4) 로스뚜노프(I. I. Rostunov) 외 편, 김종헌 옮김, 『러일전쟁사 : 1904-1905』(서울 : 건국대학교출판부, 2004), pp. 45~47.

이와 같이 러시아와 일본의 전쟁은 제0차 세계대전이라 불릴 만큼 그 배후에는 프랑스와 독일, 영국과 미국 등 강대국들 간의 세계적 패권경쟁이 도사리고 있었으며 러시아와 일본이 대륙세력과 해양세력을 각각 대리하여 수행한 국제전쟁이었다.

라. 제한된 목표에 대한 패권경쟁

그러나 러시아와 일본의 전쟁 목표와 전장은 제3국인 한반도와 만주로 국한되었다. 비록 전쟁 말기 일본의 사할린에 대한 공격이 있었으나 이 전투는 협상을 강요하기 위한 전투였지 영토 획득이 목적은 아니었다. 일본이나 러시아 어느 나라도 상대방의 수도를 향한 전투는 발생하지 않았고 그럴 계획이나 능력도 없었다.

양국 간의 갈등은 기본적으로 한반도와 만주에 대한 지배권 문제였다. 러시아는 만주를 확보하기 위해 한반도에 대한 영향권을 주장하였고, 일본은 한반도를 확보하기 위하여 만주에 대한 영향권을 주장하였다. 전쟁발발 이전 양국 간 협상단계에서 러시아는 최초에는 만주의 이익을 보장하기 위해 한반도 북부를 중립지대로 설정하는 안을 제안하였으나 마지막에는 대부분 일본의 제안을 수용하였고 다만 대한해협에서의 자유항행권만은 확보하려고 하였다. 그 이유는 당시 블라디보스토크와 뤼순으로 양분된 함대를 서로 연결할 수 있는 안전항로를 확보해야만 했기 때문이었다. 반면에 일본은 한반도에 대한 어떠한 양보도 허용하지 않았다.

전쟁결과 일본은 만주에서 러시아를 축출하고 한반도뿐만 아니라 러시아가 보유했던 만주에서의 특권도 차지하였다. 결국 러일전쟁은 한반도에서 시작하여 만주에서 종결되었던 제한전쟁이었다.

마. 러·일간 상대적 권력 변동추세 분석

1) 국력

러·일간의 패권경쟁은 서구의 산업화 경쟁에서 가장 후발 주자인 러시아와 동양에서 산업화의 선두 주자인 일본과의 대결이었다. 그래서 양국의 경제력은 비록 상승세에 있었지만 세계경제에서 차지하는 비중은 아직 다른 선진국가에 비하면 미미한 수준이었다. 〈표 5-2〉에서 보는 바와 같이 세계경제 비중에서 러시아는 1880년 2%에서 1900년 6%로 상승하였지만 일본은 1900년에도 여전히 1%를 넘지 못하였다.

〈표 5-2〉 세계 경제에서 열강들의 비중(1830~1940)

(단위 : %)

연도	30	40	50	60	70	80	90	00	10	20	30	40
일본				0	0	0	0	0	1	2	4	6
영국	47	57	59	59	53	45	32	23	15	16	11	11
미국	12	12	15	13	16	23	35	38	47	62	54	49
러시아	13	8	6	3	2	2	3	6	5	1	6	13

•출처 : John J. Mearsheimer, *The Tragedy of Great Power Politics* (NewYork : W. W. Norton & Company, 2001), p. 220.

이와 같이 러시아와 일본이 다른 서구열강에 비하여 열세인 국력을 가지고도 동아시아에서 주도권을 잡고 경쟁에 나설 수 있었던 것은 지정학적 요인이 컸다. 러시아는 육지로 아시아 대륙과 접경을 이루고 있었고 1891년 착공된 시베리아 철도가 완공되면 유럽령 러시아에서 극동지역으로 병력 증원과 군수보급이 획기적으로 개선될 수 있었다. 반면에 일본은 대한해협을 장악하고 있었으며 한반도를 후방기지로 삼아 대륙에 진출할 수 있는 좋은 여건에 있었다. 그러나 다른 열강들은 본토와 멀리 떨어져 있어서 극동에서는 해양력에만 의존할 수밖에 없었다.

그럼에도 불구하고 러시아와 일본의 국력은 〈표 5-3〉에서 보는 바와 같이 근본적으로 많은 격차가 있었다. 이러한 국력차를 극복하고 일본이 러시아와 패권경쟁을 할 수 있었던 데에는 몇 가지 요인이 있었다.

〈표 5-3〉 1890년대 초 러·일간 국력 비교

국명		면적 (1천㎢)	인구 (백만 명)	육군 (명)	해군 (척/천 톤)	공업생산력 (백만 톤)	
						석탄	철광
일본		381	40.8	63,000	11/57	2.0	0.06
러시아	아시아	16,553	18.0	30,000			
	유럽	5,447	98.0	814,000	46/304	6.0	1.7
	합계	22,000	116.0	844,000	46/304	6.0	1.7

•출처 : 김태준, 「세력전이 관점에서 본 러일전쟁 원인에 관한 연구」, 『해양전략』126호 (자운대 : 해군대학, 2005), p. 76.

첫째, 러시아의 유럽 령과 아시아 령이 자연적 장애물로 차단되었으며 지역 간의 발전이 불균형하였다. 즉, 러시아의 아시아 령은 아직 취약한 지역으로 러시아의 아시아 지역과 일본과의 산업화 수준을 비교하면 일본이 월등히 앞서 있었다. 동방의 지배자(Vladivostok)는 러시아 수도로부터 8,900㎞나 떨어져 있었고, 여전히 잠자는 대지(Siberia) 위에 있었다. 혹독한 기후와 열악한 수송망 그리고 부족한 경작지 등의 문제로 인해 식량과 인구가 부족함으로써 극동지역의 산업화는 시베리아 철도가 완공되고 만주경영권이 확보된 이후에나 가능한 일이었다.

둘째, 영일동맹을 비롯한 해양세력의 적극적인 지원이었다. 대륙동맹은 유럽에서의 이해관계가 서로 얽혀 있어서 소극적인 동맹이었지만 해양동맹은 러시아의 해양진출을 저지하려는 공동목표를 가진 적극적인 동맹이었다. 특히 영국과 미국은 세계 1, 2위의 경제력을 유지하고 있었고 최강의 해양력을 보유하고 있었다. 따라서 동맹관계까지를 고려하여 두 경쟁국 간 권력을 비교하면 일본을 중심으로 한 해양동맹의 권력이 러시아를 중심으로 한 대륙동맹의 권력을 훨씬 앞서게 되어 세력전이가 발생하고 있었다.

셋째, 청일전쟁에서 승리로 인해 일본의 산업능력이 급속하게 확장되었다. 일본은 제철, 조선, 철도, 전신 등 산업화 기반을 확충하고 군비증강에 진력하여 아시아의 신흥강국으로 부상하였다. 청일전쟁 직후인 1895년 말, 일본 의회에서는 민족경제발전으로 명명된 전후계획을 채택하였는데, 이 계획은 10년(1896~1905)에 걸쳐 군사력 건설에 긴요한 일련의 중공업 분야를 육성하고, 일본 군사력을 재편성하여 강화시키자는 것이었다. 그 결과 1894~1896년 동안 공업분야에 대한 투자가 이전보다 3배 이상 확대되어 그 총액이 1억 2,200만 엔에 이르렀다. 도쿄에 주강공장, 후쿠오카에 채광공장, 야하다에 금속 종합공장, 오사카에 병기창, 구레 조선소 등 다양한 종류의 중공업 및 경공업 공장이 설립되었다.[5] 이와 같이 러시아의 아시아령은 아직 근대화되지 못한 반면 일본은 근대국가로 탈바꿈하고 있었다.

2) 군사력

일본은 러시아가 주동이 된 삼국간섭으로 만주 진출이 좌절되자, 청일전쟁의 전쟁 배상금을 모두 군비증강에 쏟아 부어 러시아와의 대결을 준비하였다. 그 결과 1894년에 전함 총 55척, 총 배수량 6만 1천 톤이었던 해군력이 1901년에는 총 76척, 총 배수량 25만 8천 톤에 이르렀다. 육군도 1894년 6개 사단에서 1901년 13개 사단(평시 상비병력 18만, 전시 54만 명)을 확보하여 아시아에 주둔하고 있던 러시아의 육군 및 해군과 대등한 수준이거나 그 이상을 유지할 수 있었다.[6]

반면에 러시아의 동아시아 지상부대는 1866년 총 15,000명에 불과하였고 이 중 11,000명은 블라디보스토크 인근에 주둔하고 있었다. 지원병력은

---

5) 로스뚜노프(I. I. Rostunov)외 편, 김종헌 옮김(2004), 전게서, pp. 38~39.

6) 김현일, 「해양력과 동북아시아의 전쟁 발생 : 1860~1993」, 박사학위논문(연세대학교 대학원 정치학과, 2002), pp. 79~89.

4,000마일이나 떨어진 유럽령 러시아에 주둔하고 있었으며 도보로 이동하는 데 18개월이 소요되었고 청국의 북양함대에 필적할 해군력도 없었다. 1900년대 들어서 러시아의 아시아 지상군은 3만 명 정도로 증가되다가 중국의 의화단 사건을 계기로 만주에 15만 명이 진입하여 지상군에서는 거의 균형을 유지할 수 있었다. 그러나 러시아 해군은 청일전쟁 이후부터 함대를 보강하기 시작하여 러일전쟁 개전 시 태평양함대는 전함 7척을 비롯하여 총 63척, 19만 톤을 보유하고 동아시아에서 최강의 수준을 유지할 수 있었다. 다만 함대를 지원할 시설은 아직 미비하였다. 따라서 러시아로서는 아시아의 취약성을 보완할 수 있는 시베리아 횡단 철도와 태평양 연안에서의 부동항 확보가 패권경쟁의 중요한 변수가 되었다.

〈표 5-4〉 열강들의 극동지역 해군력 비교(1895. 5)

국가	장갑함	순양함	포함	합계
청국		6 척	51 척	57 척
일본	2 척	17 척	28 척	47 척
영국	2 척	9 척	14 척	25 척
러시아	4 척	8 척	13 척	25 척

• 출처 : 심헌용, 『한반도에서 전개된 러일전쟁 연구』(서울 : 국방부 군사편찬연구소, 2011), p. 49.

3) 러·일간 권력변동 단계의 구분

러시아의 국력이나 경제규모로 볼 때 일본의 국력은 경쟁상대가 되지 못하였다. 1900년에 이르러서는 오히려 격차가 더 벌어지고 있었다. 그럼에도 불구하고 일본이 러시아와 경쟁할 수 있었던 것은 군사력이었다. 일본은 청일전쟁에 승리하고도 삼국간섭으로 대륙 진출이 좌절되자 이를 만회하기 위하여 러시아와의 전쟁에 대비한다는 목표로 군비확장에 매진하였다. 청일전쟁 직후에는 전년도 대비 군사비가 300% 이상 증액되었고, 〈표 5-5〉처럼 그 후 매년 정부 예산의 절반정도가 군사비로 할당되었다.

〈표 5-5〉 일본정부 예산 변동추이

연도	정부 지출 (1,000엔)	군사비 (1,000엔)	군사비 비율(%)	전년도 대비(+%)
1894~1895	78,128	20,662	26.4	
1895~1896	85,317	23,536	27.6	114.4
1896~1897	168,856	73,248	43.4	312.2
1897~1898	223,678	110,542	49.3	150.9
1898~1899	219,757	112,427	51.1	101.7
1899~1900	254,165	114,212	44.9	101.6
1900~1901	292,750	133,113	45.4	116.5

•출처 : 심헌용, 『한반도에서 전개된 러일전쟁 연구』(서울 : 국방부 군사편찬연구소, 2011), p. 51.

〈표 5-6〉 세계 해양력에서 러시아와 일본의 비중 변동

연도	1874	1884	1894	1896	1904	1906
러시아(%)	15.5	7.5	10.5	10.0	10.8	8.0
일 본(%)	00.0	1.9	1.7	3.4	4.5	8.3
비 고	타이완 원정	조선 진출	청일전쟁		러일전쟁	

•출처 : George Modelski & William R. Thompson, *Seapower in Global Politics 1494~1993* (Seattle : University of Washington Press, 1988), pp. 121~124. 참고하여 작성.

세계 해양력에서 러시아와 일본이 차지하고 있던 비중도 〈표 5-6〉과 같이, 러시아는 러일전쟁에 이르기까지 큰 변동 없이 10%대를 유지해온 반면, 일본은 청일전쟁과 러일전쟁을 거치면서 각각 두 배씩 상승하였고, 러일전쟁 이후에는 러시아를 앞서게 되었다. 러시아와 일본 간 해양력을 비교하면 1894년 일본이 러시아의 1/4 수준에서 청일전쟁 후 1/3 수준으로, 러일전쟁 직전에는 1/2 수준으로, 그리고 러일전쟁 이후에는 세력전이가 발생하였음을 알 수 있다. 특히 러시아 태평양함대가 러시아 해군력의 1/4-1/5 정도를

차지하고 있었던 점을 감안하면, 러·일간 동아시아에서의 해군력 비교에서는 일본이 러시아를 앞서고 있었다.

위와 같이 러·일간 국력과 군사력 특히 해양력의 상대적 변화에 따른 권력변동을 당시의 주요 전쟁이나 국제적 사건이 발생한 시기와 연계하여 패권전이 과정의 4단계로 구분하여 본다면 〈표 5-7〉과 같이 구분할 수 있다.

〈표 5-7〉 러·일간 권력변동시기 구분

구분	권력 불균형기	권력 재분배기	권력 대등화기	권력 전이기
기간	1854~1874	1874~1895	1895~1902	1902~1905
관계	불평등 관계	우호관계	대립관계	적대관계
주요 사건	러, 대마도 점령 이리에 진출	일, 타이완원정 청일전쟁	러, 삼국간섭 만주점령	영일동맹 러일전쟁

첫째, 양국간 권력 불균형 시기는 1854년 러시아가 일본에 대하여 불평등 관계를 설정한 뒤 일본이 국가 내부체제를 정비하고 1874년 타이완 원정에 나서게 된 시기까지이다.

둘째, 양국 간 권력 재분배기는 일본이 타이완 원정에서 청일전쟁에 이르기까지 해외로 국력을 확장하고, 러시아도 중앙아시아와 연해주 방면으로 적극적으로 남하하는 시기이다.

셋째, 권력 대등화기는 일본이 청일전쟁의 승리로 지역 강대국으로 부상하여 영일동맹에 이르기까지 군사력과 산업능력을 대폭 증강한 반면, 러시아도 만주에 대병을 주둔시킨 기간이다.

넷째, 권력 전이기는 영일동맹 체결로 동맹 간 세력전이가 일어난 이후 러일전쟁 종료 시까지의 기간이다.

2. 러·일간 패권목표

가. 러시아의 국가목표

유럽의 산업화 후발주자인 러시아의 국가목표는 동방진출을 통하여 새로운 자원과 시장을 확보하여 유럽의 열강들과 함께 러시아가 세계 강대국의 지위에 오르는 것이었다. 이를 위해 러시아는 이미 오래 전인 16세기 말부터 동방정책을 추진하고 동아시아에서 해양으로 진출할 수 있는 거점을 확보하려고 하였다. 1582년 우랄산맥을 넘어 동진을 시작한지 70년 만에 태평양에 도달하였다. 러시아 동방정책의 핵심은 청국과의 4,500km에 달하는 국경의 안정을 발판으로 영국과 일본을 견제하고, 극동 아시아에서 정치, 경제, 군사적으로 우월한 영향권을 구축하는 것이었으며, 그 핵심 수단은 시베리아 횡단 철도 완공, 태평양함대 증강, 태평양 연안에서 부동항 확보, 대한해협의 자유로운 항해보장이었다.[7)]

러시아는 이러한 목표를 달성하는데 방해가 되는 세력들의 북방진출을 견제해 왔는데 19세기 중엽에는 아편전쟁(1839~1842)을 통해 청국에 진입한 영국을 주적으로 삼았지만, 19세기 말 청일전쟁(1894~1895) 이후부터는 한반도와 만주에 진출하려는 일본을 주적으로 삼았다. 러시아는 일본이 향후 30년 동안 동북아의 제국주의 국가로 성장할 것으로 예상하고 이에 대비하여 육로와 해로를 개척하여 러시아의 유럽지역과 극동지역을 상호 연결하는 것이 무엇보다 중요하다고 판단하고 있었다.

---

7) 송금영, 『러시아의 동북아 진출과 한반도 정책(1860~1905)』(서울 : 국학자료원, 2005), pp. 15~19.

나. 일본의 국가목표

일본은 1630년 이래 쇄국(鎖國)의 나라였다. 그동안 주로 중국을 통하여 서양문물을 접해오던 일본은 19세기에 들어서자 서양에 대한 개방으로 서양 문물을 직접 수입하고 국가체제의 개혁을 통해 동서양의 가교 역할을 수행하게 되었다. 19세기 일본의 국가목표는 근대화와 산업화를 통해 국력을 증진시키고, 이를 토대로 국가안위를 확보하고 섬나라로서의 취약점을 극복하기 위하여 대륙에 생활공간을 확보하는 것이었다. 도서국가로서 자원이 제한된 일본은 산업화에 소요되는 자원을 획득하고 시장을 개척하기 위해 당시 범람했던 열강의 식민주의 방식을 채택했다.

일본은 탈아론(脫亞論)을 앞세워 먼저 타이완과 조선을 발판으로 삼아 중국 대륙으로 진출하고자 하였다. 19세기 말 마침내 청국을 격파한 일본은 한국과 타이완 등을 자국의 주권선 내로 편입시켰고, 20세기가 되자 국가목표를 확장시켜 만주를 그들의 이익선으로 삼았고, 만주를 점령하자 만주를 그들의 주권선으로 편입시키고 중국 본토를 이익선으로 삼았다. 20세기 중반에 이르러서는 대동아권(大東亞圈)을 설정하여 아시아 전체를 통째로 주권선에 편입시키려 하였다.

일본은 자국의 대륙진출에 가장 위협적인 세력으로 러시아를, 해양진출에 위협이 되는 세력으로는 영국과 미국을 상정했지만 이 모두를 상대하기에는 여력이 부족했다. 일본은 먼저 자신에게 우호적인 해양세력과 동맹을 맺어 대륙으로 진출하려고 하였고 이에 따라 러시아와의 충돌은 회피할 수 없게 되었다.

3. 러·일간 패권경쟁 전략과 해양력의 역할

가. 러·일간 권력 불균형기

1) 러·일간 패권경쟁 전략

양국 간 권력 불균형기는 1855년 러·일간 외교관계가 설정된 이후부터 1870년대 초 일본이 타이완으로 진출하기 이전까지이다. 이 기간 동안 러시아는 산업화 길에 들어서 동방진출을 적극 추진하고, 일본은 개방과 메이지 유신 등 국가 내부 체제를 정비하는 기간이었다.

러시아의 전략은 유럽령 러시아와 아시아령 러시아간의 해로와 육로의 연결을 통하여 극동에서 열강과의 경쟁에서 우월한 위치를 차지하고 중국과의 교역을 확대하는데 있었다. 그래서 러시아의 우선적 목표는 지상에서는 연해주의 안정을 도모하는 한편 해양진출을 위한 부동항을 확보하는 것이었으며, 러시아의 대일(對日)전략도 우월한 해양력을 바탕으로 일방적인 강압전략을 구사하여 불평등조약을 체결하고 일본에서 부동항을 획득하는 것이었다.

일본의 전략은 러시아의 강압에 순응하거나 러시아와의 직접적인 충돌을 회피한 채 영국 등 외세를 이용하여 러시아 위협에 대응하면서 국가 내부체제를 정비하여 국력을 증진시키는 것이었다. 1868년 메이지 유신을 통해 기존의 막부체제를 해체하고 일왕 중심의 봉건체제와 입헌군주제가 가미된 일본 특유의 정치제도를 탄생시켰다.

1871년 메이지(明治) 정부는 폐번치현(廢藩置縣)을 통해 지방 봉건체제를 해체하고 중앙집권적 행정체제를 구축하였으며 중앙정부의 군대를 편성하였다. 한편 경제 및 산업화 기반을 확충하기 위해 1872년 조세제도를 정비하였으며 1882년에는 서구식 은행제도가 도입되었고 1872년에서 1890년까지 총 2,250km의 철도가 부설되었다. 정치제도면에서도 1885년에 내각제도를 채택하였고 1889년 일왕이 국민에게 하사하는 방식으로 헌법이 공포되어 양원제가 성립되었으며, 1890년 최초로 제국의회가 소집되어 근대적 국가의 기틀을 마련하였다.

2) 러시아 해양력의 역할

• 동방진출 수단으로서의 해양력

러시아의 지정학적 특성은 비록 러시아가 전형적인 대륙주의 특성을 가지고 있었지만 해양지향적인 벡터를 함께 발전시킬 때에 비로소 세계강대국으로 부상할 수 있었다. 이를 인식한 피터 대제(Peter I, the Great, 1682~1725)는 서부 유럽문화를 직접적으로 받아들여 러시아를 근대화 시키는 한편 해양을 향한 지정학적 벡터를 실현하고자 노력하였다. 그는 "육군만 보유하고 있는 통치자는 한 손만 가지고 있지만 해군을 보유하고 있는 통치자는 양손을 가지고 있다"는 모토 아래, 함대를 건설하고 해양으로의 진출을 적극적으로 도모하였다. 그 결과 1700년대 말 경에는 러시아도 유럽의 해상무역에 편승하여 세계 해양에서 모습을 보이게 되었다.

이와 때를 같이하여 러시아의 동방진출도 활기를 띠게 시작하였다. 1632년 야쿠츠크(Yakutsk)를 건설을 시발점으로 하여 1649년 태평양 연안에 최초 항구인 오호츠크(Okhotsk) 항을 건설하였다. 1740년 캄차카(Kamchatka)에 페트로파블로프스크(Petropavlovsk) 항을 건설하였으며 이어 1745년 말 쿠릴열도(Kuril Islands)를 장악하였다. 1784년 쉘레코프(G. I. Shelekhov, 1747~1795) 등이 러시아-미국회사(Russo-America Company)를 설립하고 북서 아메리카와 알류산열도(Aleutian Islands)를 경영하였고, 1800년대까지 알래스카(Alaska)와 사할린(Sakhalin), 그 밖의 여러 섬들을 획득하였다.[8]

---

[8] S. G. Gorshkov, *The Sea Power of State* (Oxford : Peramon Press, 1979), p. 73.

러시아 황제 니콜라이 1세(Nikolay I, 1796~1855)는 1846년 아무르 강 탐험대를 파견할 것을 지시하였고, 1848년 동시베리아 총독 무라비예프(N. N. Muraviev)는 네벨스코이(G. I. Nevelskoi) 해군 소령을 대장으로 한 극동탐험대를 파견하였다. 네벨스코이는 1848년 8월 21일, 250톤에 불과한 바이칼 호(승무원 50명)를 이끌고 크론슈타트(Kronstat) 항을 출항하여 이듬 해 5월 12일 캄차카 반도의 페트로파블로스크에 도착하였다. 러시아는 1850년 페트로파블로프스크에 태평양에서 최초의 해군기지를 건설하였고, 1850년 8월에는 아무르 강 하구에 니콜라예프스크(Nikolaevsk) 요새를 건설하였으며, 1852년부터 사할린 경영에 착수하였다.[9] 1860년에는 영국이 1856년 '메이 항(Port May)'이라고 이름을 붙인 항구를 개발하였다. 이것이 바로 동방의 지배자란 뜻의 블라디보스토크이다.

러시아는 비록 극동지역에서 부동항을 확보하지 못해 여러 가지 어려움을 겪었고 크리미아 전쟁(1853~1856)시 페트로파블로프스크와 니콜라예프스크 요새가 영·불 연합함대의 습격을 받기도 하였지만, 러시아 해양력은 동해-오호츠크해-베링해-알래스카에 이르는 북태평양의 해양통제권을 장악하고 미국 서부 해안과 하와이 근해까지 진출하고 있었다.

• 대일(對日) 불평등조약체제 구축 수단으로서 해양력

서구 열강보다 100년 앞서 중국과 조약을 체결한 러시아는 일찍부터 다른 열강보다 앞서 일본을 개방시키기 위해 노력하였다. 1775년에서 1780년간 러시아 탐험대가 일본을 방문하였고 1792년 10월 9일(러시아력) 락스만(Adam. K. Laksman, 1766~1806)이 정식 사절로 일본 네무로(根室)에 내항하여 개방을 요구하였으며 1804년에는 레자노프(Nikolai P. Rezanov, 1764~1807)를 견일대사(遣日大使)로 임명해 나가사키 항에 입항하여 재차 통상을 요구하였다. 그

9) 민경헌, 「19세기 중엽 러시아의 극동 진출 배경에 관한 연구」, 『사총』 49집(1996), 大橋興一, 『제정러시아의 시베리아 개발과 동방진출 과정』(동해대학출판회, 1974), 최문형(2007), pp. 61~69에서 재인용.

러나 쇄국(鎖國)과 해금(海禁)정책을 추진하던 일본의 태도는 갈수록 강경하여 레자노프 일행을 나가사키의 우메가사키에 반년간이나 억류하고 통상과 개방을 전면 거부하였다. 러시아는 이에 대한 보복으로 1808년 사할린과 지시마(千島, 쿠릴열도)를 공격하였는데 이는 러시아와 일본이 벌인 최초의 전투였다. 이 전쟁이 일본에 준 충격과 위기의식은 컸다. 미토번(水戶藩)의 시무론(時務論)이 대두하고 일본을 국민국가로 강력하게 재구성해야 한다는 후기 미토가쿠(水戶學)가 발전하는 계기가 되었다.[10)]

19세기 초에도 러시아는 일본과 여러 차례 무역을 시도하였으나 일본의 거절로 무산되었다. 1852년 5월 6일 동시베리아 총독 무라비예프로부터 미국이 일본과의 통상 교섭을 위해 무장선단(페리 함대)을 파견할 것이라는 첩보를 접하자, 5월 19일 황제의 시종 무관이었던 푸티아틴(E. V. Putiatin) 해군중장을 전권사절로 임명하고 일본과 개항교섭을 하도록 지시하였다. 푸티아틴 중장은 1852년 10월 7일 프리킷 팔라다(Pallada)함에 승함하여 크론슈타트(Kronshutat) 항을 출항하였다. 1853년 8월 22일 푸티아틴은 동아시아 함대를 이끌고 일본 나가사키에 도착하여 러·일간 교역과 국경선 획정문제를 제의하였다. 결국 1855년 2월 러시아가 다른 열강보다 조금 늦게 일본과 통상조약을 체결하였지만,[11)] 이는 푸티아틴의 동아시아함대가 크리미아 전쟁으로 사정이 여의치 않았기 때문이었다.

이어서 1857년 8월 러시아 푸티아틴 중장은 두 차례에 걸쳐 나가사키에

---

10) 미야기 기미코(宮城公子), 「근세사회로 전환」, 아사오 나오히로(朝尾直弘) 外編, 『要說日本歷史』(創元社, 2003), pp. 312~313, 이삼성, 『동아시아의 전쟁과 평화』2(도서출판 한길사, 2009), p. 202에서 재인용, 子安宜邦, 김석근 옮김, 『야스쿠니의 일본, 일본의 야스쿠니』(산해, 2005), pp. 110~115.

11) 1855년 2월 러일 화친조약 내용은 다음과 같다. ① 러·일간 국경획정은 쿠릴열도의 이투룹(Iturup) 섬을 일본령으로, 그 이북을 러시아령으로 하고, 사할린은 분계하지 않고 양국 통치령으로 한다. ② 일본은 나가사키, 시모다, 하코다테 등 3개항을 러시아 선박을 위해 개항하고, 난파선의 수리와 식료를 공급하며, 석탄이 있는 곳에서는 이를 공급한다. ③ 향후 일본이 타국에 허여하는 사항(최혜국 대우)은 동시에 러시아에게도 허여한다. ④ 상호 영사재판권을 인정한다.

입항하여 일본 막부와 추가적인 통상교섭을 요구한 결과, 1857년 10월 12일 러·일간 추가 조약이 조인되었다. 푸티아틴은 추가적인 러일조약의 비준을 위해 1858년 7월 26일 시모다에 입항하였으며 7월 31일 일본 막부와 교섭을 개시하여 8월 19일 러·일 수호통상조약을 체결함으로써 일본의 항구를 부동항으로 이용할 수 있게 되었다.

1858년 러시아를 비롯한 열강들과의 통상조약을 안세이(安政) 5개국 조약이라 부르는데 이 조약들은 열강의 강압에 의해 체결된 불평등 조약이었다. 이 조약에 따라 가나가와(神川), 하코다테(箱館), 니가타(新潟), 효고(兵庫), 나가사키(長崎) 등 5개 항을 개항하였는데, 일본과 서양국가간의 경제력 차이를 감안하지 않고 일거에 자유무역을 시작하게 됨으로써 일본 경제에 타격을 줄 수 있었고 관세주권도 양보했다. 반면에 열강에게는 치외법권과 협정관세권를 인정한 불평등 조약이었다. 다만 러시아와는 형사 사건에서 피고 국적주의를 택하여 일본인이 유죄일 경우에는 일본에서, 러시아인 유죄일 경우에는 러시아 영사가 처벌하기로 규정하였는데, 이는 사할린에 일본인과 러시아인이 함께 거주하고 있음을 감안한 것이었다.[12]

당시 일본이 개방을 확대하고 불평등 조약을 수용한 것은 러시아뿐만 아니라 미국, 영국, 프랑스, 네덜란드 등 열강의 군함 외교에 굴복한 결과이기도 했지만, 그 이전부터 계속된 러시아 동아시아 함대의 강압이 일본에게는 공러증(恐露症)을 일으킬 만큼 견딜 수 없었던 것이었다. 러시아에 대한 일본의 개방이 다른 열강에 비하여 다소 늦어진 것은 러시아 동아시아 함대와 영불 연합함대 간의 전쟁 때문에 협상진행이 어렵기도 하였지만, 일본이 공러증으로 인해 러시아의 입항을 다른 국가보다 심각한 위협으로 인식하여 이를 미루었기 때문이었다.

12) 송금영(2005), 전게서, pp. 48~49.

• 러시아의 부동항 확보를 위한 대마도 강점

러시아에게 부동항은 동아시아 경영, 영국으로부터의 극동 연해지역 방어, 태평양으로의 진출, 그리고 유럽령 러시아와 극동령 러시아의 연결을 위한 필수적 조건이었다. 특히, 대마도는 영국과 러시아간 북태평양 제해권 경쟁에 있어서 가장 중요한 요소였다. 러시아는 이 대마도를 점령하기 위해 일본에 대하여 매우 일방적인 행동을 취했다. 부동항을 해군기지로 확보하지 못하면 러시아는 영국에 대해 항상 열세일 수밖에 없었으며 태평양과 본국과의 통교도 위협을 받을 수밖에 없었다. 그러나 페트로파블로프스크나 니콜라예프스크 항구는 연중 6개월 동안은 얼음에 갇혀 있었고, 블라디보스토크도 연중 4개월(12월~3월) 동안이나 결빙되어 있었으며 위치도 북쪽으로 고립되어 있어서 식량과 물자는 부족한 반면 러시아 중심부와 멀리 떨어져 있었기 때문에 재보급이 어려웠다.[13)]

이에 따라 러시아는 한반도 남단에 위치한 부산을 지중해의 출구인 터키 마르마라 해협에 있는 콘스탄티노플에 비유하고 1850년대부터 한반도에서 부동항을 확보하려고 하였다. 특히 대한해협 한 가운데에 있는 대마도는 부동항을 건설하는데 가장 매력을 가진 도서로서 모든 열강에게 이 섬은 선망의 대상이 되었다. 러시아에게도 대마도는 태평양으로 진출하는데 훌륭한 디딤돌 구실을 할 수 있을 뿐만 아니라 동해에서 동지나 해에 나가는 진출로이자 영국 등 적대세력이 동해로 진입하는 것을 막을 수 있는 전략요충지이기도 하였다.

러시아 태평양함대의 사실상 창설자인 리카체프(Likhatchev) 제독은 러시아가 일본과 사할린과 쿠릴열도의 교환을 추진하던 시기부터 대마도를 부동항으로 확보할 계획을 세웠으나, 해군총수 니콜라예비츠(Nikolaevich) 공의 재가를 받지 못했다. 그러나 1859년 주일 러시아 영사 고슈케비치(Goshkevich)

---

13) David J. Dallin, *The Rise of Russia in Asia* (New Heaven : Yale University Press, 1949), p. 23, 최문형(2007), 전게서, pp. 118~119에서 재인용.

가 나가사키에서 영국 군함이 이미 대마도에 대한 해안정찰을 완료했다는 정보를 보고하자, 러시아 당국은 영국이 이 섬을 선점하여 러시아의 태평양 진출을 저지하려는 의도로 판단하고 즉각 대마도 점령계획을 승인하였다. 이에 러시아 주일 영사 고슈케비치는 일본 막부정부에 영국 해군의 대마도 점령에 대한 동태를 통보하면서, 일본이 이에 대비하도록 무장을 원조하겠다는 제의를 하였다. 그러나 일본이 이를 거절하자 무력으로 대응했다. 비릴레프(Birilev) 함장 휘하의 포사드니크(Posadnik) 함을 출동시켜 1861년 3월 13일 대마도의 가라사키우라(芋崎浦)를 점령했고, 곧이어 폐슈츄로프(Peshchurow) 함장 휘하의 제2진까지 가세하였다. 러시아는 영국의 선점을 막기 위한 조치로 대마도를 점령하였다고 하였지만 일본에게는 공러의식(恐露意識)을 현실화시키는 계기가 되었다.[14]

일본 정부는 주일 러시아 공사 고슈케비치에게 즉각 항의하는 한편, 영국에게 중재를 요청했다. 주일 영국 총영사 앨코크(Sir Rutherford Alcock) 경은 아시아 함대사령관 호프(Sir James Hope) 경 휘하의 함선에 편승하여 대마도 현지로 떠났다. 1861년 8월 27일 현지에 도착한 호프 함대는 전투태세를 갖춘 채 러시아 현지 사령관 리카체프 제독에게 엄중히 항의하였다. 리카체프는 위험해진 상황을 직감하고 어쩔 수 없이 대마도 점취를 포기하고 비릴레프 함을 먼저 철수시키고 이어 9월 19일 주력함 포사드니크 함마저 철수시켰다. 이처럼 러시아 함대가 6개월 만에 대마도에서 철수한 것도 일본이 아니라 영국 함대의 압력 때문이었다.[15]

3) 일본 해양력의 역할

• 내부국력 증진수단으로서 해양력

일본은 해양력 건설을 국가 내부국력을 증진시키는 중요한 수단으로 삼

---

14) George A. Lensen, *The Russian Push toward Japan : Russo-Japanese Relations 1697~1875* (Priceton, 1957), pp. 447~450, 상게서, pp. 122~124에서 재인용.

15) 상게서, pp. 124~126.

았다. 일본 해양력 건설과정은 쇄국과 해금의 국가를 근대화된 국가로 개혁하고, 국가의 면모를 도서 내륙국가에서 해양국가로 변화시키는 과정이었으며, 산업화와 대외팽창 정책을 견인하는 주요 수단이자 원동력이 되어 왔다.

1853~1858년간 미국을 비롯한 러시아, 영국, 네덜란드, 프랑스 등 열강 해군의 압력으로 수백 년간의 쇄국이 무너지자 일본은 해군건설에 나설 수 밖에 없었다. 1853년 9월, 200여년 만에 대선(大船) 제조금지를 해제하였고 1855년 네덜란드에서 선물로 받은 페들휠 스팀선으로 쇼군의 해군이 시작되었다. 1861년에는 나가사키 해군전습소가 개설되었으며 함정 건조와 수리를 위해 나가사키에 서양식 조선소를 설립하였다. 1865년엔 요코하마에 제철소를 설립하였고, 1866년에는 프랑스 툴롱 항을 모델로 하여 요코스카 제철소(1871년 요코스카 조선소로 개칭되었으며 일본 해군 함정을 건조하는데 중추적 역할을 담당하였다.)를 비롯한 군항시설을 건설하였다. 이와 같이 막부는 쇄국해방(鎖國海防)에서 탈피하여 해군 군제 제정, 조선소와 제철소 건설, 군함운용술 등 해군교육기관 설립, 군항건설 및 군함건조를 위해 노력한 결과 명치정부 수립 이전에 이미 4~5척의 서양식 군함을 보유하게 되었다.[16]

1868년 명치유신과 함께 메이지 정부는 관제의 개혁과 함께 해군군제를 독립적으로 정비하고 해군 선진국으로부터 군함 도입을 추진하는 한편, 군수산업의 진흥을 통해 해군 함정의 건조능력과 군항 기지시설을 확충하였다. 또한 인재양성에 심혈을 기울여 교육기관을 확대하고 외국의 교관단을 초빙하였을 뿐만 아니라 다양한 국가에 유학생을 파견하였다.

1871년 폐번치현(廢藩置縣)으로 중앙집권체제를 강화하고 군사체제를 정비하면서 1872년 2월 28일 병부성을 육군성과 해군성으로 분리하였다. 1873년 6월 8일 야마가타가 초대 육군경으로, 동년 10월 25일 카쓰가이슈(勝海舟, 1823~1899)가 초대 해군경으로 임명되었다. 1873년 1월 10일에는 징병제를 채택하여 중앙집권적 국민국가의 기초를 구축하고, 국민개병, 일왕 친솔의

16) 해군본부 편, 『일본·영국 해군사 연구』(계룡대 : 해군본부, 1997), pp. 5~8.

통수권 확립 등 건군의 기본틀을 확립하였다.

1870년에는 해군력 발전에 관한 청사진을 만들었으며 1873년 요코하마에 있는 요쿠사카 도크가 완성되었고 이어 카와사키, 쿠레, 코베, 나가사키에 일련의 조선소를 건설하고 1875년 영국에 3척의 철갑선을 주문하여 함대 팽창을 시작하였다. 1882년에는 다양한 종류의 함선을 46척(이 중 32척은 해외 건조)을 건조하기로 한 8개년 군함건설계획을 추진하였으며 1893년에는 전함도 건조하게 되었다.[17] 일본은 이를 바탕으로 1894년 대륙진출을 위해 청국과 전쟁을 벌이게 되었는데, 이는 개국 후 40년, 근대적 개혁에 본격적으로 나선지 25년 만에 이루어진 일이었다.

또한 서구의 선진 해군과의 교류를 통하여 근대 해군을 운용할 능력도 갖추어 나갔다. 영국, 프랑스, 독일, 미국 등에서 교관단을 파견하였고 1876년 당시 일본 해군에 파견된 외국인은 교관 101명, 기술자 118명 등 총 469명이나 되었다. 반면 일본도 막부시대인 1862년 에노모토(榎本武揚), 아카마쓰(赤松大三郎) 등 15명이 해군기술 습득을 목적으로 네덜란드에 유학한 것을 시작으로 명치 해군 창설 이후 1907년까지 외국에 유학하거나 외국함정에 파견하여 실습한 장교와 생도들은 영국 71명, 미국 30명, 프랑스 29명, 독일 11명, 기타 9명 등 총 150명에 이르렀는데, 여기에서 양성된 인재들이 초기 일본 해군 건설의 밑거름이 되었다.[18]

특히, 메이지(明治) 정부에서는 일왕이 주도적으로 해군 건설에 앞장섬으로써 정부의 노력을 결집시키는 구심점 역할을 하였다. 일왕은 제국 해군

---

17) George Modelski & William R. Thompson(1988), 전게서, pp. 310~312.

18) 러일전쟁에서 승리의 주역인 도고 헤이하치로(東鄕平八郎)는 1871년 2월 영국 유학생에 포함되어 유학 8년만인 1879년 5월 인수함정과 함께 귀국하였다. 청일전쟁에서 단종렬진의 전투진형을 개발한 쯔보이(坪井航三)는 1871년 6월 미국 아시아 함대 기함 콜로라도에 승함하여 3년간 항해실습을 하였고, 제국 해군의 아버지로 일컫는 야마모토 곤베이(山本權炳衛)는 1876년 12월 다른 후보생 7명과 함께 독일 군함 비네타 함과 라이프치이 함에서 실습 후 1878년 11월 귀국하였다. 이처럼 초기 유학자들은 일본 해군의 건군과 청일전쟁 및 러일전쟁을 승리로 이끌었던 주역이 되었다.

창설을 알리는 1868년 3월 26일 오사카에서 열린 관함식을 주관하였으며, 1868년 10월에는 "해군의 일은 지금 가장 중요한 시무의 일로 하여 추진하고, 그 기초를 확립하라"고 하면서 해군군제와 교육제도의 정비를 지시하였다. 또한 1871년 11월에는 일왕이 직접 시나가와 해군기지를 시찰하고 요코스카 조선소를 방문하여 함대 포사격을 참관하였으며 1872년 1월 9일 해군 병학교의 시무식에 참가한 이래로 매년 일왕이 참가하여 해군 인재양성에 대한 깊은 관심을 보였다. 1872년 5월에서 7월까지 약 2개월 동안 용양(龍驤)함에 좌승하여 경비함 8척 및 수송선 1척과 함께 시나가와(品川) 만을 출항, 가고시마(鹿兒島) 항에 이르는 일본 해안을 순시하였다.[19] 일본이 정한 바다의 날은 7월 20일인데 이날은 1876년 일본 메이지 일왕이 보신전쟁(戊辰戰争, 1868~1869)을 평정하고 하코다테에서 메이지 마루에 승선하여 요코하마에 도착한 날인 7월 20일을 기념하는 날이다.[20]

이처럼 일본 해군은 근대화 과정에서 서구의 선진 제도와 산업과 기술과 문물을 수입하는 통로였으며 인재양성의 요람이었다. 뿐만 아니라 해양력 건설에 필요한 중공업 기반시설을 갖추게 됨으로서 국가의 산업화와 근대화를 촉진시켰고, 국가 지도자의 적극적인 지원 아래 메이지 유신 후 불과 40년 만에 세계 3위의 해양력을 보유한 해양강대국이 되었다.

나. 러·일간 권력 재분배기

1) 러·일간 패권경쟁 전략

러·일간 국력 재분배기는 일본의 타이완 정벌(1874)에서 청일전쟁(1894~1895)까지의 기간이다. 이 기간에 러시아는 중앙아시아에서 연해주에 이르는 청국과의 국경선에서 남하정책을 추진하고 있었고, 영국은 청국을 지원

19) 해군본부 편(1997), 전게서, p. 21.
20) 무라타 료헤이 지음, 이주하 옮김, 『바다가 미래다』(서울 : 도서출판 청어, 2008), pp. 19~21.

하여 러시아의 남하를 저지하려고 하였다. 청국은 안남에서 프랑스와도 전쟁을 치렀다. 러시아가 1871년 중앙아시아의 이리(伊犁, Kuldja)에 침투한 이후 우수리 강 하류에 이르기까지 20여 년간 청국과 대치하고 있는 틈을 이용하여 일본도 타이완(1874)과 한반도(1875~1876)에 진출하고 류큐(琉球, Okinawa)를 병합(1879)하였고 결국 한반도 지배권을 놓고 청국에 도전하는 청일전쟁을 일으켰다. 이는 일본의 서양세력에 대한 편승전략과 서양의 포용전략이 맞아 떨어진 덕분이었다. 러시아는 청국과 영국을 약화시키기 위해 일본의 영향력이 확대되는 것을 포용하였고, 일본은 이에 편승하여 한반도에서 중국의 영향력을 축출하였다. 해양력은 이러한 일본의 정책을 추진하는데 핵심 수단이 되었다.

당시 일본의 해외팽창 이론으로서 대두된 것이 후쿠자와 유키치(福澤諭吉, 1835~1901)의 '탈아론(脫亞論)'과 야마가타 아리토모의 '주권선·이익선' 확보 개념이었다. 1885년 발표된 후쿠자와 유키치의 탈아론은 일본은 문명개화에 보조를 맞출 수 없는 아시아로부터 이탈하여 서양의 문명국들을 모방하여 근대화를 이룩하고, 서구 열강의 아시아 대륙진출에 편승하여 동아시아에서 공동주도권을 행사하기 위한 편승전략이었다.[21] 1890년(메이지 23년) 12월 6일 역사상 최초로 열린 제국의회에서 야마가타 수상이 밝힌, 이익선·주권선 개념은 1889년 6월 빈 대학교(University of Vienna)의 스타인(Lorenz von Stein) 교수에게서 배운 권세강역과 이익강역의 개념을 원용한 것으로 일본의 안보를 지키기 위해서는 국경인 주권선뿐만 아니라 주권선의 안위와 밀접한 관계가 있는 이익선을 보호해야 한다는 주장이었다.[22] 일본은 그의 주창에 따라 이익선인 조선을 확보하기 위해 예산의 30%를 투자하여 해군과 육군의 군비증강에 전력을 쏟았고, 당시 아시아 최강국이었던 청국과의 전쟁도 불사하였다.

---

21) 채명석, 『단도와 활』(서울 : 미래 M&B, 2006), pp. 212~214.

22) 하라다 게이이치(原田敬一) 지음, 최석완 옮김(2012), 전게서, p. 78.

2) 러시아 해양력의 역할

• 러시아 황태자의 대일(對日) 군함외교

러시아가 야심찬 시베리아 철도 건설에 착수하고 중국과 대치하고 있을 때 일본은 제국의 위상을 높이기 위한 황실 외교의 하나로 러시아의 황태자를 초청하였고 이를 빌미로 러시아는 부상하는 일본을 억지하기 위하여 대규모 원정 군함외교를 실시하였다.

마침 1885년 러시아가 발표한 시베리아 철도 부설계획이 1891년에 이르러 프랑스로부터 차관 도입에 성공함으로써 5월 31일 블라디보스토크에서 러시아 황태자(Nikolay II)가 주관하여 철도 기공식을 거행할 예정이었다. 이 시기에 맞춰 장차 국왕이 될 러시아 황태자는 황실수업의 일환으로 군함 7척을 이끌고, 페테르부르크를 출발하여 일본을 거쳐 블라디보스토크에 이르는 원정 군함외교를 실시하였다. 1891년 4월 27일 나가사키 항, 5월 6일 가고시마 항, 9일 고베 항, 15일 요코하마 항, 27일 센다이 항, 31일 아오모리 항 등 러시아 대함대가 일본을 종단하는 모습을 연출하려고 한 것은 군사적 시위를 겸한 행동이었다.[23] 이 러시아의 대규모 군함 외교는 시베리아 철도의 위협과 함께 함대의 위용을 과시함으로써 일본의 도전을 사전에 억제하려고 한 뜻이 담겨 있었다.

3) 일본 해양력의 역할

• 해외거점 확보를 위한 타이완 원정

1870년대 일본은 유럽과 동북아 정세를 잘 활용하여 자국의 위상을 제고시켰다. 특히 러·청간 대립관계를 이용하여 청국에 대하여 적극적인 도전에 나섰으며 일본의 해양력은 대외정책의 중요한 수단이 되었다. 먼저 일본 해군은 해외 첫 원정작전인 타이완 정복을 시도하였다.

---

23) 상게서, p. 59.

1866년 중앙아시아의 청국령 투르키스탄에서 마호메트 종족인 야쿠브 베그(Yakub Beg)가 반란을 일으켜 회교왕국을 수립하자 1871년 러시아령 투르키스탄 총독 카우프만(K. P. Kaufman)은 콜파코프스키(Kolpakovski) 장군으로 하여금 전략요충지인 이리(伊犁)를 점령하여 영국의 북상을 견제하고 청국으로의 진출로를 확보하도록 하였다. 이에 청국은 섬서(陝西) 및 감숙(甘肅)의 총독 좌종당(左宗棠)으로 하여금 이 지역을 평정하게 하였다.[24)]

러시아가 이렇게 북쪽 대륙에서 청국을 압박하는 기간을 이용하여 일본도 대륙진출 노선을 두고 정대론(征臺論)과 정한론(征韓論) 등 논쟁을 벌였고 결국 남방 해양에서부터 청국에 대한 도전에 나섬으로써 중국의 화이체제(華夷體制)를 무너뜨리는데 러시아와 공동전선을 펴게 되었다.

타이완의 전략적 가치는 근대에 들어 열강의 서세동점(西勢東漸)의 시기가 도래하면서 급부상하게 되었다. 중국을 둘러싼 미얀마-베트남-타이완-오키나와-조선을 연결하는 반월형의 중심축이었던 타이완은 중국 대륙으로 진입하는 첩경이 되었다. 일본은 타이완의 전략적 위치를 잘 인식하고 접근한 나라였다. 메이지유신 직후 1871년 11월(메이지 4년 10월) 나하(那覇)에서 출항한 미야코지마(宮古島)의 배가 조난을 당하여 12월 타이완 남단에 표착하였다가 류큐인 69명 중 3명은 익사하고 66명이 상륙하였는데 이들이 원주민의 습격을 받아 54명이 살해되었고 생존자 12명은 한족의 도움으로 현청에 인계되어 이듬 해 류큐로 귀환하는 사건이 발생하였다. 당시 류쿠 왕국은 청나라와 조공 및 책봉관계를 맺고 있었는데 일본은 자신들과 류쿠 왕국이 사대관계를 맺고 있다는 점을 들어 자기 국민을 보호한다는 명목으로 타이완을 정복하려고 하였다.[25)]

---

24) 최문형(2007), 전게서, pp. 133~138. 원래 이 지역은 1759년 건륭제가 정복한 땅으로 새 영토라는 뜻에서 신강(新疆)이라 일컬었는데 일반적으로는 서쪽의 변경지역이라는 뜻으로 서역이라고 불렀었다. 1884년 11월 청국은 러시아와 국경선 협상을 체결한 후 이 지역을 새로운 성(省) 즉, 신강성으로 정식 편입시켰다.

25) 김종성 지음, 『동아시아 패권경쟁』(서울 : 도서출판 자리, 2011), pp. 189~191.

1872년 8월 31일 가고시마(鹿兒島) 현 차사 오야마 쓰나요시(大山綱良)는 정부의 군함을 빌려서 타이완을 문죄하기 위한 군사행동을 일으키고 싶다는 상서를 정부에 제출하였다. 이 상서는 9월 16일 가고시마 현 사자를 통하여 소에지마 다네오미(副島種臣) 외상에게 전해졌다. 정대론자인 소에지마는 10월 16일 일왕으로 하여금 류큐 국왕의 사절을 접견하고 국왕 쇼타이(尙泰)를 류큐 번왕(藩王)에 임명하여 화족으로 삼는 조치를 취함으로써 류큐민을 일본인의 신분으로 전환시킨데 이어 일왕에게 베이징으로 사절을 파견하여 류큐인 살해에 대해 책임을 묻고, 청국이 만족스럽지 못한 반응을 보인다면 방략과 병력으로 신속하게 타이완과 호코지마를 점거할 것을 수차례 주청하였다.[26]

1873년 12월 말부터 1874년 2월 말까지 일본 수뇌부는 추밀원 회의와 각의 등 수 차례에 걸쳐 정한론과 정대론을 놓고 갑론을박을 한 결과 결국 3월 13일 타이완 정복계획이 마련되었고, 4월 2일 각의에서 타이완 출병이 결정되었다. 이어 4월 4일 육군 중장 사이고 쓰구미치(西鄕從道, 1843~1902)가 원정군 사령관(타이완 번지 사무도독)에 임명되어 타이완으로 출병하도록 명령을 받았다.

한때 영국과 미국의 항의로 일본 각의에서 타이완 원정명령에 보류되었지만 타이완 원정 사령관인 사이고 도독은 이 명령을 거부했다. 만일 타이완 원정을 취소한다면 사족들의 불만이 커져서 그 화가 사가의 난에 비할 바가 아닐 것이라고 주장하며 군이 말린다면 역적이 되어서라도 출병을 단행하겠다고 하였다. 사이고 도독은 5월 17일 나가사키를 출발하여 22일 타이완에 도착하였다. 총 군함 5척과 운송선 3척에 편승한 병력 3,600여 명이 타이완 남단부에 상륙하였다. 일본 원정군은 6월 4일 군사적으로 이곳을 제압하고 7일에는 식민지 정책에 착수할 수 있었다.[27]

---

26) 오비나타 스미오(大日方純夫), 「근대 일본 대륙정책의 구조」, 홍미화 역, 『동북아 역사논총』 제32호(동북아역사재단, 2011. 6.), pp. 148~152.

27) 상게서, pp. 157~168.

비록 영국과 미국의 압력에 굴복하여 일본이 6개월 만에 타이완에서 철수하게 되었지만 이 타이완 원정은 중국을 더욱 위기에 빠뜨렸고, 그 결과 일본은 청국과 베이징조약을 체결하여 중국과의 전통적 종속관계를 탈피하였을 뿐만 아니라 류큐를 일본의 속국으로 인정받게 되었다. 타이완 원정 이후 일본 해군은 대외팽창의 중요한 정책수단으로 부상하였으며 20년 후 다시 타이완을 침공하여 일본의 첫 해외 식민지로 삼았다.

• 조선(朝鮮)에 대한 불평등조약체제 구축 수단으로서 해양력

일본은 서구 열강이 자신에게 행했던 강압과 외교교섭 방식을 조선에 그대로 적용하였다. 1870년대 일본에서는 정한론이 대두되는 등 조선에 대해 적극적인 정책을 추진하고 있었지만, 러시아의 한반도에 대한 관심은 탐사 수준이었다. 당시 극동지역의 군사력 기반이 취약한 러시아로서는 한반도 문제로 다른 국가와 갈등을 빚는 것을 원치 않았다. 이를 이용하여 일본은 조선에 진출하기 위해 러시아와 비밀거래에 나서기로 하였다.

1873년 8월, 일본 외무장관 소에지마는 주일 러시아 공사 뷰쵸브(E. K. Biutsov)에게 일본은 조선에 5만 명의 군대를 파견할 계획인데 러시아가 조일(朝日)전쟁에 개입하지 않고 한반도에 인접한 러시아 영토에 상륙을 허가한다면 일본은 일본령 사할린을 러시아에 양도할 것이라고 제의하였다. 이에 대해 러시아 외무부는 1873년 가을, 일본이 한반도에 진출하게 된다면 동북아 정치상황을 복잡하게 만들어 일본에게도 이익이 되지 않을 것이라고 회신하면서 일본군의 러시아 영토의 통과를 허용하지 않을 것임과 조일전쟁이 발발할 경우 러시아는 엄정한 중립을 지킬 것임을 공식 통보하였다. 당시 러시아는 일본의 제의를 수락할 경우, 러·청관계를 악화시키고, 러·일관계에 대한 오해로 열강의 러시아에 대한 적대정책이 심화될 것으로 판단하고 기존의 현상유지 정책을 고수하기로 한 것이었다.[28]

---

28) 송금영(2005), 전게서, pp. 77~78.

이에 일본은 사할린의 국경선 문제를 들어 러시아와 재차 협상에 나섰다. 1874년 3월부터 주러 공사 에노모토 다케아키(榎本武揚, 1836~1908)와 러시아의 아시아 국장 스트레무코프(P. Stremoukhov) 간에 정식교섭이 시작되었다. 10개월에 걸친 치열한 논의 끝에 1875년 5월 7일 일본이 공유하던 사할린과 러시아령 북 쿠릴열도를 교환하는 국경조약이 조인되었다.[29] 사할린의 방기는 일본에게 일방적으로 불리한 것이었지만 한반도에 진출하기 위해서는 러시아와의 북방 갈등을 해소할 필요가 있었기 때문이었다. 이미 우대신 이와쿠라 도모미(岩倉具視, 1825~1883)는 "조선에 사절을 파견할 때는 먼저 사할린에서 러시아에 대한 분쟁부터 해결해야 한다"고 역설한 바 있었으며, 전임 외상 소에지마도 일본이 한국을 침략하기 위해서는 러시아의 중립을 보장받아야 한다며 그 방책으로 사할린의 방기를 고려하였었다.

1875년 4월 15일 부산에 파견된 조선과의 교섭사절 모리야마(森山茂)는 조선 개항을 위해서는 강력한 포함외교가 필요하다고 건의하였는데 러·일간 국경조약이 5월 7일 조인되자 비로소 일본은 이를 실행에 옮길 수 있었다. 5월 25일 운요호(雲揚號)를, 6월 12일에는 제2정묘호(第二丁卯號)를 부산에 파견하여 동해안과 남해안에서 탐측활동을 명분으로 무력시위와 함포 발사훈련을 실시하였다. 일본과 러시아는 1875년 9월 19일 사할린 남계에서 사할린 양도식을 정식으로 거행하였고, 다음 날인 9월 20일 조선에서 운요호 사건을 도발하였다. 즉, 사할린과 쿠릴 열도의 교환조약은 한국 침략을 위한 일본의 정지작업이었던 것이다.[30]

조선은 9월 20일 운요호가 강화도 해협에 출현하여 초지진으로 침입하자 포격을 가하고 격렬하게 저항하였다. 결국 운요호는 철수하였지만 일본

---

29) 石井孝, 『명치 초기의 일본과 동아시아』(有隣堂, 1982), pp. 199~200, pp. 255~256. 최문형(2007), 전게서, pp. 139~140에서 재인용.

30) 細谷千博, 「日露日ソ關係の史的展開」, 『日露·日ソ關係の展開』(東京 : 日本國際政治學會, 1966) ; 廣瀬健夫, 「日露戰爭をめぐつて」 ロシア史研究會編, 『日露200年』(彩流社, 1993), 상게서, pp. 141~142에서 재인용.

은 운요호가 조선에 침략하여 일어난 일임에도 불구하고, 역으로 그 책임을 조선에 돌리고 운요호 사건에 대한 사죄, 조선 영해에서의 자유항행 보장, 강화도의 개항을 요구하고, 이듬해인 1876년 2월에는 6척의 군함과 800명의 군대로 호위한 전권(全權)대표단을 파견하여, 1876년 2월 27일 강화도에서 조선과 전문 12개조로 된 조일수호조약을 체결하였다. 이 불평등 조약의 체결을 계기로 일본은 조선 식민지화에 첫발을 내딛게 되었다.

이처럼 일본은 열강보다도 낮은 수준의 해양력을 보유하고 있었음에도 불구하고 영국과 러시아간 경쟁관계를 이용하여 조선에 대해 효율적인 포함외교를 강행할 수 있었다. 특히, 1875년 잠재적 적국이었던 러시아에 양보하여 영토 교섭을 종결시킴으로써 양국간 호감의 시대를 개막시켰고, 이후 러시아는 일본에 대해 호의적이고 우호적인 포용정책을 유지하였다.

• 청일전쟁에서 전승수단으로서 해양력

일본의 해양력은 청일전쟁에서 승리를 쟁취하는데 중요한 역할을 수행하였다. 양무운동(洋務運動)으로 국력을 정비한 청국은 1880년대에 들어 조선문제가 동아시아의 핵심으로 부상되자 조선을 지켜야만 중국을 지킬 수 있다고 인식하고 1880년 실권자 이홍장(李鴻章, 1823~1901)에게 조선문제를 전담하게 하고 적극적인 영향력 확대를 시도하였다. 반면에, 일본은 조선을 그들이 정한 이익선의 제1선으로 인식하고 있었다. 일본의 목표는 서구 열강들의 지지를 획득한 가운데 청국의 북양함대를 격파하여 조선에 대한 청국의 영향력을 축출하는 것이었다. 1894년 조선에서 동학농민운동이 확산되자 청국과 일본이 개입하면서 양국 간의 무력충돌로 확산되었다.

청국의 작전계획은 육군을 중심으로 전쟁을 수행하는 것이었다. 해군은 보하이 만과 연안의 해상교통로를 확보하여 육군 부대의 해상수송을 지원하고, 육군은 평양에 전투력을 집결시켜 한반도 내륙에서 축차적으로 일본 육군을 축출하는 것이었다. 그러나 청국 해군이 일본 해군에게 패하게 되자 이 계획은 수세적으로 바뀌었다. 청국 해군은 보하이 만을 보호하고 육군은 한만국경으로 후퇴하여 만주를 방어하는 것으로 변경되었다.

일본의 작전계획은 2단계로 구성되었다. 1단계는 육군이 한반도에 제5사단을 파견하여 청국을 견제하고, 해군은 서해와 보하이 만의 제해권을 확보하는 것이었다. 제2단계는 해전의 결과에 따라 각기 다른 작전을 실시하는 것으로 '갑'작전은 제해권을 확보하였을 경우 발해 만에 육군 주력을 상륙시켜 야전에서 결전을 한다는 것이며, '을'작전은 결정적으로 제해권을 확보하지 못했을 경우 육군 주력을 한반도에 상륙시켜 방비하는 것이었으며, '병'작전은 제해권을 완전히 상실하였을 경우, 육군 주력을 본토에 주둔시켜 청국의 침공에 대비한다는 것이었다.

일본은 풍도해전(1894. 7. 25.)과 압록강 해전(1894. 9. 17.)에서 승리하고 제해권을 확보하자 "갑"작전으로 전환하여 제2군을 요동반도에 상륙시켰다. 1895년 1월 20일에는 해군 육전대와 육군이 웨이하이웨이에 상륙하였고, 연합함대가 웨이하이웨이 봉쇄작전(1895. 1. 31.~2. 7.)으로 청국 북양함대를 궤멸시켰다. 해군의 지원이 없는 청국의 육군은 고립된 반면 일본 육군은 해군의 원활한 지원아래 청국의 육군을 포위할 수 있었다. 그 결과 3월 9일에는 요양전투에서 일본 육군이 대승을 거두었고 청국은 전의를 상실하게 되었다. 결국 4월 17일 시모노세키 조약을 체결하고 전쟁을 종결시켰다.[31]

청일전쟁에서 일본은 해군의 중요성을 인식하고 해전의 결과에 따라 융통성 있게 적용할 수 있는 작전계획을 수립하였고, 공세적이고 기습적인 작전으로 서해의 제해권을 확보함으로써 승리의 발판을 마련하였다. 반면에 청국은 해군을 적극적으로 활용하지 못하고 초기부터 제해권을 상실함으로써 지상전투에서도 양면협공을 당하게 되어 패전하였고, 중국 중심의 아시아 체제도 붕괴하게 되었다.

---

31) 조덕현 지음, 『전쟁사 속의 해전』(진해 : 해군사관학교, 2011), pp. 134~139.

일본은 청일전쟁을 종결함에 있어서도 유리한 협상결과를 얻어 내기 위하여 해군을 활용하였다. 1895년 3월 20일, 시모노세키에서 중국과 일본이 평화협상을 시작하였다. 4월 10일까지 여러 차례 회담에서 타결이 되지 않자 일본은 일부 조항만 완화한 수정안을 제시하면서 이를 최후통첩이라고 하였다. 다음 날인 4월 11일 일본측 대표 이토 히로부미(伊藤博文, 1841~1909)는 중국측 대표 이홍장(李鴻章, 1823~1901)에게 더 이상 양보는 없으며 전쟁은 끝난 것이 아니라고 엄포하면서 군함 20여 척을 시모노세키에서 중국의 다롄으로 이동시켰다. 중국을 위협하기 위한 행동이었다.[32] 결국 이홍장은 4월 11일 본국 총리아문에게 일본의 태도가 단호하여 더 이상 바꿀 수 없을 것 같다며 타협하기로 하였다. 1895년 4월 17일 일본이 제시한 최종안으로 시모노세키조약이 서명되었다. 이렇게 일본은 해군력을 전후 협상의 압박수단으로 활용하는 것을 잊지 않았다.

이 전쟁의 결과로 일본은 제국주의 열강에 편입되었고, 청국으로부터 타이완과 펑후열도를 할양받아 중국을 둘러싼 반월형의 중심축을 차지하게 되었으며, 막대한 전쟁배상금으로 근대 산업기반을 구축하고 해양력을 증강하여 러시아와 한반도 및 만주를 놓고 패권경쟁을 할 수 있는 능력을 갖게 되었다. 또한 일본의 부상과 함께 동아시아가 세계의 관심지역으로 떠오르면서 서구 열강도 극동에 해군력을 증강시키게 되어 아시아에서 세계의 해군경쟁이 벌어졌다.

다. 러·일간 권력 대등화기

1) 러·일간 패권경쟁 전략

양국 간 권력 대등화기는 청일전쟁 승리로 일본이 동아시아의 신흥강국

32) 왕소방 지음, 한인회 옮김, 『중국의 외교사 1840-1911』(지영사, 1996), p. 295.

으로 부상하여 다른 열강과 경쟁하는 시기이다. 이 시기에 러시아는 일본에 대해 기존의 포용전략 대신에 억제와 봉쇄전략을 채택하였다. 러시아는 삼국간섭(1895)과 러청동맹(1896)으로 일본의 대륙진출을 차단하고, '웨베르-고무라 협상(Waeber-Komura Memorandum, 1896)'을 체결하여 한반도에서 러시아의 지위를 유지하는 한편 1898년 뤼순을 조차한데 이어 거제도와 마산포를 획득하고자 시도하였으며, 1900년 중국의 의화단 사건을 빌미로 만주에 군대를 주둔시킴으로써 일본이 노렸던 만주 지역을 선점하는 등 적극적인 대일 정책을 추진하였다.

일본의 대러시아 전략도 편승전략에서 거부 및 균형전략으로 급격히 선회하였다. 일본은 다른 서구의 해양세력과 연합하여 러시아의 남하를 적극적으로 저지하고, 청일전쟁을 통해 야마가타가 주장하는 이익선을 북쪽으로는 조선, 남쪽으로는 타이완의 대안인 복건성까지 확대시켜 두 개의 이익선을 확보하고, 식민지 타이완과 세력권 조선을 발판으로 삼아 군사력 확대와 대외팽창에 매진하였다.

일본은 청일전쟁에서 얻은 만주를 러시아 주도의 삼국간섭으로 반환하게 되자 청일전쟁의 승리에서 얻은 배상금을 바탕으로 중공업과 군수산업 시설을 확충하고 군비증강에 매진하였다. 육군은 기존 7개 사단에서 13개 사단으로 증강하여 1903년에는 15만 명의 예비병력을 보유하고 684문의 대포를 갖춤으로써 10년 만에 2~2.5배 이상의 전력을 증강시켰다. 해군도 총 2억 130만 엔을 투자하여 전함 4척을 비롯하여 총 106척을 건조하였다.[33]

러시아는 1900년 중국에서 의화단사건이 발생하자 이를 빌미로 같은 해 7월에서 10월까지 15만 명의 대병력을 만주에 진출시키고 청국과의 동맹을 구실로 만주를 경영하려고 하였다.[34] 일본이 노렸던 땅을 러시아가 대신 차지하게 된 것이다. 이에 일본은 영국, 미국 등과 함께 공동전선을 구축하고

---

33) 김태준, 「세력전이 관점에서 본 러일전쟁 원인에 관한 연구」, 『해양전략』 126호(자운대 : 해군대학, 2005), p. 76.

34) 하라다 게이이치(原田敬一) 지음, 최석완 옮김(2012), 전게서, pp. 253~256.

러시아에 대항하였다. 러시아는 만주문제는 청국과, 한반도 문제는 일본과 협상한다는 만한분리론(滿韓分離論)을 내세워 일본과 협상하고자 하였지만, 일본은 만주와 한반도를 하나로 묶어 만한불가분일체론(滿韓不可分一體論)으로 대응하였다. 이런 양국간 전략변화는 일본이 러시아에 대한 강력한 도전자로 부상하였다는 것을 의미하였다.

2) 러시아 해양력의 역할

• 삼국간섭의 성공을 위한 해군강압

러시아의 일본에 대한 전략이 억제와 봉쇄전략으로 변경됨에 따라 러시아 극동 해군력의 역할도 공세적으로 변경되었다. 청일전쟁 직후 강대국들은 동아시아 지역의 구조변화에 대비하여 해군력을 증강시켰다. 총 보유척수에서는 중국이 57척, 일본이 47척, 영국과 러시아의 동아시아 주둔 함정은 각각 25척이었지만, 주력 함정인 장갑전함에서는 중국은 청일전쟁 후 전멸하였고, 일본과 영국이 각 2척, 러시아가 4척을 보유하고 있었다. 러시아는 이러한 해군력을 바탕으로 동아시아의 주도권을 차지하고 삼국간섭을 성공시킬 수가 있었다.

청일전쟁에서 일본의 승리가 확정되어 가자, 러시아는 1895년 3월 30일과 4월 11일 특별각료회의를 연달아 열고 향후 일본에 대한 대책을 논의하기 시작하였다. 4월 11일 특별각료회의에서 각료들은 일본의 동아시아 전쟁은 청을 겨냥한 것이 아니라 러시아를 겨냥한 것이며, 일본이 남만주를 발판으로 삼아 북쪽으로 팽창할 것이라고 생각하였다. 그래서 일본에게 남만주 병합을 단념하도록 제의하고 이를 포기하지 않을 경우 러시아는 자국의 이해에 따라 행동할 수 있음을 주지시키기로 결정하였다.[35]

1895년 4월 17일 청일전쟁의 결과로 일본과 청국 간에 시모노세키 강화

35) Andrew Malozemoff(1958), 석화정 옮김(2002), 전게서, pp. 100~106.

조약이 체결되었다. 그 내용 중에는 청국이 타이완 및 펑후열도와 뤼순항을 포함한 요동반도를 일본에게 할양하고 전쟁 배상금을 완불할 때까지 일본에게 웨이하이웨이의 점령을 허용하는 등 일본의 영토적 야욕이 담겨 있었다. 이에 러시아는 일본이 요동반도를 포기하도록 국제적 공조를 요청하였고, 독일과 프랑스가 즉각 대일압박에 참여할 것을 수락하자 러시아는 독일과 프랑스에게 일본이 이 요구를 받아들이지 않을 경우 삼국이 협력하여 중국 대륙의 일본군과 일본 본토 사이의 교통을 차단하자고 제안하였다.[36]

독일은 4월 17일 당일 러시아의 제안을 즉각 수락하고, 성명서를 통해 시모노세키 조약은 독일의 국익에 해악을 끼치는 것이라고 노골적으로 불평하였으며, 빌헬름 2세(Wilhelm II, 1859~1941)는 자국의 동아시아 함대에게 러시아 함대와 접촉하여 협력할 것을 명령하였다. 프랑스 역시 유럽에서 러·불 동맹을 견고히 할 필요성을 가지고 있었고, 시모노세키 조약에 반대함으로써 남청지역에서의 자국의 지위를 강화하고 영국의 영향력을 약화시키려고 하였다. 1895년 4월 24일, 독일과 프랑스는 태평양함대를 강화하였으며 러시아는 쁘리아무르 지역의 부대에 동원령을 내렸다.[37]

이러한 군사배비를 바탕으로 4월 23일, 삼국 주일공사들은 일본에게 요동반도의 포기를 권고하는 공문을 각각 발송하고 청국에게는 시모노세키 조약의 비준을 연기하도록 통지했다. 동아시아 각지에 배비된 3국 함대가 행동할 준비를 하고 러시아 육군 3만 명이 임전태세에 들어갔다는 정보에 이어 러시아와 독일함대가 합동행동을 할 것이라는 첩보가 들어오고 있었기 때문에 일본에게는 단순한 권고 이상으로 무력을 이용한 위압적인 행동으로 보였다. 특히 주일 독일 공사 구트슈미트(Felix von Gudtschmid)는 독일은 4월 17일자로 함대를 이미 일본 근해에 파견하였으며, 일본이 삼국을 상대로 싸운다고 해도 승산이 없기 때문에 3국의 권고를 받아들여야 한다는 요지

36) 이삼성(2009), 전게서, pp. 364~365.
37) 로스뚜노프(I. I. Rostunov)외 편, 김종헌 옮김(2004), 전게서, pp. 13~14.

의 고압적인 자세를 취했다. 청국과 전쟁을 이제 막 끝낸 일본에게는 이에 대항할 전력이 남아있지 않았고 동아시아에 파견된 러·독·프 3국의 함대는 전함 38척, 포 247문인데 비해 일본 함대는 전함 31척에, 포 70문이었기 때문에 만일의 경우를 일본은 걱정해야 했다.[38]

일본 각의는 4월 24일 세 가지 대안을 놓고 논의하였다. 첫째 권고 거부, 둘째 국제회의를 통한 해결, 셋째 권고수락 등이었다. 일본으로서는 러·독·프 3국이 해군력을 동원하여 현해탄을 봉쇄함으로써 일본 본토와 대륙에 출병한 자국 원정군의 사이를 단절하여 고립에 빠뜨리는 사태만은 어떻게든 막아야 했다. 일본은 마침내 삼국의 권고를 수락하고, 5월 5일 요동반도의 전면 반환을 통고하게 되었다.[39]

이어 일본은 5월 8일 청일강화조약을 비준하였고, 1895년 11월 8일 점령한 요동반도의 반환을 선언하고 공식적으로 만주에 대한 자국의 요구를 포기하였다. 영국과 미국의 지원에도 불구하고 일본이 만주를 포기할 수밖에 없었던 것은 삼국공조를 뒷받침 해줄 강력한 해군의 강압이 있었기 때문이었다. 이 삼국공조(Triplice)는 러시아의 승리였다. 삼국 제휴 존재는 일본에 대한 서구의 억제효과를 보여 주었고, 러청관계를 개선하는데 기여하였으며 일본의 대륙진출을 차단하고 조선이 독립을 유지하는데 기여하였다.

• 마산항 확보 및 대일(對日) 봉쇄시도

러시아는 1861년 대마도 점령이 불발된 이후부터 한반도에서 부동항을 확보하기 위하여 노력해왔다. 특히 1894년 청일전쟁 이후에는 일본을 직접 견제할 수 있는 남해안에 위치한 항구를 확보 대상으로 검토하였다. 청일전쟁 직전의 각료회의에서 기르스 외상은 일본이 한반도를 점령하면 대한해

---

38) 야마무로 신이치(山室信一) 지음, 정재성 옮김(2010), 전게서, pp. 76~78.

39) 최문형, 『한반도를 둘러싼 제국주의 열강의 각축』(서울 : 지식산업사, 2001), pp. 145~146, pp. 154~156.

협은 제2의 보스포러스(Bosphorus)가 될 것이라고 경고하였고 러시아 외무부는 청일전쟁에서 일본이 승리할 경우에 대비한 대한해협에서의 자유항행권을 확보하기 위한 행동지침을 다음과 같이 제시하였다. ① 러시아는 자국 이익을 수호하기 위해 한반도 남단의 한 항구를 반드시 점령해야 함. ② 한반도 항구를 확보하면 그곳에 영국의 홍콩과 같은 조차지로 확보해야 함. ③ 러시아 태평양함대를 일본보다 증강시켜야 함. 이 행동지침에 따라 1894년 12월 러시아함대는 거제도 일대를 예비 측량하였다. 태평양함대사령관 알렉세예프(E. I. Alekseev)는 1895년 11월과 12월 거제도 주변지역을 실측한 결과 거제도보다 마산포가 해군기지로서 더 적당하다고 주장하면서 마산포는 부산항에 비해 외항이 발달되어 대형선박도 입항이 가능하고, 대피가 용이한 지형으로 되어 있어 세계에서 가장 좋은 항구 중 하나라고 평가하였다.[40] 청일전쟁 종료 후인 1895년 12월 개최된 동아시아 특별회의에서는 마산포를 부동항으로 확보하는 방안을 논의 하였다.

1897년 8월 알렉세예프 후임으로 부임한 두바소프(F. V. Dubasov) 태평양함대 사령관은 한반도에서 러시아 함대의 기항 적합지를 찾기 위해 11월 10일 블라디보스토크를 출항하여 11월 15~19일까지 부산항을 정찰한데 이어 11월 20일 마산포로 이동하여 정밀탐사를 실시한 뒤 1897년 12월 1일 서울을 방문하여 주한 러시아 공사 스페에르(A. de Speyer) 및 무관 스트렐비츠키(I. Strelbitsky) 대령과 마산포 조차문제를 협의하였다.[41]

그러나 이러한 해군의 노력과는 달리, 러시아 외무부는 1896년 시베리아 횡단철도의 만주 관통과 일본의 대륙진출을 견제하기 위한 러·청 비밀동맹을 체결하였고, 1897년 11월 독일의 자오저우 만 점령을 시작으로 개시된 열강들의 중국 분할 쟁탈전에 합세하여 뤼순-다롄항을 부동항으로 확보하였다. 하지만 러시아의 뤼순-다롄항 확보는 오히려 러시아 해군에게는 마산

40) 송금영(2005), 전게서, pp. 294~296.

41) 최덕규, 『제정 러시아의 한반도 정책 1891~1907』(서울 : 경인문화사, 2008), pp. 67~68.

포 항을 확보해야 할 필요성을 더욱 절실하게 만들었다. 전략적으로 뤼순-다롄 항은 일본을 견제하기에는 너무 멀리 떨어져 있는 반면 러시아함대는 뤼순과 블라디보스토크로 분리되어야 했는데, 그 거리가 1,200마일이나 되어 당시 구축함이나 어뢰정과 같은 소형 함정은 중도에 연료를 보급 받아야만 하였다. 이제 한반도는 러시아의 안전한 만주 운영과 연해주의 방호벽 역할을 할 수 있는 전략적 요충지가 되었다. 1897년 12월 태평양함대사령관 두바소프 제독은 주일 로젠(Roman Romanovitch Rosen) 공사에게 일본의 국력이 신장하고 있으므로 한반도를 시급히 확보하지 않으면 이런 기회가 두 번 다시오지 않을 것이라고 주장한데 이어 1898년 1월 8일 해상에게 보내는 편지에서, 마산포는 천혜의 양항이자 전략적 요충지로서 이 항구를 확보하면 러시아는 일본을 위협할 수 있을 뿐만 아니라, 동아시아의 제해권을 확보할 수 있는 강력한 거점 기지를 얻게 될 것이라고 강조하였고, 1898년 6월 6일자 전문에서도 마산포를 러시아의 지배에 두어야할 필요성을 다시 제기하였다.[42]

해상 티르토프(Pavel Petrovich Tyrtov)는 두바소프 의견에 전적으로 동감하며, 1899년 외무상 무라비예프에게 마산포의 점령에 대한 당위성을 주장하는 각서를 보냈다. 이 각서에서 그는 "조선 남부에 해군기지를 확보하지 않는 한 러시아가 동북아에서 차지해야할 지위는 안전하지 못하다. 일본이 먼저 조선항만을 차지하게 된다면 뤼순과 블라디보스토크와의 모든 통교는 단절될 수밖에 없다. 반대로 러시아가 마산포와 거제도를 통제하게 된다면 일본은 러시아에 도전하기 앞서 조심스러운 재고를 해야 될 것이다."라고 주장하였다.[43]

마산포를 둘러싸고 러·일간 긴장이 고조되자 러시아 외상 무라비예프는 1900년 '동방에서 러시아의 외교과제'라는 정책건의서에서 시베리아 횡단

---

42) 상게서, pp. 70~74.
43) 송금영(2005), 전게서, pp. 291~292.

철도가 완공될 때까지는 극동에서 평화가 유지되어야 한다. 요동반도에서 러시아의 확고한 지위를 보장받는 것이 동아시아에서의 행동의 자유를 보장해 줄 수 있다는 입장을 견지하면서 마산포 항의 확보에 반대하였다. 이에 대해 해상 티르토프는 한반도 남부에서 강력한 근거지를 확보하기 전까지는 태평양에서 러시아의 지위는 결코 굳건한 기반 위에 놓여 있다고 볼 수 없다. 일본 함대가 한반도 남부에 위치한 주요 항구를 전략적으로 이용하여 뤼순과 블라디보스토크간의 모든 선박의 왕래를 차단시킬 가능성이 높다고 주장하면서도, 그러나 아직 시베리아 철도가 완공되지 않았고, 대일본 전력에서 우위도 확보되지 않은 상황에서 마산포 점령을 강행할 수 없다는 현실적인 어려움을 고려하여 러시아 해군은 외교적인 방법이나 점진적인 토지구매를 통하여 이 항구의 획득을 시종일관하여 추진할 목표로 삼아야 한다고 제시하였다.

이에 따라 1900년 2월 조선에 귀임한 파블로프(A. Pavlov) 공사는 마산포 내 저탄소 용지 확보를 위해 조선 외부와 교섭을 개시하였으며 러시아 군함 7척이 마산포, 진해만, 거제도 주변해역 등을 탐사하였다. 1900년 2월 3일 러시아는 마산포 외국인 거류지 경매에서 35구 중 21구(28,230평방리)를 매수하였고, 3월 30일 파블로프 공사와 조선 박제순 외부대신 간에 거제도를 다른 열강에게 할양하지 않기로 하고 마산포의 10리 내 토지를 러시아가 조차하는 것을 골자로 하는 약정이 체결되었으며 4월 12일 조선외부통상국장 정대유와 마산포 주재 러시아 스코프 부영사는 마산포 조차지 의정서에 서명하였다. 이로써 러시아 태평양함대는 마산포 개항장의 일부를 평화적 목적으로 이용할 수 있는 권리와 마산포에 지속적으로 개입할 수 있는 근거를 확보하였고 러시아 해군은 1900년 하반기부터 태평양함대의 육상사령부, 병사집회소, 병원 등의 건물을 짓기 시작하였다.[44] 이와 같이 러시아 해군은 1898년 뤼순항을 부동항으로 조차한데 이어 1900년 마산포 토지를 매입

---

44) 최덕규(2008), 전게서, pp. 76~79.

함으로써 뤼순-마산포-블라디보스토크를 연결하는 해상로를 확보할 수 있었다.

특히, 일본이 청국의 의화단 사건을 빌미로 한반도에 진출할 것을 우려한 러시아는 마산포를 대일봉쇄의 전진기지로 활용하였다. 1900년 10월 러시아 군대의 만주 점령이 완료되자 알렉세에프 제독은 일본의 한반도 진출을 방지하기 위하여 동년 12월 4척의 함대를 뤼순에서 진해로 이동시켜 1901년 1월과 2월에 걸쳐 동계훈련 명목으로 마산포에 정박시키는 한편, 장차 일본과의 협상에서 한반도가 러시아의 영향권에 있다는 유리한 위치를 차지하고자 하였다. 이처럼 러시아는 1902년 1월 영일동맹이 체결되기 이전까지 마산포를 일본의 한반도 진출 거부 및 협상에서의 강압수단 등 전략적으로 이용하려는 정책을 지속 추진하였다.[45]

• 뤼순·다롄 항 확보와 만주경영 지원

러시아 해군은 러시아가 만주를 경영하는데에도 기여하였다. 1898년 뤼순·다롄 항을 확보한 러시아는 의화단 사건으로 중국의 정치력이 약해진 틈을 이용하여 만주를 점령하기로 하고 만주 내 철도 보호와 반란 진압을 명목으로 1900년 7월 9일 15만 명의 정규군을 파병하였다. 당시 동시베리아 군대는 총 3만 여명에 불과하였기 때문에 이는 획기적인 사건이었다. 7월 10일, 러시아군은 목단강, 삼성, 훈춘, 애혼, 하얼삔으로 진격하고, 8월 27일에는 치치, 하얼을 점령함으로서 만주를 차지하였다.[46]

러시아가 만주를 점령한 것은 지상군이었지만, 이를 가능하게 해 준 것은 러시아의 해군력이 영국·일본·미국의 해양세력의 해군력을 충분히 견제할 수 있었기 때문이었다. 러시아는 청일전쟁 이후 극동함대를 증강하여 한때 동아시아 최강의 함대를 구성하고 있었다. 영국은 중국해함대에 전함 4

45) 상게서, pp. 80~83, 송금영(2005), 전게서, p. 299.
46) 이삼성(2009), 전게서, pp. 428~429.

척을 배치할 수밖에 없었지만 러시아는 태평양함대에 전함 7척을 배치하고 있었다. 여기에 러시아와 동맹을 맺은 프랑스의 전력을 포함하면 양국 동맹은 전함 9척, 순양함 20척을 보유하게 되어 영국의 전함 4척 순양함 16척에 비하여 월등한 전력을 가지고 있었다. 영국은 당시 1898년 나일강 해전에 이어 1899년 보어전쟁(Boer War, 1899~1902)으로 동양에 전력을 집중할 수 없었던 반면 러시아와 프랑스는 시베리아와 인도차이나를 각각 통하여 양면에서 영국의 세력권인 중국을 위협하고 있었다.[47]

또한 러시아는 뤼순항을 확보하여 요새화시킴으로써 만주에 대한 방어벽을 구축하고 있었다. 러시아는 1896년 6월 3일 청국과 비밀동맹을 맺고 만주를 관통하는 동청철도의 부설권을 획득하였고, 독일이 자오저우 만을 점령(1897. 11. 14.)하자 러시아 각의(1897. 11. 26.)는 영국과 일본의 선점을 막기 위해서는 러시아가 먼저 뤼순과 다롄을 점령해야 한다고 결론을 내렸다. 짜르는 레우노프(Leunov) 제독이 이끄는 러시아 태평양함대를 1897년 12월 11일 뤼순항에 입항시켰다.[48] 1898년 3월 러시아는 뤼순과 다롄을 청국으로부터 조차한 뒤 뤼순에 대한 요새화 작업을 추진하여 태평양함대의 주 해군기지로 선정하고 러시아 태평양함대 전력 63척 중 주력함인 전함 7척과 순양함 8척 등 40척을 뤼순항에 집중 배치하였으며, 블라디보스토크에는 장갑순양함 4척과 어뢰정 17척 등을 배치하였다. 부동항인 뤼순항의 확보는 그동안 동계 보급을 위해 일본의 항구를 이용하던 러시아 함대의 불편을 해소시켜 주었을 뿐만 아니라 만주에 대한 러시아의 지위를 높여 주었고, 유사시에는 서해에서 일본 해군을 공격할 수 있는 공격기지의 역할을 할 수 있게 되었다.[49]

또한 이를 배경으로 러시아 해군은 마산 항에 함대를 주둔시켜 일본의

---

47) Paul M. Kennedy, *The Rise and Fall of British Naval Mastery* (London : The Ashfield, 1983), 김주식 역, 『영국 해군 지배력의 역사』(한국해양전략연구소, 2009), pp. 391~392.

48) Andrew Malozemoff(1958), 석화정 옮김(2002), 전게서, pp. 121~122.

49) 로스뚜노프(I. I. Rostunov)외 편, 김종헌 옮김(2004), 전게서, p. 26.

한반도 진출을 억제시켰다. 1899년 4월부터 1900년 11월 마산항 출입한 외국 군함의 현황을 보면 러시아 27척, 일본 11척, 영국 4척, 독일 1척으로서 러시아가 마산포를 장악하고 있었음을 알 수 있다.[50)]

3) 일본 해양력의 역할

• 영·미·일 해양연합 구축 수단으로서 해양력

일본 해군이 청일전쟁의 승리로 세계열강이 무시할 수 없는 강력한 군대로 변모되자 러시아의 남진을 저지하려는 영국과 미국에게는 큰 매력으로 다가왔으며 일본 해군도 이에 편승하여 영·미·일 해양 연합세력을 구축할 수 있었다.

1897년 12월 러시아 함대가 다렌-뤼순항을 점거하자 영국과 일본은 즉각적인 반응을 보였다. 당시 영국의 동양함대는 조선의 제물포에 있었다.[51)] 함대사령관 뷸러(Buller) 제독은 뤼순항로의 남쪽인 제물포에 근거를 두고 당시 웨이하이웨이를 임시 점령하고 있던 일본과 연결하여 러시아 함대의 동태를 감시하고 남하를 저지하려고 하였다. 제물포에서 무력시위에 참가한 영국 함선 8척 가운데 2척은 1897년 12월 30일 계속 북상하여 뤼순항에서 러시아 함대와 함께 월동했다. 영국의 솔즈베리(Robert Gascoyne-Cecil, 3rd Marquess of Salisbury, 1830~1903) 수상은 1898년 1월 14일 이전에 철수하겠다고 하면서도 영국 구축함이 뤼순항에 정박할 권리를 계속 주장했다.[52)]

일본은 러시아에 대한 견제를 위해 웨이하이웨이에서 제1전선을, 쓰시마 해협에서 제2전선을 구축했다. 특히 영국과는 제물포와 웨이하이웨이를

---

50) 金容旭, 「청일전쟁(1894-1895)·러일전쟁(1904-1905)과 조선 해양에 대한 제해권」, 『법학연구』 제49권 제1호(부산대학교, 2008. 8.), pp. 318~320.

51) 최문형(2007), 전게서, pp. 291~292. 영국 정부는 1897년 10월 27일 조선에서 자국의 총세무사 브라운이 러시아 알렉세예프에게 밀려나자 주한 영국 공사 조든(J.N Jordan)의 요청에 따라 동양함대를 1897년 11월 27일 제물포에 입항시켰었다.

52) Andrew Malozemoff(1958), 석화정 옮김(2002), 전게서, pp. 105~108.

연결한 차단선을 구축하였는데 이러한 양국간의 해군 공조는 영일간 최초의 연합작전태세를 구축한 것이며 영일동맹을 결성하는 사실상의 초석이 되었다. 영국 식민상 체임벌린(Joseph Chamberlain, 1836~1914)은 1898년 3월 16일 주영 일본공사 가토 다카아키(加藤高明, 1860~1926)에게 영일동맹을 제의해오라고 종용한 적이 있었는데 1898년 3월 27일 러시아가 뤼순·다롄항을 조차하자 이에 자극을 받은 일본은 웨이하이웨이를 영국에 넘겨줌으로써 영일동맹을 체결하기 위한 굳건한 기반을 마련하였다.[53]

미국은 러시아가 1898년 7월 6일 동청철도에서 뤼순·다롄을 잇는 남만주철도 지선 부설권과 아울러 조차지역 내에서의 관세결정권을 획득하고 만주에서의 우월한 지위를 확보하자 이에 대항하여 1899년 9월과 1900년 7월 연이어 청국의 영토보전과 문호개방을 주창함으로써 열강들의 지지를 얻었다. 특히 영국, 미국, 일본은 만주에서의 이익뿐만 아니라 러시아의 남진을 경계하고 있었다.

이와 같이 영국, 일본, 미국으로 구성된 해양연합세력은 러시아의 만주 진출과 뤼순·다롄항의 점령에 대하여 공동전선을 펼쳤는데 각국의 해양력은 이 공동전선을 구축하는 고리 역할을 하였으며 특히 장차 영일동맹을 결성하는 초석을 다지게 되었다.

4) 러·일간 해군 군비경쟁과 해양 강대국으로 부상

러시아는 일본을 억제하기 위하여 해군력 증강에 나섰고, 일본은 러시아에 도전하기 위해 해군력 증강에 나섰다. 청일전쟁 후 짜르 정부는 극동지역에서 국제적 대립 상태가 첨예해지자 동북아 연안의 부동항 확보, 태평양 함대 증강, 대한해협에서의 자유항행권 확보 등을 당면과제로 인식하고 극동에 함대를 신속하게 증강시키기로 결정하였다. 〈표 5-8〉에서 보는 바와

53) 최문형(2007), 전게서, pp. 293~294.

같이 먼저 장갑함을 극동지역에 대거 증강시켰고, 포함을 크게 늘리면서 시베리아 소함대를 태평양함대로 명칭을 변경하였으며, 영국의 극동전력에 필적할 수준으로 급성장시켰다.

〈표 5-8〉 러시아 태평양함대의 청일전쟁 전후 전력 비교

구분		장갑함	1급 순양함	2급 순양함	3급 순양함	포함	원양 어뢰정	합 계
태평양 함대	전쟁 이전	1척	2척	3척	2척	3척	1척	12척 24,174톤, 대포177문
	전쟁 이후	4척	2척	4척	2척	8척	5척	25척 48,292톤 대포336문
러시아 총전력		18척	12척			14척	72척	116척

•출처 : 심헌용, 『한반도에서 전개된 러일전쟁 연구』(서울 : 국방부 군사편찬연구소, 2011), p. 49.

이와 함께 러시아는 해군력 건설에도 박차를 가하기로 하였다. 1895년 예산 5천 5백만 루불을 배정 받은 해군은 그 해 7월 다시 매년 7백만 루불 씩 7년간 추가 지원을 받기로 하였다. 이 회의에서 기르스(N. K. Giers) 외상은 한반도의 남단 브로우톤 해협(Broughton, 대한해협)을 자유로이 항해할 수 있도록 그 해협 내에 있는 항구, 예를 들면 거제도와 같은 섬을 반드시 점령해야 하고 이 점령지를 영국의 홍콩기지와 유사하게 러시아의 조차지로 건설해야 한다고 주장하였다.[54)]

1895년 11월 전문 특별위원회에서는 극동지역에서 일본 함대를 능가할 군함 건조계획을 작성하기로 하였고, 이를 적극 지지하는 알렉산드르 미하일로비치(Aleksandr Mikhailovich) 대공은 1896년 태평양에서 러시아 함대 증강

54) 심헌용(2011), 전게서, pp. 46~49.

필요성에 대한 정책건의서를 제출하고 시베리아의 경제활동과 통상을 장려하기 위해서는 태평양함대를 증강시켜야 한다고 주장하였다. 니콜라이 2세 황제는 해군 증강사업을 지속 추진하되 재정상태를 고려하여 1897년 우선 4척의 군함을 건조하기로 하였다. 1898년 3월 4일 니콜라이 2세가 직접 주재한 특별회의에서는 뤼순항 요새화 작업과 태평양함대를 증강하기 위해 1905년까지 2억 루블의 예산을 추가로 해군성에 배정키로 결정하고 장갑함 5척, 여러 등급의 순양함 16척 그리고 어뢰 운반선 4척 등을 7개년으로 계획하여 1905년에 완수할 예정이었다.

1899년 9월, 러시아 해군상 티르토프는 일본을 견제하기 위하여 태평양에서 일본 함대보다 30% 더 많은 해군력을 유지해야 한다고 강조하였지만 재정문제로 난관에 부딪쳤다. 재정문제로 건함계획에 차질을 빚자 1901년 3월 2일, 러시아 황제는 ① 어떠한 이유로도 건함사업은 축소될 수 없으며, ② 유럽, 근동 및 극동에서 러시아의 정치적 과제와 인접국의 건함계획을 고려하여 향후 20년간 러시아 함대의 요구수준에 대한 정책건의서를 제출하고, ③ 이에 상응하는 20년간 건함계획을 입안하되, ④ 국내 산업발전을 위해 모든 전함은 반드시 러시아 국영 및 민간조선소에서 건조할 것을 지시하였다. 그 결과 약 15억 루블의 20개년 건함사업이 지속 추진되었다.[55]

일본도 러시아와의 전쟁에 대비한다는 목표 아래 군함 건조에 군사비 예산의 30% 이상을 투자했다. 1896년에 수립된 제1차 함대증강계획에는 전함 건조와 항만 설비에 9천 5백만 엔이 요구되었다. 그런데 1898년 10월 이토 후임으로 야마가타 수상이 취임하자 1차 함대증강계획으로는 러시아에 대항할 수 없다는 판단에 따라 1898년 일본국회에서 해군력 증강에 관한 법이 통과되어 함대와 항만을 강화하기 위한 2차 전함 건조계획이 수립되었으며,[56] 1905년까지 장갑전함 4척, 순양함 11척, 구축함 12척 등 전투함 74척과

---

55) 최덕규(2008), 전게서, pp. 154~161.

56) 로스뚜노프(I. I. Rostunov) 외 편, 김종헌 옮김(2004), 전게서, p. 95.

지원선 584척을 건조할 것을 목표로 총 소요예산 2억 1,310만 엔을 투자할 계획이었는데, 이 액수는 청일전쟁의 전비에 해당하는 거액이었다.

〈표 5-9〉 러·일간 군함건조계획(1896~1904)

함 형	러시아 태평양함대	일 본
함대장갑함	7	6
장갑(1급) 순양함	4	8*
경(2급) 순양함	7	12
구축함	27**	27
어뢰정	10	19
기뢰부설함	2	
포함	6	8
총척수	63	80
총톤수(천톤)	190	260

* 아르헨티나로부터 구매한 순양함 니신함과 가스가함은 1904년 4월 11일에 대열에 합류하였다.

** 어뢰 순양함 브사드닉 함과 가이다막 함이 포함되어 있다.

·출처 : 로스뚜노프(I. I. Rostunov)외 전사연구소 편, 김종헌 옮김, 『러일전쟁사 : 1904~1905』(서울 : 건국대학교출판부, 2004), p. 97.

더구나 이 건조계획은 대러시아 정세가 긴박해짐에 따라 예정보다 빠른 1902년에 거의 마무리 되었다. 특히 대형함은 외국에서 구입하는 것이 유리하다고 판단하여 구매에 나섬으로써 목표보다 훨씬 초과할 수 있었는데 영국에 1만 5천 톤급 전함 6척을 주문하였고, 9천 9백 톤급 중순양함 6척은 영국, 프랑스, 독일에 분산하여 주문하였으며, 쾌속순양함 3척은 미국과 영국에 각각 주문하였다. 영국도 일본의 해군력 증강을 지원하여 러시아의 해군력 확장에 대응하고자 하였다.[57]

57) 심헌용(2011), 전게서, pp. 51~52.

라. 러·일간 권력 전이기

1) 러·일간 패권경쟁 전략

가) 러시아의 전략

러·일 양국 간에 권력의 전이가 발생하는 시기는 러시아와 일본이 만주 및 한반도 지배권을 놓고 무력으로 충돌한 시기였다.

러시아는 청일전쟁 이후 동아시아에 대하여 적극적인 전략을 추진하기로 방향을 바꾸었다. 1900년 의화단 사건(1898~1900)을 계기로 만주를 점령하고 1903년 4월 26일 특별궁정회의에서 소위 '신노선(New Course)'이라 부르는 강경한 극동정책을 채택하였다. 프레베(Viacheslav von Plehve, 1846~1904) 내상과 베조브라조프(Aleksandr M. Bezobrazov)가 주도하는 강경파들은 1903년 5월 20일 특별위원회를 개최하고, 일본에 대한 양보는 전쟁을 유도할 뿐이며, 평화는 오직 힘에 의해 보장될 수 있는 만큼 만주에서 러시아 이익을 방어하기 위해서는 만주와 한반도에 대한 강력한 정책이 전제되어야 한다는 결론을 내리고 황제로부터 만주와 한반도로의 적극적인 진출정책을 승인 받았다. 이에 따라 만주에서의 철병계획을 보류하고 계속 주둔하기로 하였으며 압록강 채벌권 획득, 마산항 획득 및 대한해협 자유항행권 확보 등 보다 적극적인 동아시아 정책을 추진하고 일본을 압박하였다.[58)]

러시아의 일본에 대한 군사전략은 1895년 3월 6일, 동방 진출론자이자 강경론자인 바드마예프(Vadmaev)가 짜르에게 제출한 각서에서 일본인들이 몽고와 중국 서부도 침략할 것이라고 경고하면서 시작되었다. 이 각서에 따라 1895년 헤이룽 군관구는 최초 전쟁계획(안)을 작성하였고, 이후 1901년부터는 국가적 차원의 전쟁계획이 작성되었으며 1904년 1월 14일 짜르는 헤이룽 군관부와 관동 군관부의 통합전쟁계획을 승인하였다. 이 계획의 핵심

---

58) 최문형(2007), 전게서, pp. 310~320.

은 첫째, 러시아군 주력을 랴오양, 하이첸 지역으로 집중시키고, 둘째, 충분한 병력이 도착하기 전까지는 공격을 보류하고 방어에만 전념하며, 셋째, 전면전은 러시아 군이 만주에 완전히 전개한 후에 개시하고, 넷째, 최종목표는 일본열도에 상륙하여 적국을 무력으로 완파시켜 종전처리를 한다는 것이었다.[59]

일본을 상대로 한 최초의 해상작전계획은 1901년 태평양함대 사령관 해군대장 스끄들로프에 의해 작성되었다. 1903년 극동 총독 알렉세예프는 주력 함대를 블라디보스토크에서 뤼순으로 전진 배치하였고 1903년 4월 17일 쉬따껠베르크 해군 소장의 지휘하에 장갑함 2척, 순양함 6척, 어뢰정 8척으로 구성된 분함대가 극동에 도착하였으며, 동년 12월 18일 구축함 쩨사레비츠, 순양함 바얀 함이 추가로 극동에 도착하였다. 이에 따라 러시아는 1903년 12월 18일 특별회의를 통해 태평양함대의 작전개념은 확정하였다. 그 핵심은 주력함대를 뤼순에 위치시키고 서해와 대한해협에서 우세를 확보하여 일본군이 한국 연안에 상륙하는 것을 방지하고, 블라디보스토크 순양함 분대는 동해 상에서 적 해군력의 일부를 주전장으로부터 유인해 내며, 헤이룽 강 지역으로 일본군이 상륙하는 것을 저지한다는 것이었으며, 작전지침은 전쟁 초기 가능한 해군력을 보존하고 결코 모험적인 행동을 취해서는 안 되며 유리한 여건이 조성될 때까지 방어와 전력보존에 치중해야 한다는 것이었다.[60] 이 작전계획은 지상군 중심의 계획으로서 제해권의 중요성을 간과하여 초기부터 해군을 소극적으로 운용함으로써 전쟁주도권을 상실하고, 지상작전과도 분리되어 있다는 데에 문제점이 있었다.

나) 일본의 전략

일본의 러시아에 대한 전략은 이미 오래전부터 논의되어 왔었다. 1885년

---

59) 로스뚜노프(I. I. Rostunov)외 편, 김종헌 옮김(2004), 전게서, pp. 99~102.

60) 상게서, pp. 104~106.

유럽지역의 러시아와 극동지역의 러시아를 연결하는 7,400㎞ 시베리아 철도 부설계획이 발표되고 1891년 5월 31일 블라디보스토크에서 착공식이 거행되자, 일본의 가장 영향력 있는 군 원로이자 수상으로서 대외팽창정책을 선도했던 야마가타는 시베리아 철도의 위협에 대하여 지속적으로 경고하면서 이에 대응할 군비증강을 주장하였다. 1900년 8월 야마가타는 북청사변 선후책에서 대한제국을 일본의 세력권에 넣기 위해서는 먼저 러시아와 전쟁을 치를 결심을 하여야 한다고 주장한 바 있었다.[61]

일본은 러시아와의 일전을 불가피한 것으로 보고 영국과 동맹을 체결하여 유럽과 아시아에서 러시아를 포위하는 형국을 조성하였고, 미국의 지원을 받아 외교적으로도 러시아를 고립시켰다. 반면에 러시아는 외교적으로 고립되었고 국내문제에서는 공산혁명주의자 등 짜르에 대한 도전세력이 형성되고 있었다. 유럽지역에서 극동지역에 이르는 시베리아 횡단철도는 아직 완공되지 않았으며 극동의 군사력은 뤼순과 블라디보스토크로 양분된 채 전쟁 준비가 제대로 갖추어져 있지 않았다. 일본은 지금이 전쟁의 적기라고 판단하였으며 결국 전쟁을 통해 동아시아 패권을 장악하려고 하였다.

일본의 러시아에 대한 군사전략은 영일동맹 체결 후 더욱 구체화되었다. 1903년 10월 러시아가 한반도의 39도선 이북에서 한만(韓滿) 국경선까지를 중립지대로 설정하자고 제의해 오자, 일본은 한만 국경선을 기준으로 남북 50km 이내 지역을 중립지역으로 설정하자고 역제의를 하였다. 가쓰라 다로(桂太郎, 1848~1913)수상은 이 회의에서 러시아와 협상이 성사되지 않을 경우에 대비하여 전쟁을 준비할 것을 지시하였으며 이에 따라 본격적으로 러시아에 대한 전쟁계획이 수립되었다. 일본 육군 참모본부의 러시아 담당 다나카(田中) 소좌는 주작전지역을 만주로 설정하고, 이 작전의 성패의 핵심은 해군의 역할에 있다고 인식하였다. 따라서 일본 해군이 제해권을 장악하

61) 고영자, 『러일전쟁과 대한제국』(서울 : 탱자 출판사, 2007), pp. 116~117.

였을 경우와 그렇지 못한 경우를 상정하여 작전계획을 구상하였다. 즉, ① 해군이 서해와 동해를 제압했을 경우, 육군은 주작전 지역을 만주로 하여 5개 사단을 남포에 상륙시키고, 부작전 지역을 우수리 방면으로 전개하여 2개 사단을 동해안 나진으로 상륙시킨다. ② 일본이 러시아 해군을 제압하지 못할 경우는 대마도 해협에서 한국 남해안으로 상륙하여 내륙을 따라 북상한다는 것이었다.[62]

1903년 12월, 일본 육군참모본부는 개전을 전제로 작전계획을 구체화시켰다. 작전은 2단계로 구분하여 제1기는 압록강 이남지역인 한반도를 점령하는 것이며, 제2기는 압록강 이북지역인 만주로 진입하여 러시아군과 일전을 벌인다는 것이었다. 육군 참모총장 오야마(大山)는 1904년 1월 19일 수상과 함께 일왕에게 개전을 건의하면서 이 작전계획을 승인받았다.[63] 일본의 전쟁 계획은 첫째, 영일동맹을 통해 전략적 우세를 달성하고, 둘째, 주전장과의 근접한 지리적·전략적 유리한 점을 적극적으로 활용하며, 셋째, 특히 해상지배권을 전승의 관건으로 인식하여 발틱함대 도착 이전 러시아 태평양함대를 조속히 파괴하고, 뤼순 항을 탈취하여 러시아 함대의 거점을 박탈하며, 넷째, 러시아 군에 대한 필수적이고 광범위한 정보를 신속·정확하게 획득하여 전술적으로 이용한다는 것이었다.

일본은 전쟁의 승패가 해군에 달려 있다는 인식 아래 다음과 같은 작전지침을 마련하였다. 먼저 일본 해군은 모든 역량을 집중하여 연합함대를 구성하여, 뤼순의 러시아 태평양함대를 기습·파괴하고 봉쇄함으로써 해상지배권을 장악하고, 일본 육군의 선발대를 부산, 인천, 남포에 선견 상륙을 시켜서 본대의 안전한 상륙을 보장한다. 일본 육군은 한반도와 요동반도 두 개의 진격로를 따라 뤼순 항을 확보하고 요양으로 진격하여 러시아 증원부대가 도착하기 전에 봉천과 남만주를 석권한다는 것이었다.

62) 심헌용(2011), 전게서, pp. 55~56
63) 상게서, p. 58.

2) 러시아 해양력의 역할

• 함대기능을 발휘하지 못한 러시아 해군력

러시아 해군은 강력한 해군력을 보유하고 있었음에도 불구하고 이를 전략적으로 운용하지 못하고 사후약방문식으로 운용함으로써 서서히 소멸되어 갔다. 더구나 러시아 해군력은 발틱함대, 흑해함대, 극동함대로 분산되어 있는 데에다 극동함대도 블라디보스토크와 뤼순함대로 분리되어 있어서 협조된 작전을 전개해보지도 못하였다. 무엇보다도 러시아는 해양동맹을 얻지 못하고 바다에서 고립됨으로써 함대기능을 발휘할 수가 없었다. 이는 일본이 지구 반대편의 영국과 해양동맹을 체결한 것과는 대조적이다. 결국 러시아 극동함대는 뤼순에 고립된 채로 파괴당하였고 발틱함대는 극동으로 장기간 이동 중 피로에 지쳐 싸우기 전부터 소멸되고 있었다.

3) 일본 해양력의 역할

• 영·일동맹에서 해양력의 역할

반면에 일본의 해양력은 이 세기의 패권전쟁에서 결정적인 승리의 주역이 되었다. 먼저 일본은 영일동맹을 체결하여 전쟁에서 승리할 수 있는 여건을 확보하고 실제의 전쟁에서도 이 동맹관계가 결정적인 역할을 수행하였다. 당시 영국은 세계 최강의 해양력을 보유하고 있었지만 전 세계에 걸쳐 열강들의 도전을 받고 있었기 때문에 독자적으로 러시아를 상대할 여력이 부족하였다. 영국은 세계패권을 유지하기 위한 전략으로써 동맹이 필요했고, 일본은 동아시아 패권에 도전하기 위하여 동맹이 필요했다. 이와 같은 양국의 필요에 따라 영일동맹이 체결되었다.

19세기에 들어 대영제국은 해양력으로 건설되고 해양력으로 유지되고 있었다. 영국은 2개국 표준주의를 바탕으로 한 막강한 해군력을 유지하면서, 특정한 적도 특정한 우방도 필요하지 않는 영광스런 고립(Splendid Isolation)

을 선택하였다. 그러나 19세기 후반 들어 각 대륙에서 열강들이 부상함에 따라 군함 건조경쟁을 벌이고 있었고, 러시아, 미국, 프랑스, 독일, 이탈리아 등 다른 열강들의 해군력 신장속도를 고려할 때 영국의 해군력은 오히려 쇠퇴하고 있었기 때문에 영국 해군의 단독으로는 패권질서를 유지하기가 어려워졌다.[64]

영국 해군 정보국장도 1889년 이래 해외주둔지에서 영국의 지위가 계속 떨어지고 있음을 우려했다. 영국 해군은 중국 주둔지에서 누렸던 지배적 지위도 일본에게 넘어갔고, 10년 후에는 프랑스와 러시아 함대에도 거의 대항할 수 없게 될 것이라고 평가하였다. 1901년 말 영국 해상 셀보른(2nd Earl of Selborne, 1859~1942)은 영국은 중국해에서 러시아와 프랑스의 연합군과 세력균형을 유지하기가 힘들다고 내각에 보고하면서 만일 대영제국과 일본이 힘을 합치게 된다면 프랑스와 러시아 전함 9척에 비하여 영일동맹은 11척의 전함을 보유할 수 있을 뿐만 아니라 순양함 전력에서도 우세를 보일 수 있다고 주장하면서 영일동맹의 필요성을 역설하였다.[65]

더구나 대규모 희생을 치렀던 보어전쟁의 충격에 놀란 영국은 화려한 고립정책의 한계를 인식하고 있었다. 결국 영국은 미국과의 대결보다는 협력정책으로 전환하고 사실상 아메리카 해상에서의 패권을 포기해야만 했고, 극동에서도 다른 열강과 동맹을 맺음으로써 다른 강대국의 진출을 막아야 했다. 영일동맹을 체결함으로써 영국은 극동에서 일본의 증강된 해군력을 이용하여 러불동맹의 위협을 견제하고, 아시아에서의 제해권을 유지할 수 있었으며, 러시아의 남하를 저지할 수 있었다. 그리고 러일전쟁이 종료되자마자 영국은 전함 5척을 영국해협으로 전환시켜 유럽의 상황에 대비할 수 있었다.

일본도 대륙 진출의 꿈을 이루기 위해서는 외교적으로나 군사적으로 동

64) Paul M. Kennedy(1983), 김주식 역(2009), 전게서, pp. 379~385.
65) 상게서, pp. 382~392.

맹이 필요했다. 1898년 러시아가 요동반도를 차지하고 1900년에는 만주까지 진출하자 일본은 이를 더 이상 묵과할 수 없는 위협으로 인식하였다. 그렇지만 아직 러시아와 전쟁을 치르기에는 역부족이었다. 대응방안은 두 가지 중 하나였다. 만주와 한국의 지배권을 놓고 러시아와 타협할 것인지, 아니면 영국과 제휴하여 러시아를 저지할 것인지, 일본 내부에서도 의견이 갈렸다. 1901년 6월 러일 협상파인 이토 히로부미 수상이 물러나고 영일 동맹파인 가쓰라 다로 수상이 취임한데 이어 9월에는 러시아에 대해 강경파인 고무라 주타로(小村壽太郎, 1855~1911) 외상이 취임함으로써 영일동맹이 본격적으로 추진되었다. 이렇게 체결된 영일동맹은 러일전쟁에서 일본이 승리하는데 결정적인 기여를 하였다.

첫째, 영일동맹은 러시아와 제해권 경쟁에 필요한 신형 함정을 일본이 단기간에 확보할 수 있도록 해 주었다. 특히, 전함 건조능력이 부족한 일본은 영국에게 1895년부터 10년 계획으로 전함 4척과 다수의 보조선을 주문하는 등 영국과의 긴밀한 협력을 유지하고 있었고, 러일전쟁 전까지 영국의 지원 아래 전함 6척 등 총 15척의 대형 군함을 영국, 미국, 프랑스, 독일 등에서 획득할 수 있었다. 또한 아르헨티나가 주문하여 이탈리아에서 건조 중이던 7,800톤급 장갑순양함 2척을 일본이 구매할 수 있도록 영국이 주선하였고, 이 함정들이 일본에 인도되는 과정에서 러시아가 전함 오슬리비아(Osliabya)를 파견하여 격침시키고자 하였으나 영국은 전함 킹 알프레드(King Alfred)로 하여금 호송하게 한 가운데 영국과 이탈리아 승조원이 조함하여 일본으로 항해함으로써 이를 방지했다. 또한 칠레가 주문하여 영국에서 건조 중이던 12,000톤급 전함 2척을 러시아가 구매하려고 하자 영국 해군이 먼저 매입하였다가 이를 일본에 다시 팔았다. 일본이 단기간 내에 러시아와 대적할 수 있는 전함을 확보한 것은 당시로서는 엄청난 지원이었다.[66] 특히

66) 전홍찬, 「영일동맹과 러일전쟁 : 영국의 일본지원에 관한 연구」, 『국제정치연구』 제15집 2호(동아시아국제정치학회, 2012), pp. 133~135.

러일전쟁 중인 1905년 5월 15일 일본 전함 2척이 뤼순 항에서 기뢰로 침몰하여 순식간에 전함 경쟁에서 러시아에게 4 : 6으로 불리한 상황이 발생하였지만 이렇게 영국으로부터 지원받은 전함으로 말미암아 그 공백을 적기에 극복할 수 있게 되었다.

둘째, 러시아와 일본의 각 동맹세력 간에 해군력의 세력전이를 가져왔으며 이것이 일본이 전쟁을 결심하는데 큰 영향을 주었다.[67] 〈표 5-10〉에서 본 것처럼 1901년 이후 건조된 신형함정을 기준으로 보면 러시아와 일본은 10척 대 11척으로 비슷한 수준이지만 양국의 동맹국을 포함한 영일동맹과 러불동맹의 전력을 비교해보면 70척 대 29척으로 엄청난 전력 차이를 나타내고 있다.

〈표 5-10〉 각국 해군력 비교(1901년 이후 진수된 함정 기준)

구분	영국	미국	독일	프랑스	러시아	일본
전함	26	20	18	7	6	5
순양함	33	13	8	12	4	6
합계	59	33	26	19	10	11

•출처 : 김태준, 「영일동맹 결성과 러일전쟁의 외교사적 분석」, 『한국정치외교사논총』 제29집 2호(한국정치외교사학회, 2008), p. 21.

일본은 이러한 해군력의 세력전이를 바탕으로 외교적 해결책 뿐 아니라 군사적 해결책까지를 가질 수 있었고 러시아에 대해 강경노선을 추구할 수 있었다. 러시아가 만주에서 철수하기로 한 제2차 철병기한(1903. 4. 8.)이 지나도 전혀 철병할 기색이 보이지 않자, 일본은 4월 21일 교토(京都)의 무린암(無鄰菴)에서 국가원로와 정부수뇌가 긴급대책회의를 가졌다. 가쓰라 수상은 한반도는 어떠한 어려움에도 불구하고 양보할 수 없으며 이 요구를 주장함에 있어 전쟁도 피할 수 없다는 강경한 입장을 피력하였는데[68] 이는 영일동

67) 러시아 동맹과 일본 동맹간 세력전이에 대해선 김현일(2002), 전게서, pp. 81~85를 참조.

맹 이전과는 엄청난 입장 차이였다.

1903년 6월 8일 참모본부 부장회의에서는 영일동맹체제를 토대로 한 대러시아 전략에 대한 군사적 검토가 있었는데 여기에서도 각 부장들은 전쟁불가피론을 거론하였다. 이구치(井口) 총무부장은, "만일 러시아가 일본 제국의 요구에 평화적으로 응하지 않을 경우 제국은 무력에 호소해서라도 목적을 관철시켜야만 한다. 시베리아 철도의 미완성, 영일동맹의 존립, 청국민의 러시아에 대한 적개심 등 지금의 전략상황을 고려할 때 오늘이 바로 적기이다."라고 조기 개전론을 주장하였다. 같은 달인 6월 23일 일왕이 주재하는 어전회의에서 오야마(大山) 육군 참모총장은 러일협상이 실패할 경우 일본이 전쟁을 택할 수 있다는 조건부 조기 개전론을 공식적으로 제기하였다.[69] 이처럼 일본의 정치 및 군사 수뇌부는 영일동맹을 계기로 러시아에 대한 전쟁문제를 구체화하기 시작하였다.

셋째, 영일동맹은 러불동맹, 러청동맹을 와해시킴으로써 일본의 국제적 위상을 제고시켰다. 초기 서구 열강들은 러시아의 만주 점령에 대하여 양해하거나 소극적인 입장을 견지했다. 그러나 영일동맹의 성사로 일본, 영국, 미국은 물론 청국까지 러시아에 적극적으로 대항하기 시작하였고, 반면에 독일과 프랑스는 중립적 입장으로 선회하였다. 영일동맹이 체결되자 청국은 러시아와의 만주환부협상에 적극 나서게 되었고 그 결과 1902년 4월 8일 청국과 러시아는 협약을 체결하고 러시아 군이 만주점령지에서 매 6개월마다 3차례에 걸쳐 철병하기로 하였다. 1896년 러·청간 일본에 대하여 공동방위를 하기로 한 약속이 오히려 일본의 요구를 수용하는 것으로 변질되었던 것이다. 또한 1902년 3월 16일 러시아와 프랑스는 영일동맹에 대항하여 〈노불선언(露佛宣言)〉을 하였지만 프랑스의 소극적 태도로 실로 무력한 선언적 의미만을 지니게 되었고[70] 결국 러일전쟁이 발발하자 프랑스, 청국 등 러불

68) 조명철, 「러일전쟁기 군사전략과 국가의사의 결정과정」, 『일본사연구』 제2집(일본사학회, 1995), p. 155.

69) 상게서, pp. 163~169.

동맹국과 러청동맹국 모두 중립을 선포함으로써 동맹의 의미를 상실하고 말았다. 더 나아가 프랑스는 러일전쟁이 한창인 1904년 11월 영국과 영·프 우호협상(Entente Cordiale)을 체결하기에 이르렀다.

넷째, 영일동맹은 일본이 전쟁비용을 충당하는데 중요한 역할을 하였다. 영국은 러일전쟁 기간 동안 일본이 해외에서 4차례에 걸쳐 총 8,200만 파운드에 달하는 전비를 조달하는데 크게 기여하였다. 일본은 러시아와 1년간의 전쟁을 계획하고 이에 필요한 전쟁 비용을 4억 5천만 엔으로 예상하였다. 그러나 전쟁기간이 연장되고 전장이 확대되면서 더 많은 전비가 필요하게 되었다. 일본의 실제 전비는 18억 2,629만 엔에 달했는데 주로 증세부과와 국채를 통해 조달했다. 국채는 14억 7,200만 엔으로 이중 외채 8억 엔은 주로 영국과 미국에서 4회에 걸쳐 모집되었다. 당시 외국채 8억 엔은 국채의 1/2에 해당하는 막대한 금액이었는데 영일동맹이 있었기 때문에 조달이 가능하였다.[71]

다섯째, 영국은 러시아 발틱함대의 전투력을 약화시키는데 기여하였다. 먼저 영국은 전략물자인 석탄을 일본에게 지원한 반면 러시아에게는 엄정한 중립을 구실로 석탄공급을 거부하였다. 당시 러시아 발틱함대의 함정들은 모두 증기선이었으므로 석탄공급은 함대기동의 핵심요소였으나 러시아는 블라디보스토크까지 중간 연료보급기지나 선박수리소를 보유하지 않았기 때문에 제3국의 도움을 받아야만 했다. 러시아의 동맹이었던 프랑스 역시 러일전쟁에서는 중립국으로 돌아섰기 때문에 석탄지원을 거부했다.[72] 러시아는 겨우 독일의 협조로 독일회사의 석탄보급을 약속받은 후에야 발틱함대를 이동시킬 수 있었다.

---

70) 김기정, 「20세기 초 동북아 국제정치의 불안정과 구조 변동-만주위기와 영일동맹의 형성」, 『연세행정 논총』 제23집(연세대학교 행정대학원, 1998), pp. 45~46.

71) 유삼남, 「해군력이 러일전쟁에 미친 영향」, 박사학위논문(한국해양대학교 대학원, 2007), p. 48, pp. 99~104.

72) Ian Nish, *Anglo-Japanese Alliance : The Diplomacy of Two Island Empires 1894~1907,* 2nded.(London and Dover : The Athlone Press, 1985), pp. 289~292.

러일전쟁의 가장 중요한 변수는 뤼순항의 함락과 발틱함대의 아시아 도착 간의 시간문제였는데, 영국은 러시아 발틱함대가 태평양함대를 시의적절하게 지원하는 것을 방해하였다. 러시아가 흑해함대를 파견하려 하자 영국 외무성은 이를 흑해 중립화를 규정한 파리조약(1858)의 위반이라고 주장하면서 흑해함대가 보스포러스 해협을 거쳐 지중해로 진입한다면 이는 개전사유(casus belli)에 해당하는 도발행위이므로 이를 불허하겠다는 입장을 강력하게 표명하였다. 러시아는 멀리 떨어진 발틱함대를 동원할 수밖에 없었다. 그리고 영국은 상트 페테르부르크(St. Petersburg)를 떠난 발틱함대를 그림자처럼 따라 붙어가면서 견제했다. 영국은 도버뱅크 근해에서 러시아 함정이 영국 어선을 일본 어뢰정으로 오인하여 공격한 것을 빌미로, 스페인 근해에서의 시위기동과 북아프리카 탕헤르(Tangier) 입항 시 봉쇄위협을 했으며 스웨즈 운하를 통과하는 것도 허용하지 않았다. 러시아는 희망봉을 돌아서 긴 여정을 항해하는 동안 석탄, 식품 등 보급물자 확보에 심각한 어려움을 겪었다. 무려 9개월에 걸친 37,000㎞의 긴 항해여정으로 극심한 피로와 질병으로 장병들의 사기가 저하되었다.

또한 영국은 발틱함대의 이동로에 인접한 국가에게 중립의무를 위반하지 않도록 압력을 가하였고 발틱함대에 관한 움직임을 면밀히 감시하고 그 정보를 일본 해군에게 제공하였다. 영국은 전투 중에도 국제법을 이유로 일본을 지원했는데 러시아 함정이 대영제국에 속한 항구에 입항할 경우 무장을 해제시켜 전쟁종결 시까지 억류하겠다고 천명하였다. 1905년 8월 10일 황해해전에 참가한 러시아 함정 20척 중 뤼순항에 복귀한 함정은 9척(전함 5척, 순양함 1척, 구축함 3척)이었고 나머지 11척(전함 1척, 순양함 3척, 구축함 5척)은 영국의 조차항인 웨이하이웨이 등 중립국 항에서 피신하였지만 영국 등에 억류되어 무장해제를 당함으로써 러시아는 뤼순함대 전력의 1/2을 상실하게 되었다.[73] 결국 일본은 영일동맹이 있었기 때문에 개전을 결심할 수 있었

73) 김태준, 「영일동맹 결성과 러일전쟁의 외교사적 분석」, 『한국정치외교사논총』 제29

고, 영일동맹으로 말미암아 러일전쟁을 승리로 종결지을 수가 있었다.

• 러·일 패권전쟁에서 결정적 수단으로서 해양력

일본의 해양력은 러·일 패권전쟁에서 승리하는데 결정적인 역할을 하였다. 1903년 12월 일본 육군 참모본부가 수립한 작전계획은 두 단계로 나누어 전쟁을 수행하는 개념이었다. 제1기는 제1군 3개 사단을 투입하여 압록강 이남의 한반도 지역을 신속히 점령한 후 제2기는 만주의 러시아군을 격퇴하는 것으로 제2군의 3개 사단을 요동반도에 상륙시켜 뤼순을 점령하고 요양성을 목표로 진군하여 제1군과 합류하여 만주를 석권한다는 계획이었다. 이 계획을 성공시키기 위해서는 기습과 제해권 확보가 관건이었다. 일본 해군은 발틱함대가 도착하기 이전에 태평양함대를 격파하고 신속히 제해권을 확보하기 위해 먼저 선제 기습공격을 하기로 하였다.

일본 해군은 3개 함대를 구성하였다. 제1함대와 제2함대는 1903년 12월 도고 헤이하치로(東郷平八郎, 1848~1934) 사령관 휘하에 연합함대를 편성하였고, 주력으로서 서해의 제해권 확보와 육군의 상륙지원 임무를 수행하고 제3함대는 예비로서 전황에 따라 주력함대를 증강하거나 대한해협 및 동해에서 블라디보스토크 함대가 활동하는 것을 견제하는 임무를 맡았다. 그러나 1904년 3월 3함대도 연합함대로 편입되었다.[74]

연합함대는 뤼순항을 봉쇄하고 서해에서 제해권을 장악하여 육군 병력을 한반도와 요동반도에 진출시켰다. 1904년 3월 중순 일본 육군 제1군이 진남포에 상륙하여 4월에는 압록강 이남의 전 한반도를 점령하고 5월 초 만주로 진격을 개시하였으며, 제2군은 5월 초 랴오둥 반도에 상륙하여 남만주를 공략하고, 제3군은 7월 31일부터 뤼순 항 탈취를 위한 공격을 감행하였다. 뤼순함락(1905. 1. 2.)에 이어 라오양전투(遼陽戰鬪, 1904. 8. 3.~9. 4.), 사하전투(沙河

집 2호(한국정치외교사학회, 2008), p. 25.

[74] 조덕현(2011), 전게서, p. 156.

戰鬪, 1904. 10. 10~10. 16.), 펑텐전투(奉天戰鬪, 1905. 3. 1~3. 10.) 등 만주 내륙에서의 격전 끝에 러시아군을 격퇴시키고 승리하였지만 일본군의 희생도 극심했다. 러시아는 발틱함대와 유럽의 지상군을 극동에 집결시켜 결전을 하고자 하였으나 쓰시마 해전에서 발틱함대가 격멸되자, 1905년 9월 5일 미국의 중재 하에 강화조약을 체결하고 전쟁을 종결지었다.

러일전쟁에서 일본 해양력은 다음과 같은 역할을 수행하였다.

첫째, 일본이 러시아에 대하여 전쟁을 결심하는데 중요한 요인을 제공하였다. 당시 일본 해군력은 러시아의 극동 해군력보다 우세하였고 동맹의 해군력까지를 고려한다면 그 격차는 더 컸는데 이것이 전쟁결심의 배경이 되었다. 1903년 일본 참모부의 작전계획에 따르면, 러시아 육군은 총병력이 1백만 명이 넘었고 34만 명의 예비병력이 있었지만, 러시아의 유럽전선 방어 소요, 시베리아 철도의 수송능력, 만주의 현지 급양능력 등을 고려할 때 만주에서 전투가 발생할 경우 러시아가 극동에 파병할 수 있는 육군 병력은 25~30만 정도로 예상되어, 일본 육군과 대등한 수준으로 판단하였다. 그러나 러시아 극동함대의 해군력은 약 63척 19만 톤인데 비해 일본 해군력은 약 89척 26만 톤으로 일본 연합함대가 우세하다고 판단하였다.[75)]

둘째, 해군은 개전 초 기습을 성공시킴으로써 전쟁 주도권을 장악하는데 기여하였다. 러일전쟁에서 가장 중요한 문제는 시간이었다. 일본 연합함대는 러시아 발틱함대가 극동에 증원되기 이전에 러시아 극동함대를 격파해야만 했다. 그래서 일본은 선제 기습전략을 선택하였다. 도고 연합함대사령관은 1904년 2월 6일 새벽, 주력함대는 요동의 뤼순으로, 보조함대는 조선의 제물포에 대한 선제기습 공격을 감행하였다. 뤼순 항을 공격하는 일본 연합함대의 총전력은 전함 6척, 장갑순양함 6척, 어뢰정 12척 등 총 23만 3,200톤이었고, 러시아 태평양함대는 장갑전함 7척, 장갑순양함 4척, 어뢰

75) 김태준(2005), 전게서, p. 76.

정 9척 등 총 19만여 톤이었다.76) 연합함대는 2월 8일 저녁 뤼순항 외해의 엔도(円島) 부근에 도착하여 9일 새벽까지 러시아 함정을 습격하고 뤼순과 다롄 항을 봉쇄하였다. 인천 기습공격을 맡은 제4전대는 장갑순양함 1척, 순양함 5척, 어뢰정 2개 전대, 육군 병력 2,200명을 실은 수송선 3척으로 구성되었다. 1904년 2월 8일에서 9일까지 인천의 러시아 전대를 격파한 일본은 인천항에 일본 육군을 무사히 상륙시키고 이후 서해를 장악할 수 있었다. 인천에 상륙한 육군은 2월 10일 한성을 점령하고 2월 23일 한일의정서를 체결하여 한반도를 일본의 병참기지로 삼았다.77)

뤼순함대에 대한 야간기습의 전술적 효과는 미미하였지만 전략적 효과는 대단하였다. 일본의 기습공격을 당한 러시아 뤼순함대가 이후 출항을 못하게 되자 일본 해군이 황해의 제해권을 장악하게 되었으며 그 결과, 일본 육군 1군이 4월에 한반도 점령을 완료하고 5월 초에 만주로 진격함과 동시에, 육군 2군은 5월 초 요동반도에 상륙하여 남만주의 러시아군을 공격하고 북진하게 되었다.78) 이처럼 육군 주력이 조기에 한반도에 상륙한데 이어 요동반도에 상륙하여 러시아 육군을 양면에서 공격함으로서 개전 초부터 전쟁의 주도권을 장악할 수 있었던 것은 일본 해군이 뤼순과 인천에 대한 기습공격에서 거둔 성공에서 비롯된 것이었다.

셋째, 일본 해군은 제해권을 확보하여 한반도와 만주에 대한 지속적인 공격력을 제공해 주웠다. 러시아 뤼순함대가 요새함대 전략으로 함대결전을 회피하자 일본 연합함대는 봉쇄작전으로 전환했다. 상선을 항구 입구에 수장시켜 출항을 차단하는 폐색작전(閉塞作戰)과 기뢰를 항만 외곽에 부설하는 봉쇄작전(封鎖作戰)을 이중으로 실시했다. 폐색작전은 총 3차례(1차 : 1904년 2월 23일~24일, 상선 5척, 2차 : 3월 25일~26일 상선 3척, 3차 : 5월 2일~3일 상선 12척)에 걸쳐 상선 20척을 동원하여 실시하였다. 봉쇄작전은 4월 12일 야간에 실시

76) 심헌용(2011), 전게서, pp. 79~80.
77) 해군본부(1997), 전게서, p. 54, 유삼남(2007), 전게서, p. 42.
78) 조덕현(2011), 전게서, pp. 155~159.

되었는데 다음날인 4월 13일 뤼순 함대의 기함인 페트로파블로프스크(Petropavlosk) 함이 기뢰에 폭파되어 순식간에 침몰하고, 600여의 장병과 함께 사령관 마카로프(Stepan O. Makarov, 1849~1904) 제독이 전사하는 전과를 올렸다. 더 큰 전과는 마카로프의 후임자인 비트게프트(Wilhelm K. Withöft, 1847~1904) 제독이 곧장 방어태세로만 일관하였다는 것이다.[79)]

한편 일본이 기다리던 함대결전의 기회는 8월이 되어서야 찾아왔다. 8월 초 뤼순항이 일본 육군의 포격 사정권에 들어가자 러시아 황제 니콜라이 2세(Nicholas II)는 비트게프트 제독에게 전 함대를 인솔하여 블라디보스토크로 합류하라는 칙명을 내렸다. 비트게프트 제독은 1904년 8월 10일 오전 뤼순항을 출항했다. 이에 일본 연합함대가 차단에 나서면서 산둥반도 근해에서 일명 '황해해전'이 벌어졌다. 참가전력은 러시아 뤼순 함대가 전함 6척, 순양함 4척, 구축함 8척이었고. 일본 연합함대는 전함 4척, 장갑순양함 2척, 순양함 8척, 구축함 18척, 어뢰정 30척이었다. 이 해전의 결과 뤼순함대는 치명타를 입고 일부 전력만 뤼순 항에 복귀하였으나 다시는 탈출을 시도하지 못하였고 결국 1904년 12월 5일부터 계속된 일본의 뤼순 항내 포격으로 12월 9일 모두 피격당하거나 자침하고 말았다.[80)]

황해해전에 이어 1904년 8월 14일 전개된 울산해전은 블라디보스토크 전대가 뤼순함대의 탈출을 지원하려는 것을 일본 2함대가 차단 격멸한 해전이었다. 블라디보스토크 전단은 뤼순함대와는 달리 초전부터 공세적으로 운용하여 총 7차례에 걸쳐 대한해협에서 수송선 3척, 일본 동해안에서 여러 척의 상선을 격침시켰다. 그러나 이 울산해전에서 블라디보스토크 전단마

---

79) 상게서, pp. 159~161, 해군본부(1997), 전게서, p. 55.

80) William Oliver Stevens, Allan Westcott, *A History of Sea Power*, 김일상 역, 『세계해전사』(서울 : 연경문화사, 1979), p. 311 ; 이 해전결과 러시아는 전함 5척, 순양함 1척, 구축함 3척 만이 뤼순항에 복귀하였고, 기함 차레비치와 순양함 1척, 구축함 3척은 자오저우 만에, 순양함 1척과 구축함 1척은 상해에, 순양함 1척은 사이공에서 각각 무장 해제를 당하였고, 나머지 1척(Novik)은 침몰되었다. 반면 일본 연합함대는 기함 미카사에 10여발이 명중되어 50여명의 사상자가 발생한 것을 제외하고는 큰 피해가 없었다.

저 일본에 격파 당함으로써 황해해전과 울산해전에서의 연이은 승리로 일본 해군은 한반도 동·서해 모두에서 완전한 제해권을 장악하였고[81] 그 결과 일본은 러시아 함대로부터 아무런 방해를 받지 않고 본토에서 한반도와 만주로 군사력을 자유롭게 이동시킬 수 있었다.

개전직전 일본 총참모부가 전쟁을 계획하면서 중요하게 고려한 바와 같이, 만일 일본이 제해권을 장악하지 못하였다면, 그리고 오히려 러시아가 대한해협을 장악하거나 동·서해 바다의 제해권을 확보하였다면, 일본은 러시아가 당한 것보다 훨씬 더 치명적인 결과 즉, 러시아의 공세에 일본 본토까지 위협을 받게 되었을 것이다.

넷째, 일본은 확보된 제해권을 행사하여 전쟁지속능력을 보장해 주었다. 러일전쟁에서 일본은 국력이 소진될 때까지 모든 자원을 쏟아 부은 총력전을 수행하였다. 개전 당시 일본병력은 30만 명이었으나 1905년에는 90만 명으로 증원되었으며, 러시아는 10만 명의 병력으로 전쟁을 개시하였으나 1905년에는 130만 명의 병력을 투입하였다. 뤼순 포위공격에서 일본은 5만 8천 명의 병력을 잃었으며, 러시아는 3만 1천 명의 병력을 잃었다. 지상전 최대 전투였던 펑텐(奉天, Mukden) 전투에서는 러시아가 8만 5천 명, 일본이 7만여 명의 병력을 잃었던 것으로 추정되었다. 1905년 3월 펑텐전투에서 승리하였음에도 불구하고 일본 만주군 총사령부는 전쟁물자의 고갈로 더 이상 전쟁을 수행할 수 없다고 보고할 정도로 러일전쟁에는 막대한 병력과 물자들이 투입되었다.[82] 이 모든 병력과 장비와 물자를 러시아는 육상 수송을 통하여 보충하였지만 일본은 전적으로 해상수송을 통하여 보충하여 전쟁을 지속시켰다.

다섯째, 일본은 발틱함대와 함대결전을 통하여 결정적인 승리를 쟁취하고 전쟁을 종결을 지을 수 있었다. 개전 당시 일본은 초전에 러시아 태평양

81) 심헌용(2011), 전게서, pp. 141~144.
82) 하라다 게이이치(原田敬一) 지음, 최석완 옮김(2012), 전게서, pp. 268~272.

함대를 격멸한 이후 러시아 발틱함대에 대해서는 현존함대 전략으로 견제한다는 구상이었다. 그러나 태평양함대와의 결전에서 예상외의 대승으로 충분한 전력을 보존한 일본은 발틱함대와의 세기적인 함대결전을 치룰 수 있게 되었다.

반면에 만주에서의 지상전투는 예상보다 치열하였고 장기화되었다. 일본 제3군은 1904년 5월 뤼순공략에 나선 후 1905년 1월까지 연인원 13만 명을 투입하고 전사상자 5만 9,200여명, 전병자 약 3만 명 등 70% 가까운 큰 피해를 입은 후에야 함락시킬 수 있었다. 1905년 3월 초 일본 육군 25만 명과 러시아 육군 31만 명이 격돌한 대봉천전투가 끝나자 전쟁은 소강상태를 보였다. 일본은 전투에서 연승하였지만 본토로부터 멀어지고 늘어난 전선에 보낼 병력과 물자가 고갈되어 군사적·경제적으로 한계에 부딪히고 있었다. 일본은 총 병력 108만 8,996명을 동원하였는데 19개월간의 사투 결과 전사자는 8만 7,360명, 부상자는 38만 1,313명으로 40% 이상이 손상을 입었으며, 전비는 합계 19억 8,612만 엔이나 들었고, 이 중 내외공채비는 13억 엔으로 전쟁 후 모든 국민이 부채부담에 시달리게 될 형편이었다.[83]

그 결과 전략적 상황은 오히려 러시아에게 유리하였다. 러시아는 바이칼 우회철도의 완공을 눈앞에 두고 있었고 동원병력도 충분하였다. 더구나 발틱함대가 극동해역으로 이동하고 있었다. 러시아는 발틱함대가 제해권을 확보하게 되면 조선과 만주의 일본군을 본토로부터 고립시키고 지상군을 증원하여 일본 육군을 괴멸시킬 수 있을 것으로 기대했다.

1905년 3월 14일 일본 대본영 야마가타 참모총장은 오야마 이와오(大山巖, 1842~1916) 만주군 총사령관의 의견을 받아들여 '정전양략개론(停戰兩略槪論)'이라는 의견서를 수상에게 제출하였다. 향후 러시아는 수십만 군대를 더 파견하여 전쟁을 계속 강행할 능력이 있으나 일본은 더 이상 전쟁을 계속할 전력이 없으니 전쟁과 평화협상을 동시에 고려하는 화전양략(和戰兩略)으로

83) 야마무로 신이치(山室信一) 지음, 정재성 옮김(2010), 전게서, pp. 158~159.

나아가야 한다는 것이었다. 만주군 총사령관도 총참모장을 도쿄로 보내 정부 요직에 종전을 호소하자 정부와 군부의 동향도 강화문제를 둘러싸고 활기를 띠어갔다.[84] 4월 21일 일본 각의는 랴오둥 반도 조차와 군비배상 등을 조건으로 강화교섭을 추진하기로 하고 미국에게 중재를 요청하였다. 미국은 러시아에 일본의 강화 의사를 타진하였다. 그러나 발틱함대의 승전을 기다리고 있던 러시아는 강화교섭을 즉각 거부하였다. 1905년 4월의 일본은 전쟁으로도 갈 수 없고 강화로도 갈 수 없는 진퇴양난의 위치에 있었다. 이러한 일본의 위기를 해결한 것이 1905년 5월 27일 일본 연합함대와 러시아 발틱함대 간에 벌어진 세기의 함대결전인 쓰시마 해전이었다.

러시아 황제는 발틱함대를 제2태평양함대로 명명하고 극동에 파견하였다. 로제스트벤스키(Zinovi P. Rozhestvenski, 1848~1909)의 제2태평양함대는 1904년 10월 10일 리바우를 출항하여 장장 18,000마일이라는 긴 여정을 항해하면서 연료, 식량 등 온갖 난관을 극복해야 했다. 1905년 베트남의 반퐁(Van Fong)에서 제3태평양함대와 합류하여 마지막 전투준비를 갖춘 뒤 5월 14일 베트남을 떠났다. 총 53척으로 구성된 로제스트벤스키 함대는 블라디보스토크로 가기 위해서는 반드시 지나가야 할 쓰가루, 소야, 대한해협의 3개 해협 중 최단 항로인 대한해협을 선택하였다. 로제스트벤스키의 임무는 발틱함대의 안전한 블라디보스토크 입항, 일본함대와의 교전에서 승리, 블라디보스토크의 미비된 군수지원을 보충할 보조함선의 호송 등 이 세 가지 임무를 동시에 수행하여야 했다.[85]

반면에 일본의 연합함대는 1904년 12월부터 1905년 2월까지 구레와 사세보에서 정비를 마치고 도고 연합함대사령관 지휘아래 1905년 2월 21일 진해만에 집결하여 함포사격, 적전기동, 야간공격 등 맹훈련을 하였다. 도고는 작전참모 아끼야마 사네유키(秋山真之, 1868~1918) 중령의 작전구상을 수용하

84) 신동준, 『근대일본론』(서울 : 지식산업사, 2004), p. 248.
85) 조덕현(2011), 전게서, pp. 164~166.

여 4회 주간전투 3회 야간전투의 고강도 7단 수비전법으로 발틱함대를 격멸하기로 하였다. 도고의 목표는 오로지 발틱함대의 격멸에 있었다.[86]

〈표 5-11〉 쓰시마 해전시 러·일 전투함대간 전력비교

구분	전투편성	주력함 주요 무장
일본 연합 함대	제1전대 : 전함4척, 장갑순양함2척 제2전대 : 장갑순양함6척 순양전대 : 3개전대 순양함12척 기타 구축함21척, 어뢰정 44척	12척 : 127문 305mm 16문, 254mm 1문 203mm 30문, 152mm 80문 *시모세 화약 사용
러시아 발틱 함대 (제2 태평양 함대)	제1전대 : 신형전함4척 제2전대 : 전함3척, 장갑순양함1척 제3전대 : 전함1척, 장갑해방함3척 순양전대 : 2개전대 순양함8척 기타세력 : 구축함9척 운송전대 : 19척(운송선10 호송함5 등)	12척 : 92문 305mm 26문, 254mm 15문 230mm 2문, 203mm 6문 152mm 43문

·출처 : 해군본부, 『일본·영국 해군사 연구』(계룡대 : 해군본부, 1997), pp. 58~59 ; 조덕현, 『전쟁사 속의 해전』(진해 : 해군사관학교, 2011), p. 167 참조하여 재구성.

양국 함대의 전투편성은 〈표 5-11〉에서 보는 바와 같이 일본 연합함대는 주력함 6척으로 구성된 2개 전대를 중심으로(66함대) 편성되었고, 러시아 빌틱함대는 주력함 4척으로 구성된 3개 전대를 중심으로(444함대) 편성되었다. 양국 함대는 5월 27일 13 : 30시 대한해협 동수로인 쓰시마 동쪽 해상에서 조우하여 5월 28일 울릉도 근해에 이르기까지 5차례의 교전을 벌였는데 교전결과 대한해협에 들어선 러시아 발틱함대 48척 가운데 블라디보스토크에 도착한 것은 순양함 1척, 구축함 2척 및 보조선 1척에 지나지 않았다. 인명손실은 전사 5,000명, 부상 500명, 포로 6,000명이었다. 반면 일본은 전열함 중에서 가장 많은 손상을 당한 것은 기함 미카사(三笠)였고, 그 외 순양함 1척이 전투력을 상실하였으며, 구축함 8척이 손상을 입었다. 격침된 것은

86) 해군본부(1997), 전게서, pp. 59~60.

어뢰정 3척 뿐 이었다. 인명 손실은 전사 116명, 부상 570명이었다.[87]

이 쓰시마 해전(Battle of Tsushima)의 결과는 세계 해전사에서 유례를 찾아보기 힘든 일본의 일방적 완승이었고, 13세기 몽골제국이 유럽 침략 이후 아시아 세력이 유럽을 제압한 첫 사건으로서 중국, 인도, 버마 등 아시아 국가뿐만 아니라 유럽 열강들을 경악하게 하였다. 미국의 루즈벨트(Theodore Roosevelt) 대통령도 "트라팔가 해전도 이에는 비할 바가 아니다. 도저히 믿어지지 않았다. 나는 너무 흥분해서 내 자신이 거의 일본인이 된 것처럼 느껴졌다"고 하였다.[88]

기동과 화력의 시대에 벌어진 이 세기의 해전에서 일본이 승리할 수 있었던 것은 일본 해군의 기술과 전술에서의 혁신 덕분이었다. 즉, 일본은 지리적 중앙이라는 전략적 유리한 위치를 십분 활용하여 전력을 집중할 수 있었고, 화력면에서도 시모세 화약(下瀨火薬)을 개발하여 얇은 탄피를 사용하여 사정거리를 증가시키면서도 폭발력을 러시아 함대보다 두 배 이상의 위력을 발휘할 수 있었으며, 기동면에서도 그동안 해전에서 금기시했던 적전 앞 과감한 'T자 기동전술'과 구축함 등 소형전투함 등을 이용한 야간기습 전술을 개발하고 10여 개월 동안 훈련을 통하여 상하일체된 기동전술 능력을 발휘함으로써 러시아 함대보다 3배 이상의 명중률을 보였다. 반면에 러시아 발틱함대는 일본 연합한대에 대한 정보가 부재한 가운데 이동에만 급급하여 새로운 전술개발이나 훈련에 소홀할 수밖에 없었다.

쓰시마 결전이 대승으로 끝나자 6월 1일 일본 고무라(小村壽太郎) 외상은 재미 일본 대사에게 미국 대통령에게 중재를 요청하라는 훈령을 하달하였다. 루즈벨트(Theodore Roosevelt)는 일본이 아시아 전체를 석권하는 것을 원하지 않았기 때문에 신속하게 평화협상을 중재하였다. 러시아는 바다에서의 전투력을 완전히 상실하였고, 패전으로 국내 사정은 더욱 악화되고 있었으

87) 유삼남(2007), 전게서, pp. 50~51 ; 조덕현(2011), 전게서, pp. 168~170.

88) 야마무로 신이치(山室信一) 지음, 정재성 옮김(2010), 전게서, pp. 203~204 ; 이삼성(2009), 전게서, p. 444.

며 고조되는 혁명의 열기를 진압하기 위해서는 극동문제에서 자유로워질 필요가 있었다. 1905년 6월 6일 짜르스꼬예셀로에서 개최된 특별위원회는 즉각적 종전을 결정했으며, 다음 날 니콜라이 2세는 미국 대사에게 협상에 임할 용의가 있음을 통고했다. 미국의 중재로 1905년 8월 10일부터 1905년 9월 5일까지 뉴햄프셔 포츠머스(Portsmouth)에서 강화협상이 진행되었다.89)

이와 같이 쓰시마 해전의 결과는 진퇴양난에 있던 일본이 위기를 극복할 수 있게 해 주었을 뿐만 아니라 러시아가 패배를 받아들이고 강화협상으로 나오는데 결정적 역할을 하였다. 미국의 역사학자 바톤(H. L. Barton)은 "만일 회담이 결렬되어 군사행동이 재개되었다면 일본에게는 승리를 쟁취하기 위해 더 이상 투입할 수 있는 군대가 없었을 것이다"고 평가하였다.90)

이상에서 살펴본 바와 같이 러·일간 패권경쟁에서 만일 강력한 해양력이 없었다면 감히 패권경쟁에 나설 수도 없게 되고 지원세력이나 동맹을 얻을 수도 없었으며 패권경쟁에서 승리할 수도 없었다. 특히 일본이 제해권을 확보하지 못했다면, 육군이 지상전투에서 승리할 수 없었고 비록 지상전투에서 승리를 달성하였다 하더라도 그 성과를 쟁취할 수 없었을 것이다.

일본은 이 러일전쟁에서 승리한 결과로 전쟁목표로 삼았던 한반도뿐만 아니라 뤼순 항을 포함한 요동반도와 사할린 등 대륙으로 진출할 수 있는 확고한 기반을 확보함으로써 세계열강의 대열에 진입한 군사대국이자, 아시아를 대표하는 패권국이 되었다. 러시아는 아시아에서 후퇴할 수밖에 없었고 결국 내부혼란으로 변혁의 길을 걷게 되었다.

---

89) 하라다 게이이치(原田敬一) 지음, 최석완(2012) 옮김, 전게서, pp. 278~279.

90) H. L. Barton, *Japan's Modern Century* (New York, 1955), p. 250, 로스뚜노프(I. I. Rostunov) 외 편, 김종헌 옮김(2004), 전게서, pp. 478~480에서 재인용.

6장

미·일간 동아시아 패권경쟁과 해양력

1. 미·일간 패권경쟁체제의 특징
2. 미·일간 패권목표
3. 미·일간 패권전략과 해양력의 역할

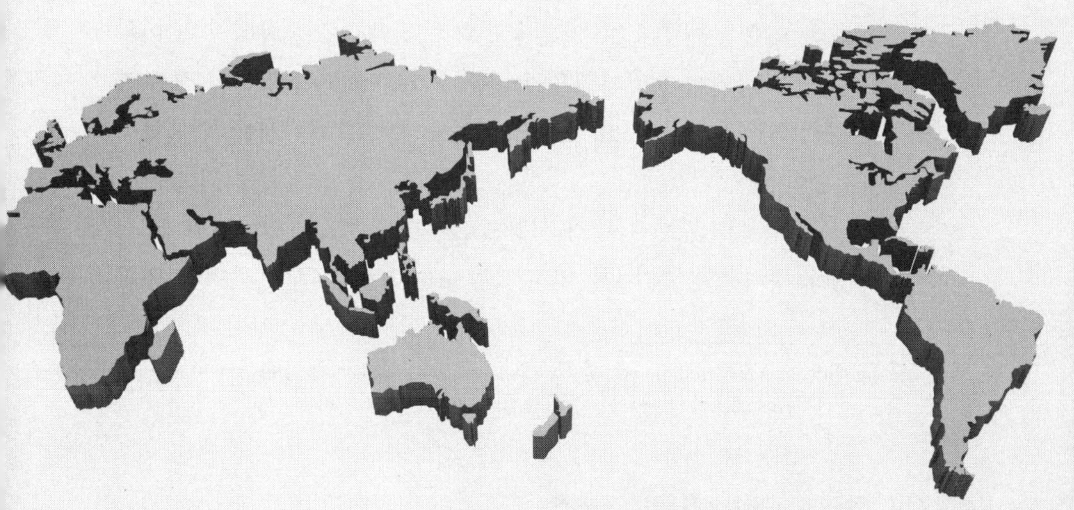

1. 미·일간 패권경쟁 체제의 특징

가. 산업화·근대화 시대의 자원 경쟁

근대 미국과 일본의 충돌의 배경에는 안보적 요인보다 경제적 요인이 더 큰 영향을 미쳤다. 산업화에 들어선 일본은 국가경제의 지속적인 성장을 위해서는 많은 원자재와 시장이 필요하였지만 섬으로 고립된 일본은 원자재와 시장 모두를 해외에 의존해야 했다. 특히 1900년대에 들어와 일본의 산업능력은 급속도로 팽창하였다. 1907년에서 1914년간 일본의 전체 수입량은 2배 이상 늘어났다. 1920년 일본은 처음으로 식량을 자급할 수 없게 되었다. 1920년에서 1931년 사이에 원료소요는 더욱 늘어나 3배로 증가되었다. 석유 수입은 무려 20배, 석탄은 4배, 철강은 2배로 늘어났다. 동인도와 말레이시아 지역은 일본 석유 수요의 151%, 주석 202%, 보크사이트 98%, 니켈 37%, 철광석 22%를 생산하고 있었고, 인도차이나는 주석, 고무, 아연, 쌀, 옥수수 등을, 만주에서는 석탄, 철광석, 소금, 밀, 콩 등을 제공해 줄 수 있었다. 1937년엔 일본이 전력의 생산과 소비에서 세계 5위, 철강 생산 6위, 면사 생산 2위, 레이온 생산 1위를 차지하였다. 생산량이 증가할수록 수입에 대한 의존도는 더욱 높아졌으며, 일본의 전략적 취약성도 심화되었다. 이를 해결할 수 있는 방법은 전략자원을 공급할 수 있는 지역을 일본이 직접 관리하는 방법뿐이었다. 그 주요 대상은 동인도제도, 말레이시아, 인도차이나, 만주 등이었다.[1)]

한편, 중국은 자원뿐만 아니라 시장으로서의 역할도 하였다. 1931년 일본의 대중국 무역은 영국의 3배, 일본 기업 수는 영국의 4배에 달했다. 일본

---

1) George Friedman & Meredith Lebard, *The Coming War with Japan*, 동아출판사 역, 남주홍 감수, 『제2차 태평양전쟁』(서울 : 동아출판사, 1991), pp. 64~104.

의 중국에 대한 총 투자액은 11억 3천만 달러로 영국의 11억 9천만 달러와 비슷하나 영국의 산업과 금융자본의 규모를 고려할 때, 일본의 중국시장에 대한 의존도는 매우 컸다.[2]

일본은 자신들에게 자원과 시장을 제공해주는 이 지역을 '대동아공영권(大東亜共榮圈)이라고 불렀고, 일본의 전략목표도 첫째, 중국과 동남아 지역을 중심으로한 대동아공영권을 점령하여 일본의 지배권으로 설정하고 둘째, 일본에 적대적인 세력이 이 지배권역으로 진출하는 것을 거부하며 셋째, 일본과 대동아공영권 간의 해상수송 네트워크를 보호하는 것이 되었다.

미국은 독립한 지 100년 만에 아메리카 대륙에서 패권적 지위를 차지하고, 태평양을 넘어 아시아로 눈을 돌리기 시작하였다. 자원이 풍부했던 미국이 동아시아에서 필요한 것은 시장이었다. 제1차 세계대전 이전까지도 미국은 거대한 제1차 상품 수출국이었다. 미국은 중국에 대한 시장 확대를 위하여 1899년과 1900년 연이어 중국에 먼저 진출해 있던 열강들에게 문호개방(Open Door Policy)과 기회균등을 요구하였다.

그런데 주로 1차 상품에 매진해 오던 미국이 제1차 세계대전을 거치면서 공업이 급격하게 발달하여 2차 상품이 수출의 상당 부분을 차지하게 되었다. 그 결과 아시아 지역은 공산품의 수출시장일 뿐만 아니라, 미국에서는 구하기 어려운 자원의 획득원으로서 중요성을 갖게 되었다. 1901년에서 1937년까지 미국의 동아시아로부터 수입은 6배나 증가하였고 1938년 자원 전문가인 레이드(Charles K. Leith)는, 『포린 어페어(Foreign Affair)』지의 기고를 통하여 자원수입이 단절될 경우, 미국 산업은 우마차 시대로 돌아갈 것이라고 경고하면서 자원 수송을 위한 해상교통로의 보호를 주장하였다. 1940년 미국은 세계 고무 생산량의 60%, 크롬의 45%, 주석의 40%, 망간의 36%를 소비하고 있었는데 이러한 전략물자에 대한 의존도는 갈수록 미국에게 부담이 되었다. 미국에서 나지 않은 크롬은 전량을, 망간은 25%를, 주석은 90%

---

2) 상게서, p. 89.

를, 텅스텐은 50%를, 고무는 98%를 동남아에서 획득하고 있었다. 1차 세계 전쟁 직후 영국이 고무산지의 70%를 차지하고 카르텔을 구성하여 고무 가격을 한 번에 올리자 미국 경제계가 큰 충격을 받기도 하였다.[3] 이제 미국의 산업에 있어서 동남아는 전략적으로 없어서는 안 될 지역이 되었다.

미국의 동남아에 대한 의존도 심화는 경제뿐만 아니라 군사적으로도 문제가 되었다. 1940년 육군과 해군은 전쟁에 필수적 핵심 전략물자 14개 품목을 선정하였는데 그 대부분의 주산지가 동남아였다. 1940년 2월 미 육군-해군 합동위원회는 일본이 영국 및 프랑스가 독일과의 전쟁에 빠져들고 있는 현 상황을 이용하여 미국의 전략물자 공급지인 동인도제도를 통제할 가능성이 높다고 경고하였고, 1940년 봄 스타크(Harold R. Stark, 1880~1972) 제독은 상원 해군위원회에 출석하여 해군력을 증강하지 않고서는 미국에게 사활적인 전략물자의 공급을 보장할 수 없으며 이것이 국가경제에도 치명적인 영향을 미치게 될 것이라고 주장하였다. 비슷한 시기에 녹스(Frank Knox, 1874~1944) 해군장관도 우리에게 사활적으로 중요한 자원이 부존되어 있는 동인도제도로 일본이 접근하는 것을 막아야만 한다. 그리고 이것이 곧 전쟁을 의미한다는 것을 솔직히 직시해야 한다고 주장하였다.[4]

이와 같이 양국 간 패권경쟁이 자원확보 경쟁의 양상을 띠게 됨에 따라 나타난 현상은 다음과 같다.

첫째, 태평양 전쟁이 초기 경제전쟁에서 시작하여 결국 경제전쟁으로 종식되었다는 것이다. 즉, 일본의 자원확보를 위한 동남아 진출과 이를 저지하려는 미국의 전략물자 금수조치 등 경제적 제재에서 전쟁이 발단되었고, 미국의 경제봉쇄에 의하여 결국 일본이 패전하게 되었다.

---

3) 이지원, 「일본의 동아시아 패권정책과 미국의 견제정책에 관한 연구」, 고려대학교 박사학위 논문(2012), pp. 205~207.

4) Jonathan Marshall, *To Have and Have Not : Southeast Asian Raw Materials and the Origins of the Pacific War* (Berkeley : University of California, 1995), pp. 14~15, 상게서, pp. 206~210에서 재인용.

둘째, 전쟁의 목표와 주요 전장이 불일치하였다. 러일전쟁과 같은 영토적 전쟁에서는 획득하고자 하는 목표지역에서 주요 전투가 벌어졌다. 그러나 태평양의 주요 전투는 하와이와 미드웨이와 솔로몬 제도에서 일어났지만 획득하고자 하는 목표는 동남아 자원지역이었다.

셋째, 양국 모두 해외의 시장과 자원을 보호 또는 획득하기 위해서는 해양력에 의존할 수밖에 없었다. 그래서 해양력이 양국 간 패권경쟁의 중요 수단이 되었다.

나. 불균형 양극체제하 패권경쟁

일본이 청일전쟁(1894~1895)과 러일전쟁(1904~1905)의 연속적 승리를 통해 신흥 세계강대국으로 부상하게 됨으로써 동아시아 권력이 일본에 집중되는 단극화 현상을 가져왔다. 특히, 제1차 세계대전은 태평양의 세력균형을 바꾸어 버렸다. 서구 열강의 군사력이 아시아에서 철수 또는 축소하게 되자, 일본은 서태평양의 남양군도까지 진출하여 서태평양 제해권을 장악하게 되었다.

당시 이러한 일본의 진출을 견제할 강대국은 미국뿐이었다. 미국은 19세기 중엽에 북아메리카 대륙에서 국가 통합을 달성하고, 시민전쟁을 통해 산업국가로 탈바꿈하는 한편, 20세기 들어서는 대륙을 넘어 해양으로 진출을 모색하고 있었다. 즉, 대륙국가에서 해양국가로 탈바꿈하고 있었다. 1898년 미서전쟁(美西戰爭)을 계기로 서태평양으로 진출한 미국은 1899년까지 하와이, 미드웨이, 웨이크, 괌, 필리핀을 영유하고 있었다. 미국은 마한 이후 견지해 왔던 함대의 집중 운용이라는 원칙을 깨뜨리고 1919년 태평양함대를 창설하여 일본의 위협에 대응하기로 하였다.

제1차 세계대전 이후 태평양 전쟁이 발발하기까지 동아시아는 미국과 일본의 양극 체제하에 패권경쟁이 본격화되는 시기였다. 미국이 세계 최강의 강대국으로 성장하는 동안 일본은 아시아 최대 강대국이자 세계 5위의 강대국으로 성장하였다. 미국은 대서양과 태평양 양면으로 팽창하고 있었고, 일본은 중국대륙을 거쳐 태평양 남동으로 진출하고 있었다. 이제 태평양 상에는 이 두 강대국의 충돌에 영향을 줄 만한 다른 중요 행위자도 없었고 완충지역 또한 없었다.

다. 해양세력 간의 패권경쟁

역사적으로 동아시아 패권은 아시아 대륙의 지배권을 놓고 경쟁하여 왔다. 그런데, 미·일간의 패권경쟁은 태평양을 사이에 둔 아시아 국가와 미 대륙국가 간의 해양권역을 쟁취하기 위한 충돌이었다. 이는 동아시아 패권경쟁이 중국 대륙에서 태평양 영역까지 확대된 것을 의미하는 동시에, 동아시아 패권경쟁 역사에 최초로 대양 너머에 있는 대륙, 즉 아시아 대륙 국가와 미주대륙 국가 간의 경쟁이라는 의미도 내포하고 있었다. 이들 양 강대국들은 상대방의 대륙 본토에 접근하기 이전에 해양에서의 충돌이 불가피해졌고 북서태평양의 제해권을 장악한 일본이 동태평양의 제해권을 장악한 미국과 남서태평양에서 충돌하게 되었다.

또한 경쟁 당사국 모두가 해양국가였다. 일본은 아시아 변경의 섬나라로서 해양을 통하지 않고서는 숙명적으로 팽창할 수 없는 국가였다. 미국도 대륙섬 국가로서 대외로 진출하기 위해서는 해양을 통해야만 했다. 양국은 해양력을 국가팽창의 수단으로 삼았다. 1905년 러일전쟁이 종결되었을 당시 일본 해군의 총 배수톤수는 45만 1천 톤으로 태평양에서는 미국을 훨씬 능가하는 해군력을 자랑하고 있었다. 미국은 주력함의 총 보유수에서는 일본을 능가했지만 태평양과 대서양 그리고 멕시코 만을 담당해야 하는 전략적 문제를 안고 있었다. 그러나 1916년부터 본격적인 해군증강에 나선 미국은 1920년대 중반에 이르러서는 세계 최강의 해군국가가 되었다. 태평양전쟁은 최초로 해군국가가 된 이 두 나라가 아-태 지역에 대한 정치적·경제적 패권을 둘러싸고 벌인 싸움이었으며 해군으로 시작하여 해군으로 종결된 전쟁이었다.

라. 미·일간 비대칭적 패권전쟁

러일전쟁 이후 시작된 미·일간의 충돌은 결국 태평양 전쟁으로 이어졌다. 양국이 추구한 전쟁목표와 범위와 전략은 서로 다른 비대칭성을 나타내고 있었다.

먼저, 미·일간의 전쟁목표가 서로 달랐다. 아시아 변방의 해양국가 일본은 대륙에 대한 야심을 가지고 그 곳에 자신들의 생활공간을 구축하려고 하였다. 반면에 태평양 너머의 해양국가인 미국은 아시아 대륙에서의 영토 획득보다는 경제적 이권을 확대시키고자 하였다.

둘째, 일본은 제한전쟁을 원했지만 미국은 무제한전쟁을 추구했다. 일본의 전쟁목표는 제한적이었다. 일본은 대동아해양권역을 구축하고 이에 대한 외부의 위협을 거부하는 것을 목표로 삼았다. 즉 서태평양에서 일본의 권익을 인정받으려는 것이지 미국 본토를 공격할 능력도 의사도 없었다. 일본은 청일전쟁과 러일전쟁에서도 자신보다 월등한 국력을 가진 강대국에 대하여 이 제한전쟁 전략을 구사하여 성공을 거둔 경험을 가지고 있었다. 그 성공의 비결은 제해권에 있었다. 일본의 제해권이 강대국들과의 무제한적 분쟁을 제한전쟁으로 전환시키는 능력이 되었던 것이다. 비록 강대국들은 더 많은 자원을 가지고 있었다 하더라도, 제해권이 없는 가운데 확전하는 것은 더 큰 희생을 의미하였고, 그리고 큰 대가를 치르고 이기더라도 제해권이 없으면 본전도 못 찾을 것이기 때문에 그들은 협상으로 나와야 했다. 일본은 이 제한전쟁 전략이 미국에게도 효과가 있을 것으로 기대했다. 대서양에 관심이 많은 미국이 태평양에서는 더 큰 희생을 당하는 것보다 협

상에 나오기를 희망하면서 전쟁에 임했다.[5)]

그러나 미국의 목표는 무제한적이었다. 일본의 무조건 항복을 목표로 한 절대전쟁을 치렀다. 전쟁에 돌입하기 직전 대일 교섭에서도 미국은 일본의 완전한 굴복을 원하고 있었다. 1941년 11월 26일 미 국무장관이었던 코델 헐(Cordell Hull, 1871~1955)이 주미 일본 대사인 노무라(野村吉三郎)와 미일교섭 특사인 구루스 사부로(来栖三郎, 1886~1954)에게 전달한 '헐 노트'의 핵심 내용을 보면 미국의 의도가 잘 나타나 있다. 그 내용은 ① 만주를 포함한 중국과 프랑스령 인도차이나에서 일본군과 경찰의 무조건 철수 ② 그동안 일본이 누려온 중국에서의 특수권익의 전면적 포기 ③ 3국(독일-이탈리아-일본) 동맹의 사문화 ④ 중국에서 장제스 정권 이외에 다른 일체의 정권에 대한 불인정 등이었다. 이것은 일본 입장에서 보면 모든 것을 포기하라는 굴욕적인 요구였다.[6)] 또한 전쟁이 한창 진행 중인 1943년 12월 1일 카이로에서 미국 프랭클린 루즈벨트(Franklin D. Roosevelt, 1882~1945)는 중국 장제스(蔣介石, 1887~1975) 및 영국 처칠(Sir Winston Churchill, 1874~1965)과 가진 3대 연합국 수뇌회의에서 일본의 무조건 항복과 1894년 이전 상태로의 환원을 결의하였다. 무조건 항복이란 패배를 받아드리는 것뿐만 아니라 주권을 잃는 것을 의미하였다. 이런 절대적 전쟁에서는 제한전쟁 전략이 효과를 거둘 수가 없었다. 더 많이 가진 자(Have)가 가지지 못한 자(Not Have)를 이기는 법이었다.[7)]

셋째, 전략에서의 차이점이다. 일본은 군사적 수단을 동원한 선제기습과 단기결전 전략을 구사하였다. 일본은 하와이 선제기습과 동남아로의 속공 그리고 미드웨이 함대결전 등을 통하여 조기에 서태평양에 일본의 지배권역을 구축하고자 하였다. 반면 미국은 경제적 수단에 의한 소모전을 강요

---

5) Herbert Rosinski, "The Strategy of Japan." Mitchell Simpson III, ed., *The Development of Naval Thought : Essays by Herbert Rosinski* (New Port, Rhode Island : Naval War College Press, 1977), pp. 102~120.

6) 박재석·남창훈, 『연합함대 : 그 출범에서 침몰까지』(서울 : 가람기획, 2006), p. 45.

7) George Friedman & Meredith Lebard, 동아출판사 역(1991), 전게서, pp. 119~121.

하였다. 미국은 단계적인 경제적 금수조치로 일본의 전쟁 준비를 취약하게 만들었고 일본이 중국과의 전쟁으로 대륙에서 소모전을 지속하도록 하였으며 일본 본토로 가는 해상교통로 차단과 경제봉쇄로 일본을 고갈시켰다. 이러한 전략적 차이는 양국이 가지고 있는 전쟁수행 잠재력에서의 엄청난 차이와 섬나라로 고립된 일본의 전략적 취약성 때문이었다.

마. 미·일간 상대적 권력변동 추세 분석

산업화·근대화 시대에 미국과 일본 양국의 국가목표는 식민 제국주의 시대와 마찬가지로 대외팽창이었지만 그 방향은 대륙이 아니라 해양이었으며 그 주목적은 국가발전에 필요한 시장과 자원을 획득하기 위한 것이었다. 따라서 패권경쟁 수단도 산업화와 자원이 중요한 수단이었다. 다만, 도서국가로서 자원과 산업능력이 제한되었던 일본은 이를 군사력 특히 해군력으로 보강하려고 하였다

1) 국력

미·일간 국력면에서는 미국이 월등히 앞서고 있었으며 갈수록 그 격차는 벌어질 것으로 예상되었다. 〈표 6-1〉에서 보는 바와 같이 1938년 기준 인구는 미국이 138.3백만 명, 일본이 72.2백만 명으로 미국이 일본보다 2배 가까이 많았고, 철강생산량은 4.1배, 에너지소비량은 2.2배, 산업화지수는 3.2배 높았다. 더구나 산업잠재력은 6배나 높았고, 그 차이는 더욱 벌어져 개전 직전인 1941년에는 국민총생산에서 미국이 일본의 11.83배, 조강생산력 12.11배, 자동차보유대수 160.8배, 석유생산량 776.84배, 인구 1.86배에 이르게 되었다.[8]

---

8) 이지원(2012), 전게서, pp. 247~248.

〈표 6-1〉 1938년 미·일간 국력비교

구분	인구 (백만 명)	철강 생산량 (백만 톤)	에너지 소비량 (백만 입방톤)	산업화 지수 (1900년 영국기준)	산업 잠재력 (1900년 영국기준)
미국	138.3	28.8	697.0	167	528
일본	72.2	7.0	96.5	51	88
비고	1.9배	4.1배	2.2배	3.2배	6.0배

·출처 : Paul Kennedy, *The Rise and Fall of the Great Powers* (New York : Random House, 1987), pp. 199~202에서 발췌, 재구성.

이에 따라 전쟁수행능력 면에서도 미국과 일본은 큰 차이를 나타내고 있었다. 1937년 기준 강대국들의 전쟁수행 잠재역량은 세계전체를 100으로 기준하였을 때, 미국이 41.7%, 독일이 14.4%, 소련이 14.0%, 영국이 10.3%, 프랑스가 4.2%, 일본이 3.5%를 차지하고 있어서 일본과 미국은 10배 이상의 차이를 보였다.[9)]

그러나 이와 같은 큰 국력 차이에도 불구하고 일본은 지리적 이점과 강력한 군사력을 이용하여 아시아에서 자신의 지배권을 확립하고 있었다. 미국은 세계 최강대국임에는 분명하였지만 양 대양으로부터 오는 위협에 동시에 대응해야 했고, 아시아 대륙에 도달하기 까지는 8,000마일에 이르는 태평양을 횡단하여야 했다. 더구나 이 기간에 미 의회나 국민 여론은 미국의 전통적인 고립주의를 지지하고 군비증강에 반대하고 있었다.

2) 군사력

일본은 모든 국력에서 미국에 뒤쳐졌지만 〈표 6-2〉에서 보는 것처럼 동아시아에서 본격적인 팽창정책을 추구하던 시점에 군사비 지출은 오히려

---

9) Paul Kennedy, *The Rise and Fall of the Great Powers* (New York : Random House, 1987), p. 332.

미국을 능가하고 있었다. 1937년 기준 미국은 국가수입(680억 달러)의 1.5%만을 투자한반면, 일본은 국가수입(40억 달러)의 28.2%나 투자하였다.

〈표 6-2〉 미·일 국방비 지출현황

(단위 : 백만 달러)

국가	1930	1933	1934	1935	1936	1937	1938
미국	699	570	803	806	932	1032	1131
일본	218	183	292	300	313	940	1740

•출처 : Paul Kennedy, *The Rise and Fall of the Great Powers* (New York : Random House, 1987), p. 296.

특히 일본은 해군력에서 1922년 워싱턴 체제 이후 세계 3대 강대국의 하나로 자리매김되어 있었고, 계속적인 군비증강을 통하여 〈표 6-3〉에서 보는 바와 같이 태평양전쟁 개전 시에는 미국의 70%에 이르는 해군력을 보유하게 되었다.

〈표 6-3〉 태평양전쟁 개전 시 미·일 해군력 비교

함형	일본 척수(톤수)	미국 척수(톤수)	대미비율(톤수)
전함	10척(301,400)	17척(534,300)	59%(56%)
항공모함	10척(153,000)	8척(162,600)	125%(94%)
순양함	38척(257,700)	37척(339,000)	103%(76%)
구축함	113척(175,900)	172척(209,500)	66%(69%)
잠수함	65척(97,900)	111척(116,600)	59%(84%)
합 계	**236척(985,900)**	**345척(1,362,000)**	**69%(72.5%)**

•출처 : 해군본부, 『일본·영국 해군사 연구』(계룡대 : 해군본부, 1997), p. 122를 기초로 재구성.

그러나 미국의 산업잠재력을 고려할 때 미래의 전망은 비관적이었다. 미국도 중일전쟁 이후 해군력 증강에 박차를 가하고 있었다. 1937년에서 1940년까지 미국은 총 92척, 556,615톤을 건조할 계획이었던 반면, 일본은

총 51척 170,855톤을 건조할 계획이었다.[10)]

3) 미·일간 권력변동 단계의 구분

미·일간 패권경쟁이 고조되었던 시기는 양국이 세계에서 차지하는 권력의 비중이 모두 상승하는 시기였다. 미국은 세계 1위의 강대국이 되었고 일본은 세계 5위의 국가로 성장하였다. 산업잠재력 성장추세를 보면 〈표 6-4〉에서 보는 것처럼 1900년 영국의 능력을 기준(100)으로 하였을 때 1938년 미국(528)이 단연 앞서고 있고 일본(88)과도 큰 차이를 보이고 있지만, 일본은 프랑스(74), 이탈리아(46)를 이미 추월하였고, 성장속도 면에서는 1900~1938년간 일본이 6.8배로 기간 중 가장 가파른 상승을 보이고 있었다.[11)] 더구나 제조산업의 생산량 증가추세를 보면 1913년 기준, 1938년에 미국은 1.4배 성장한 반면 일본은 5.5배나 성장하였다.

〈표 6-4〉 강대국간 총 산업잠재력 상대적 평가

(1900년 영국 기준)

국가	1900년	1913년	1928년	1938년	비고
영국	100	127.2	135	181	1.8배
미국	127.8	298.1	533	528	4.1배
독일	71.2	137.7	158	214	3.0배
프랑스	36.8	57.3	82	74	2.0배
러시아	47.5	76.6	72	152	3.2배
이탈리아	13.6	22.5	37	46	3.4배
일본	13	25.1	45	88	6.8배

·출처 : Paul Kennedy, *The Rise and Fall of the Great Powers* (New York : Random House, 1987), p. 201.

---

10) 허무현, 「모델스키의 장주기 이론을 통한 아·태 해역에서의 제해권 전이에 관한 연구」, 국방대학교 석사학위 논문(2008), p. 56.

11) Paul Kennedy, *The Rise and Fall of the Great Powers* (New York : Random House, 1987), p. 201.

한편, 1854년 미·일간 관계가 설정된 이후 양국이 세계 해양력에서 차지하는 비중을 보면, 〈표 6-5〉에서와 같이 미국은 1880년대 5% 수준에서 태평양전쟁 개전 시인 1941년에 32.6%로 성장하였고, 일본도 1880년대 1~2%에서 1941년에는 23.9%로 성장하여 1940년대에 들어서는 양국 모두 세계적 해양강대국으로 각각 성장하였다. 일본은 미국과의 상대적 격차에서도 1880년대 미국의 1/3-1/4 수준에서 1940년대에는 미국의 74% 수준에 이르렀다. 특히 미국의 해군력이 대서양 우선주의를 택하였다는 사실을 감안하면 워싱턴 조약 후 중일전쟁 직전까지 태평양 상에서는 미·일간에 대등한 수준의 해군력을 유지하였고 중일전쟁 이후 태평양전쟁 직전 사이에는 해군력 전이가 일어나고 있음을 알 수 있다. 즉, 1941년 개전 당시 세계 해양력에서 각국의 점유율을 보면, 미국 32.6%, 영국 28.3%, 일본 23.9%, 독일 10.9%, 러시아 4.3%를 차지하고 있어서, 일본 해양력이 미국의 73%, 영국의 84% 수준을 유지하고 있으나 이들이 모두 유럽전구에 매달려 있었다는 점을 고려하면 실질적으로 태평양에서는 일본에 필적할 상대가 없었다.

〈표 6-5〉 세계 해양력에서 미국과 일본의 비중 변동

연도	1854	1884	1894	1896	1904	1906
미국(%)	6.4	5.1	11.3	9.4	16.8	19.6
일본(%)	0.0	1.9	1.7	**3.4**	4.5	**8.3**
비고	불평등 조약 체제		청일전쟁		러일전쟁	
연도	1914	1919	1931	1937	1941	1945
미국(%)	12.8	44.8	35.1	29.9	32.6	50.0
일본(%)	5.1	7.8	14.9	**15.0**	23.9	2.5
비고	제1차 세계대전		워싱턴조약/중일전쟁		태평양 전쟁	

·출처 : George Modelski & William R. Thompson, *Seapower in Global Politics 1494~1993* (Seattle : University of Washington Press, 1988), pp. 121~124. 참고하여 작성.

위에서 살펴본 바와 같이 미·일간 국력 및 군사력의 변동 특히, 해군력의 상대적 변화를 양국관계의 주요 사건과 연계해 보면 〈표 6-6〉과 같이 단계

별로 구분할 수 있다.

〈표 6-6〉 미·일간 권력변동시기 구분

구분	권력 불균형기	권력 재분배기	권력 대등화기	권력 전이기
기간	국교설정-청일전쟁	청일전쟁-1차세계대전	1차세계대전 중일전쟁	중일전쟁-태평양전쟁
관계	불평등관계	제휴협력관계	대립관계	적대적 충돌관계
주요 사건	청일전쟁 일, 타이완 펑후열도 점령	러일전쟁 제1차 세계대전	워싱턴조약체제 일, 만주점령	일, 중국대륙, 남양진출

제1단계는 양국 간 권력의 불균형기로서, 1853년 페리함대가 일본 도쿄만에 도착한 시기부터 1894년 청일전쟁이 일어나기 직전까지 일본이 내부국력을 증진시켰던 기간이다.

2단계는 양국 간 권력의 재분배가 이루어지는 시기로서 청일전쟁(1894~1895)과 러일전쟁을 거쳐 제1차 세계대전(1914~1919)까지 일본이 대외적으로 국력을 팽창시킨 기간이다. 이 시기에 미국은 동태평양으로 진출하였다.

제3단계는 양국 간 권력 대등화기로서 제1차 세계대전 발발(1914~1919) 이후부터 중일전쟁 발발직전(1937)까지의 기간으로서 워싱턴 조약체제가 유지된 기간과 비슷하다. 서구열강이 아시아에서 철수하고 일본과 미국이 남태평양에서 대면하게 되었다.

제4단계는 양국 간 권력 충돌이 일어나는 전이기로서 1937년 중일전쟁에서 1945년 태평양전쟁 종료 시까지의 기간이다. 일본은 추축국(樞軸國, Axis Powers)들과 동맹을 체결하고 대서양과 태평양 양면에서 미국을 협공하였다. 미국은 대서양에서는 영국과 러시아를 지원하여 독일을 협공하고, 태평양에서는 중국을 지원하여 일본을 대륙에 묶어두고자 하였다.

2. 미·일간 패권목표

가. 미국의 국가목표

미국이 세계적 국가로 성장하는 과정에서 보았던 세계는 미국을 중심으로 동반구와 서반구로 나뉘어져 있었다. 미국의 국가목표는 먼저 유럽으로부터 오는 해양 위협을 거부하고 미 대륙을 지배하는 것을 일차적 목표로 삼았다. 두 번째 목표는 미국의 앞마당인 카리브 해의 지배와 미합중국을 위협하는 세력이 남미에 존재하지 않도록 거부하는 것이었다. 이 목표는 1823년 '먼로 독트린(Monroe Doctrine)'에서 잘 나타나 있고, 아직까지도 유효한 미국의 전략목표이다. 세 번째 목표는 미국 동·서양 양 해안에 대한 어떠한 위협도 배제되어야 하며, 대서양과 태평양에서 미국을 위협할 수 있는 패권국의 존재를 거부하는 것이다. 이는 태평양 시대를 개막함과 동시에 대륙국가 미국이 해양국가로 탈바꿈되었다는 것을 의미한다. 태평양에서의 미국의 목표는 다음과 같다.

첫째, 시장개척이었다. 미국은 공업과 농업생산 분야에서 경제혁명이 진행되면서 새로운 시장이 더욱 절실해졌다. 이미 1851년 「Hunt`s Merchant Magazine」은 "새로운 출구를 찾지 못하는 자본의 증가는 미국에게 잠재적인 위협이 되고 있다."라고 경고하였다.[12)] 미국의 상선단은 중국을 거쳐 인도에 이르는 무역로를 개척하였고, 1890년대 말부터 중국이 서구 열강에 의하여 분할 점령되자 미국은 문호개방을 기치로 기회균등을 주장하면서 서구열강들과 시장경쟁에 합류하였다.

---

12) Walter Lafeber, *The Clash U.S.-Japanese Relations Throughout History* (New York : W.W. Norton & Company, 1997), pp. 10~11, 이삼성, 『동아시아의 전쟁과 평화』2(도서출판 한길사, 2009), p. 203에서 재인용.

둘째, 미국의 아시아 진출 목표는 전략물자 확보에 있었다. 제1차 세계대전을 거치면서 미국의 산업화의 규모가 확대되자 아시아에 대한 미국의 목표는 시장뿐만 아니라 전략자원의 공급지로서 중요성을 갖게 되었다. 인도, 말레이시아, 보르네오, 수마트라, 인도네시아, 동인도제도 등에 이르는 지역은 주석, 고무, 크롬, 망간, 보크사이트 등 미국으로서는 대체 불가능하지만 산업 발전에는 꼭 필요한 전략적 물자들이 풍부했다. 동남아 지역이 적대적 세력의 지배에 놓이는 것은 바로 미국 경제뿐만 아니라 군사태세 유지에도 심각한 타격을 의미하는 것이었다.

셋째, 미국의 아시아 진출은 태평양 지역 안보를 확보하는데 있었다. 20세기에 들어서면서 유럽 열강이 아시아에서 철수하게 되자 미국과 일본은 동아시아에서 양대 축으로 등장하게 되었다. 러시아가 극동으로 진출할 전략적 수단이 1891년 착공되어 1916년 전구간이 개통된 시베리아 철도였다면, 1904년 착공되어 1914년 개통된 파나마 운하는 미국이 실질적으로 태평양 국가로 행사할 수 있는 전략적 수단이 되었다. 그런데 제1차 세계대전이 종료되자 일본이 남서 태평양으로 남진해 왔다. 이것은 동남아의 자원뿐만 아니라 미국령 필리핀과 영국령 오스트레일리아 및 뉴질랜드를 위협하고 있었다. 1930년대에 들어서는 일본 해양력이 미국 서부 해안까지도 위태롭게 할 수 있을 만큼 성장하였다.[13] 반면에 아시아에는 일본의 확장을 제어할 국가가 미국 외에는 아무도 없었다. 미국은 태평양의 안보가 곧 자국의 안보라고 인식하게 되었다.

그러나 이러한 목표를 달성하기 위한 미국의 극동아시아에서의 기반은 취약하였다. 미국은 전통적인 고립주의 노선을 고수하고 있었고 전략적 우

---

13) George Friedman & Meredith Lebard, 동아출판사 역(1991), 전게서, p. 72 ; 1차 대전기간 중인 1914년 12월, 일본 군함 「아사마(淺間)」가 남부 캘리포니아 앞바다를 항해하는 현장이 미국인에게 목격되었다. 이 사건은 미국인들 사이에 일본과 멕시코가 동맹을 맺어 미국을 위협할지도 모른다는 억측을 불러일으켰고, 미국은 서부 주민을 안정시키기 위하여 해군확장계획을 마련하게 되었다.

선순위를 대서양에 두고 있었다. 필리핀은 본토로부터 7,000마일이나 떨어져 있었고 군사력도 변변치 않았다. 그래서 미국은 태평양에서는 가능한 전쟁을 회피하면서 외교적 방법으로 자국의 이익을 달성하고자 하였다.[14] 미국의 일본에 대한 전략도 이러한 태평양에서의 군사적 취약성으로 말미암아 전반적으로 유화적 태도를 견지하였고, 영국과 연합전선을 형성하여 대응해 왔다.

나. 일본의 국가목표

일본은 1868년 메이지 유신을 시작으로 국가 재건설에 나섰다. 처음에는 국내의 근대화 체제를 구축하는데 관심을 쏟았지만 곧 서구열강을 모방하여 세계무대로 진출하려고 하였다. 메이지 유신 후부터 도쿄만에서 미국에게 항복하기까지 80년 동안 일본은 팽창주의로 일관하였고, 이 기간은 전쟁을 준비했든지 또는 전쟁을 수행해 온 시기였다. 곧 일본의 근대화 과정은 총체적으로 전쟁의 결합이었던 것이다. 일본의 국가목표는 다음과 같다.

첫째, 부국강병을 통해 서구열강과 대등한 근대국가를 수립하는 것이었다. 이는 서구의 불평등조약체제를 수용할 수밖에 없었던 것에 대한 국가적 주체의식의 발로이기도 하였다. 일본은 유신정부 초기부터 절대주의적 천황제 국체개념과 국가주권의 팽창주의가 형성되고 있었다. 국가 내부적으로 근대관료제를 정비하고 산업기반시설을 확충하였다. 대외적으로는 무력을 통한 해외진출을 시도하였다. 일본은 서구 열강과의 불평등 조약체제에서 입은 손해를 자신의 주변나라로부터 보상을 받으려고 하였다.

일본의 두 번째 목표는 중국을 중심으로 하는 동아시아의 전통적인 화이(華夷) 질서를 일본을 중심으로 한 근대적 국제관계로 재편하는 일이었다.

---

14) Walter Lafeber, *The American Search for Opportunity 1865~1913, The History of American Foreign Relations,* Vol. II (Cambridge : Cambridge University Press, 1995), p. 175, John J. Mearsheimer(2001), pp. 257~261.

이는 일본이 아시아의 종주국이 되겠다는 의미로서 청일전쟁에 의해 이 목표는 달성되었다. 일본은 청일강화조약(1895. 4.) 청일통상항해조약(1896. 7.)을 체결하여 1871년 체결한 청일 평등조약을 서구열강이 청국에게 적용한 것과 같은 불평등 조약체제로 대체시켰다.

세 번째 목표는 아시아에 대륙의 중앙에 일본의 생활공간을 확보하여 대륙을 지배하는 것이었다. 이 목표를 달성하는 주요 수단은 바로 전쟁이었다. 일본은 러일전쟁을 통해 러시아를 만주에서 축출하였으며, 1915년에는 중국을 강압하여 21개조 조약을 체결하고 중국 영토 및 이권을 확보하였다. 1918~1925년에는 바이칼호와 동시베리아에 진출하여 일본이 획득한 대륙의 방어종심을 확장하려고 하였으며[15], 이어서 1931년에는 만주사변을 일으켜 북만주를 확보하고 친일 괴뢰정부를 수립하였다. 결국 1937년에는 중국과 본격적인 전쟁을 일으켜 대륙의 중앙으로 진격하고, 1938과 1939년에는 다시 북쪽으로 나아가 충쿠펑(Chungkuefung)과 노몬한(Nomonhan)에서 러시아군과의 대규모 전투를 벌였다. 1934년 이러한 일본의 군사적 행동에 대해 미국이 항의하자 그 해 4월 18일 일본 외무성은, "동아시아는 일본의 영향권 아래에 있다. 다른 강대국들은 일본에 대항하는 중국을 지원하지 말라"고 경고하였다.[16] 아시아에서 일본판 먼로 독트린을 선언한 것이다.

네 번째 목표는 북서태평양에서 남서 태평양에 이르는 해양권역을 통제하여 일본이 지배하는 대동아공영권을 건설하고 이에 대한 외부의 위협을 배제하는 것이다. 이는 일본의 통제권이 동아시아를 넘어 태평양으로 진출하는 것을 의미하였다. 이미 1891년 일본의 지식인 이나가키(稲垣満次郎)는 『동

---

15) 이지원(2012), 전게서, p. 55 ; 일본군은 1918년 4월 거류민 보호명목으로 해군 육전대를 최종적으로 7만 2천명 파병하여 9월까지 바이칼 호 동쪽 시베리아 지역을 점령하였다가 국제적 여론과 압력으로 1922년 10월 시베리아에서 철수하였다. 1925년 5월에는 북부 사할린에서도 철수하였다. 총 8년간 연인원 10만 명을 파병하였고, 9억 엔의 전비를 소모하였다.

16) George H. Blakeslee, "The Japanese Monroe Doctrine," *Foreign Affairs*, Vol.11, No.4(July 1933), pp. 671~681, John J. Mearsheimer(2001), p. 180에서 재인용.

방책(東方策)』에서 태평양 시대에서 일본의 역할을 이렇게 제시하였다. "태평양은 틀림없이 다음 세기(20세기)에 전 세계의 정책과 무역의 일대 활극장이 될 것이다. 영국이 대서양의 중심축인 것처럼 일본이 태평양의 중심축 역할을 하게 될 것이다. 동서로는 중국-시베리아-캐나다-미국으로, 남북으로는 시베리아-타이완-필리핀-호주에 이르는 접점에 일본이 있다. 따라서 일본은 아시아 변방국가가 아니라 세계의 중추로서 역할을 해야 한다"는 것이었다.[17] 일본은 1914년 제1차 세계대전의 틈을 이용하여 독일이 장악했던 남서태평양들의 섬들을 재빨리 점령하고, 1939년부터는 하이난을 필두로 자원의 보고인 동남아와 서태평양 군도로 진출하기 시작하였다. 그러나 이러한 대동아공영권 건설목표는 태평양 국가로 등장한 미국의 저지로 무산되었다.

17) 야마무로 신이치(山室信一) 지음, 정재성 옮김, 『러일전쟁의 세기』(서울 : 도서출판 소화, 2010), pp. 67~69.

3. 미·일간 패권전략과 해양력의 역할

가. 미·일간 권력 불균형기

1) 미·일간 패권경쟁 전략

미·일 양국 간 권력 불균형기는 1853년 페리함대가 일본 도쿄만에 도착한 시기부터 1894년 청일전쟁이 일어나기 직전까지의 기간이다. 이 기간 동안 미국은 태평양에 안정된 군사적 기반을 갖고 있지 못했지만 산업화 단계에 이미 접어들어 태평양으로 확장을 시도하고 있었다. 1854년 미일수호조약을 체결한 이후 1894년 이를 개정할 때까지 미국은 일본에게 불평등조약체제를 강요하고 있었고, 중국에 이르는 전진기지를 일본에서 확보하기 위하여 일방적인 강압전략을 구사하였다.

반면에 일본은 여전히 국가체제부터 정비하고 산업화 기반을 구축해야만 했다. 정치력, 군사력, 경제력 등 모든 것이 미국에 비해 취약하였기 때문에 일본은 미국의 강압에 대하여 순응하고 불평등 조약체제를 받아들인 가운데 주변의 약한 나라를 점진적으로 흡수하고 국력을 정비해 나갔다. 일본은 탈아론을 내세워 서구 문물과 제도를 받아들이고 서구식 방법을 모방하여 류큐, 타이완, 조선 등 중국 대륙 주변의 취약지역으로 침투하여 해외진출의 거점을 마련하려고 하였으며, 이 과정에서 일본은 때로는 열강들의 세력균형에 편승하여 자기의 비중을 높이기도 하였고, 때로는 일본이 직접 나서서 세력균형의 변화를 적극적으로 도모하기도 하였다.

미일간 권력이 불균형한 기간 동안 양국 해군은 협력적 관계를 유지하여 양국 간에 전략적 우호관계의 기반을 닦았으며, 일본은 평후도-타이완-류큐를 차지하였고, 미국은 하와이-필리핀-괌을 차지하여 이 두 개의 선을 기준으로 양국 사이에 해양경계선이 암묵적으로 형성되었다.

2) 미국 해양력의 역할

• 아태지역 진출수단으로서 해양력

서구 열강에 비하여 해군력이 열세였던 미국은 전통적으로 대륙의 연안 방어와 해외무역로 보호 등 수세적으로 해군을 이용하여 왔다. 그래서 초기 미국 해군의 해외배치도 주로 해적활동이 활발한 곳에 집중되었다. 1801년 지중해전대를 편성하여 운영하다가 1806년 중단하기도 하였지만 1815년에 재구성하여 작전을 재개하였다. 1816년에는 카리브 해에 서인도제도전대를 편성하여 1841년까지 운용하다가 그 해 본토전대를 창설하면서 이에 흡수, 통합시켰다. 1821년부터 서부 해안에 태평양 전대를, 1826년부터 브라질 해안에 남미전대를, 1835년 남서태평양과 남중국해에 동인도전대를(1865년 아시아 함대로 개편함), 1843년부터는 아프리카전대를 각각 운용하였다.

그러나 19세기 중반 서부개척 시대를 마치고 태평양개척 시대가 도래하자 미국 해군은 공세적인 성격을 띠기 시작하였다. 시민전쟁(1861~1865)으로 방기되었던 해외기지는 1865년 재구축되었고, 해외전대를 지중해함대, 북대서양함대, 남대서양함대, 유럽함대, 태평양함대, 아시아함대 등 총 6개 함대로 재편성하여 복원시켰다.[18] 태평양 시대에 미국 해군은 태평양에서 무역로와 시장을 개척하고 상선단과 어업활동을 보호하는 임무를 수행하였고, 포함외교를 통하여 동북아 나라들과 불평등관계를 구축하였으며 국가의 대외정책을 수행하는 중요한 도구가 되었다.

태평양에서 미국 해군의 우선적 임무는 어업과 무역을 위한 새로운 해양과 시장과 무역로를 개척하는 것이었다. 미국은 이미 1799년부터 러시아와 합작회사를 차리고 캘리포니아 보데카(Bodega Bay)를 거점으로 수산과 무역업을 활발하게 추진하였다. 특히 포경업은 캘리포니아 북단에서 알래스카, 알류산 열도, 쿠릴열도, 일본 동방 해역에 이르기까지 왕성하게 전개하였

---

18) George Modelski & William R. Thompson, *Seapower in Global Politics, 1494~1993* (Seattle : University of Washington Press, 1988), pp. 233~234.

다. 이 지역에 먼저 진출해 있던 러시아와 어업 및 무역권을 놓고 잦은 갈등을 빚게 되었다. 1824년 양국 간에 경계선 협정을 체결하고 1867년에는 러시아로부터 알래스카를 구입하여 갈등의 근원을 해결하고자 하였다.[19] 이 과정에서 해군은 어업권과 무역권을 주장하는 도구로서 사용되었다.

미국의 상선단은 중국을 거쳐 인도에 이르고 있었는데 미국의 상선 차이나(Empress of China) 호가 1784년 중국 광도에 처음 기항한 이래 1801년에 광도에 기항한 미국 상선은 34척이나 되었다. 이 무역로를 개척하는데 해군의 역할이 컸다. 특히 1832년 수마트라 북부 콸라마투에서 원주민이 미국 상선을 약탈하자 원정전대를 편성하여 응징보복을 단행함으로써 태평양에서 처음으로 실행한 포함외교에서 대성공을 거두었고, 이후 1840년대부터 중국, 일본, 한국, 필리핀 등이 이 무력에 굴복했다. 미국은 이들 나라를 중국시장으로 진출하기 위한 전진기지로 삼았고, 1844년 아시아함대의 위력을 배경으로 망하(望夏)조약을 체결하고 청나라를 개항시켰다.[20] 1840년대 들어 미국의 면공업은 영국 다음으로 번성하여 미국 수출 총액에서 20~30%를 차지할 만큼 중요 수출 품목이었는데, 1848년 5월 미 하원 해군위원 킹(T. B. King) 의원은 미국의 면섬유가 중국인의 취향에 맞고 가격도 저렴하여 장차 중국 수출에서 영국을 능가할 것이라고 전망하기도 하였다.[21] 이와 같은 중국과의 무역과 북태평양 포경업의 확장은 미국으로 하여금 다른 열강보다 먼저 일본의 개항에 관심을 갖게 해 주었다.

또한 미국 해군은 미국이 태평양 국가로서의 역할을 할 수 있는 핵심 거점들을 확보하는 데에도 기여하였다. 1867년 알래스카와 미드웨이를 차지하였고, 1874년 하와이에, 1885년엔 파나마에 진출하였으며, 1898년엔 미서전쟁에 승리하여 푸에르토리코, 괌, 필리핀을 차지하였고, 1899년에는 하와이, 웨이크, 사모아를 병합시켰다. 이로써 미국은 1900년대 이전에 아시아

---

19) 최문형, 『러시아의 남하와 일본의 한국침략』(서울 : 지식산업사, 2007), pp. 74~75.
20) 김종두, 『한반도 해양지정학』(서울 : 문영사, 2000), pp. 211~212.
21) 김용구, 『세계외교사』(서울 : 서울대학교 출판부, 1992), pp. 318~319.

에 이르는 태평양 상의 주요 거점을 확보하게 되었으며 그 길을 해군이 개척하였다.

• 일본에 대한 불평등조약체제 구축 수단으로서 해양력

미국 해양력은 태평양 국가들과 외교관계를 설정하는 전권대사의 역할을 수행하였다. 때로는 자국의 위신을 높이는 수단으로 군함외교를 하였고, 때로는 불평등 관계를 강요하기 위하여 포함외교를 하였다. 미국 해군은 중국(1842~1844), 일본(1853~1858), 조선(1866~1871) 등 1842년에서 1871년 까지 아시아에 대한 무력투사의 수단으로서 그 유용성을 입증하였다. 미국에게 일본의 지리적 위치는 중국으로 가는 무역선의 중간 보급기지와 서북 태평양에서 활동하는 미국 어선의 전진기지로서 역할을 할 수 있었다. 이런 이유로 미국이 다른 서구열강에 비하여 아시아로 진출하는 데에는 늦었지만 일본에 대한 개항에서는 선도적 역할을 하였다.

미국의 일본에 대한 개항 요구는 오래 전부터 진행되어 왔다. 1790년 이후 적어도 3척의 전함을 포함한 27척의 미국 선박이 통상을 요구하며 일본을 방문했으나 모두 일본의 거부로 목적을 이루지 못했다. 1832년 앤드류 잭슨(Andrew Jackson, 1767~1845) 행정부는 로버츠(Edmond Roberts)를 통상조약 사절로 파견하였으나 일본에 도착하기 전에 죽고 말았다. 1837년에는 미국 선적 모리슨(Morrison) 호가 중국 광동을 출항하여 일본에 입항을 시도했으나 일본으로부터 거절당하였다. 1846년 새로 창설된 미국 동아시아 함대(U.S. East Asia Squadron)가 제임스 비들(James Biddle, 1783~1848) 제독의 지휘아래 도쿄만에 입항하였지만 역시 일본의 거부로 물러났다. 1848년 다시 미국은 글린(James Glynn) 해군 중령을 파견하였다. 1849년 4월 일본 나가사키에 입항한 글린 중령은 억류되어 있던 미국 표류 선박의 선원을 인수하는 데에는 성공하였지만 교섭에는 실패하였다.[22]

22) 김용구(1992), 전게서, pp. 318~319 ; 당시 미국에서는 포경업이 발달하여 오호츠크 해

귀국 후 그는 의회 보고에서 일본의 미개함을 들어 국제법에 의한 평화적 교섭이 불가능하기 때문에 함포에 의한 강압이 타당하다고 주장하였다. 미국 의회의 결정에 따라 1852년 3월 미국 대통령은 매튜 페리(Matthew Calbraith Perry, 1794~1858) 제독에게 일본 원정을 지시하였다. 1852년 11월 24일 페리 제독은 기함 미시시피(Mississippi) 함 등을 이끌고 군항 노포크(Norfolk)를 출항하여 대서양을 횡단하고 세인트 헬레나, 케이프 타운, 실론, 상하이를 거쳐 1853년 7월 8일, 도쿄만 우라가(浦賀) 상업지역 근처에 입항하여 함대의 위용을 과시하였다. 일본인들에게 4척의 군함으로 구성된 흑선함대가 목격된 순간 벌어진 소동은 전시 상황을 방불케 하였다. 쇼군 도쿠가와 이에야스 막부(德川家康 幕府, 1603~1867)는 흑선의 도래는 천지가 열린 이래 최대 비상사태라고 하였다.

페리 제독은 밀러드 필모어(Millard Fillmore, 1800~1874) 대통령의 국서를 전달하고자 하였으나 일본 막부가 국서수령을 거부하자 무력시위로 대응하였다. 페리는 이 1차 원정에서 미국의 힘을 충분히 과시하였다고 판단하고 입항 3일 만에 마카오로 돌아갔는데 일본 막부에게 준비할 시간도 주고 흑선함대의 보급 사정도 고려한 조치였었다. 1854년 1월 페리 제독은 1차 원정보다 대규모의 함대를 구성하고 2차 원정에 나섰다. 페리함대는 2척의 증기순양함, 4척의 전함, 3척의 보급선으로 구성되었으며 병사 1,600명과 포 100여문을 장착한 페리 함대의 군사력은 당시 미 해군력의 1/4에 해당하는 막강한 전력이었다. 1854년 2월 요코하마에 도착한 페리는 3월 초부터 교섭에 들어갔다. 일본 막부가 개국에 대한 입장을 결정하지 못하고 시간을 끌자 페리는 모든 함정을 나마무기(生麥)에 집결시켜 무력시위를 벌였다. 일본은 마침내 굴복하고 3월 31일 미·일간 최초의 근대조약인 가나가와 조약(神奈川條約, Treat of Kanagawa)이 체결되었다. 훗날 페리 제독은 이 포함외교(砲艦外交)

일본열도 동방해역, 북태평양에서 주로 활동하였는데 선원들이 난파나 표류 등으로 일본 내로 들어오면 막부는 이들을 모두 억류하였다. 미국 정부에게 포경선단의 이익을 보호하는 것은 중요한 정책이었다.

를, 일본을 반 미개한 나라로 간주하여 외교의 일반원칙과는 다른 군사적인 교섭을 한 것이었다고 술회하였다.[23]

가나가와 조약의 체결은 다른 열강들에게 일본의 개방을 알리는 신호탄이 되었다. 1854년 10월 영국이, 1855년 2월 러시아가 일본과 유사한 조약을 체결하였다. 그러나 이 조약은 일부 항구만 개항한 것으로 통상을 하기에는 부족하였다. 1856년 8월 미국의 초대 영사로 일본에 도착한 해리스(T. Harris)는 1857년 6월 일본과 통상조약 교섭에 들어갔다. 해리스는 노중(老中 : 쇼군에게 직속된 최고 직위) 홋다 마사요시(堀田正睦, 1810~1864)에게 미국과의 통상에서 얻게 될 효과를 설명하면서 자신의 설득에 따르지 않을 경우 그 다음에는 함대와 대포가 오게 될 것이라는 협박도 잊지 않았다. 결국 1858년 에도막부(江戶 幕府)는 미일수호통상항해조약에 조인하였고 이 굴복에 대한 정부 내 변혁을 겪은 후에야 1859년 2월 일왕의 칙허를 얻게 되었다.[24]

이 불평등 조약이 일본 정치변동에서 폭풍의 뇌관 역할을 하였다. 고메이(孝明, 1831~1867) 일왕은 칙허에 반대하였고 자신의 칙허 없이 조약을 조인한 막부를 질책하는 무오밀칙(戊午密勅)을 내렸다. 이에 개국에 찬성하였던 각 번의 다이묘(大名)들 마저 존왕양이(尊王洋夷)를 내세우며 막부 타도에 나섰다. 결국, 미국의 포함외교가 그동안 잠자던 일왕을 정무의 핵심으로 불러들였고, 일본이 막부체제에서 천황체제 중심의 근대화로 나가는 혁명의 길로 들어서게 만들었던 것이다.

• 일본에 대한 타이완 철수 강압

미국 해양력은 일본이 해양으로 진출하는 것을 저지하기 위해 일본의 타이완 점취를 좌절시켰다. 일본이 1871년 12월 류쿠의 조난선박에 대한 타이

---

23) William R. Nester, *Power across the Pacific ; a Diplomatic History of American Relations with Japan* (Macmillan Press, 1996), pp. 26~27, p. 35 ; 이삼성(2009), 전게서, pp. 203~205에서 재인용.

24) 김용구(1992), 전게서, pp. 319~325.

완 원주민의 습격을 빌미로 타이완 정벌을 논의하고 있던 당시에 미국 함대는 홍콩, 광저우, 상하이, 나가사키 등을 기항지로 삼아 남중국해에서 조선의 서해까지 진출하고 있었고, 홍콩에 기지를 둔 영국 함대는 텐진까지 진출해 있었다. 미국이나 영국의 시각에서 볼 때 타이완은 자신들의 주 활동무대의 중앙에 위치하고 있었기 때문에 일본의 타이완 정벌은 양국 모두에게 달가운 일이 아니었다.

미국의 신임 공사 빙햄(John A. Bingham)은 1874년 4월 18일 데라시마 무네노리(寺島宗則, 1832~1893) 외무상과의 접견에서, 미국정부는 타이완이 중국 영토라고 인식하고 있으며 중국이 일본의 파병을 인정하지 않는다면 일본의 파병은 전쟁을 일으키는 위험한 행위라고 주장하면서 원정을 중지할 것을 요구하고 타이완 원정에 미국 선박과 시민을 사용하는 것을 금지한다고 통보하였다. 이어 주일 영국 공사 파커스(Harry Smith Parkers)도 일본의 각 개항장에 주재하는 영국 영사들에게 일본 측의 수송선 고용에 관한 움직임을 감시하고 영국 선박들에게 일본 병사와 군수물자를 수송하는 것은 불법임을 경고하도록 훈령을 내렸다.[25]

미국과 영국의 항의에도 불구하고 타이완 원정작전이 개시되자, 주청 영국 공사 웨이드(T. F. Wade)는 1874년 5월 5일과 5월 8일 연이어 데라시마 외무상에게 서신을 보내 일본 병사를 태운 배가 푸젠(福建)으로 출항한 것을 문제로 삼았다. 5월 17일에는 미국 공사 빙햄이 일본의 타이완 침공에 대해 엄격한 태도로 항의하였다. 6월 18일 영국 공사 파커스는 일본 외상에게 "대군을 다른 나라 영토에 보내는 것은 명백히 전쟁이고 만국공법 위반이다. 다른 나라가 만일 홋카이도에 군사 3천 명을 보내온다면 귀국은 어떠하겠는가" 하고 강력히 항의하였다.[26]

1874년 7월부터 일본은 타이완 문제를 어떻게 처리할 것인지에 대해 집

25) 오비나타 스미오(大日方純夫), 「근대 일본 대륙정책의 구조」, 홍미화 역, 『동북아 역사논총』 제32호(동북아역사재단, 2011. 6.), pp. 149~168.

26) 상게서, pp. 168~169.

중적인 검토를 하게 되었다. 그 결과 주청 영국 공사 웨이드의 중재로 10월 31일 타이완 문제에 대한 청일 양국 간에 호환조관이 베이징에서 조인되었고 12월 3일부터 사이고 다카모리(西鄕隆盛) 타이완 도독은 타이완에서 철병을 시작하였다. 결국 일본은 그렇게 갈망했던 타이완 정복에는 성공하였지만 영국과 미국과 같은 해양강대국의 압력을 극복하지는 못했다. 세계외교사에서 한 나라가 오랜 토론 끝에 결정을 하여 정복한 땅을 쉽게 반환한다는 것은 흔히 볼 수 있는 일이 아니었다. 일본이 점령 6개월 만에 타이완을 포기한 것은 미국 등으로 부터 당한 포함외교의 경험을 떨쳐 버릴 수가 없었고, 일본에겐 아직 영국과 미국의 해양권역 안에 있는 타이완을 지킬만한 해양력이 없었기 때문이었다.

3) 일본 해양력의 역할

• 패권도전의 기반조성을 위한 해양력

일본은 미국과 영국 등으로부터 선진 산업기술을 도입하여 해양력 건설에 매진함으로써 해외에 진출할 기반을 조성하였다. 일본은 서양에 대한 불평등한 개방과 근대화 과정에서 발생한 국가 재정난에도 불구하고 일왕을 중심으로 해군력 증강을 위해 지속적으로 노력한 결과 1871년 소함대→1872년 중함대→1885년 상비 소함대→1889년 상비함대를 편성할 수준으로 성장하였고, 1894년 7월 19일 청일전쟁 직전에는 최초로 연합함대를 편성하였으며, 이어 청일전쟁에서 승리함으로써 세계 해군강국 중 하나로 부상하였다. 일본에게 해양력이 아시아 패권에 도전할 수 있는 기반을 마련해 준 것이었다.

특히 일본은 메이지 유신 후 청일전쟁 이전까지 특히 해군력을 급속히 신장시켰다. 1870년 병무성(장관 : 이키히도 친왕)에서 향후 20년 간 200척 군함 확보계획을 상신한데 이어 1873년 초대 해군대신 카쓰카이슈(勝海舟)가 108척 군함 건조계획을 건의하였고, 1882년 12월 25일 메이지(明治, 1852~1912) 일왕은 해군경 가와무라 스미요시(川村純義, 1836~1904)의 제의와 우대신 이와쿠라 도모미(岩倉具視, 1825~1883)의 찬동을 받아들여 해군력 증강을 지시하였다. 정부 내각은 해군성에 총 예산 2,400만 엔을 투자하여 1883년 이후 8년간 계속사업으로 군함 건조를 결정하였다.

1886년 6월, 해군대신 사이고(西鄕隆盛)는 해군 공채 1,700만 엔을 조성하고, 새로 54척 66,300톤을 건조하는 안을 각의에 제출하여 승인을 받았다. 이 군비정비계획을 제1기 군비확장 계획이라고 부른다. 1888년 사이고 해상은 다시 1889년부터 5개년 계획으로 대소 함정 46척의 건조를 골자로 한 제2기 군비확장계획을 제출하여 각의의 승인을 받았다.[27)]

1890년 9월 각의는 1891년 이후 5개년 계획으로 순양함 2척을 포함 총 5척, 6,810톤을 획득하기로 결정하고 제1회 제국의회의 동의를 얻었다. 1892년 10월 니레이(楡井) 해군대신은 제4회 제국의회에 해군함정을 12만 톤을 표준으로 하여, 총 19척(87,800톤)을 건조하는 계획을 제출하였으나 여야 간 정쟁으로 결렬되었으며 해군 군함건조 예산도 부결되었다.[28)]

당시 해군성은 끈질기게 군함 확보계획을 건의하였지만 각의나 의회에서는 국가 재정난을 이유로 부결시키거나 축소시켜 왔다. 그러나 일왕의 해군력 증강에 대한 확고한 의지와 적극적인 지지 덕분으로 일본 해군은 청국과 대항할 수 있는 강력한 해군으로 성장할 수 있었다.

첫째, 명치 일왕은 1882년 임오군란으로 동북아 정세가 급변하자 이와쿠라의 상주를 받아들여 해군 군비증강을 지시하였다. 이에 따라 1883년부터 1885년까지 착공 또는 구입 결정된 함정은 대함 3척, 중소함 8척, 수뢰포함 1척으로 총 12척에 달했다.

둘째, 1887년 3월 14일, 명치 일왕은 군항설비와 지원시설의 확보에 소요되는 예산이 부족하다는 문제가 대두되자 총리 이토 히로부미에게 황실에서 사용하는 비용 중에서 30만 엔을 절약하여 하사하였다. 이런 일왕의 뜻

---

27) 해군본부 편, 『일본·영국 해군사 연구』(계룡대 : 해군본부, 1997), pp. 25~26.
28) 상게서, pp. 26~27.

을 전해들은 전국 귀족부호들이 앞 다투어 해방(海防)헌금을 내었다. 그해 9월 말까지 헌금 총액은 103만 8,000엔에 이르렀고 사이고가 제출한 제2기 군비확장계획도 각의를 통과할 수 있었다.

셋째, 1893년 제4회 제국의회가 여야 간 정쟁으로 결렬되고 해군 군함건조 예산도 부결되자, 명치 일왕은 1893년 2월 10일, 국무대신들과 추밀원 문관, 귀중양원 의장을 궁중으로 불러 향후 6년간 매년 궁정 운영비 30만 엔을 하사하여 건함비에 충당하겠다고 밝혔다. 이는 궁정 운영비의 1할 이상이 되는 금액이었다. 이러한 일왕의 충정은 정부와 의회를 화해시키고 화충협동(和衷協同)의 봉답서를 제출하게 만들었다. 국무대신은 바로 자신들의 봉급 1/10을 헌납하기로 하였으며, 의원들도 봉급의 1/4을 함정건조비로 헌금하는 것으로 결정하였다.[29]

이러한 결정들로 말미암아 1883년에서 1893년까지 10년간 일본 해군은 총 23척(순양함 12척, 포함 6척, 해방함 2척, 훈련함 2척, 신호연락선 1척)을 건조하였다. 일본에서 14척은 자체 건조하였고 영국에서 4척, 프랑스에서 5척 등을 건조하였으며[30], 진수부 등 군항 및 후방시설을 확충하고 군령체제를 정비하는 등 청일전쟁에 대비한 균형함대의 모습을 갖출 수가 있었다.

나. 미·일간 권력 재분배기

1) 미·일간 패권경쟁 전략

양국 간 권력의 재분배가 이루어지는 시기는 청일전쟁(1894~1895) 이후부

29) 하라다 게이이치(原田敬一) 지음, 최석완(2012) 옮김, 『청일전쟁 러일전쟁』(서울 : 어문학사, 2012), pp. 64~66.

30) 해군본부(1997), 전게서, pp. 25~38 ; 1892년 프랑스에서 건조된 엄도함과 송도함이 일본에 인도되었고, 이 두 주력함의 함정 공개행사를 요코하마에서 개최하였다. 당시 이 행사를 위해 동경 신바시에서 요코하마까지 임시열차 2편을 내어도 인파가 혼잡하여 사상자가 나왔고, 요코하마의 쯔루미 언덕에서는 구경꾼들이 너무 몰려 언덕이 무너져 내리는 사고도 발생할 정도로 일본의 해군력 증강에 대한 열기는 대단하였다.

터 제1차 세계대전(1914~1919)까지의 기간이며 미국과 일본이 전략적 협력 관계를 유지한 기간이기도 하다.

일본은 영국과 미국 등의 해양세력에 편승하여 청일전쟁과 러일전쟁에서 승리하고 만주와 한반도를 차지하였으며 대륙 진출을 위한 교두보를 확보하고 해양으로도 진출하여 펑후열도-타이완-오키나와까지 진출하여 북서 태평양 권역에 대한 해양통제권을 설정하였으며 제1차 세계대전 기간 동안에 중국 칭다오, 남태평양 상의 마리아나, 캐롤라인, 마셜 등 독일이 점유하고 있던 지역을 접수하여 남태평양에도 진출하였다.

미국도 미·스페인전쟁(美西戰爭, 1898)에서의 승리를 계기로 하와이, 미드웨이, 웨이크, 괌, 필리핀 등 중요기지를 확보하여 다른 열강들과 서태평양을 분점하게 되었다. 이에 따라 미국의 군사적 안정성도 개선되었으며, 중국 대륙에 진출할 기반도 확보하게 되어 미국은 1899년과 1900년 연이어 열강들에게 중국의 문호개방과 기회균등을 요구할 수 있었다. 미국의 대아시아 정책은 미국의 문호개방 정책에 대한 위협과 극동의 전초기지인 필리핀, 괌 등 미국령 영토에 대한 위협을 배제하는 것이었다. 이를 위해 미국은 다음과 같은 전략을 선택하였다.

첫째, 중국대륙에서 어느 강대국이 일방적인 주도권을 행사하는 것을 저지하는 것이다. 그래서 청일전쟁 승리 후 일본이 요동에 주둔하려는 것을 러시아가 삼국간섭으로 저지하자 이를 방관하여 일본의 진출을 좌절시켰다. 그러나 1900년에는 러시아가 만주에 주둔하자 미국은 일본이 러시아를 상대로 전쟁을 치룰 수 있도록 외교적으로나 재정적으로 적극 지원하였다. 그런데 일본이 러시아를 만주에서 축출하는 수준을 넘어 아시아 맹주로 부상하려 하자 1905년 포츠담 강화회담을 중재하여 일본의 완전한 승리를 저지하였다.

둘째, 미국은 일본의 대륙진출을 포용함으로써 일본이 태평양 남방으로 진출하는 것을 억제시켰다. 미·일간 1905년 '태프트-가쓰라(Taft-桂太郎) 밀약'[31]과 1908년 '루트-다카히라(Root-高平小平郞)밀약'을[32] 통해, 미국은 조선과 만주에 대한 일본의 권익을 승인하여 주는 대신, 방어가 취약한 필리핀에 대한 안전을 보장받았다. 이들 조약으로 일본의 북서태평양 권역과 미국의 남동태평양 권역이 형성되었다. 또한 제1차 세계대전 중인 1915년 5월 일본이 중국을 강압하여 악명 높은 21개항 조약을 체결하고 중국에 본격적으로 진출하자, 1917년 11월 워싱턴에서 미국 국무장관 랜싱(Robert F. Lansing, 1864~1928)과 일본 특사 이시이 기쿠지로(石井菊次郎, 1866~1945)간에, 미국은 영토적 근접성을 근거로 일본에게 중국에 대한 특수권익을 인정한다는 '랜싱-이시히(Lansing-Ishi) 협약'이 체결되었다. 이 조약으로 일본은 중국 내에서 활동의 자유와 북만주로의 진출, 그리고 산둥반도에서 독일이 갖고 있었던 권리를 차지하게 되었고 그 여파로 1918년 러시아 영내의 바이칼 호수 동쪽에 있는 시베리아까지 진출할 수 있었다.

2) 미국 해양력의 역할

• 일본의 해양진출 포용과 러시아에 대한 견제

먼저 미국은 청일전쟁 후 일본이 타이완·평후열도 등을 점령하고 남방해양으로 진출하는 것을 포용하였다. 이는 과거 20년 전에 미국과 영국이

---

31) 1905년 7월 동경에서 미 전쟁성 장관 윌리엄 하워드 태프트(William Howard Taft)와 일본 수상 가쓰라 다로(桂太郞)간에 체결된 밀약 ; 필리핀에 대한 미국의 지배권과 한반도에 대한 일본의 지배권을 상호 인정하고 조선이 일본의 동의 없이는 어떤 대외조약도 맺을 수 없도록 일본군의 감독체제를 확립하는 것이 러일전쟁의 논리적 결과라고 확인하였다. 이 밀약과 동시에 미국은 1882년 조미수호조약으로 성립된 조미외교관계를 정식 취소하고 외교승인을 철회하였다. 그 결과 1905년 11월 17일 제2차 한일협약(을사조약)이 체결되어 조선의 외교권이 박탈당한다.

32) 1908년 11월 워싱턴에서 美 국무장관 루트(Elihu Root)와 주미 일본대사 다카히라 고코로(高平小平郞) 사이에 체결된 밀약 ; 미국이 주장한 중국에서의 상업과 산업을 위한 기회균등 원칙의 지지와 양국의 영토적 소유령에 대한 상호 존중을 합의하고, 일본에게 조선에 대한 지배권과 만주에서 일본의 특수한 지위를 인정하였다. 조선에게 이 밀약은 1910년 8월 한일병합에 대하여 미국이 사전 승인하였다는 의미를 갖는다.

일본의 타이완 정복을 좌절시킨 것과 대조되는 행보였으며, 청일전쟁 후 러시아가 삼국간섭을 주도하여 일본의 대륙진출을 저지할 당시 미국과 영국이 일본의 지원요청을 중립이라는 명분으로 거절한 것과도 대비되는 행동이었다. 청일전쟁 이후 미국의 일본에 대한 이런 이율배반적인 행동은 어떻게 이해해야 할까? 그 답은 다음과 같다.

첫째, 미국은 자신의 영업적 이익에 위협이 될 강대국이 아시아 대륙에 존재하는 것을 원하지 않았다. 이를 위해 만주를 원래대로 중국 영토로 보전시킬 필요가 있었다. 그래서 만주에서 일본을 추방하도록 러시아 주도의 삼국간섭을 묵인하였던 것이다. 미국이나 영국은 시베리아 철도를 배경으로 남진하는 러시아나 향후 군사대국으로 성장할 일본이나 누구도 만주를 점령하는 것을 원하지 않았다. 1900년에 러시아가 만주를 점령하였을 때에도 미국은 동맹에 버금가는 수준에서 외교적, 재정적으로 일본을 지원하여 러시아의 만주 주둔을 견제하였었다.

둘째, 미국의 동아시아 정책의 기본원칙은 일본과 러시아가 대륙에서 세력균형을 이루어 해양으로 진출할 여력을 갖지 못하게 하는데 있었다. 더구나 일본이 청일전쟁 이후 아시아 강국으로 부상하게 되자 남진하는 러시아와 서로 대치하게 만들 필요성은 더욱 절실해졌다. 이를 위해 미국은 일본과 우호적 관계를 유지하고 일정 부분 해양진출을 용납해야 했다. 이 전략은 과거 영국이 유럽 대륙에 대해서 사용해 온 균형전략이자 오늘날 미국이 양 대양에 적용한 역외 균형전략과 동일한 전략이다.

셋째, 미국은 일본이 러시아가 아니라 미국을 선택하게 하기 위해서는 과거 일본이 취하고자 하였던 타이완의 재점령을 허용할 필요가 있었다. 미국이나 영국에게 최악의 상황은 러시아와 일본이 연합하여 다른 나라를 배제시키는 경우이다. 반면 일본이 가장 우려하는 것은 해양과 대륙으로부터 동시에 협공을 받는 경우이다. 양면의 위협을 견딜 수 없는 일본은 어느 일방을 친구로 선택하든가 적으로 선택해야 한다. 미국은 일본이 러시아를 택하기 전에 친구로 끌어들이기로 하였다. 실제 영국이 1902년 영일동맹을 체결한 이유 중 하나도 일본이 러시아와 동맹을 맺는 것을 방지하기 위해서였다. 당시 일본도 러시아와의 동맹 카드를 이용하여 영국으로부터 더 많은 것을 얻어내었다.

넷째, 가장 현실적인 이유로서 갑자기 강력해진 러시아 함대를 일본으로 하여금 대항하게 만드는데 있었다. 청일전쟁은 러시아의 유럽함대를 극동으로 불러들이는 결과를 낳았다. 이로 인해 동아시아의 해군 세력균형에 큰 변화가 일어났다. 러시아 극동함대가 아시아 최강의 함대로 부상한 것이다. 러시아 극동함대는 청일전쟁 이전에는 총 12척, 24,174톤, 대포 177문이었지만, 전쟁 이후는 총 25척 48,292톤, 대포 336문으로 두 배 이상 증강되었다. 특히 주력 장갑함에서 미국은 한 척도 없었고 영국 2척, 일본 2척인데 비하여 러시아는 총 4척을 보유하고 있었다. 일본이 북방의 러시아 함대에게 전념할 수 있도록 우호적 관계를 유지하기 위해 미국은 일본에게 타이완의 점령을 묵인해 주었던 것이다. 실제로 이러한 미·일·영 간의 공조는 러일전쟁까지 지속되었다.[33]

결국, 미국은 만주대륙의 공동화를 달성한 가운데 일본을 우군으로 삼아 러시아에 대항하게 함으로써 일본과 러시아의 해양 진출을 동시에 차단하였다. 반면에 일본도 미국과 영국의 포용전략에 편승하여 남방으로의 해양 진출선을 펑후열도-타이완-오키나와 선까지 확장할 수 있었다.

• 미국의 필리핀 진출과 일본의 포용

반면에 미국 해군은 스페인이 지배하고 있었던 필리핀을 확보하여 태평양에서 미국의 입지를 강화시켜주었다. 이 과정에서 일본은 미국을 지원하

---

33) 윤석준, 『해양전략과 국가발전』(서울 : 한국해양전략연구소, 2010), pp. 201~202 ; 1898년 러시아 함대가 뤼순항과 다롄항을 조차받아 점령하자 미국, 영국, 일본 삼국 해군은 양자강 하구에서 연합 해상훈련을 실시한 바 있으며, 영국과 미국은 일본의 군함 건조를 지원하였다.

였다. 1895년 이후 미국은 카리브 해와 태평양에서 서구열강과 긴장관계에 접어들고 있었다. 미국은 카리브 해에 정책의 우선순위를 두고 서구 열강들의 중남미에 대한 영향력을 배제시키려고 하였으며 먼저 쿠바의 독립을 억압하는 스페인과 부딪쳤다. 1898년 2월 15일 쿠바의 하바나(Havana)에 정박한 미 군함 메인(Maine) 함이 원인 모를 폭발로 침몰한 사건이 발생하자 이를 빌미로 미국은 스페인과 전쟁을 일으켰다.

미국의 작전개념은 신속하고 민첩한 작전으로 제국주의 유럽 열강들이 이 전쟁에 개입하기 이전에 범 세계에 전개된 스페인 함대를 동시에 무력화시키는 것이었다. 먼저 미 북대서양 함대(사령관 : William T. Sampson)는 쿠바의 스페인 군을 봉쇄하고 봉쇄된 스페인 군을 구출하기 위하여 지원해 온 스페인 주력함대를 격파하며, 아시아 함대(사령관 : George Dewey)는 필리핀에 있는 스페인 함대가 카리브 해 함대를 지원하지 못하도록 마닐라만을 봉쇄하여 스페인 함대를 격파하고, 미 해군의 잔여 전력을 집결하여 스페인 주요 연안이나 항만에 배치하여 스페인 본국의 함대를 차단하거나 교란하여 이들이 카리브나 태평양으로 지원을 못하도록 고착시키며, 그리고 이렇게 전 세계에 산개된 스페인 함대들을 각각 제거하여 제해권을 장악한 다음 육군과 합동작전으로 쿠바의 산티아고와 필리핀의 마닐라 만을 점령할 계획이었다.

1898년 4월 25일 작전이 개시되었다. 미국의 예측대로 스페인 정부는 세르베라(Pascual Cervera) 제독의 지휘 아래 카리브 해 구원함대를, 카마라(Camara) 제독 지휘 아래 아시아 구원함대를 각각 편성하여 쿠바와 필리핀에 순차적으로 파견하였다. 그리고 본국 방어를 위해 카디즈(Cadiz) 함대를 대기시켰다. 이와 같은 전력 분산은 스페인이 카리브 해에 집중해야 할 전력을 낭비하는 결과를 가져왔다. 먼저 아시아의 필리핀에 있는 스페인 함대(사령관 : Patricio Montojo)가 5월 1일 격파 당했고, 쿠바에서도 7월 3일 스페인의 세르베라 함대가 격파 당하였다. 필리핀을 구원하려고 수에즈 운하를 통과한 카마라 함대는 7월 8일, 스페인 본토에 대한 미국 해군의 위협이 고조되자 서둘러 회항하였다.[34] 결국 미국의 일방적 승리로 8월 12일 미·스페인 간 평화조약이 체결되었으며 이에 따라 푸에르토리코, 괌, 필리핀이 2천만 달러에 미국으로 양여되었고 쿠바가 미국의 보호령이 되었다.

당시 미국 아시아 함대의 주력은 순양함 4척과 포함 2척이었다. 필리핀에 있는 스페인 함대는 순양함 1척과 그 외 6척이 있었으나 대부분 노후 선박으로서 화력과 기동에서 모두 열세였다. 1898년 4월 27일 듀이(George Dewey, 1837~1917) 제독의 지휘 아래 미국 아시아함대는 홍콩을 출항하여 4월 30일 마닐라만에 도착하였으며 5월 1일 스페인 함대와 교전하였는데 그 결과는 미국 아시아함대의 일방적 승리였다.[35]

미국이 필리핀 점령에 나섰다는 소식을 접하게 되자 동아시아에서 중국에 대한 이권투쟁과 조차의 난전에 열중했던 열강들은 앞 다투어 대응 조치를 취하였다. 5월 2일 영국이 포함 린넷(Linnet) 함을 파견한 것을 시작으로, 일본 사이토 마코토(齊藤實)가 전함 아키즈시마(秋津島) 함을 몰고 왔으며, 독일, 프랑스, 오스트리아-헝가리 등 열강의 해군 군함들이 불과 1주일 내에 마닐라 현지에 몰려들었다.

미국이 우려한 것은 당시 아시아에서 적극적인 확장정책을 추진하고 있던 독일의 개입이었다. 독일은 세계 제2위의 해군국가로 발돋움하고 있었고 아시아뿐만 아니라 카리브 해에도 진출하여 1895년부터 미국과 마찰을 빚고 있었다. 독일은 자오저우 만의 영웅 디데리히스(Otto von Diederichs, 1843~1918) 제독 지휘 아래 5척의 군함을 현지로 급파하여 듀이(John Dewey) 제독의 미국 함대를 위압하려 하였다. 당시 독일 함대는 미국 함대보다 우세한 전력이었지만. 듀이 제독은 독일함대에게 전투를 원한다면 지금 당장이

---

34) George W. Baer, *One Hundred Years of Sea Power : The U.S. Navy, 1890~1990* (Stanford : Stanford University Press, 1993), 김주식 역, 『미국 해군 100년사』(서울 : 한국해양전략연구소, 2005), pp. 48~54.

35) William Oliver Stevens, *A History of Sea Power*, 김일상 역, 『세계해전사』(서울 : 연경문화사, 1979), pp. 292~295.

라도 개시할 수 있다는 취지의 서한을 디데리히스 제독에게 보냈다.[36] 이때 화력이 우세한 영국 치체스터(Chichester) 제독의 함대가 미국과 독일의 양국 함대의 중간 해역을 차지하고 있었고 일본 군함도 영국 군함에 근접하여 이를 지원하는 형태를 취함으로써 독일의 위압효과를 제거해 주었다. 프랑스는 중립을 선언했지만 그들의 함선을 독일함선 주변에 배치하였는데 이는 프랑스가 스페인에 대한 채권을 가지고 있어서 내심으로는 스페인이 지속적으로 필리핀을 점령하기를 바라고 있었기 때문이었다.[37] 러시아는 군함 한 척도 보내지 않으면서 일본을 비롯한 열강들의 관심을 필리핀에 묶어 두려고 노력했다. 1898년 5월 22일자 「New York Tribune」지는 러시아가 태평양으로 나갈 발판으로서 필리핀 군도 섬 몇 개를 스페인으로부터 조차할 것이라고 보도한 바 있었고 이로 인해 미국과 일본이 긴장하기도 하였다.[38]

이처럼 마닐라 만에서 미·일 간의 해군협력을 촉진시킨 것은 두 가지 요인 때문이었다.[39] 하나는 동아시아에서 해상패권을 두고 전개된 열강들 사이의 갈등구조에서 미국과 일본은 독일을 공동의 적으로 삼고 있었다는 것이다. 독일이 필리핀을 차지할 경우, 미국은 아시아에서 기반을 잃게 되고, 영국은 홍콩이 위협받게 되며, 일본은 자신이 점령하고 있는 타이완이 북쪽의 자오저우 만과 남쪽의 필리핀 양쪽으로부터 협공당하는 것을 우려하였다. 다른 하나는 러시아의 만주지배를 견제하려고 하였기 때문이었다. 1898년 미국이 스페인과 전쟁을 하고 있는 동안 일본은 만주에서 러시아와 독일을 견제해 주었다. 러시아는 일본의 관심을 남방해양으로 전환시키려고 하였고 반대로 미국과 영국은 일본을 북방대륙에 묶어 두려고 하였다. 일본은 우선 대륙으로부터의 위협이 더 급하다고 판단하고 영미의 전략에 편승하

---

36) 상게서, p. 296.

37) T. A. Bailey "Dewey and Germans at Manila Bay," *American Historical Review*. Vol. XLI, 1939, 최문형(2001), 전게서, pp. 255~259에서 재인용.

38) L. B. Shippee, "German-American Relations 1890~1914" *Journal of Modern History*. Vol. Ⅷ. Dec. 1936, 상게서, pp. 260~263에서 재인용.

39) Walter Lafeber(1997), 전게서, pp. 61~62, 이삼성(2009), 전게서, pp. 411~413에서 재인용.

였으며, 이러한 영·미·일 간의 전략적 협력기조는 일본이 러시아를 격퇴할 때까지 지속되었다.

• 미국 백색함대의 군함외교

미국의 중재로 러일전쟁이 종결된 후, 양국 국민 간에 적대적 감정이 형성되었고 급기야 양국 간에 전쟁 위험성까지 공론화되었는데 그 배경에는 다음과 같은 요인들이 있었다.

첫째, 러일전쟁에서 중재에 나선 미국에 대한 일본인들의 여론이 악화되었다. 러일전쟁에서 더 이상 전쟁을 지속할 수 없는 상황에 처하자 일본은 미국에 중재를 의뢰했다. 그런데 미국이 중재한 포츠머스 강화회담(Treaty of Portsmouth, 1905)에서 러시아는 전쟁의 원인이 일본의 기습공격에 있으며 러시아가 전쟁에 패한 것도 아니기 때문에 전쟁배상금을 치룰 이유가 없다고 전쟁배상을 거부하였고, 협상 결과 일본은 전쟁 배상금을 전혀 받을 수 없게 되었다. 러일전쟁 전비는 총 18억 2,629만 엔으로 이를 충당하기 위해 일본은 제1차 비상특별법을 제정하여 일률적으로 70% 증세한데 이어 2차 비상특별세법으로 누진세율을 30~200% 까지 추가 증세하였고 여기에 국채 14억 7,200만 엔(내국채 6억 7,200만 엔, 외국채 8억 엔)을 짊어지게 되었는데 이렇게 막대한 전쟁비용을 충당하기 위해 지금까지 허리띠를 졸라맨 일본 국민들은 이제 외국 빚까지 떠안게 되자[40] 정부에 대해 분노했다.

그러나 미국에 대한 분노는 그 이상으로 컸다. 일본인은 미국의 중재가 평화를 바라는 순수한 동기에서 비롯된 것이 아니라 반일적(反日的) 사악한 책략을 꾀한 것이라고 의심하였다. 그래서 루즈벨트에게 노벨평화상을 수여하게 되었다는 소식은 오히려 일본 국민의 분노를 폭발시키는 기폭제가 되었다.[41]

---

40) 가토요코(加藤陽子) 지음, 박영준 옮김, 『근대일본의 전쟁논리』(서울 : 태학사, 2003), p. 149.

둘째, 이와 반대로 미국 내에서는 반일감정(反日感情)이 고조되었다. 아시아인들은 한 때 미국 서해안 지역에 값싼 노동력을 제공해 주는 근원이 되었다. 일본인들도 미국 서부로 몰려들었는데, 1904년까지 4만 명 가까운 일본인들이 미국 서해안으로 이주하였으며 이렇게 증가하는 일본인들에 대하여 미국인의 반일감정은 높아졌다. 1906년 샌프란시스코 교육위원회는 중국과 한국인들을 위하여 별도로 설립한 학교에 일본인 자녀들도 입학시키라는 법률을 통과시킨데 이어 주 정부는 일본인의 토지 보유금지 제도 등 인종 차별적 법과 제도를 성립시켰다. 더구나 그 해 4월 샌프란시스코에서는 커다란 지진과 대화재가 발생하자 일부 백인들이 일본인들을 희생양으로 삼아 테러를 가하는 등 위험은 더욱 고조되었다. 1907년 5월 하순 인종적 갈등은 샌프란시스코와 일본인이 거주하는 다른 대도시에서 대규모 폭동으로 나타났다. 선동적인 언론 매체들은 불안한 불꽃에 부채질을 했고, 동양에서 오는 황인종에 대한 공포를 부추겼으며 양국 언론에서도 전쟁 가능성을 언급하였다.[42]

셋째, 보다 근본적인 문제로 양국 간 국제적 위상변화에 따라 아시아에서의 주도권 경쟁이 심화되었다. 일본은 미일조약에 따른 미국과의 불평등 관계를 만국공법에 의한 평등관계로 개선하기 위하여 노력하여 왔는데 일본에게 러일전쟁에서의 승리는 서양국가를 물리친 세계 강대국으로 위치를 굳건히 해주었다. 포츠머스 강화회담 중재를 미국의 일본에 대한 간섭이라고 생각하는 일본인에게 미국의 인종 차별은 참을 수 없는 모욕으로 여겨졌다. 결국 일본 정부가 나서서 미국 정부에 대하여 인종차별 문제의 개선을 강력히 요구하였다. 반면에 미국은 1898년 미서전쟁을 통하여 세계적 해군강국으로 발돋움하고, 문호개방 정책을 앞세워 아시아에 적극적으로 진출하고 있었다. 일본의 독주는 미국의 아시아 진출에 방해가 될 수 있었다.

---

41) George Friedman & Meredith Lebard, 동아출판사 역(1991), 전게서, p. 60.
42) 상게서, pp. 66~67.

특히, 러일전쟁 결과 아시아 최강대국으로 부상한 일본이 만주를 차지하게 됨으로써 미국의 문호개방 정책에 위협이 될 수 있었다. 미국은 강대국으로 부상한 일본을 견제하고자 하였다. 사실 포츠머스 회담의 중재도 이런 의도에서 비롯된 것이었다. 더구나 일본이 자원의 보고인 남방으로 눈을 돌린다면 미국령 필리핀의 안보도 위태로워 질 수 있었다.

그러나 미국은 아직 일본과 전쟁할 준비가 되어 있지 않았다. 태평양에는 소규모 순양함만 배치되어 있었고 대부분 함대 주력은 대서양에 배치되어 있었다. 루즈벨트 대통령은 죠지 듀이 제독, 알프레드 마한 대령과 같은 현역 장교와 예비역 고급장교로 구성된 대규모 기획조직인 해군일반위원회(Navy General Board)를 구성하여 일본에 대한 대응책을 강구하도록 지시하였다. 1907년 6월 18일 위원장인 듀이 제독은 전투함대를 집결시켜 가능한 빨리 동양으로 파견해야 한다고 건의하였지만 정부 내 반대의견도 많았다. 그 이유는 함대전력을 태평양으로 이동시킬 경우 미국 이해관계의 핵심인 대서양에서 안보공백이 발생한다는 것과 태평양 대양에서 함대를 운영한다 해도 석탄 등 군수보급이 힘들기 때문이었다. 더구나 영국과 일본은 동맹국로서 양 대양에서 협공해 올 수도 있었고 유럽대륙에서는 독일이 통일제국을 건설하고 세계로 확장하고 있었다. 그러나 루즈벨트는 모험을 하기로 하였다. 1907년 6월 27일, 정점에 달하고 있는 일본과의 외교적 위기를 "말은 부드럽게 하되, 큰 몽둥이를 들고 다니라(speak softly and carry a big stick)"는 군함외교로 해결하기로 결심하였다.[43]

이에 따라 1907년 7월 2일 루트(Elihu Root, 1845~1937) 국무장관은 대서양 함대가 '연습훈련' 목적으로 11월경에 태평양의 샌프란시스코에 전개될 것이라고 언론에 발표하였다. 이 대서양함대가 세계일주에 나서면서 대백색함대(The Great White Fleet)라는 명칭을 얻게 되었다. 이 미국의 세계일주 군함외

---

[43] Henry J. Hendrix, *Theodore Roosevelt's Naval Diplomacy : the U.S. Navy and the Birth of American Century* (Annapolis Maryland : The United States Naval Institute, 2009), 조학제 역, 『시어도어 루즈벨트의 해군외교』(서울 : 한국해양전략연구소, 2010), pp. 6~7.

교는 다양한 목적을 지니고 있었다.

첫째, 국내적으로는 서부해안 주민의 불안을 해소할 뿐만 아니라 국민들의 해군에 대한 지지를 획득하는 것이었다. 특히, 국회에 요구한 군함 건조계획이 승인 되는데 도움을 줄 수 있는 여론을 형성하자는 것이었다.

둘째, 남미 국가들의 미국에 대한 신뢰증진과 외부 열강의 간섭을 배제하는 것이었는데 이는 먼로독트린을 구현하는 것이었다. 백색함대는 특히 남미국가들 즉 브라질, 아르헨티나, 멕시코 등을 방문할 때 그 나라의 대통령과 수십만 군중들의 열렬한 환영을 받았다.

셋째, 장차 미국에게 위협이 될 수 있는 국가들에 대한 예방외교였다. 미국은 1898년 태평양(필리핀)에서, 1902~1903년간 카리브 해(베네수엘라)에서 독일과 갈등을 겪은 경험이 있었는데, 차제에 미국 함대의 위용과 결의를 과시하여 불필요한 마찰은 사전에 예방하자는 것이었다.[44)]

넷째, 백색함대의 가장 중요한 임무는 일본을 강압하여 전쟁의 위험을 억제시키는데 있었다.

백색함대는 에반스(Robley D. Evans, 1846~1912) 제독의 지휘 아래 1907년 12월 16일 동부 버지니아의 햄프톤 로드(Virginia Hampton Road) 해상에서 대통령 전용 요트인 메이플라워에 승함한 루즈벨트의 환송을 받고 출항하였다. 백색함대는 총 18척의 전함이 참가하였으며 남미를 돌아 미국 서해안 여러 도시들을 순방하고 캘리포니아에서 함대정비를 한 후 2척의 전함이 다른 전함으로 교체되었고 함대사령관을 스페리(Charles S. Sperry, 1847~1911) 제독으로 교체하였다. 이 순항 항해에는 14,000여 명의 승조원과 해병대 대원이 참가하여 총 43,000 마일을 항주하면서 6대륙 22개항을 방문하는 군함외교를 펼치

---

44) 1902년 남미 베네수엘라가 경제악화로 외채상환이 불가능해지자 독일과 영국이 공동으로 베네수엘라에서의 이권 획득으로 외채 상환을 대체하는 방식으로 베네수엘라에 진출하려하자, 미국은 듀이 제독 지휘 하에 함대훈련 명목의 무력시위를 하여 영국과 독일의 개입을 무산시킨 바 있었다. 반면에 독일은 미국 백색함대가 방문시 환영을 명목으로 미국 전함과 같은 척수인 16척의 전함을 동원하여 해상에서 도열하였는데 이는 은근히 미국과 맞설 수 있음을 과시한 것이기도 하였다.

고 1909년 2월 대통령의 환영을 받으며 햄프톤 로드에 입항하였다.[45)]

태평양 순회에서 백색함대는 하와이-뉴질란드-오스트레일리아를 거쳐 필리핀 마닐라에 1908년 10월 2일 도착하였다. 1908년 10월 10일에는 백색함대의 핵심 임무인 일본으로 향했다. 일본은 페리의 흑선함대 이후 최대 규모의 최신예 전함함대를 맞이하게 되었다. 백색함대가 미국을 출항하자 워싱턴 주재 일본 해군무관은 대서양 함대의 태평양 일주는 일본에게 어떤 인상을 주기 위해 의도적으로 실행되고 있다고 본국에 보고하였다. 일본 외교관 시게노부 오쿠마(大隈重信, 1838~1922) 백작도 루즈벨트의 해군력은 일본을 지향한 것이며, 미국 해군이 열강의 대열 속으로 도발적인 진입을 하게 됨으로써 서구사회에 경종을 울리게 될 것이라고 하였다.[46)]

그러나 일본의 실제 행동은 이러한 우려와는 달랐다. 10월 17일 백색함대가 도착하기 하루 전날 요코하마 신문 「보야키 신보」는 '백색함대 만세'라는 방문환영의 기사를 실었다. 백색함대의 방문을 기념하는 여러 종류의 우표가 발행되었고, 각종 기념품들이 시장에 나왔다. 도쿄의 정치가들은 태평양의 동서 양쪽에서 문제를 일으키고 있는 일본 이민자들의 권리와 미국의 해군력 과시를 연결시키려고 하지 않았으며 오히려 백색함대의 방문에 대하여 평화를 원한다는 자신의 뜻을 보여주는 기회로 삼았다.

10월 18일 백색함대가 요코하마 항에 들어서자 일본 정부의 준비된 환영식이 성대하게 열렸다. 일본의 전함 16척과 순양함이 3척이 마중 나와 동조기동을 해주었고, 수만 명의 시민들이 환영하였으며, 만 오천 명의 도쿄 시민이 횃불 행렬에 참가하였다. 백색함대의 제독들은 황궁에 초대받아 일왕이 주관하는 오찬에 참가하였다. 러일전쟁의 영웅 도고 제독은 원유회를, 가쓰라 다로 수상은 공식연회를 연이어 베풀어주었다. 함장들은 도쿄 임페리얼 호텔 특실에서 지냈고, 영관장교들은 철도 승차권을, 부사관은 트롤

45) Henry J. Hendrix(2009), 조학제 역(2010), 전게서, pp. 295~308.
46) George W. Baer(1993), 김주식 역(2005), 전게서, p. 85.

리 무료 탑승권을 받았다.[47)]

미국 백색함대의 군함외교는 이처럼 성공적이었다. 메이지 일왕은 만찬에 참석한 미국 손님들에게 이번 방문으로 미국과 일본의 유대가 공고해지기를 희망한다고 말했다. 미국함대가 일본 해역을 벗어난 지 이틀 후 워싱턴 주재 일본 대사는 태평양에서 위대한 양국의 두 함대는 극동에서 상호 이익을 위해 협력하게 되었다고 미국 정부에 전달했다. 1908년 미 해군 함대가 동경을 방문하고 나서 일본 정부 및 언론들에게서는 마술처럼 미국과의 갈등이 사라졌으며 미일관계는 평정을 되찾았다. 루즈벨트 대통령은 백색함대는 평화 시에 대규모 해군을 태평양에 배치할 수 있다는 것을 보여줌으로써 우리가 무엇을 할 수 있는지를 보여 준 것이라고 하였으며 이것이 미국이 해양력을 보유하고 있는 가치라고 평가하였다.[48)]

1908년 미국 함대의 인상적인 도쿄 항 방문이 이루어진 뒤, 미국의 국무장관 루트(Elihu Root)는 워싱턴에서 일본 대사 다카히라 고고로(高平小五郞)를 만났다. 이후 미·일 간의 대화는 루트-타카히라(Root-Takahira Agreement) 합의를 만들어 내었는데 이는 일본의 필리핀에 대한 불가침 약속과 함께 반대급부로 미국은 일본이 중국과 한국에 대해 배타적 이익을 갖는 것을 인정한다는 것이었다. 이 합의는 양측의 활동무대에 관한 관계를 설정한 것으로 그 후 20년간 양국의 갈등을 방지해주는 역할을 하였다.

3) 일본 해양력의 역할

• 일본의 남태평양 진출과 미국의 포용

러일전쟁 이후 일본이 직면한 심각한 문제는 두 가지가 있었다. 하나는 방대한 전비부담으로 급속하게 곤궁해진 국가경제를 부흥시키고, 국가 내

---

47) 상게서, p. 84.

48) Sidney C. Moody, Jr, *War Against Japan* (Novato, California : Presido Press, 1994), p. 16. 정호섭, 『해양력과 미일 안보관계』(서울 : 한국해양전략연구소, 2001), p. 22에서 재인용.

부를 재정비하는 것이었다. 다른 하나는 러일전쟁으로 확장된 산업을 지속적으로 발전시키는 일이었다. 일본이 선택한 문제해결 방안은 첫째, 러시아로부터 획득한 만주에서의 특권을 지속적으로 확보하고, 둘째, 중국 대륙에 대한 경제적 지배를 강화하며, 셋째, 자원의 보고인 동남아로 진출하는 것이었다.

1914년 제1차 세계대전이 발발하자 일본은 이 모든 문제를 해결할 호기를 맞게 되었다. 당시 일본은 영국과 동맹관계를 유지하고 있었으며, 1915년 5월 이탈리아는 '3국동맹'에서 탈퇴하여 '3국협상' 측으로 가담하였고, 미국도 1917년 4월 독일의 무제한 잠수함전을 빌미로 '3국협상' 측에 합류했다. 이렇게 일본에 우호적인 반독(反獨) 연합전선이 형성되자 일본은 아시아에서 유럽 전력의 공백이 발생한 틈을 이용하여 아시아 지역에 있는 독일의 영유지들을 접수하고 해양지배권을 북서태평양에서 남서태평양까지 확장시켰고 미국을 비롯한 반독연합은 전쟁의 승리가 더 긴요했기 때문에 일본의 중국 및 남태평양 진출을 허용하였으며 그 결과로 세계지도와 태평양의 세력균형 판도가 바뀌게 되었다.

1914년 7월 28일, 오스트리아가 세르비아에 선전포고를 한 것을 계기로 제1차 세계대전이 발발하자 제2차 오쿠마(大隈重信) 내각은 일단 중립을 선언했었다. 그러나 8월 7일 영국으로부터 중국해에서 활동하는 영국 상선을 보호하기 위해 독일의 위장 순양함 수색과 격퇴라는 한정된 지원임무를 요청받자, 일본 내각은 긴급각의와 원로회의를 통하여 구주(歐洲)의 대혼란은 일본 국운의 발전에 대한 대정(大正) 신시대의 천우로서 동아 발흥의 호기를 놓쳐서는 안된다는 결의를 다지고 영국과 프랑스 측에 참전하기로 결정하였으며 이를 즉각 행동에 옮기기 시작하였다.

8월 15일 일본은 독일에 대하여 자오저우 만 조차지 전부를 중국에 환부할 목적으로 일본에게 교부를 요구하는 최후통첩을 발행하였고, 독일이 이 요구를 거절한 것을 근거로 8월 23일 대독 선전포고를 하였다. 이와 같이 일본의 발빠른 대독 전쟁은 영국의 상선보호가 아니라, 동아시아 특히 중국 및 만주 그리고 서태평양 상에서 획득할 것으로 기대되는 이익을 고려하여 결정되었던 것이다.

이어 1914년 10월 14일, 일본은 적도 이북의 독일령 남양제도를 점령하였고, 동년 11월 7일 칭다오를 점령하는데 성공하였다. 이제 이를 영속화시키는 과업이 남았으나 기회는 쉽게 찾아왔다. 독일의 통상파괴전이 무제한적으로 시행되자 1916년 영국은 일본에게 남태평양과 인도양까지 함대(순양함 4척, 구축함 4척)를 파견해 줄 것을 요청하였고[49] 일본은 중국해, 인도양, 남태평양에서 해상교통로 보호 임무를 수행하였다. 연합국은 이에 추가하여 일본에게 해군 함대를 지중해, 대서양, 발틱해 전역에 파견해 줄 것을 요청하였는데 일본은 이를 거절하다가 1917년이 되어서야 비로소 소형 구축함 전대를 지중해에 파견한 후 동년 2월 16일 영국과 밀약을 체결하였다. 영국정부는 전쟁이 종결되어 강화회담이 개최되면, 독일이 보유하고 있던 산둥에서의 모든 권리와 적도 이북의 제도의 영토에 관하여, 일본이 제안하는 요구사항을 지지해 줄 것임을 일본정부에게 흔연히 응락한다는 내용이었다. 일본은 프랑스, 러시아, 이탈리아와도 이와 유사한 내용을 극비 각서의 형태로 교환하여 강화회담에서 서로 획득할 권익에 대하여 상호 보장하여 주기로 약속하였다.[50]

일본은 또한 칭다오 공략이 성공한 이후인 1915년 1월 18일 위안스카이(袁世凱, 1859~1916)와 쑨원(孫文, 1866~1925) 혁명파가 대립하고 있던 중국에 대하여 악명 높은 대중국 21개조의 포괄적 요구사항을 전달하였다. 일본과 중국 사이에 총 25회에 달하는 회합 끝에 결국 1915년 5월 25일 21개조 요구 대부분을 담은 2개의 조약과 13개의 교환공문이 조인되었다.[51] 일본이 숙원하

---

49) 가토요코(加藤陽子) 지음, 박영준 옮김(2003), 전게서, pp. 161~172.

50) 상게서, p. 165.

51) 상게서, p. 166 ; 주요 내용은 ① 중국정부는 일본정부가 독일정부와 협정할 산동반도 처분에 관한 사항에 대하여 승인한다. ② 뤼순과 다롄, 남만주철도, 안봉철도의 조차

였던 만주의 영속적 지배와 대륙 진출의 발판을 마련한 것이다.

미국도 이를 현실로 받아들였다. 1917년 11월 워싱턴에서 미국 국무장관 랜싱(Robert F. Lansing)과 일본 특사 이시이 기쿠지로(石井菊次郎, 1866~1945)는 이른바 '랜싱-이시이 조약(Lansing-Ishii Agreement)'을 체결하고, 일본이 중국과 근접한 지역에서 갖는 특수한 이익들을 인정하였다. 다음 해인 1918년 일본은 중국으로부터 만주와 내몽고에서 획득한 권리를 영속화하고, 산둥반도에서 독일이 보유하고 있던 권리를 일본이 대신 차지하는 것에 대하여 중국의 동의를 받게 되었다.[52] 이로서 일본은 모든 연합국들로부터 독일이 차지했던 중국 및 남태평양의 제도를 점령하는데 동의를 받게 되었다.

1919년 6월 18일 참전국들 간에 열린 파리강화회의에서 베르사유 조약이 체결되었는데 이 조약이 세계지도를 바꾸어 놓았다. 남태평양의 독일령 섬들이 일본과 영국에 의하여 분할 점령되었다. 일본은 동경 135도에서 180도에 사이, 적도에서 북위 20도 사이에 있는 도서, 즉 마셜, 캐롤라인, 마리아나 제도들에 대하여 국제연맹으로부터 위임통치령을 갖게 되었다. 적도 이남의 독일령은 영국을 대리하여 오스트레일리아와 뉴질랜드가 위임통치를 하게 되었다.

이로써 일본은 경제적으로는 가치가 없었지만 전략적으로 중요한 전초기지를 손에 넣었고 북서태평양에서 벗어나 남서태평양으로 진출하게 되었다. 일본은 대륙국가가 아닌 해양국가에 편승하여 광대한 해양을 얻었고, 미국은 당시만 해도 전쟁에 동참해 준 동맹국인 일본을 포용하기로 하였는데 이것이 이후 30년 동안 태평양의 구도를 결정하는 결과가 되었다.

기한을 각각 99년간 연장한다. ③ 그 외 중국에서의 일본인 치외법권과 치안유지, 관세, 개발이익 독점 등 이었다. 일본이 획득한 조차권의 만료기한은 뤼순과 다롄은 1923년, 남만주철도는 1940년, 안봉철도는 1923년이었다.

52) 이삼성(2009), 전게서, pp. 470~472.

다. 미·일간 권력 대등화기

1) 미·일간 패권경쟁 전략

미·일 양국간 권력 대등화기는 제1차 세계대전 발발 이후부터 중일전쟁 발발 직전(1937)까지의 기간으로서 주로 워싱턴 조약체제가 유지되었던 기간이다. 일본은 제1차 세계대전을 통하여 아시아 최강대국이자 세계적 국가로 성장하였고 러일전쟁으로 입은 재정 적자도 흑자로 돌아섰다. 일본은 중국뿐만 아니라 남서태평양 상에서 마리아나, 캐롤라인, 마셜 군도 등을 차지하고 하와이와 대면하게 되었다. 아시아에서 일본에 대항할 수 있는 국가는 하나도 없었으며 교오(驕傲)의 창궐(猖獗)이 되었다.

제1차 세계대전을 치르는 동안 미국은 처음으로 유럽전쟁에 참전하였으며 그로 인해 태평양에서는 일본의 진출을 포용하였다. 그러나 이 포용의 결과로 일본이 동태평양 중앙에 위치한 하와이까지 위협하게 되었다. 하와이는 미국 연안으로 접근하는 길목이자 미국 해군기지가 있는 전략적으로 중요한 곳이었다. 이에 미국은 더 이상 일본의 진출을 허용하지 않겠다는 억제정책을 추구하게 되었는데 미국이 채택한 전략은 두 가지였다. 하나는 양 대양 함대와 2개의 전역에서 주요 전쟁을 동시에 수행하는 전략이었다. 이 전략개념은 오늘날의 미국 군사전략의 핵심이 되고 있다. 또 하나의 전략은 국제적 협력 메커니즘을 이용한 평화증진 정책이다. 국제연맹(1920년 창설)이나 워싱턴-런던 조약체제(1922~935)가 이에 해당하며 현재 미국 정책에서도 중요한 부분을 차지하고 있다. 미국은 워싱턴-런던 체제를 성사시킴으로써 미국에게 위협이 되는 영일동맹을 해체하고, 일본의 해군력 증강을 억제시키고자 하였다.

이에 대하여 일본도 미국의 태평양에 대한 지배를 거부하는 전략으로 맞섰는데, 1931년 만주사변을 일으키고 중국대륙에 진출하는 한편 이를 교두보로 삼아 동남아로 진출하고자 하였다. 반면 미국은 일본이 대륙에 빠져서 해상으로 나오지 못하도록 중국을 지원하는 전략을 구사하였다.

2) 미국 해양력의 역할

• 태평양 우선주의로 전환 및 대일(對日) 억제

유럽전쟁이었던 제1차 세계대전이 종료되자 일본은 서태평양 북방의 타이완-오키나와를 잇는 선에서 남방의 마리아나, 캐롤라인, 마셜 등 적도 북쪽에 있는 군도들을 연결하는 하나의 해양권역을 설정하고 여기에 일본식 먼로독트린을 적용할 수 있게 되었다. 이 해양권역 안에는 홍콩, 싱가포르, 말레이시아, 인도네시아 등 주요 거점과 전략자원이 포함되어 있었다. 더구나 이 권역은 남방으로는 뉴기니와 600마일 또 여기서 호주와는 100마일의 지척거리에 두고 있었고, 동방으로는 하와이와 2,000여 마일의 거리에서 마주 대하고 있었다. 즉, 미국의 영향권에 있는 오스트레일리아와 하와이가 일본의 위협에 노출된 것이다. 이제 일본 함대는 새로 획득한 기지를 발판으로 삼아 언제라도 동태평양까지 출동할 수 있게 되었다. 반면에 미국의 극동기지는 본토로부터 멀리 떨어져 있는데다가 너무나 빈약하였으며 필리핀과 괌이 일본의 해양권역의 중앙에 갇혀 포위되어 버렸기 때문에 미국이 필리핀을 방위하기 위하여 함대를 급파하려면 하와이-미드웨이-웨이크-괌을 잇는 파이프 라인을 보호해야만 했다.[53)]

그래서 미국은 일본에 대한 억제대책을 강구해야만 했다. 먼저, 미국은 해군의 총체적 전력을 증강시켰다. 제1차 세계대전 중인 1916년, 윌슨(Thomas Woodrow Wilson, 1856~1924) 대통령은 1925년까지 세계 최강의 해군을 건설한다는 목표로 건함계획에 착수하였다. 드레드노트(Dreadnouhgt)급 전함 10척, 전투순양함 6척 등 총 156척의 함정을 5개년에 걸쳐 건조하기로 하고 의회의 승인을 받았다. 전함 10척 중 6척은 42,000톤 16인치 함포 12문을 장착

---

53) George Friedman & Meredith Lebard, 동아출판사 역(1991), 전게서, p. 72.

하고, 4척은 32,000톤 16인치 함포 8문을 장착할 예정이었는데 이 최신예 전력은 미국의 일방주의를 실현할 해군력으로서 일본의 위협이 가시화된 1919년 7월부터 건조되기 시작하여 1922년에서 1923년 사이에 완성되었다.[54)]

〈표 6-7〉 미국 전함 증강 현황

연도	1914	1916	1918	1920	1922
척수	10척	14척	17척	20척	21척

• 출처 : George Modelski & William R. Thompson, *Seapower in Global Politics, 1494~1993* (Seattle : University of Washington Press, 1988), pp. 237~238를 토대로 작성.

그 결과 모델스키(George Modelski)와 톰프슨(William R. Thompson)이 공동으로 분석한 자료에 따르면, 세계 해양력에서 미국의 해양력이 차지하는 비중은 1915년 11.1%에서 1925년 36.9%로 대폭 상승하게 되어 미국이 세계 제1위의 해군국가가 되었다.[55)]

둘째, 태평양함대의 전력을 증강시켰다. 러일전쟁에서 러시아의 패인이 함대의 분산배치에 있었다는 교훈에 따라 1906년 해군성 장관 메트칼프(Victor H. Metcalf, 1853~1936)는 미국의 분산된 함대를 모두 통합하여 2개의 함대 즉 대서양함대와 태평양함대로 재편하였다. 그러나 당시는 대서양 시대로서 1907년 대서양함대는 미국이 보유한 모든 전함 16척으로 구성된 세계 최강의 전함함대로 구성되었던 반면 태평양함대는 전함은 1척도 없이 장갑순양함과 경순양함 각 8척, 총 16척으로 구성되었었다. 그러나 베르사유 조약이 체결된 1919년은 미국 해군 역사에 새로운 시대가 개막되고 있음을 알리고 있었다. 1919년 봄에 다니엘스(J. Daniels) 해군성 장관은 대서양함대와 태평양함대를 동일한 수준으로 재편하였다. 전함 8척을 포함하여 16척으로 구성된 태평양함대는 로스앤젤레스에 기지를 두고 태평양 시대를 개막하였다. 미 해군 역사상 처음으로 전함이 태평양에 배치된 것이다. 이 함대의

54) George W. Baer(1993), 김주식 역(2005), 전게서, pp. 108~110.
55) George Modelski & William R. Thompson(1988), 전게서, pp. 123~124.

유일한 목적은 일본에게 미크로네시아의 이동으로 벗어나지 말라는 경고이자 억압이었다.[56] 해군성 장관 다니엘스는 "이제 미 해군은 우리의 긴 해안선을 방위할 수 있을 뿐만 아니라 태평양에 철의 장벽을 구축하여 미국이 일찍이 느껴 본적이 없는 안도감을 주게 되었다"[57]고 하였다.

이에 일본도 물러서지 않고 군함 건조계획으로 대응했다. 1920년 일본 의회는 「88함대 건조계획」 1차분을 승인했다. 총 103척의 현대식 군함을 목표로 한 이 계획은 슈퍼 드레드노트급 전함 8척과 전투순양함 8척을 각각 8년 이내에 건조하도록 계획되었다.[58]

미국도 더 강경히 맞섰다. 1921년엔 대서양 함대와의 균형도 깨뜨리고 태평양함대의 전함을 10척으로 증강했고 더 나아가 1922년 12월에는 전함 총 18척 중 태평양함대에 12척을 배치하여 전투함대로 편성하고, 대서양에는 6척을 배치하여 초계함대로 운영하였다. 이는 워싱턴 조약체제의 성립에 따른 대책이기도 하였다. 태평양함대는 전투함대(Battle Fleet), 함대기지군(Fleet Base Force), 정찰함대(Scouting Fleet), 관제군(Control Force) 등 4개 부대로 편성되었고, 최신예 전함 12척과 대형 항공모함 2척으로 전투함대와 기지함대를 구성하여 태평양 해안에 배치되었다.[59]

셋째, 미국은 일본과 전쟁에 대비한 오렌지 계획에 본격적으로 착수하였다. 제1차 세계대전 동안 가동하지 않았던 육군-해군합동위원회(JANB : Joint Army and Navy Board)를 1919년 재소집하였고, 그 해 7월 그 예하에 합동기획위원회(JPC : Joint Planning Committee)를 신설하여 전쟁기획에 전념하도록 하였다. 이 합동기획위원회는 그동안 방치되었던 오렌지 계획을 본격적으로 정비하기 시작하였다. 태평양 특히 일본의 남태평양 도서의 점유에 대한 전략적 의미와 필리핀에 대한 위협, 일본이 중국에서 배타적 지위를 확립하거나 영

56) George W. Baer(1993), 김주식 역(2005), 전게서, pp. 74~75, pp. 165~166.
57) George Friedman & Meredith Lebard, 동아출판사 역(1991), 전게서, p. 74.
58) George W. Baer(1993), 김주식 역(2005), 전게서, p. 180.
59) 상게서, p. 194.

국과 공모하여 미국을 배제시킬 가능성, 미·일간 전쟁이 발생할 경우 영국의 개입가능성 등에 대한 검토가 집중적으로 이루어졌다. 1920~1930년대 미 해군대학에서 실시한 총 136회의 워게임과 도상 연습 중 126회가 일본과의 전쟁을 모의 실험한 것이었다.[60]

• 워싱톤 조약체제 구축을 통한 대일(對日)억제

제1차 세계대전은 28개국 약 7,000만 명(유럽 약 6,000만 명 포함)의 병력이 동원되어 50개월 동안 전쟁을 치렀다. 전쟁 비용은 직접비 1,860억 달러 간접비 1,510억 달러 총 3,370억 달러가 넘게 들었다. 인명피해는 민간인 포함 3,700만 명 이상 발생했다. 군인 900만 명과 민간인 500만 명이 전사했고 700만 명이 평생 불구로 살았다. 이 전쟁으로 러시아, 독일, 오스트리아, 터키 등 황제 제국시대가 마감되었다. 패전국은 물론 승전국의 모든 산업기반이 무너져 모두가 패자가 되었다.[61]

그러나 미국은 이 전쟁을 유럽전쟁(European War)이라 불렀다. 역외국가로 참전했던 미국과 일본은 산업기반을 고스란히 보존하면서 세계 판도를 바꾸었다. 재정적으로도 미국은 전전 채무국에서 전후 채권국으로 지위가 역전되었다. 일본도 재정적자를 흑자로 전환시켰다. 미국이 세계 최강의 국가로, 일본이 아시아 최강의 국가로 부상한 것이다. 그런데 아·태지역의 지배국가로 떠오른 일본은 군사력을 더욱 확장시키고 팽창정책을 추구하고 있었다. 이에 미국은 일본의 팽창을 저지하기로 하고 군사적 조치를 강화했지만 이것만으로는 부족했다. 반면에 세계대전의 재앙을 경험한 국민들은 군사력 증강을 원하지 않았다. 신임 대통령 하딩(Warren G. Harding, 1865~1923)과 국무장관 휴즈(Charles Evans Hughes, 1862~1948)는 군함대신 외교를 택하고 국

60) 상게서, p. 166, p. 234, 정호섭(2001), 전게서, p. 24.

61) http : //ko.wikipedia.org/wiki/「한국일보」 2014. 10. 20. http : //www.Hankookilbo.com// http : //blog.daum.net/nhkim12/(검색일 : 2015. 1. 25.)

제 협력주의에 입각한 보다 더 포괄적이고 평화적인 방법으로 접근하기로 하였다.

결국 미국의 주창에 따라 세계열강이 워싱턴에 모여 1921년 11월 12일부터 1922년 2월 6일까지 약 3개월 동안 세계 안보문제 특히 극동지역의 안정적인 질서확립과 군비제한에 관해 논의하였다. 당시 이 회의는 대서양의 워싱턴에서 열리고 있었으나 화살은 태평양 너머의 도쿄를 향하고 있었다. 미국의 목적은 미국에게 가장 위협이 되고 있는 영일동맹의 해체, 일본의 중국에 대한 독점적 지배 거부, 일본 해군력 증강에 대한 억제 등이었다. 마침내 3개의 조약, 즉 「4개국 조약」, 「9개국 조약」, 「5개국 조약」이 성사되었다.

「4개국 조약」은 전승국이자 세계 4대 강국이었던 미국, 영국, 일본, 프랑스 간에 체결된 것으로 강대국간 상호 이익과 권한을 존중하고 국제문제 해결을 위하여 협력하기로 약속한 것이었는데 이 조약의 성립과 함께 영일동맹이 해체되었다.

「9개국 조약」은 아시아와 이해관계를 가지고 있는 미국, 영국, 일본, 프랑스, 이탈리아, 네덜란드, 포르투갈, 벨기에, 그리고 중국 간에 체결된 것으로, 중국에서 특정 열강의 영향권을 배격하고 기회균등을 지지하며 중국의 주권과 독립, 그리고 영토적·행정적 존엄성을 보장하기로 합의하였다. 이 조약의 실질적 목적은 일본의 중국에 대한 독점적 지배를 억제하는데 있었으며 그 결과 일본은 자오저우(膠州灣)를 중국에 반환하는데 합의하였다.

「5개국 조약」은 미국, 영국, 일본, 프랑스, 이탈리아 등 세계 5대 해군국가 간에 체결된 해군군비제한조약(Naval Arms Limitation Treaty)이다. 이 조약의 목적은 표면상으로는 해군경쟁의 재발을 방지하여 평화를 구축하는데 있었으나, 실제로는 전후 팽창하고 있던 일본 해군을 병에 담아 넣고 병마개를 닫아 두자는데 있었다.

이 중에서도 워싱턴 체제의 핵심은 해군군비조약인 「5개국 조약」인데, 그 주요 내용은 첫째는 각국별 보유할 주력함의 상한선을 설정한 것이었다.

해군 강대국 간에 주력함 보유비율을 〈표 6-8〉에서 보는 바와 같이 영국 : 미국 : 일본 : 프랑스 : 이탈리아=5 : 5 : 3 : 1.67 : 1.67로 정하였다.

〈표 6-8〉 워싱턴 해군 군비제한조약 주요 내용

함 형	미국	영국	일본	프랑스	이탈리아
주력함	525천 톤	525천 톤	315천 톤	175천 톤	175천 톤
항공모함	135천 톤	135천 톤	81천 톤	60천 톤	60천 톤
비고	·전함 : 미15, 영15, 일9척으로 제한, 10년간 건조 중단. ·항모 : 총톤수 상한선 이내에서 척수는 제한없음. 3만3천 톤 이내 2척까지 개조 허용 ·보조함 : 1만 톤 이하 8인치 이하 제한 없음.				

〈표 6-9〉 요새화 제한조약 내용

구분	요새화 금지도서	요새화 가능지역
미국	괌, 필리핀, 알류산 열도	하와이, 알래스카, 파나마, 태평양 연안.
영국	홍콩	싱가포르, 오스트레일리아, 뉴질란드, 캐나다.
일본	타이완, 평후열도, 아마미오시마, 보닌, 루추, 쿠릴열도.	본토와 부속도서

둘째는 태평양 전역에 있는 도서와 해안에 대한 요새화를 제한하는 것이다. 태평양 도서에 대한 요새화 금지는 〈표 6-9〉에서와 같이 서태평양 중앙을 힘의 공백지대로 만들어 쌍방이 상대방을 공격할 수 없게 만들자는 취지였으나 미국 해군뿐만 아니라 영국의 해군 전략가들로부터도 비난을 받았다. 그 이유는 미국 해군 전력의 전부를 태평양에 집중시켜 일본보다 10 : 7의 우세한 전력을 보유한다고 해도 연료를 재보급해줄 요새화 기지가 필리핀이나 괌 인근에 없다면 이 전투함대는 무용지물이 될 수 있었기 때문이었다. 반면에 일본은 언제든지 필리핀과 괌을 봉쇄시킬 수 있었다. 또 하나는 사후분석 결과 일본의 진주만 기습에 대한 억제가 실패한 이유가 1936년 일

본이 워싱턴 조약을 탈퇴할 때 미국은 이를 계기로 괌이나 필리핀을 요새화 시킬 수 있었으나 그렇게 하지 않았기 때문이라는 것이었다.[62]

3) 일본 해양력의 역할

• 워싱톤 조약체제 내에서의 해군력 증강

미국은 워싱턴 체제 안에 일본을 묶어두고 억제하려고 하였지만, 일본은 조약 안에서 해군력을 지속적으로 증강한 가운데 조약 밖으로 나가 만주로 진격했는데 곧 1931년 만주사변이 그것이었다. 일본은 특히 조약의 허점을 최대한 이용하여 해군력의 보유비율을 자신에게 유리하게 만들었다.

첫째, 일본은 조약에서 허용한 상한선까지 전력을 건설해 나갔다. 해군군비제한의 예외규정에는 개조·개장을 할 경우에는 3,000톤 범위 내에서 증가가 허용되었는데 일본은 이 규정을 최대한 이용하여 노후 함정을 개조·개장하면서 조약에서 허용하는 한계선까지 톤수를 증가시켰다. 그래서 조약상 보유비율인 미 : 영 : 일=100 : 100 : 60의 비율이 1936년엔 100 : 102 : 70으로 상향되어 일본이 조약체결 당시 최초의 협상안으로 제시하였던 것과 같은 수준인 대미 70% 수준을 달성하게 되었다.[63]

둘째, 조약에서 제한하지 않은 보조함들을 크게 증강시켰다. 먼저 일본은 조약이 체결되자마자 1922년 여름에, 조약에서 제한을 두지 않았던 순양함, 구축함, 잠수함 위주의 건함계획을 작성하였다. 런던조약이 체결되기 이전인 1929년까지 일본은 14척의 순양함을 건조하여, 미국이 건조한 8척보다 6척이나 많았다. 항공모함과 잠수함에도 동일한 현상이 일어났다. 이에 각국도 보조함 경쟁에 나서자 결국 1930년 미·영·일 3개국 간에 런던조약이 체결되어 보조함도 조약의 규제를 받게 되었다.

---

62) Admiral Sir Reginald Bacon & Francis E. McMurtrie, *Modern Naval Strategy* (London : Frederick Muller Ltd., 1940), pp. 175~177.

63) 이정수, 『제2차 세계대전 해전사』(남영문화사, 1981), p. 25.

셋째, 새로운 기술과 무기체계 전술을 개발하여 질적으로 전투력을 향상시켰다. 일본은 새로운 잠수함 기술을 발전시키기 위해 진력한 결과 수송용 잠수함, 수상기 탑재용 잠수함 등 총 8종 15개 함형에 이르는 많은 종류의 잠수함을 개발하였다. 또한 항공기를 개발하여 태평양 전쟁 개전 시 항공모함 10척과 5개의 항공전대 등 세계 1위의 해군 항공전력을 보유하고 진주만 기습이라는 대규모 장거리 원정 항공강습을 감행할 수 있었다.[64]

〈표 6-10〉 미·일간 해군력증강 현황(1922~1941)

국명	연도	총톤수	전함	항모	순양함	구축함	잠수함
미국	1922	1,134,000	526,000 (525,000)	13,000 (135,000)	183,000	363,000	49,000
	1936	1,078,000	464,000	81,000	249,000 (339,000)	216,000 (150,000)	68,000 (52,700)
	1941	1,352,000	534,000	135,000	329,000	237,000	117,000
일본	1922	547,000	301,000 (315,000)	15,000 (81,000)	142,000	65,000	24,000
	1936	784,000	312,000	68,000	242,000 (209,000)	96,000 (105,000)	66,000 (52,700)
	1941	1,095,000	357,000	178,000	299,000	154,000	107,000

* ( )내 톤수는 워싱턴/런던조약의 허용한도
·출처 : 이정수, 제2차 세계대전해전사(남영문화사, 1981), p. 25에서 발췌 재구성.

• 워싱톤 조약체제의 거부

그리고 일본은 어느 정도 해군력을 갖추게 되자 1931년 만주사변을 일으켜 중국에 대한 군사행동을 개시함으로써 「9개국 조약」을 위반하였다. 국제연맹이 만주문제에 대한 '리튼(Lytton) 조사보고서'를 토대로 중국의 만주에 대한 관할권을 인정하자, 일본은 이에 불복하여 1933년 2월 국제연맹을 탈퇴하였고 이어서 1936년 1월 16일 런던회담장을 떠나면서 워싱턴 조약체

64) 정호섭(2001), 전게서, pp. 40~52.

제의 탈퇴도 선언하였다. 일본 내각은 그 해 전함 12척, 항모12척, 순양함 28척, 구축함 96척, 잠수함 70척, 항모비행단 65개 부대를 건설하겠다는 해군 보충계획을 승인하였다. 그리고 1936년 독일과 반코민테른(Anti-Comintern)협정을 맺고 1937년 중일 전쟁을 일으킴으로써 아시아 패권을 장악하기 위한 본격격인 행보에 나섰다.

라. 미·일간 권력 전이기

1) 미·일간 패권경쟁 전략

미·일 양국 간 권력 전이기는 소위 아·태전쟁이라 일컫는 1937년 중일전쟁에서 1945년 태평양전쟁 종료 시까지의 기간으로서 태평양과 대서양이 동시에 전쟁으로 얽혀있는 시기였다. 일본은 추축국들과 동맹을 체결하고 대서양과 태평양 양면에서 미국을 협공하려고 하였고, 미국은 대서양에서는 영국과 러시아를 지원하여 독일을 협공하고, 태평양에서는 중국을 지원하여 일본을 대륙에 묶어두고자 하였다.

가) 일본의 전략

이 기간 동안 일본은 1936년 워싱턴 조약과 런던조약에서 탈퇴하고 본격적인 패권도전에 나섰다. 1937~1945년 중일전쟁, 1938~1939년 외몽골에서의 충쿠펑 및 노몬한 전투, 1939~1941년 인도차이나 등 남방 진출, 마침내 1941년 12월 진주만 기습에 이르기까지 군사적 행동을 멈추지 않았다. 1940년 9월 19일 일본 고노에 후미마로(近衛文麿, 1891~1945) 내각은 '동아시아 신질서 구축'이라는 구호를 '대동아공영권 건설'로 바꾸었고, 1940년 9월 27일, 일본-독일-이탈리아가 3국 군사동맹을 결의하고, 세계를 분할 점령하기로 하였다. 일본은 주축국과 전략적 협력을 통하여 동아시아 남방 대륙과 남서태평양으로 동시에 진출하여 연합국을 축출하고 대동아공영권을 건설하고자 하였다.

미국은 일본에 대하여 봉쇄와 차단전략으로 맞섰다. 일본이 노리던 동남아 지역은 중요한 전략물자의 공급지로서 미국도 양보할 수가 없었다. 먼저 미국은 일본과의 무력 충돌을 회피한 가운데 경제적 봉쇄조치를 하기로 하였다.

그러나 일본은 이미 단호했다. 동남아를 차지해야만 국가경제도 살릴 수 있고 중국과의 전쟁에서도 승리할 수 있으며, 미국과 싸움에도 대비할 수가 있었다. 이에 따라 동남아에 올인하기로 하였다. 1941년 4월 17일 일본 내각은 「대남방시책 요강」을 결정하고, '제국의 자급자족'과 '군비의 신속한 확충'을 위하여 인도차이나와 동인도제도의 국가들과 '밀접한 관계'를 맺기로 하였다. 만일 이 과정에서 미국이 필수자원에 대한 금수조치나 군사적으로 개입하는 행동을 한다면 전쟁을 불사하기로 결의하였다.[65]

일본의 미국에 대한 군사전략은 이미 오래 전부터 연구하여 왔었다. 근대화 과정에서 열강들의 위협을 경험하게 되었던 일본은 대륙세력과 해양세력의 양대 위협이 협력하여 동시에 협공해 올 것을 가장 우려하였다. 일본 육군은 대륙의 위협을 우선적으로 고려하였고 기회만 있다면 대륙으로의 진출을 기도하였으며 그 목적은 러시아를 일본군의 활동지역으로부터 좀 더 멀리 떨어져 놓는데 있었다. 이런 연유로 인해 1941년 일본이 남방작전을 전개할 때에도 사전에 대규모 병력을 동원하여 관동군을 30만 명에서 70만 명으로 증강시켰다. 1941년 말 전쟁 개시 당시에 일본이 보유하고 있던 51개 사단 중 11개 사단만을 남방작전에 투입하였으며 더구나 남방작전이 위기에 봉착하고 있음에도 불구하고 전쟁이 종료될 때까지 78만 명이 관동에 묶여있었고, 심지어 남방작전에 투입된 부대마저 조기에 작전을 종료하고 대륙북방으로 복귀해야 한다는 강박관념에 사로잡혀 있을 정도로 북방

65) 이지원(2012), 전게서, pp. 216~231.

대륙에 집착하였다.[66)]

반면에, 일본 해군은 해양으로부터의 위협을 먼저 고려하였으며 이에 따라 남방으로 진출을 원했다. 그 곳에는 나라의 경제뿐만 아니라 해군에게 필요한 자원이 풍부하였다. 청일전쟁 당시에 평후열도와 타이완의 점령을 강력히 주장한 것도 해군이었다. 해군은 중요 전략물자를 자급자족할 수 없는 일본에게는 무역로 확보가 생존과 직결된 문제임을 강조하였다. 그러나 남방으로 가는 길목에는 미국령 필리핀과 괌이 지키고 있었다. 당연히 일본 해군은 미국을 주적으로 상정할 수밖에 없었다. 이와 같은 일본 내 육군과 해군의 전략사고에서의 불일치는 육군은 러시아에 대한 전쟁을, 해군은 미국에 대한 전쟁을 주장함으로써 국가차원의 통합된 전쟁계획을 수립하는 데 부정적인 영향을 미쳤다.

일본은 러일전쟁 후 1907년 제1차 국방방침을 성립시켰다. 러시아를 제1의 가상적국으로, 미국, 독일, 프랑스를 제2의 가상적국으로 삼은 단기결전 전략이 채택되었다. 1918년 6월 제1차 세계대전의 발발과 중국문제가 대두됨에 따라 제2차 국방방침을 정하고 미국, 러시아, 중국을 가상 적국으로 설정했으며, 제1차 세계대전을 연구한 결과를 반영하여 단기결전 사상을 총력전 사상으로 전환시켰고, 중국과의 총력전이 핵심사항이 되었다. 1921년 11월, 영일동맹이 폐기되고 워싱턴 군축회의에서 주력함 보유비율을 제한하기로 결정하자 1923년 2월에는 국방방침을 재개정하여 육·해군 공통의 가상 적으로 미국의 이름을 일차적으로 올렸고, 미국의 경제봉쇄 효과를 상쇄하고 총력전에서 승리할 자원의 공급지로서 중국을 전략지역으로 선정하였다. 1936년 6월, 일본은 국제연맹 탈퇴와 워싱턴조약 폐기에 따라 제국국방방침을 개정하고 군비확장에 박차를 가하였다.[67)]

---

66) 요시다 유타카(吉田裕) 지음, 최혜주 옮김, 『아시아 태평양 전쟁』(서울 : 어문학사, 2012), p. 73, Colin S. Gray(1992), 임인수, 정호섭 공역(1998), 전게서, p. 386, Paul Kennedy(1987), 전게서, p. 350.

67) 가토요코(加藤陽子) 지음, 박영준 옮김(2003), 전게서, p. 25, pp. 191~222.

〈표 6-11〉 제국국방방침에 제시된 전력증강 목표

구분	1907 러일전쟁 후	1918 1차대전 후	1923 워싱턴 조약 후	1936 조약 탈퇴 후
육군	평시 25개 사단 전시 50개 사단	평시 25개 사단 전시 40개 사단	상설 16개 사단 (군축 4개 사단) 전시 40개 사단	평시 27개 사단 전시 50개 사단 항공 140개 중대
해군	전함 8척 순양함 8척 8*8 함대	전함 8척 전함 8척 순양함 8척 8*8*8 함대	주력함 9척 항공모함 3척 대형 순양함 12척	주력함 12척 항공모함 10척 순양함 28척

•출처 : 박영준, 「일본의 전쟁관과 평화」, 『동아시아의 전쟁과 평화』(서울 : 연세대학교 출판부, 2006), p. 406.

일본 해군의 전략도 제국국방방침의 변화에 따라 진화적으로 발전되었다. 일본해군은 1909년 최초로 태평양전쟁 계획을 완성하였다. 쓰시마 해전의 교훈에 따라 일본 근해로 들어오는 적의 함대를 일본이 원하는 장소와 시간에서 함대결전을 통하여 격멸하는 전략이었다. 함대결전을 위하여 거함대포(巨艦大砲)의 주력함으로 구성된 「88 함대」(전함 8척+장갑순양함 8척) 확보를 추진하였는데 당시로서는 미국과의 전쟁보다는 전력건설에 필요한 예산을 확보하는데 더 큰 의미를 두었다.[68]

제1차 세계대전 후 일본에선 미국과의 전쟁에 대비한 작전계획을 코드명 「고(こ)」로 불렀다. 1918년 제국방침의 개정에 따라 미국을 주적으로 선정하고 '유인요격 후(誘引邀擊後) 결전전략(決戰戰略)'을 택하였다. 극동에 있는 미국의 소규모 함대나 필리핀 또는 괌의 기지를 타격하여 적의 주력함대를 동아시아로 유인하고, 일본 해군의 전 세력을 집중하여 유리한 장소에 매복하였다가 요격결전으로 일시에 적 주력을 격멸시키겠다는 전략이었다. 육군과 해군 간의 공조된 필리핀 점령계획이 포함되었지만 구체화되어 있지 못하였다.

68) 박재석·남창훈(2006), 전게서, p. 17.

1923년 제국국방 방침에 따른 해군의 전략은 먼저 '유격점감(遊擊漸減) 후 요격격멸(邀擊擊滅) 전략'으로 바뀌었다. 워싱턴 조약에서 주력함의 전력을 미국의 60%로 제한하자, 일본은 주력함 열세를 극복할 새로운 방안을 찾아야 했다. 군령부 작전기획부장인 수에츠구 노부마사(末次信正, 1880~1944) 제독의 지휘 아래 개발된 전략이 바로 유격점감 후 요격격멸 전략인데 이 전략은 주력함을 보존한 가운데 워싱턴조약에서 제한을 받지 않는 구축함과 잠수함들을 증강시켜 이를 적극 활용하여 적을 30% 이상 감쇄시킨 후 결전으로 격멸한다는 개념이었다.[69]

1936년 제국국방방침에 따른 해군전략은 방어적인 방법에서 적극적이고 공세적인 방법으로 전환되었다. 워싱턴 해군감축조약에서 탈퇴한 일본은 1937~1942년간 6개년 66척 건함계획을 승인하는 등 해군 군비증강에 박차를 가하게 되었다. 그러나 미국의 산업능력을 고려할 때 초전에 적이 전의를 잃을 수 있는 수준까지 승리를 해야만 했다. 이에 따라 기습결전(奇襲決戰)에 의한 속전즉결(速戰則決) 전략이 대두되었다. 일본은 대륙자원국이 아니며 해상교통로가 취약하기 때문에 기습결전으로 속전속결을 해야 한다는 것이다. 그 결과 1938년 기습과 요격결전(邀擊決戰)이 해군전략으로 채택되었다.[70]

실제의 전쟁에서도, 적이 오기 전에 먼저 선제기습으로 적에 대한 전력열세를 초전에 극복하자는 전략이 채택되었는데 바로 진주만 기습공격이다. 이 전략은 야마모토 이소로쿠(山本五十六, 1884~1943) 사령관이 군령부의 반대를 무릅쓰고 강행시킨 전략으로 알려져 있으나 일본이 이미 청일전쟁과 러일전쟁 등에서 자원부국인 강대국들에 대하여 구사했던 전략이었고, 1920년대 이후 일본 군부 내에서 꾸준히 제기되어 왔던 전략이었다.

---

69) Jeffrey G. Barlow, "World War II, U.S. and Japanese Naval Strategies", Gray, Colin S. Barnett, Roger W., eds. *Sea power and Strategy* (Annapolis Maryland : Naval Institute Press, 1989), pp. 249~250.

70) 정호섭, 『해양력과 미일안보관계』(한국해양전략연구소, 2001), pp. 47~52.

나) 미국의 전략

반면에 미국은 대서양 우선주의에 따라 일본과의 전쟁을 지연시키기 위해 경제제제 조치로 일관하여 오다가 결국 일본의 공격을 억제하는데 실패하였다. 1941년 12월 7일, 일본의 진주만 기습 공격은 미국이 역사상 처음 받는 기습공격으로서 미국 국민이 도저히 용납할 수 없는 사태이자 대규모 군사력을 태평양에 투사할 수 있는 확실한 이유도 제공해 주었다. 이제 미국은 아태지역에 자국 중심의 새로운 질서를 구축하기로 하였다. 일본의 무조건 항복을 위한 무제한 전쟁을 선언하였다. 일본이 아시아의 패권국이 되기 이전에 격파하는 것만이 미국의 목표가 되었다.

미국이 일본에 대비한 전쟁계획을 구체화하기 시작한 것은 러일전쟁 때부터였다. 1904년 4월 러일전쟁 발발 2개월 후 미 육군 참모총장 샤피(Adna R. Chaffee, 1884~1941) 장군은 육·해군 합동위원회(JANB)[71]에 육·해군의 협동이 필요한 비상사태에 대비한 일련의 계획을 수립할 것을 제안하였다. 1907년 미국 육·해군 합동위원회는 일본과의 전쟁을 상정한 '오렌지 계획(War Plan Orange)'[72]을 본격적으로 검토하기 시작하였으며 이 계획의 검토결과에 따라 1908년 1월 하와이의 진주만이 해군의 태평양상 함대 작전기지로 선정되었다. 하와이 기지가 확보됨에 따라 1911년 해군대학 총장인 로저스(R. P. Rodges) 해군 소장은 점진적 접근에 이은 포위공격의 필요성을 제기하였다. 이 작전은 단기결전의 전통적 해전이론에서 탈피하여, 장기 지구전을 구상하였다는 것과 차후에 개구리 뛰기(Frog Jump)로 유명해진 건너뛰기 식 진공

71) 미국 육·해군합동위원회(JANB : Joint Army-Navy Board) : 1903년 육군과 해군간 협력할 문제에 대하여 대통령과 육군장관 및 해군장관에게 자문하기 위하여 설치된 위원회.

72) 1884년 설립된 미국 해군대학에서는 작전계획을 수립하기 전에 다양한 시나리오에 따라 워 게임을 실시하여 그 실효성을 검증하여 왔다. 이 워게임에 관여된 각 나라들의 전력을 색깔로 구분하였는데, 1903년부터 합동위원회가 작전계획을 수립하면서 이 색깔이 작전코드 명으로 불려지게 되었다. 미국은 Blue, 멕시코는 Green, 영국은 Red, 일본은 Orange, 독일은 Black, 프랑스는 Gold, 러시아는 Purple, 미국 내부 계획은 White로 작전명칭이 부여되었다.

작전을 구상하였다는 특징을 가지고 있었다.[73)]

그런데 제1차 세계대전으로 상황변화가 생김에 따라 새로운 작전계획이 발전되었다. 첫째, 베르사유조약(Treaty of Versailles, 1919)에 따라 일본이 마리아나, 캐롤라인, 마셜 제도 등 적도 이북의 남양군도를 영유하여 미국령 필리핀과 괌이 일본의 해양권역 안에 들어가게 되었음은 물론 일본이 미국의 하와이와 직접 대치하게 되었다. 둘째, 1914년 파나파 운하가 개통되어 양 대양 간 전력의 이동이 용이해졌다.

1919년 오렌지 계획은 이런 문제를 고려하여 하와이, 미드웨이, 괌을 요새화시킬 것과 함대를 분할하여 대부분의 해군전력을 태평양에 배치하되 가능하면 진주만에 주둔시킬 것을 요구하였다. 1920년 10월에는 당시 동맹관계였던 영국과 일본이 대서양과 태평양에서 동시에 공격해 왔을 때의 대비계획인 '플랜 레드-오렌지(Red-Orange)' 계획이 작성되었다.[74)]

미 해군대학 학생장교들은 1919년에서 1941년 전쟁에 돌입하기 전까지 태평양 전역을 놓고 23년간 총 127회의 전역전쟁을 치렀다. 그 결과 전방기지 건설, 군수 지원 등 전역계획을 작전적 현실의 변화에 맞추어 정교화 시켰고, 전역의 어려운 난관들을 터득하게 되었다. 이와 같이 오렌지 계획은 현실적 난관과의 싸움을 통하여 진화되어 오다가 최종 수정안이 1938년 2월 승인되었다. 이 오렌지 계획은 1단계 일본의 공세단계, 2단계 미군의 반격단계, 3단계 일본본토 고립단계로 구성되었는데, 일본과 미국 간의 산업 잠재력의 차이, 일본이 섬나라로서 쉽게 고립될 수 있는 취약점, 일본과 미국의 함대 전력 배치와 중요 기지들 간의 거리 등을 고려하여, 도서기지 탈취, 함대결전, 해상교통로 파괴전, 결정적 항공작전 등을 수행하여 일본 열도 내부까지 침공하지 않은 상태에서 항복을 강요하는 개념이었다.[75)]

---

73) Michael Vlahos, "The Blue world", *The Naval War College Review,* Vol. 33(Sept~Oct 1980), p. 91, George W. Baer(1993), 김주식 역(2005), 전게서, p. 211에서 재인용.

74) George Friedman & Meredith Lebard, 동아출판사 역(1991), 전게서, pp. 75~77.

75) Jeffrey G. Barlow(1989), 전게서, pp. 247~248, 정호섭(2001), 전게서, pp. 28~32.

그러나 1938년 유럽에서 독일과 이탈리아가 공세적 행동을 보이자 그 해 11월 합동위원회는 합동기획위(JPC)에 대서양과 태평양에서 동시에 미국을 위협할 경우에 대비한 미국의 행동방책에 대한 선행연구를 지시하였다. 이 위원회 연구결과는 '레인보우(War Plan Rainbow)' 계획으로 명명되었다. 최초 초안은 1939년 전반기에 완성되었으며 독일·일본·이탈리아가 협력하여 미국에 대항하는 시나리오였는데 유럽에서 전쟁이 발생하기 일주일 전인 1939년 10월 프랭클린 루즈벨트 대통령의 최종 승인을 받았다. 이 마지막 계획은 '레인보우-5(Rainbow-5)'였는데, 1941년 3월 영·미 참모대화(ABC-1)에서 공식적으로 채택되었다.[76] 레인보우-5는 미국이 기존의 균형정책이나 고립정책에서 탈피하여 유럽에서 대규모 공세적인 작전을 직접 실행하고 독일을 격파할 때까지 태평양과 극동은 방어적 작전을 실시한다는 것이었다. 이에 따라 극동의 미국령 도서들은 어느 정도 양보가 불가피할 것으로 예측되었다.

〈표 6-12〉 레인보우 계획

구분	전쟁시나리오
레인 보우 1, 3, 4	·미국이 동맹없이 단독으로 전쟁에 돌입할 경우 1. 미주 대륙에 대한 제한적 방어 3. 태평양에서 미국 독자적 방어 4. 미주 대륙에서 확장된 방어
레인 보우 2, 5	·미국이 동맹을 체결한 상태에서 전쟁에 돌입할 경우 2. 태평양에서 영국, 프랑스와 공동작전. 5. 태평양 방어와 조화를 유지한 가운데 유럽에 대한 미국의 대규모 상륙작전을 포함한 영국, 프랑스와 공동작전

·출처 : Jeffrey G. Barlow, "World War II, U.S. and Japanese Naval Strategies", Colin S. Gray, Roger W. Barnett, eds., *Sea power and Strategy* (Annapolis Maryland : Naval Institute Press, 1989), pp. 248~249를 참고하여 작성.

76) Jeffrey G. Barlow(1989), 전게서, pp. 248~249.

그러나 이런 계획이 실제 전쟁과 일치한 것은 아니었다. 오렌지 계획은 일본의 극동 미국령에 대한 기습공격을 전제로 한 것으로서 태평양 중앙에 있는 하와이에 대한 기습까지는 예측하지 못하였다. 이 하와이에 대한 기습이 준 충격으로 인해 미국의 전략적 우선순위가 대서양에 있었음에도 불구하고 전투력과 물자지원에서는 대서양과 태평양간에 차이가 없었다. 또한 오렌지 계획의 최종 목표는 일본 본토 상륙을 배제한 가운데 봉쇄를 통해 항복을 강요하는 것이었지만, 실제 전쟁에서는 무조건 항복을 목표로 본토를 점령할 계획이었다. 일본에 대한 반격 방향에서도 오렌지 계획에서는 북방진격로 하나였지만 실제 전쟁에서는 니미츠(Chester W. Nimitz, 1885~1966)의 북방진격로와 맥아더(Douglas MacArthur, 1880~1964)의 남방진격로 두 개의 방향으로 공격하였다. 일부 학자들은 이러한 미국의 전략이 잘못된 것이었으며 미국의 승리는 전략의 승리이기보다는 군수의 승리였다고 비판하기도 하였지만 그러나 결과론적으로는 일본의 무기력과 무능이 미국 전략의 모호성을 오히려 순기능으로 바꾸어 주었다.[77]

2) 일본 해양력의 역할

• 중일전쟁에서 현대적 개념의 입체적 해군작전 전개

북서태평양에서 제해권을 장악한 일본 해군은 1937년 이후 본격적인 대륙진출을 추진하면서 어느 누구의 간섭도 받지 않은 채 일방적인 대륙작전을 전개하였다. 중일전쟁에서 일본 해군이 수행한 주요 작전은 항모 함재기를 이용하여 중국의 주요 거점과 항공기지를 타격한 도양폭격작전, 중국 해안 봉쇄작전, 중국 및 만주에 전개된 지상군에 대한 병력 수송 및 군수지원 작전 등 현대적 개념의 입체적 해군작전을 처음으로 수행하였다. 일본군은 중국 내륙작전에서는 고전을 겪었지만 해상에서는 아무런 제한도 받지 않

---

77) Colin S. Gray(1992), 임인수, 정호섭 공역(1998), 전게서, pp. 386~388.

았다.

첫째, 도양폭격작전은 1차로 1937년 8월에서 9월까지 일본 해군이 두 개 항공모함 항공대를 제주도와 타이완으로 각각 파견하여 함재기를 이용하여 상하이 항공기지 타격과 난징(南京), 난창(南昌) 등에 대한 제압작전을 실시하였다. 2차로는 1939년에 쑤조우작전(徐州作戰)과 한커우작전(漢口作戰)에서 제공권을 장악하고 지상의 거점에 대한 폭격작전을 수행하였다. 쑤조우작전에서는 1,800회 출격하여 900톤의 폭탄을 투하했다. 한커우작전에는 제로센 항공기가 참가하였으며 육군 항공부대와 협동작전을 실시하였다. 5월에서 9월까지 계속된 이 양대 작전에서 일본 항공대는 란저우(蘭州), 시안(西安), 한커우, 난창 등에 산재한 항공기지를 타격하고 9월 13일 충칭(重慶)공습에서는 13기의 제로센기가 30기의 중국 전투기와 교전하여 이 중 27기를 격추시켰다. 1939년 1년 동안 공중전 결과는 중국 전투기 격추확실 241기, 불확실 17기, 폭파확실 285기, 불확실 35기였으며, 일본군의 피해는 71기에 불과했다.

둘째, 봉쇄작전은 해외로부터 중국에 들어오는 원조물자의 반입을 저지하기 위한 것으로 먼저 1937년 8월부터 해상교통로 차단작전을 전개하였다. 그러나 이 작전은 작전반경이 너무 넓어 큰 효과를 볼 수 없었다. 이에 따라 1938년부터는 중국의 주요 기지를 획득하고 보급항만을 점거하는 작전이 실시되었으며 샤먼(厦門), 롄윈(連雲), 난아오다오(南澳島), 광둥(廣東) 등 요충지에 대한 공략작전이 실시되었다. 1938년 10월 9일부터 홍콩 상륙작전이 개시되어 10월 21일 광둥을 점령하였다. 이 작전에는 육군 3개 사단 및 1개 비행단과 해군의 제5함대가 참가하였는데 해군전력은 중순양함 2척, 경순양함 7척, 구축함 20척, 함재기 약 150기, 수상정찰기 16기 등이었다. 1939년에는 주요 항만에 대한 폐색과 봉쇄작전을 수행하였는데 하이난다오(海南島), 산터우(汕斗), 난닝(南寧) 항 등을 공략하였고, 푸저우(福州), 원저우(溫州) 항 등을 폐쇄시켰다. 1940년 7월부터 중국방면 함대사령관 시마다(島田) 지시에 따라 중요 항구에 대한 중국선박 항행금지와 외국선박의 출입금지 등 봉쇄조치를 취하였다.

셋째, 중국과 만주에 전개된 지상군에 대한 병력수송 및 군수지원이었다. 일본군은 중국에 최대 100만 명, 만주에 70만 명의 대병력이 전개되어 있었다. 이와 같은 병력이동은 해상수송에 의존할 수밖에 없었다. 해군력은 지상군의 상륙지원과 선단호송을 수행하여 해외에 170만의 대군을 운용할 수 있도록 해 주었다.

중일전쟁에서 일본 해군은 대규모 상륙작전과 항공작전 그리고 군수지원 작전 등을 통하여 내륙의 지상작전을 지원하였고 최초로 현대적 해군전투의 경험을 쌓게 되었다. 미국에서는 일본에 대하여 강력한 대응조치가 필요하다고 논의되었지만 실행에는 옮기지 못했으며 다만 중국이 대신하여 일본을 대륙에 묶어두기를 기대했다.

• 일본의 남양진출과 미국의 대일(對日) 경제봉쇄

1930년대 후반 들어 세계는 유럽과 태평양 두 지역에서 동시에 불꽃이 피어오르고 있었다. 독일 히틀러는 1938년 3월부터 1941년 6월까지 유럽 전역을 휩쓸고 1941년 11월에는 모스크바 앞까지 진격하였다. 이러한 유럽정세에 편승하여 일본은 1939년부터 남방진출을 시도하였다. 그 목적은 두 가지였다.

첫째는 중국 내륙에서 교착화된 중일전쟁을 타개하기 위함이었다. 미국과의 전쟁을 준비해야 되는 일본으로서는 중국과의 전쟁을 조기에 종결시켜야 했는데 먼저 동남아를 차지해야 외부에서 중국으로 들어오는 남방 보급로를 차단할 수 있었다.

둘째는 중국내륙에서 얻지 못하는 동남아의 자원을 획득하기 위한 것이다. 이 자원이 있어야만 중국과 싸울 수가 있고 미국과도 싸울 수 있으며 일본 본토의 경제도 살릴 수가 있었다. 자원이 부족한 일본이 자원이 풍부한 대국들과 싸우는 방법은 전쟁을 통하여 자원을 획득하고 이를 토대로 또 다른 전쟁을 수행하는 방법인데 이것이 바로 이시하라 간지(石原莞爾, 1889~1949)가 주장한 '전쟁으로 전쟁을 부양하는 방법'이었다.[78]

일본은 1939년 2월 10일 하이난 섬을 점령하였고, 3월 31일 스프래틀리(Spratly Islands : 西沙群島) 군도를 점령했다. 이제 일본은 홍콩과 싱가포르 사이의 경로를 점령하고, 동인도제도와 그 너머로 해양권역을 확장시킬 수 있게 되었다. 미국 정부는 일본의 남방 팽창정책에 대하여 경계를 강화하기 시작하였다. 그 해 4월 루즈벨트 대통령은 대서양함대를 태평양으로 이동할 것을 명령하였고, 영국과 협력하여 미국 해군은 태평양에서, 영국 해군은 대서양에서 주도적인 역할을 각각 맡기로 합의하였다. 1939년 7월 26일 미국은 일본과의 통상조약을 6개월 후 파기하겠다고 선언하였는데 이는 향후 경제제재 조치를 할 수 있다는 경고였다. 이와 동시에 중국에 대해서는 2천5백만 달러를 추가 지원키로 하였고 그 해 가을에 루즈벨트 대통령은 함대를 하와이 진주만에 배치하였다.[79]

그러나 일본은 미국의 군사적 위협에도 물러서지 않았다. 1940년 4월, 일본 해군은 동인도제도를 점령하고 5월에는 새로 편성된 제4함대를 미크로네시아의 팔라우에 배치하였다.[80] 1940년 5월 10일 독일이 네덜란드를 침공

---

78) 일본의 군사천재로 일컫는 이시하라가 육군대학 교관이던 1928년 1월 「우리의 국방방침」을 발표하면서, "우리가 지나(중국) 전체를 근거지로 삼아 이를 유감없이 이용한다면 20년 내지 30년 전쟁을 계속할 수 있다. 우리는 전쟁을 통하여 전쟁을 부양해야 한다. 점령지에서 징발한 조세와 물자와 병기로 출정군을 지원해야할 것이다."라고 주장하였다. 이 논리는 자원빈국인 일본이 자원부국에 대하여 전쟁을 일으킬 수 있다는 논리를 제공하였고, 현지 자활조달이라는 군수체제를 만들었다. 이시하라는 "일본은 전쟁으로 전쟁을 부양한다는 주의에 따라 동아 천지에서 세계를 상대로 지구전을 수행하고 섬멸전을 수행할 수 있을 것이다."라고 하면서 1931년 만주침략계획을 모의했다. 이들은 류탸오거우에서 만철 선로를 폭파하고 이를 중국의 소행으로 몰아 군사작전의 빌미를 확보하고, 1931년 9월 18일 부터 본격적인 만주 점령작전을 개시했었다 ; 가토요코(加藤陽子) 지음, 박영준 옮김(2003), p. 25, pp. 219~222.

79) 요시다 유타카(吉田裕) 지음, 최혜주 옮김(2012), 전게서, pp. 197~198, pp. 207~208.

80) 상게서, pp. 202~203.

하자 5월 20일 네덜란드에 주재하고 있던 일본 대사는 네덜란드 정부에게 동인도제도에서 일본에 대한 주요 물자의 판매량에 대한 보증을 요구하였다. 일본은 네덜란드가 독일에게 함락되기 전에 네덜란드 정부와 협정을 맺어 광물자원을 확보하자는 취지였지만, 네덜란드 정부는 어쩔 수 없이 이를 받아들여 석유 100만 톤, 고무 2만 톤, 보크사이트 20만 톤, 니켈 15만 톤, 선철 10만 톤, 그 외 주석, 망간, 텅스텐, 크롬, 모리브텐 등 전략물자에 대한 공급보증을 합의해 주었는데,[81] 이 자원들은 일본의 목마름을 해소시킬 생명수와도 같은 것이었다.

1940년 6월에 들어서자 일본 육군과 해군 간에는 중국과의 전쟁을 조기에 종결하기 위해서는 동남아로 진출해야 한다는데 의견의 일치를 보았다. 6월에 참모본부는 인도차이나 점령계획의 하나로 「세계정세의 추이에 따른 시국처리요강」의 초안을 작성하였다. 중국과의 전쟁을 지속하고 불가피하게 도래할 미·영·란과 전쟁에 대비하기 위해서 국방자원을 더 많이 획득할 수 있는 유리한 위치를 확보해야 한다는 것이다. 그 해 가을에 일본 해군은 군함의 개조·개장을 가속화하고 예비병력을 동원하였으며, 전략자원을 비축하고 특히 미국과의 전쟁에 대비하여 미크로네시아에 항구, 비행장, 물류저장 시설을 건설하기 시작하였다.[82]

이에 대해 1940년 7월 2일 미국 의회는 대통령에게 수출금지 대상국을 지정할 수 있는 권한을 부여하는 국가방위법을 제정하였다. 루즈벨트 대통령은 7월 25일 고품질의 고철과 기타 유류제품에 대한 수출을 금지시켰고, 8월 6일엔 추가로 옥탄가 87이상의 항공유를 수출금지 목록에 포함시켰다. 미국이 자국의 전략물자를 비축하고 일본에게는 경고의 메시지를 보낸 것이다. 또한 루즈벨트 대통령은 일본에 대하여 강경한 대응을 주장해오던 공화당 스팀슨(Henry L. Stimson, 1867~1950)과 녹스(William F. Knox, 1874~1944)를 육군

81) George Friedman & Meredith Lebard, 동아출판사 역(1991), 전게서, p. 97.
82) 상게서, p. 203.

성 장관과 해군성 장관에 각각 임명하고 미국의 전략물자 문제에 대한 대책을 강구하는 국방위원회를 구성하였다. 그러나 전면적인 석유수출 금지는 유보되었다. 일본에게 단호한 태도를 보여주되 그것이 전쟁을 초래해서는 안 된다는 의미였다. 1940년 의회의 군사태세 특별조사위원회는 「우리는 준비 되었는가?」라는 제목의 보고서에서 군은 아직 전쟁을 수행할 준비가 되어 있지 않다고 결론을 내린 바 있었기 때문에 미국은 일본과 대치하고 있는 영국과 중국에 대한 적극적인 지원을 통해 전쟁을 준비할 시간을 벌기로 하였던 것이다.

일본의 해군 강경파들은 미국의 고철 금수조치에 동남아의 정복이 더 시급해졌다고 주장하였고, 일본 내 온건파의 입지는 더 약해졌다. 1940년 8월 17일, 2년 반 만에 열린 정부연락회의에서는 참모본부가 기초한 「세계정세 변화 추이에 따른 시국처리요강」을 대외정책의 원칙으로 정하였다. 그 핵심은 독일 및 이탈리아와 제휴를 강화하고 프랑스령 인도차이나 북부로 진격하여 네덜란드령 동인도제도의 자원을 확보하고 남태평양 상에 있는 영국, 호주, 프랑스 등의 위임 통치령 도서들을 점령한다는 것이었다. 중국과의 전쟁이 종결되면 즉각 동남아로 진격하고, 설령 중국과의 전쟁이 종결되지 않더라도 국제정치상황에 따라 기회가 도래한다면 동남아에 대한 작전을 개시하고 필요하다면 미국과의 전쟁도 준비하기로 하였다. 이는 대동아 패권영역을 설정하자는 것으로 지리적으로는 중국대륙에서 동남아를 포함한 동아시아 전체로, 인종적으로는 중국과 한국인에서 모든 아시아인으로 지배대상이 확대되었다. 한마디로 전통적 중화질서를 새로운 일화질서로 재편하겠다는 의도였다.[83]

1940년 8월 일본은 독일이 점령한 프랑스의 친독 정부인 비시정부(Government of Vichy)와 마쓰오카-앙리(松岡洋右- Henry Martin) 협정을 체결하였다. 그 내용은 프랑스는 극동에서 일본의 우월적 지위를 인정하고, 프랑스령 인도차이

83) 이지원(2012), 전게서, pp. 204~215.

나에 일본군의 진주를 용인한다는 것이었는데, 1940년 9월 5일까지 일본군이 프랑스령 북부 인도차이나에 무혈 진주하고 이를 정당화시키는 형식을 갖추기 위한 것이었다. 이 지역은 주석, 고무, 아연 등의 자원이 풍부한 지역이며, 하이퐁 항은 중국이 외국 물자를 양륙하는 중요 항구였다. 이제 일본은 중국에 대한 원조 물자의 보급로를 차단할 수 있었고 영국과 전쟁이 발발할 경우 말레이시아와 미얀마를 공격할 수 있는 요충지를 확보하게 되었다.

1940년 9월 16일 일본은 어전회의에서 몇 차례 논란 끝에 삼국동맹의 결성을 승인하였고, 이를 바탕으로 고노에 내각은 인도차이나에 대한 군사행동을 더욱 강화했다. 그러나 일본의 기대와는 반대로 일본의 삼국동맹 가담은 고립주의를 고수해 오던 미국을 세계무대의 전면으로 나오게 만들었다. 미국은 모든 종류의 강철과 고철 수출은 연합국에게만 가능하도록 통제를 강화했으며 무기대여법을 제정하여 사실상 중립법을 폐지하고 참전 가능성을 열어 놓았다. 또한 ABC-1으로 알려진 미국, 영국, 캐나다 연합군 참모회의를 결성하여 일본을 말레이시아에서 축출할 방안을 논의하였다. 9월 25일에는 중국에게 텅스텐 광산을 담보로 2천 5백만 달러를 대여해 주기로 하였고, 11월에는 일본이 왕징웨이(汪精衛) 정권을 지지하자 미국은 장제스(蔣介石, 1887~1975) 정권에 1억 달러의 차관을 공여하기로 발표하였다. 1941년 2월에는 석유저장용 용기와 저장탱크를 수출금지 품목에 포함시키는 등[84] 대일 경제봉쇄를 강화했다.

일본도 미국과의 전쟁에 대비하였는데 1940년 11월 3일 어전회의에서 「지나사변 처리요강」을 결정하고, 중국에 대한 미국과 영국의 지원을 끊고, 소련과의 국교를 조정하여 장제스의 충칭정부를 굴복시키기로 하였다. 일본 해군은 1940년 말부터 전쟁 준비에 들어갔다. 170만 톤의 민간 선박이 동원되었고, 새로운 잠수함 부대와 항공기 부대가 창설되었다. 군수체제와 부

---

84) 상게서, pp. 217~223.

대구조도 전시체제로 전환하였다. 육군도 전쟁 준비에 착수하였다. 문제의 핵심은 전략물자의 확보였다. 동원계획을 재검토하고 민간부분을 절약하여 보충하기로 하였다. 만일 소련이 개입하지 않는다면 지리적 이점을 이용하여 2년 이내에 승패를 결판낼 수 있고, 자원도 그때까지는 버틸 수 있을 것으로 판단하였다.

일본이 최악으로 상정한 시나리오는 일본이 중국과의 전쟁에 몰두할 때 북쪽 대륙의 소련과 남방 해양의 미국이 동시에 협공하는 경우였다. 일본이 택한 전략은 북수남진이었다. 일본은 북방의 위협을 제거하기 위하여 1941년 4월 13일 소련과 소일중립협정을 체결하는데 성공했다. 그리고 4월 17일 일본 내각은 「대남방 시책요강」을 결정하고 모든 것을 동남아에 걸었다. 우선 외교적 수단을 동원하되 이 과정에서 미국이 군사적으로 개입하거나 필수자원에 대한 제재조치를 단행하면 전쟁을 감수하기로 결의하였다.[85)]

반면에 미국에게 최악의 상황은 대서양의 독일과 태평양의 일본이 협공하는 상황이었다. 당시 미국은 양 대양에서 동시에 전쟁을 수행할 준비가 되어 있지 않았다. 미국은 '대서양 공세, 태평양 방어'라는 전략을 세웠다. 대서양을 우선 선택한 미국은 일단 일본과의 전쟁을 뒤로 미루려고 하였다. 1941년 4월 초부터 헐 국무장관과 일본 협상대표 노무라 간에 접촉이 시작되었다. 처음부터 서로 받아들일 수 없는 협상안을 가지고 나왔다. 미국은 양 대양으로부터 오는 세력을 순차적으로 격파하기 위해서는 일본과의 전쟁을 지연시켜야 했다. 반대로 일본은 갈수록 불리해질 전쟁수행능력이 더 악화되기 전에 결판을 내야 했다. 양국 간 시간과의 싸움이었지 근본문제는 달라지지 않았다.

이러한 양국의 충돌이 불가피한 가운데 1941년 6월 22일 독일이 소련으로 전쟁을 확전하자 미국의 입장에서는 일본이 소련을 공격하거나 동남아를 공격하거나 다 용납할 수 없는 상황이 되었다. 일본이 동남아를 점령하

---

85) 상게서, pp. 223~225.

면 연합국의 전쟁물자와 산업에 타격을 받게 되고, 소련을 공격하게 되면 독일을 도와주게 되는데 더구나 일본과 독일은 동맹이기도 하였다. 미국이 선택한 최상의 전략은 일본이 소련이나 동남아로 진격하지 못하도록 중국대륙에 고착시키는 것이었다. 미국은 일본과 협상에서 중국문제에 대한 태도를 강경노선으로 선회하고 일본에게 중국에서의 완전한 철수를 요구하였다.

일본 군부에게는 오히려 다른 것은 양보할 수 있지만 중국만은 양보할 수 없었다. 그동안 투자한 희생과 명예에 전혀 맞지 않았던 것이다. 마침내 1941년 7월 2일 어전회의에서 남양으로 진출하기로 한 「정세의 추이에 따른 제국 국책요강」이 결정되었다. "(우선) 남방의 진출태세를 강화하기 위하여 대 영·미전을 불사할 것이며, 북방에 대해서는 (차후) 제국에 유리한 방향으로 상황을 진전시키기 위하여 무력을 행사하여 북방문제를 해결"하기로 하였다. 육군도 러시아와의 전쟁을 위해서는 남방자원이 필요했다. 그래서 가급적 신속하게 남방의 동남아를 접수하고 여기에서 획득한 자원을 가지고 북방의 러시아를 치기로 하였다.[86]

북수남진 작전개념은 두 단계로 나누어 진행되었다. 1단계는 북방의 위협을 견제하기 위하여 만주에 방어력을 보강하는 것이었다. 일본군은 1941년 7월 15일부터 7월 25일까지 관동군 특종연습이라는 명목으로 16개 정예사단으로 강화했다. 총 85만 명의 병력과 80만 톤의 추가 물자와, 그리고 소련의 항공기를 대항할 항공전력이 만주에 배치되었다. 2단계는 남부차이나로의 진출이었다. 7월 18일 외상 도요타(豊田)는 곧바로 프랑스 비시 정권 및 프랑스령 인도차이나 식민정부와 공동방위협력이라는 명목으로 교섭을 시작하였고, 7월 19일 비시정부는 일본군의 남부 인도차이나 진주를 승인하였다. 일본 대본영은 즉각 작전을 실시하여 7월 24일 남부 인도차이나를 점령하고 7월 25일 이를 대외적으로 발표하였다. 8월 9일에는 만주에 있던 일

---

86) 상게서, pp. 232~234.

부 사단을 전환하여 남부 인도차이나에 보강하였다. 일본 육군은 11월 말을 목표로 미국과의 전쟁준비에 들어갔다.[87]

미국의 입장에서는 일본이 중국 이외에 어느 곳으로도 진출하는 것을 허용할 수 없었다. 전쟁물자를 고갈시켜 전쟁을 일으키지 못하도록 하는 방법뿐이었다. 7월 25일 미국 내 일본 자산을 동결하고 8월 1일에는 석유의 전면 금수 조치를 취하였고 영국, 네덜란드가 미국의 조치에 동조하면서 일본에 대하여 동일한 조치를 취하였다. 또한 미국은 필리핀에 대한 방어의지를 천명하고 극동사령부를 설치하여 맥아더 장군을 사령관으로 임명하였으며 필리핀에 B-17 등 장거리 폭격기와 최신예 전투기를 보강하기로 하였다. 8월 14일에는 루즈벨트 대통령이 처칠 수상과 대서양 헌장을 체결하고 민족자결원칙에 따라 제국팽창주의를 무너뜨리기로 하였다.[88]

일본은 8월 30일 열린 정부-대본영 연락회의에서 육·해군의 주요 참모들은 대서양헌장 선언이 일본에 대한 일종의 선전포고라고 결론을 내렸다. 9월 3일 각의에서 「제국국책 수행요령」을 결정하고 9월 6일 어전회의를 통하여 확정되었다. 10월 10일까지 미국과 외교적 교섭 결과 일본의 요구조건이 충족될 가능성이 없으면 미국·영국·네덜란드에 대한 적대행위를 개시한다는 것이었다. 주요 내용은 미국과의 교섭에서 일본이 요구할 최소의 조건은 중국문제에 대한 일체의 간섭 포기, 동아시아에 대한 군사력 자제, 일본에 대한 자원공급 등이었다. 이에 따라 육·해군은 전쟁준비에 착수하였다.[89]

한편, 일본이 남방진출을 지속적으로 추진함으로써 대륙지향 해양국가에서 해양지향 해양국가의 모습으로 탈바꿈되었고, 일본의 해양권역을 북서 태평양에서 남서 태평양으로 본격적으로 확장하게 되었다. 미국도 일본의 대륙진출에는 비교적 관대했지만 일본이 해양으로 진출하게 되자 최후의 카드인 석유 금수조치를 취하게 되었다. 자원의 보고인 해양만큼은 내줄

87) 상게서, pp. 234~236.
88) George W. Baer(1993), 김주식 역(2005), 전게서, pp. 310~311.
89) 상게서, p. 313.

수 없다는 의미였다. 결국 양 해양강대국 간에 해양에서의 충돌이 불가피해졌다.

• 일본의 개전동인(開戰動因)과 해양력의 역할

일본이 중일전쟁의 수렁에 빠진 상태에서 미국, 영국, 네덜란드, 캐나다 함대와 전쟁을 하겠다는 시도는 미친 짓처럼 여겨졌다. 1937년 미국 국방비는 재정수입의 1.5%인 680억 달러였다. 일본은 재정수입의 28%를 사용하였지만 40억 달러에 불과했다. 1940년 세계 전쟁연관지수(COW)를 100%로 할 때 미국이 차지하는 비중은 26.06%로 일본의 6.89%보다 약 4배에 달했다. 권력지수에서도 세계 최강대국을 5로 기준할 때 일본은 1.32에 불과했다. 경제는 더 큰 차이를 보였는데 1940년 세계 경제비중에서 미국은 49%를, 일본은 6%를 차지하여 8배 이상의 차이를 보였다. 1941년 기준 국민총생산은 미국이 일본의 약 12배, 조강생산능력도 12배였으며 인구는 1.86배에 이르고 있었다.[90] 이렇게 기본적인 국력과 전쟁수행능력, 전략자원, 산업잠재력, 심지어 인구면에서도 열세였던 일본이 어떻게 세계에서 최강의 해양력과 산업력을 갖춘 미국과 그 연합국을 성공적으로 물리칠 수 있을 것으로 생각하였는가? 이 질문에 대한 대답이 태평양 전쟁발발 동인의 핵심이었다.

첫째, 일본이 모든 면에서 미국에 뒤져 있었지만 태평양 상에서 해군력만큼은 오히려 미국보다 앞서 있었다. 1941년 미·일간 해군전력은 총 전력면에서는 미국이 345척 1,382,026톤, 일본이 235척 975,793톤으로 일본이 미국의 70.6% 수준에 그치지만 태평양 상에서는 미국 해군이 172척으로 일본의 73%에 불과해 오히려 역전되었다. 더구나 제2차 세계대전에서 주력전력으로 새롭게 등장한 항공모함은 일본이 3배나 더 많았다.[91]

---

90) 신희섭, 「아시아-태평양 전쟁 원인에 관한 연구」, 고려대학교 박사학위논문(2013), p. 53, Herbert Rosinski(1977), 전게서, p. 102.

91) S. G. Gorshkov(1979), 전게서, p. 113.

〈표 6-13〉 제2차 세계대전 발발 직전 열강의 태평양 해군전력 현황

함형	일본	미국	영국	네덜란드	연합계	일본 : 미국	일본 : 연합
전함	10	9	2	–	11	1 : 0.9	1 : 1.1
항모	10	3	–	–	3	1 : 0.3	1 : 0.3
순양함	38	24	9	3	36	1 : 0.6	1 : 0.9
구축함	113	80	13	7	100	1 : 0.6	1 : 0.9
잠수함	65	56	–	13	69	1 : 0.9	1 : 1.1
계	236	172	24	23	219	1 : 0.73	1 : 0.93

•출처 : 연합국 전력은 S. Roskill, *The Fleet in War* (Moscow : Voenidat, 1967), p. 510, S. G. Gorshkov, *The Sea Power of State* (Oxford : Peramon Press, 1979), p. 113에서 재인용, 일본 전력은 해군본부, 『일본·영국 해군사 연구』(계룡대 : 해군본부, 1997), p. 122.에서 인용 재구성.

또한, 일본은 〈표 6-13〉에서 보는 바와 같이 태평양 상에서는 미국뿐만 아니라 연합국의 전체 전력을 합한 것보다도 우세한 전력을 가지고 있었다. 그런데 유일한 우위를 누리고 있는 해군력마저 시간이 갈수록 무너질 수 있었다. 1940년 6월과 7월 연이어 미국 의회가 양 대양 해군건설계획에 필요한 예산을 배정하기로 함에 따라 그 해 미국 해군 함정 건조비는 일본이 지난 10년간 지출한 함정 건조비보다 많았다. 1941년 말 일본의 해군력은 미국의 70%에 달했지만 그 시기에 미국은 일본보다 3배나 많은 함정을 건조 중에 있었다. 만약 현 추세로 간다면 일본군 전력은 1942년 말까지 미국의 65%, 1943년 말까지 50%, 1944년에는 30%로 감소하게 될 것이었다.

야마모토 이소로쿠 제독은, "일본이 미국을 상대로 전쟁을 수행하는 것은 불가능하다. 미국과 싸우는 것은 전 세계와 싸우는 것과 같다."고 하였다. 그러나 지금이 아니면 일본에게 기회조차도 없어지게 되었다. 그는 미국과의 군사력 격차는 갈수록 더욱 심화될 것이기 때문에 만일 전쟁이 불가피하다면 지금이 미국을 공격할 호기라고 판단하였다.[92] 1941년 11월 어전

92) Peter Padfield, *War Beneath the Sea : Submarine Conflict during World War II*, 김진규 역, 『태

회의에서 나가노(長野) 군령부 총장은 "미 함대가 10이라면 일본은 7.5이다. 그런데 미 함대의 4할은 대서양에, 6할은 태평양에 있다. 영국은 대규모 해군력을 태평양 전선으로 보낼 수 없을 것이다. 만약 해군력을 보낸다면 많아야 전함 1척, 순양함 10여척, 그리고 몇 척의 항모가 될 것이다. 따라서 진주만 기습이 성공하면 2년 동안은 충분히 버틸 수 있다"고 주장하였다.[93] 결국 일본은 해군의 우위가 기울여지기 전에 전쟁을 감행하기로 결심하였다.

둘째, 일본이 중국과 러시아와의 전쟁에서 얻은 성공 경험이었다. 중국이나 러시아는 미국에 못지않는 강대국이면서도 미국보다 훨씬 더 일본에 근접한 국가들이었다. 일본은 이 두 강대국을 상대로 한 전쟁에서 모두 승리를 거두었고, 이 전쟁을 승리로 이끈 경험이 일본의 전쟁지도와 정책결정의 근본적 원칙을 형성하게 해주었다. 당시 세계여론도 1895년과 1904~1905년 두 전쟁에서 일본이 재앙에 빠질 것으로 예상했었지만, 이 두 차례의 전쟁에서 일본은 열세를 극복하고 승리한 국가로 등장하였다. 그 성공의 비결은 모두 일본이 해양우세권을 장악하고 이를 전략적으로 이용할 수 있었던 능력에 있었다. 일본은 무제한 전쟁은 자신들이 도저히 감당할 수 없다는 것을 잘 알고 있었다. 이에 따라 기습과 봉쇄, 그리고 신속한 결전을 통하여 제해권을 신속히 장악하고 이를 효과적으로 행사하여 전쟁을 주도하는 한편, 강대국들에게는 제해권을 보유하지 않은 채 전쟁을 지속하게 된다면 향후 더 큰 손실을 가져올 수 있다는 것을 인식시켰다. 일본은 해양통제권을 활용하여 주변의 강력한 국가들이 무제한 전쟁을 포기하고 제한전쟁을 받아들이도록 하였으며 결국 일본의 해양우세권이 '무제한적 분쟁(unlimited conflict)'을 '제한전쟁(limited war)'으로 전환시키는 능력이 되었다.[94]

셋째, 개전 당시 세계의 전략적 상황이 일본에게 유리하다고 판단하였

평양 잠수함전』(서울 : 한국해양전략연구소, 2000), p. 64.

93) 木坂順一郎, 『太平洋戰爭, 昭和の歷史 第7券』, p. 42, 정호섭(2001), 전게서, p. 54에서 재인용.

94) Herbert Rosinski(1977), 전게서, pp. 102~103.

다. 유럽에서 동맹국 독일의 승승장구와 연합국의 후퇴는 일본을 고무시켰다. 미어샤이머는 1940년 6월 독일의 파리 점령과 1941년 6월 독일의 소련 침공이 미·일간의 전략적 결정에 중요한 역할을 하였다고 주장하였다. 일본은 전통적으로 대서양을 우선시하는 미국이 독일의 위협에 직면하게 된다면 태평양에서는 협상에 나올 가능성이 높다고 판단하였다는 것이다.[95)]

넷째, 동남아의 전략자원 확보는 전쟁이든 평화이든 어떤 경우에서든지 반드시 확보해야 할 절대적 목표가 되었다. 원유와 쌀과 철광석 원산지인 동인도제도와 천연 고무 원산지인 말레이 반도들은 서구 열강이 오래 전부터 장악해 오던 곳으로 이 자원을 획득하기 위해서는 이들 서구 열강과의 충돌이 불가피하였다. 일본에게 동남아는 중국과의 전쟁은 물론, 그 다음 소련 또는 미국과의 전쟁, 그리고 일본 경제와 국가의 지속 발전을 위해서 반드시 확보해야 될 자원지역이 되었다. 만약 이를 확보하지 못한다면 일본은 미국에 의존하여 살아갈 수밖에 없었다.

'힘의 변동에 대한 두려움'과 '미래에 대한 불확실성'은 모든 국가로 하여금 예방적으로 미래의 위험을 제거하도록 압박을 가하고 있다. 힘이 약한 국가는 이러한 두려움과 불확실성을 더 많이 느낀다. 폴(T. V. Paul)은 비록 약자라 할지라도 강대국과 갈등을 빚고 있는 문제에 대하여 약자가 강렬한 가치를 부여하고 있고, 현 세력균형을 불만족스럽게 여기거나 미래 세력균형의 변화에 대한 두려움이 있는 경우, 자신에게 특정한 조건이 갖추어져 있다고 인식되면 약자도 먼저 전쟁을 결심할 수 있다고 주장하면서 그러한 인식에 영향을 주는 요소에는 정치군사 전략(전략), 공격 무기체계의 보유(무기), 강대국의 방어지원(동맹), 변화하는 국내 권력구조(국내 정치요소) 등이 있다고 하였다.[96)]

---

95) John J. Mearsheimer(2001), 전게서, p. 221.

96) Ivan Arreguin Toft, *How the Weak Win Wars : A Theory of Asymmetric Conflict* (Cambridge : Cambridge University Press, 2005), T. V. Paul, *Asymmetric Conflict ; War Initiation by*

일본은 무엇보다 태평양에서는 확실한 해군우세를 유지하고 있었고, 기습공격이 성공하면 미국과의 태평양에서 균형을 심각하게 무너뜨릴 수 있다고 믿었으며, 군사전략상 강대국을 물리친 제한전쟁 전략의 성공경험을 가지고 있었다. 국내에는 일왕 중심으로 미래의 전망이 어둡기 때문에 전쟁 이외는 다른 방법이 없다는 여론이 형성되어 있었고 정치권이나 경제권에서도 전쟁을 부추기고 있었다. 미국은 두 대양으로 분리되어 있는데다가 태평양보다는 대서양에 집중하고 있었다. 또한 유럽과 대서양에서는 동맹국 독일이 승승장구하여 미국을 대서양으로 유인하고 있었다. 태평양 전쟁은 일본이 러시아와 중국을 차례로 굴복시킨 모험적 군국주의의 발로이자 그 동안 심혈을 기울여온 영토 확장의 역동성에 떠밀려온 전쟁이기도 하였지만, 일본이 합리적 토론과 논쟁을 거쳐 전략적으로 선택한 예방전쟁이기도 하였다. 그 동인은 무엇보다도 과거 제해권의 성공이 재현될 것이라는 기대, 그리고 그 기대를 실행할 수 있는 확실한 수단, 즉 태평양 상에서 미국보다 우세한 해군력이 있었기 때문에 가능한 것이었다.

• 일본의 진주만 기습과 제해권 확보

태평양 전쟁에서 일본의 진주만 기습공격을 제외하면 어떻게 일본이 전쟁을 도발하였는지 설명할 수 없다. 진주만 기습은 바로 일본 군사전략의 핵심이었는데 그 목표는 바로 태평양에서의 제해권 확보였다

이미 1940년 1월 연합함대사령관 야마모토 이소로쿠 제독은 오이카와 고시로(及川古志郎, 1883~1958) 해군대신에게 미 해군이 서태평양의 제해권을 확보하게 내버려둔다면 일본 해군의 전력분산을 가져오고 미 항공모함이 일본 본토를 공격할 경우 치명적인 위험을 초래할 수 있다고 경고하면서 일본이 초기 선제기습으로 미국의 태평양함대를 파괴하여 태평양에서의 해

Weaker Power (Cambridge : University of Cambidge Press, 1994), pp. 15~34, 신희섭(1977), 전게서, p. 1, pp. 25~28에서 재인용.

군 균형을 한 번에 깨뜨린다면 초전에 적의 전투의지를 빼앗을 수 있고 양대양에서 전쟁을 치러야 하는 미국이 협상을 요구해 올 가능성이 있다. 만일 미국이 협상을 요구해 오지 않더라도 일본은 아무런 피해를 입지 않은 상태에서 동남아를 점령하여 차기 전투에 필요한 자원을 획득할 수 있고, 미국의 항모가 일본 본토에 접근하는 것도 예방할 수도 있다고 주장하였다. 야마모토는 바로 공격 첫날에 전쟁의 운명이 결정될 것이라고 예상했다.[97]

1941년 10월 참모본부에서 야마모토의 계획은 거대한 도박이라는 비난을 받았다. 먼저, 기습달성이 매우 어렵다는 것이었다. 영국, 미국, 소련의 정보 능력을 고려할 때, 6척의 항모를 동원한 대규모 작전을 3,500마일 이동하여 기습을 달성하기란 매우 어려운 일이며, 또한 미국 항공 정찰범위가 600마일로 확장되어 하와이에 접근하기 이전에 사전 탐지될 가능성이 높다는 것이었다. 둘째, 연료 재보급 상의 문제가 있다는 것이다. 북태평양 기상조건을 볼 때 한 달에 7일만 해상보급이 가능하였다. 셋째, 진주만 기습이 유일한 대안은 아니라는 것이었다. 적 함대가 일거에 일본 남방작전의 측면과 배후를 찌를 수는 없기 때문에 반드시 먼저 마셜 군도의 일각을 점령하고 징검다리를 건너오듯 접근해 올 것이다. 그 곳에서 함대결전의 기회가 있고 더 나아가 승기를 잡을 수도 있다는 것이었다. 넷째, 진주만 수심이 12m로 어뢰와 폭격 공격이 제한된다는 것이었다. 다섯째, 계획의 징후가 사전 누설될 경우 차기 작전이 불가하며, 외교교섭에 너무 치명적인 결과를 초래한다는 등의 이유였다. 그러나 야마모토는 자신의 군 생활을 걸고 강력히 주장하여 진주만 기습작전을 관철시키고, 천해 어뢰와 물수제비 폭격전술을 개발하여 수상 20m까지 저공 비행한 결과 명중률을 80~90%까지 높였다.[98]

결국 1941년 11월 해군참모부는 진주만 기습작전을 최종 승인하고 일본의 전략을 다음과 같이 결정하였다.[99] 미국이 유럽전선에 신경을 집중하여

---

97) George W. Baer(1993), 김주식 역(2005), 전게서, pp. 317~320.

98) 박재석·남창훈(2006), 전게서, pp. 24~33.

99) 정호섭(2001), 전게서, pp. 53~54.

태평양에서 미처 전쟁 준비태세를 갖추지 못했을 때, 하와이와 동남아에 대한 기습공격을 통해 미 해군함대를 격멸하고 초전에 신속한 승리를 달성하여 서태평양의 제해권을 장악한다. 이 제해권을 바탕으로 중국을 외부로부터 고립시키고, 역내에 일본의 자급자족이 가능하고 난공불락의 경제능력이 구비된 남방제국을 건설하여, 전략적 기반을 공고히 하고 평화적 협상을 유도한다. 즉, 일본은 개전 초기에 선제기습을 통하여 획득한 전과를 기정사실화하고 협상을 통하여 평화적으로 이를 실효화시키자는 것이었다.

일본 해군은 1941년 11월 중순, 27척의 잠수함을 선견부대로 하와이에 파견하였다. 연합함대는 11월 23일 쿠릴열도의 히토갓푸 만에 집결하여 26일 06 : 00시 나구모 쥬이치(南雲忠一, 1887~1944) 중장 지휘 아래 항모 6척, 전함 2척, 중순양함 2척, 경순양함 1척, 구축함 11척, 유조선 8척, 잠수함 3척 그리고 전투기, 폭격기, 뇌격기 등 432대의 항공기로 편성된 기동부대가 무선 침묵을 유지하고 북쪽으로 출항하였다.

미국 진주만에는 하와이 주둔 육군사령관 쇼트(Walter C. Short, 1880~1949) 중장 휘하에 지상군 5만 9천명, 킴멜(Husband E. Kimmel, 1882~1968) 제독 휘하에 태평양함대 소속, 전함 8척, 중순양함 2척, 경순양함 6척, 구축함 29척, 잠수함 5척, 포함 1척, 기뢰부설함 9척, 소해함 10척, 보조함 24척 등 모두 94척의 함정이 정박하고 있었다. 태평양함대 소속 항공모함은 3척이 있었으나 당시 진주만에는 한 척도 정박하고 있지 않았다. 엔터프라이즈(USS Enterprise) 함은 웨이크 섬에, 렉싱톤(USS Lexington) 함은 미드웨이(Midway) 섬에, 각각 항공기를 수송하거나 복귀하는 중이었고, 사라토카(USS Saratoga) 함은 샌디에이고에서 수리하고 있었다. 하와이에 전개된 항공기는 모두 227대였으며 그 중 전투기가 152대였다.

1941년 12월 7일 06 : 00시(하와이 현지시각) 진주만 북쪽 230마일 해역에 도착한 나구모 제독은 공격기의 발진을 명령하였다. 세계 해전사에서 길이 남을 기습작전이었다. 그 결과 미국의 전함 4척, 기뢰부설함 및 표적함 각 1척

침몰, 전함 4척, 경순양함 3척, 구축함 3척, 수상기 모함 및 공작함 각 1척이 손상을 입었다. 해군 항공기와 육군 항공기 188대가 대파되었고 기지 및 비행장 시설이 다수 파괴되었다. 인명피해는 전사 및 행불자 2,502명, 부상자 1,382명이 발생하였다. 미국에게 다행스러웠던 것은 항모는 피해를 입지 않았고, 함정수리시설, 동력시설, 유류저장 탱크도 큰 피해를 입지 않았기 때문에 바로 복구 임무에 착수할 수 있었다. 일본은 전투 중 항공기 29대와 이·착함 중 항공기 몇 대가 손실을 입었고 함정은 소형 잠수정 5척과 대형 잠수함 1척이 손실되었을 뿐이었다.[100]

진주만 기습작전은 일본 해군이 해군균형에서 월등한 우위를 차지하고 초전 전쟁의 주도권을 장악하게 해주었다. 그 결과 일본 해군은 태평양의 제해권을 장악하고 동남아를 넘어 인도양까지 진출할 수 있었다. 독일과 이탈리아에게도 일본의 참전으로 미국을 양면에서 협공할 기회가 생겼으며 진주만 기습 4일 만에 이 두 나라는 미국에 대하여 선전포고를 하였다. 소련은 독일과의 전쟁에 전념하기 위하여 1941년 4월 체결된 일소중립조약을 근거로 중립을 선언했다.

반면에 일본의 진주만 기습은 미국으로 하여금 전쟁수행의 기본전략을 변경하도록 만들었다. 미국은 제3자를 이용한 '양 대륙 소모전' 개념에서 미국 자신이 직접 주도하는 '양 대양 결전' 개념으로 전략개념을 수정했다.[101] '양 대양 동시전쟁'의 수행이 가능한 원동력은 미국 국민들의 유례없는 단결과 동원, 국가지도부의 단호한 결단력, 그리고 세계 제일의 산업능력이었다. 또한 진주만 기습은 미국에게 무제한 동원과 무제한 전쟁에 뛰어들기에 충분한 동기를 마련해 주었다. 그 결과 1940년 7월부터 1945년 8월까지 미국은

---

100) 조덕현(2011), 전게서, pp. 317~327.

101) '양 대륙전략'이란 유럽대륙의 독일에 대해선 소련으로 하여금, 아시아 대륙의 일본에 대해서는 중국으로 하여금 각각 해당 대륙에 묶어 두도록 하는 전략으로서 간접적 방법에 의한 장기소모전을 말하며, '양 대양 전략'이란 미국이 직접 수행하는 결전전략으로서 대서양에서는 독일에 대한 무제한 통상파괴전을 태평양에서는 일본에 대한 제해권 쟁탈전을 의미함.

11만 척 이상의 함정을 325개의 조선소에서 건조하였으며 여기에는 전함 10척, 대형항모 18척, 소형 및 호위항모 119척, 순양함 47척, 구축함 577척, 잠수함 217척 등 주요 전투함 1,286척과 상륙함 84,022척 등이 포함되었다.[102]

즉, 일본이 의도했던 미국 국민의 전의를 상실시켜서 제한전쟁으로 유도하여 협상을 이끌어낼 것이라는 목표와는 정반대의 결과를 가져왔으며 이에 따라 초전의 전술적 승리가 전략적 승리에 미치지 못함으로써 이것이 일본의 1차적 패인이 되었다.

군사적인 면에서는 진주만 기습의 결과로 주력 전함이 손실된 반면 항공모함 전력이 건재함에 따라 자연스럽게 주력함의 자리를 항공모함이 차지하게 만들었고 함대결전의 성패도 함포에서 함대제공권으로 변경되었다. 12월 7일 당일 곧바로 스타크(Harold R. Stark) 제독은 항공기와 잠수함을 이용한 무제한전을 선포함으로써 초전부터 통상파괴와 경제적 봉쇄작전 등으로 작전영역이 확대되었고, 항공전, 상륙전, 잠수함전 등 입체적 해군작전이 새로운 전쟁양상으로 대두하게 되었다.

• 일본의 제해권 행사와 남태평양 진출

일본의 진정한 전쟁목표는 진주만이 아니라 남태평양에 있었다. 1941년 11월 15일 대본영-정부연락회의에서 결정된 「대미·영·란·중(對美·英·蘭·中)전쟁 종말 촉진에 관한 복안」에 따르면, "극동에서 미·영·란의 근거를 민첩하게 복멸하여, 자존자위를 확립함과 동시에 나아가 적극적인 행동으로 장제스 정권의 굴복을 촉진하고, 독·이와 제휴하여 먼저 영국의 굴복을 도모하고, 미국의 계전의지를 상실시키는데 힘쓴다"[103]고 밝히고 있다.

즉, 일본에게 태평양전쟁은 원래 대영란전(對英蘭戰)이었던 것이다. 일본의 근본목적은 영국과 네덜란드가 유럽에서 독일에게 공략당하는 기회를

---

102) George W. Baer(1993), 김주식 역(2005), 전게서, p. 338.
103) 요시다 유타카(吉田裕) 지음, 최혜주 옮김(2012), 전게서, p. 77.

이용하여 그들이 아시아에서 점령하고 있던 자원지역을 쟁탈하려고 도발한 전쟁이었으며, 일본의 진주만 기습은 대영란전에 대한 미국의 간섭을 사전에 차단하고 태평양에서 제해권을 누리기 위해 계획된 것이었다.

일본군의 계획은 개전과 동시에 말레이 반도와 필리핀을 점령한 이후 보르네오, 셀레베스, 수마트라 등을 공략하고, 마지막으로 네덜란드령 인도네시아의 중심인 자바 섬을 점령하여 인도네시아의 풍부한 석유자원을 손에 넣겠다는 것이었다. 진주만 기습 1시간 30분전, 일본 해군 제2함대와 3함대의 엄호 아래 26척의 수송선단이 일본 육군을 수송하여 말레이 반도에 상륙작전을 개시하였다. 1941년 12월 8일 오전 2시 15분(일본시각) 일본 육군 제18사단 보병 56연대 다쿠미(陀美) 지대(支隊)는 영국령 말레이 반도의 코다바루(Koda Bharu)에 상륙하였다.[104)]

12월 2일 싱가포르에는 일본의 남진을 억지하기 위해 영국 신형 전함 프린스(HMS Prince of Wales, 35,000톤급) 함과 전투순양함 리펄스(HMS Repulse, 32,000톤급) 함이 도착해 있었다. 12월 8일 일본군의 말레이 반도 상륙소식을 접하자 영국 극동함대사령관 필립(T. Phillips) 제독은 2척의 대형 전투함과 4척의 구축함을 인솔하고 상륙 중인 일본군에 대한 타격에 나섰다. 12월 10일 쿠안탄 50마일 해안에서 세계 해전사상 최초로 전함과 항공기간의 교전이 발생하였다. 그 결과 영국은 전함 1척, 전투순양함 1척, 구축함 1척이 침몰하는 피해를 입어 극동에서 완전히 물러나게 된 반면 일본은 영국 함대의 대공포화에 의해 항공기 격추 4대, 중파 2대, 경파 25대의 피해만 입었다.[105)]

한편 1941년 12월 8일(일본시간) 진주만 기습과 동시에 일본은 괌과 사이판에 상륙작전을 전개하여 12월 10일에 각각 함락시켰고 12월 21~24일간에는 대규모 공격 끝에 웨이크 섬(Wake island)을 함락시켰다.[106)]

1942년 2월, 일본 육군은 말레이 반도와 싱가포르를 함락시켰다. 일본 해

104) 상게서, pp. 26~27.
105) 이정수(1981), 전게서, pp. 125~129.
106) 상게서, pp. 131~132.

군은 미국 주력함대와의 결전에 대비하여 미국의 식민지인 필리핀과 미국령 괌을 공략할 계획 아래 1942년 1월 마닐라를 점령하였고, 4월에는 바탄(Bataan)반도를, 5월에는 고레도르(Corregidor) 섬을 점령하였다. 후속작전으로 일본 해군과 육군은 합동으로 보르네오, 셀레베스, 수마트라에 이어 1942년 2월 중부태평양 괌과 남태평양 뉴브리튼(New Britain) 섬에 있는 라바울(Rabaul)을 공략했다. 1942년 3월에는 자바섬에 상륙하고, 미얀마 랑군(Rangoon)을 점령하였다. 1942년 4월에는 인도양의 실론(Ceylon) 해역에 대한 지배권을 확보했다. 1942년 5월까지 일본군은 동남아시아와 중·남부 태평양의 광대한 지역을 점령하여 연합군을 압도하였다.[107] 이 6개월 동안 일본이 별 피해를 입지 않은 채 인도양에서 남태평양까지 진출할 수 있었던 것은 바로 초기에 제해권을 확보한 덕분이었다.

3) 미국 해양력의 역할

• 미국의 제해권 회복

미국 해군은 진주만 기습을 당한 후 태평양의 전력이 더욱 약해지자 대서양은 적극적 개입 및 공세, 태평양은 영란과 연합으로 방어태세를 유지한다는 전략을 채택하였다.

미국 해군의 태평양에서 첫 번째 임무는 본토 해안을 방어하는 것으로 핵심 방어권은 알래스카-하와이-파나마를 잇는 동태평양 방어선이었으며, 확장된 방어권은 알류산열도의 도취-미드웨이-사모아를 잇는 방어선이었다.

두 번째 임무는 하와이를 중심으로 서쪽으로 전진할 교통로를 확보하는 것으로서 하와이와 미드웨이, 하와이에서 사모아를 거쳐 오스트레일리아에 이르는 교통로를 확보하고 그 곳에 전투력을 축적시키는 것이었다.

---

107) 요시다 유타카(吉田裕) 지음, 최혜주 옮김(2012), 전게서, pp. 70~73.

세 번째 임무는 전투력이 복원되는 시기에 맞추어 일본 본토로 반격하는 것이었다. 이를 위한 제1단계 작전은 남서태평양에 대한 제한적 공격으로 일본의 진출을 저지하고, 제2단계 작전은 본격적으로 본토를 향해 진공하는 작전으로서 징검다리를 건너듯이 적의 위협을 뛰어넘어 필리핀, 타이완, 오키나와 등 일본 본토를 폭격할 거리에 있는 전진기지를 확보하는 것이며, 제3단계 작전은 일본 본토를 봉쇄하여 고립시키고 저항능력을 고갈시킨 후 본토를 점령하는 것이었다. 물론 이러한 해양작전 중에도 미국은 중국을 지원하여 일본의 육군을 지속적으로 대륙에 묶어두기로 하였다.[108)]

일본은 개전 5개월 만에 남태평양에 대한 제1단계 목표를 달성하고 제2단계 작전을 구상하였다. 태평양 서부에 대한 난공불락의 경계선을 구축하고, 미국으로 하여금 평화협상으로 나오게 하기 위해서는 공세적인 작전이 필요하였다. 이것이 태평양 전쟁을 제한전쟁으로 만들 수 있는 마지막 기회가 될 것으로 판단하고 세 가지 방침을 정했다.

방침1 : 뉴우기니아 동부의 모레스비와 솔로몬 군도를 점령하여 태평양 동남방면의 안전을 도모하고 차기 진출의 발판으로 삼는다.
방침2 : 미드웨이와 서부 알류산 열도를 확보하여 중북부 태평양의 방어권을 확장하고, 미 태평양함대에게 결전을 강요한다.
방침3 : 뉴우 칼레도니아, 피지, 사모아를 점령하여 미국과 호주의 교통선을 차단한다.

이 방침1에 따라 산호해 해전이, 방침2에 따라 미드웨이 해전이 발생하였으며, 이 두 해전에서 일본이 패배하자 마지막 방침3은 실행되지 못했다.[109)]

1942년 5월 7일 발발한 산호해 해전은 태평양 전쟁 발발 후 미국과 일본의 주력함대가 충돌한 최초의 해전으로서 역사상 수상함이 단 한 발의 포탄

108) George W. Baer(1993), 김주식 역(2005), 전게서, pp. 349~350, p. 391.
109) 이정수(1981), 전게서, p. 154.

도 주고받지 않고 치른 최초의 항공모함 항공전이었다. 1942년 4월 인도양 작전이 종료되자 야마모토는 이노우에 시게요시(井上成美, 1889~1975) 제독 지휘하에 제4함대를 편성하고 위 방침1에 따라 포트 모레스비, 툴라기, 길버트로 이어지는 군도를 점령하는 「모(MO, も)작전」을 담당하게 하였다. 미국은 플레처(F. J. Fletcher, 1885~1973) 제독의 제17기동부대가 이에 맞섰다. 전쟁 결과를 보면 전술적으로는 일본이 약간 우세한 결과였지만 전략적으로는 미국이 승리한 해전이었다. 일본군의 포트 모레스비 상륙이 좌절되었고, 일본의 항공모함 2척과 항공기 80대가 차기 작전에 참가할 수 없게 되었는데 이 전력은 다음에 있을 미드웨이 작전에 참여할 항모전력의 1/3에 해당하는 전력이었다. 반면에 미국은 전쟁 발발 이후 최초로 일본의 작전의도를 좌절시켰고, 이곳에서 일본 해군이 격침시켰다고 잘못 알고 있었던 항모 요크타운(USS Yorktown) 함이 다음 미드웨이 해전에 참전하여 승리의 계기를 마련하는 결정적인 역할을 하게 되었다.[110]

미드웨이 해전은 일본이 진주만 기습처럼 미국 해군을 일거에 격멸시키기 위한 야심찬 계획에서 발단되었다. 미드웨이는 하와이와 일본 본토 사이에 있는 전략적 요충지로서 일본이 이곳을 점령하여 항공기지화 한다면 태평양의 주도권을 장악할 수 있었다. 일본 연합함대는 이곳을 공략하여 항공전진기지로 삼고, 반격해 오는 미국의 태평양함대를 요격결전으로 궤멸시키겠다는 전략을 실행하기로 하였다. 그런데 이 계획이 미국의 정보망에 걸려들었다. 암호해독을 통해 일본의 목표가 미드웨이인 것을 확인 한 니미츠 제독은 사전에 매복하여 일본 해군에 대하여 역으로 요격결전 전법을 사용하기로 하였다.

1942년 5월 27일 제1기동부대 나구모 중장은 항모 4척, 고속전함 2척, 중순양함 2척, 경순양함 1척, 구축함 12척 등을 인솔하고 히로시마를 출항하

110) 산호해전 후 1개월 뒤에 벌어진 미드웨이 해전에서 일본의 쇼가쿠(翔鶴)와 즈이가쿠(瑞鶴) 두 척의 항모는 참전할 수 없지만, 미국의 요크타운은 단기간에 수리를 마치고 전투임무에 복귀하였다. 이것이 미드웨이 해전의 운명을 갈랐다.

였다. 제2함대사령관 곤도 노부타케(近藤信竹, 1886~1953)는 미드웨이 공략부대로서 고속전함 2척, 중순양함 4척, 항모 1척 등 16척으로 구성되어 있었다. 그 다음으로 미 태평양함대를 요격할 전투함대는 야마모토 제독이 직접 지휘하는 전함 야마토(大和)를 비롯한 14척과 제1함대사령관 다카스 시로(高須四郎, 1884~1944) 제독이 지휘하는 4척의 전함을 비롯한 18척으로 편성되어 있었으며 미드웨이 북서 600마일에서 대기하고 있을 예정이었다. 알류샨 공략부대는 제5함대사령관 호소가야 호시로(細萱戊子郎, 1888~1964) 제독이 지휘하는 항모 2척을 비롯한 점령부대로 편성되어 5월 28일 오미나또를 출항하였다. 이와 같이 잠수함 부대를 제외하고, 140여 척의 대기동부대가 미드웨이와 알류산열도를 향하여 항진하고 있었다.

한편, 니미츠 제독은 5월 중순부터 일본 해군의 작전의도, 참가전력, 접근방향 등에 대하여 비교적 정확한 정보를 파악하고 있었다. 우선 알류샨 열도에 대하여 해상초계, 공중정찰, 공중 폭격대 등을 보강하고 시오발드(Robert A. Theobald, 1884~1957) 제독에게 순양함 5척, 구축함 14척, 잠수함 4척을 파견하여 알류샨 열도를 방어하도록 하였다. 미드웨이에 대해서는 신속히 병력을 증강시켜 대공포를 보강하고, 해안선에 방어기뢰를 부설하였으며 전투기, 폭격기, 정찰기 등 항공기 110대를 추가 배치하였다. 해상기동부대의 편성이 가장 어려운 문제였다. 먼저 산호해 해전을 치르고 5월 26일 진주만에 귀환한 제16기동 부대를 이틀 만에 정비하여 5월 28일 스프루언스(Raymond A. Spruance, 1886~1969) 제독이 인수하여 중순양함 5척, 경순양함 1척, 구축함 9척이 출항하였다. 요크타운 함은 밤낮을 가리지 않은 수리를 한 결과 5월 30일 중순양함 2척, 구축함 5척의 호위를 받으며 출항하였다.

6월 4일 04 : 30시 나구모 제독은 미드웨이로부터 북서방 240마일에 있는 4척의 항모에서 총 108대를 폭격기를 발진시켜 미드웨이 폭격에 나섰다. 미 기동부대에서는 엔터프라이즈(USS Enterprise)에서 발진한 공격대가 당일 10 : 00시가 지나서야 4척의 일본 항모부대를 발견하였으며 드디어 양국 해군간 세기의 해전이 벌어졌다. 이 미드웨이 해전의 결과 일본은 항모 4척, 중순양함 1척과 253대의 항공기와 유능한 조종사를 비롯하여 3,500여 명이 희생되었다. 미국은 항공모함 1척, 구축함 1척, 150여대의 항공기와 인명 307명을 잃었다.[111)]

이 해전에서 일본 연합함대가 패배함으로써 태평양 전쟁의 주도권이 미국 태평양함대로 넘어가게 되었다. 항모 등 주력세력을 잃은 일본 해군은 더 이상 동진할 수 없었으며 뉴칼레도니아, 피지, 사모아, 포트 모레스비 등 남방공략과 벵갈만 및 인도에 대한 침공계획도 중단하게 되었고 전반적으로 공세에서 수세로 태세를 전환시켰다. 반면에 미국 태평양함대는 태평양에서 제해권을 회복하고 공세로 전환할 수 있었다.

• 미국의 제해권 행사 및 전략적 공략

미국 해군은 산호해 해전에서 일본의 동진을 저지하고 미드웨이 해전에서 주도권을 확보함으로써 태평양상에서 제해권을 점차적으로 회복하고 이를 바탕으로 공세적 반격 작전에 나섰다. 그러나 당시까지도 전체적인 해군전력은 일본이 우세하였다. 미국의 주요 작전은 상륙작전이었는데 먼저 솔로몬 제도의 평정에 나섰다. 미 해군과 해병대는 1942년 8월 7일 「슈스트링 작전(Operation Shoestring)」을 통해 일본이 비행장을 건설 중이었던 과달카날과 툴라기 기지를 확보하였지만 이 섬에 잔류한 일본군과의 치열한 교전은 계속되었다. 이 과달카날 전역에서 1943년 2월까지 7회에 걸친 대해전을 치렀는데 그 결과 미국은 항모 2척, 순양함 8척, 구축함 14척, 총 24척, 12만 6천 톤을 잃었고 6만 명의 육군과 해병대를 투입하여 1,592명이 전사하였다. 일본은 전함 2척, 항모 1척, 순양함 4척, 구축함 11척, 잠수함 6척, 총 24척, 13만 5천 톤을 잃었고 항공기 893대와 항공기 탑승자 2,362명이 희생되었으며 36,000명이 투입되어 14,800명이 전사하거나 행방불명되었으며

---

111) 이정수(1981), 전게서, pp. 166~187.

9,000명이 병사하고 1,000명이 포로로 잡혔다. 1943년 2월 9일 일본군이 과달카날에서 조직적인 저항을 포기함으로써 6개월간의 긴 전투를 끝내게 되었다.[112]

과달카날 공방전(Battle of Guadalcanal, 1942. 8. 7.~1943. 2. 9.)은 태평양 전쟁의 최대 전환점이었다. 과달카날에서 일본이 철수한 1943년 2월을 기점으로 하여 미국과 일본 간의 해군 전력비는 역전되었다. 이후 연합군은 양과 질 모두에서 급속하게 전력을 확충해 나갔지만 일본은 손실을 보충하지 못했다. 〈표 6-14〉에서 보는 것처럼 특히 제2차 세계대전 시 주력으로 부상한 항공모함(호위항모는 제외)의 경우 태평양에만 보더라도 1942년 11월에는 6 : 2로 미국에게 불리하였지만 1942년 12월부터 미국의 항모가 취역함에 따라 상황은 역전되었다. 1942년 12월 1척, 1943년 1월 1척, 2월 2척 등 1년 내에 총 15척의 항모가 취역함으로써 미국이 완전히 제공권을 장악하게 되었던 반면 일본은 1944년에 이르러 9척의 항모를 잃게 됨으로써 상황이 더욱 악화되었다.[113]

〈표 6-14〉 태평양 전쟁 중 미·일 함정 건조현황

구분	개전시 보유척수		전쟁 중 건조척수		총 계	
	미국	일본	미국	일본	미국	일본
정규항모	7	6	18	5	25	11
특설항모	1	4	86	10	87	14
전 함	17	10	8	2	25	12
중순양함	18	18	15	0	33	18
경순양함	19	20	33	5	52	25
구축함	175	112	352	55	527	167
잠수함	111	65	203	126	314	191

•출처 : 정호섭, 『해양력과 미일안보관계』(한국해양전략연구소, 2001), p. 36.

112) 상게서, pp. 217~261.

113) 요시다 유타카(吉田裕) 지음, 최혜주 옮김(2012), 전게서, pp. 109~111.

태평양 전쟁에서 미국의 제해권 행사는 이중의 지휘체계 아래에서 수행되었다. 남서태평양은 맥아더 장군의 지휘 아래, 중북부태평양은 니미츠 제독의 지휘 아래 각각 수행되었으며, 전체적인 통합작전은 합동참모본부(Joint Chiefs of Staff)에서 수행하였다. 과달카날 작전 이후 맥아더 장군은 남서태평양 노선을 따라 솔로몬제도-라바울-뉴기니-필리핀으로 진출할 것을 주장했다. 니미츠 제독은 태평양 중북부의 마셜 군도-마리아나 군도-오키나와 노선을 따라 일본 본토로 바로 진격하는 노선을 주장하였다.

해군총장 킹(Earnest King, 1878~1956) 제독도 솔로몬 제도나 뉴기니의 좁은 해역보다는 항모들이 활약할 수 있는 중앙 태평양 해역으로의 진출을 원했다. 일본의 가장 강력한 기지가 있는 캐롤라인 제도의 트럭 섬을 우회하여 마리아나 제도(사이판)로 바로 진격하여 일본의 교통로를 차단하고 일본 본토를 미국의 폭격권에 두려는 의도였다. 그러나 1943년 5월 루즈벨트와 처칠 간에 워싱턴에서 열린 트라이던트 회담(Trident Conference)에서 두 개의 진격로가 승인되었다.[114]

1943년 11월 길버트 군도에 이어 1944년 1월 마셜 군도에 대한 공략으로부터 본격화된 이중진격은 그 사이에 있는 일본을 혼란에 몰아넣었다. 미 육군과 해군은 1944년 5월 뉴기니, 6월 마리아나 군도의 사이판, 괌, 10월 필리핀 레이테, 1945년 1월 루손, 2월 이오지마, 4월 오키나와에 상륙을 개시하였고 6월 하순 오키나와를 확보한 이후에는 대대적인 본토 폭격에 나서게 되었다.

일본은 진주만 기습공격 직후 6개월 동안 영국과 미국이 방어하는 섬들에 대해 약 50여 차례 상륙작전을 수행하였는데, 말레이시아, 보르네오, 홍콩, 필리핀, 티모르, 자바, 수마트라, 뉴기니 등이었다. 이들 대부분의 상륙작전에서 성공을 거둔 결과 일본은 1942년 중반까지 광대한 도서제국을 건설할 수 있었다. 그 제국이 제해권을 바탕으로 한 미국의 상륙작전으로 무

---

114) George W. Baer(1993), 김주식 역(2005), 전게서, pp. 442~454.

너졌다. 미국은 반격작전에서 일본이 장악하고 있던 섬들에 대해 총 52회의 상륙작전을 수행했다. 타라와, 사이판, 이오지마 상륙작전은 방어가 잘된 지역에 대한 대규모 상륙작전이었고, 오키나와 상륙작전은 내륙으로 진격하는 과정에서 강력한 저항을 받아 처절하게 치른 전투였다. 그러나 거의 대부분의 상륙작전은 성공을 거두었는데 이는 미국이 제공권과 제해권에서 우위를 차지하고 있어서 미군은 항공근접지원을 충분히 받은 반면 일본은 그럴 수가 없었기 때문이었다. 미국은 일본제국의 태평양 주변도서에 대한 공격에 집중할 수 있었고, 일본의 보급과 증원을 차단할 수 있었다. 이에 따라 일본제국의 변방 방위거점들은 증원이 불가한 고립지역이 되어 각기 개별적으로 파멸의 대상이 되었다.[115]

미국은 전쟁이 끝날 즈음인 1945년 8월 일본 본토를 침공할 상륙작전계획을 수립하였다. 1945년 말 경에는 본토 상륙이 가능하다고 판단되었다. 일본이 만일 항복하지 않았더라면 이 상륙작전은 확실히 성공을 했을 것이다. 1942년 6월 미드웨이 해전 이후 1945년 오키나와를 점령할 때까지 미군이 일본군을 초토화시킴으로써 1945년 태평양의 일본 해군은 괴멸적 상황이었기 때문이다. 그 결과 일본 지상군의 절반 이상이 아시아 본토에 건재하고 있었지만 제해권을 상실하여 바다를 이용할 수 없었고 일본 본토로 이동할 수도 없었다.

• 미국의 일본 해상교통로 파괴 및 해양봉쇄

1941년 12월 진주만 기습을 당한 그날 오후 미 해군참모총장 스타크(Harold R. Stark, 1880~1972) 제독은 섬나라 일본에 대하여 잠수함과 항공기에 의한 무제한전 즉, 통상파괴전을 실시할 것을 즉각 명령하였다. 이후 일본 선박은 전 세계에서 쫓기는 신세가 되어 일본의 생명선은 절단되고 무조건 항복하게 되었다. 패전 이후 열린 제88차 일본 임시의회에서 히가시쿠니 나

115) John J. Mearsheimer(2001), 전게서, pp. 124~125.

루히코(東久邇稔彦, 1887~1990) 내각은 패전의 가장 근본적인 이유로 선복량(船腹量), 즉 수송선박의 상실에 의한 해상 수송력의 격감이었다고 분명히 밝혔다. 이 점은 전후 미국 전략폭격조사단의 보고에서도 재확인되었는데 일본 경제 및 육·해군의 보급을 파괴할 여러 가지 요소 중 단일요소로서는 선박에 대한 공격이 가장 결정적이었다고 분석하였다. 일본은 개전 시 646만 톤의 선박을 보유하고 있었으며 전쟁 중 신조 선박 337만 톤과 나포하거나 외국에서 용선한 선박 약 26만 톤을 더하여 합계 1,009만 톤이 가용하였는데, 전쟁 중 손실 당한 선박은 843만 톤으로 남은 선박은 166만 톤뿐이었다. 이 선박들도 대부분 전시 급조한 선박이거나 낡은 선박이었기 때문에 이 중 50만 톤은 항해가 불가능한 상태였고, 운용 가능한 선박도 미 B29가 부설한 감응기뢰로 그 절반은 항해를 하지 못하고 있었다.[116]

〈표 6-15〉 태평양 전쟁 중 일본 선박 보유량 변동현황

(단위 : 1,000 총톤)

연차	신조증가	상실감소	차인 증감	연말보유량	지수
개전시				6,384.0	100
1941. 12월	44.2	51.6	-7.4	6,376.6	99
1942	661.8	1,095.8	-434.0	5,942.6	93
1943	1067.1	2,065.7	-998.6	4,944.0	77
1944	1735.1	4,115.1	-2,380.0	2,564.0	40
1945. 8월	465.0	1,502.1	-1,037.1	1526.9	24

·출처 : 요시다 유타카(吉田裕) 지음, 최혜주 옮김, 『아시아 태평양 전쟁』(서울 : 어문학사, 2012), p. 179.

개전 전 기획원의 예상견적은 연 평균 60만 톤의 선박을 신조하고, 연간 상실량을 80~100만 톤으로 억제하는 것에 성공한다면, 1941년에 계획한 물동량의 유지가 가능하다고 판단하였다. 그러나 실제로는 〈표 6-15〉에서 처

116) 정호섭(2001), 전게서, p. 61.

럼 1942년 선박 상실량은 100만 톤을 넘었고 이후 계속 급증하여 1943년 말 선박 보유량은 개전 시의 77%로 1944년 말에는 40%로 떨어지고 말았다. 그 결과 남방에서 본토로 전략물자 수송이 불가능해짐으로써 일본의 전쟁수행능력과 경제는 붕괴되기 시작하였다. 뿐만 아니라 대동아공영권 내부의 물류유통도 불가능하게 되어 국내 생필품 부족현상을 심화시켰다. 동남아의 3대 쌀 생산지인 미얀마, 태국, 인도차이나에서는 쌀이 남아돌았지만 선박상실에 따른 수송력 저하로 대동아공영권 내부는 쌀 부족에 시달렸던 것이다.[117)]

이러한 해상교통로의 차단은 일본군에게 여러 가지 심각한 문제를 야기하였다.

첫째, 전쟁계획의 변경이었다. 1944년 1월, 대본영은 지나 파견군에게 「1호 작전(대륙관통 작전)」을 명하였다. 작전목적 중 하나는 일본 본토와 남방을 연결하는 해상교통로가 절단된 상황에서 중국 대륙을 남북으로 연결하여 동남아와 육상교통로를 확보하는 것이었다. 4월부터 개시된 작전에서 일본군은 경한-오한-상계를 잇는 선의 연선지역을 점령하고, 12월에는 프랑스령 인도차이나에 있는 남방군과의 연결에 성공하였다. 이 작전에 41만 명이 참가하였으며, 작전거리는 2,000㎞에 미치는 대작전이었는데, 이는 해상교통로가 차단됨으로써 야기된 상황이었다.

더 큰 문제는 이 작전으로 인해 시급한 남방작전으로 병력을 전환시킬 수 없었다는 점이었다. 1943년 전반 시점에 중국에 24개 사단과 16개 혼성여단이 묶여 있었다. 일본 육군은 남방전선이 불안해지자 1943년 10월부터 사단 단위로 남방으로 전용하였는데 상황이 더 악화되자 「갑호전용」이란 계획을 세워 5개 사단을 한꺼번에 남방에 활용하기 위하여 대본영직할로 집결하기로 하였다. 그러나 지나 파견군이 1944년 1월부터 「1호 작전(대륙관통 작전)」을 개시하였기 때문에 남방으로 병력전환이 곤란하게 되었고, 결국

117) 요시다 유타카(吉田裕) 지음, 최혜주 옮김(2012), 전게서, p. 138, p. 179.

1944년 1월 「갑호전용」은 정식으로 중지되었다.118)

둘째, 일본군의 전력손실이었다. 연합군의 잠수함이나 항공기에 의해 집중공격을 받게 되자 상실된 선박이 급증하고 병력수송선 조차 부족하게 되었다. 개전 이래 1942년 9월까지 일본 상선(500톤 이상 선박)의 손실톤수는 월평균 6만 1,000톤이었는데 과달카날에 대한 대규모 수송이 실시된 10월에는 16만 5,000톤, 11월에는 15만 9,000톤으로 급증하였다. 그 결과 과달카날의 열세는 극복하기 힘들어졌다. 1944년 초에 대본영은 중부 태평양 방면의 방비를 강화하기로 결정하여 3월부터 5월에 걸쳐 사이판, 트럭, 괌, 이오지마(硫黃島), 펠레이우(Peleiu) 섬으로 긴급 수송을 실시하였다. 1944년 1월부터 6월 사이 중부 태평양에 수송된 병력은 4만 5천 명이었는데 이 중 미 해군 잠수함 등의 공격으로 수장된 장병은 1만 2천 명이나 되었으며 그 가운데 전사자는 3,600명이나 발생하였다.119)

미 해군의 항공기와 잠수함에 의해 일본 본토와 솔로몬 해역을 연결하는 보급로가 단절되자, 일본 해군은 잠수함을 보급수송 임무에 투입시켰다. 솔로몬 방면의 기지로 370톤의 식량과 60톤의 탄약을 운반하기 위해 잠수함을 투입하여 3척을 잃기도 하였으며, 120~200톤의 식량과 탄약 등을 총 313회 운반시키면서 총 26척의 잠수함을 상실하였다. 이처럼 불과 상선 1척분에 미치지 못하는 물자를 운반하기 위하여 30척 이상의 잠수함을 잃었다는 것이 엄연한 현실이었다.120)

반면에 미국 잠수함은 진주만 기습 이후 태평양함대의 기함으로서 임무를 수행하였다. 잠수함은 적진을 뚫고 활동한 최초의 전투함이었으며, 201척의 일본 해군 함정을 침몰시켰는데 이는 일본 침몰 함정수의 1/3에 해당하였다. 그 중에는 전함 1척, 68,000톤 급 시나노 함을 포함한 함대항모 4척, 호위항모 4척, 순양함 12척, 구축함 42척, 잠수함 23척이 포함되어 있었다.121)

118) 상게서, pp. 159~161.
119) 상게서, p. 109, p. 160.
120) 정호섭(2001), 전게서, pp. 42~44.

셋째, 일본의 전시 산업을 마비시켰다. 일본은 전쟁을 개시할 때 620만 톤에 이르는 충분한 화물 수송능력을 보유하고 있었다. 그러나 일본 경제에 대한 소모전에서도 일본 상선의 60%에 해당하는 1,113척이 미국 잠수함에 의해 침몰되었고, 69,000명의 선원이 사망하거나 부상을 당하였으며, 총 4,779,000톤의 화물을 수송할 수 있는 능력이 무력화되었는데, 일본의 전시 경제체제로는 침몰한 화물선이나 상선의 톤수를 보충할 수가 없었다. 그 결과 1945년 종전 시에는 일본이 전쟁 전 보유했던 선단의 12%만 겨우 활동할 수 있었고, 해외에 의존하던 일본의 산업도 마비되었다. 일본의 1940년 강철 생산량은 512만 톤이었지만 1945년에는 80만 톤만 생산할 수 있었고, 1940년 석유 수입량은 500만 톤이었지만 1945년 8월에는 겨우 9만 톤만 남아 있었다. 이로 인해 일본은 15개월 동안 함정건조를 중지해야 했고, 1943년에는 단지 3척의 항모만 건조 중이었다. 1943년 일본의 항공기 생산능력은 미국의 20%에 불과했으며 1944년 8월에는 전시 최소한의 필요한 물자 소요 450만 톤 중 325만 톤을 가까스로 확보했다. 반면에 미국은 전력 손실을 보충하는데 단지 5개월이 소요되었고 22척의 항모가 건조되었다.[122]

프랭클린 루즈벨트 대통령은 일본은 일본의 상선단 손실이 대체능력을 초과한 그날에 태평양 전쟁에서 패배한 것이라고 평가했는데 결국 1944년 봄 일본제국은 파산했고 일본의 전쟁기계(war machine)도 파괴되었던 것이다.[123]

미어샤이머는 강대국간 전쟁에서 전시 봉쇄를 통하여 다른 강대국에 대하여 강압을 시도한 사례는 8회 있었지만 이 중 제2차 세계대전에서 미국이 일본에 대해 감행한 봉쇄만이 유일하게 성공한 사례에 해당된다고 평가하였다. 그는 미국의 해상봉쇄는 일본 경제를 무너뜨리고 군사력에 심각한 피해를 주었으며 일본 본토에 2백만 명의 육군이 주둔하고 있는 상태에서 전투로 패배하기 이전에 항복한 유일한 경우라고 하였다. 미국의 일본에 대한

121) George W. Baer(1993), 김주식 역(2005), 전게서, pp. 434~435.
122) George Friedman & Meredith Lebard, 동아출판사 역(1991), 전게서, p. 99.
123) George W. Baer(1993), 김주식 역(2005), 전게서, 상게서, pp. 438~442.

통상파괴와 봉쇄는 현대사에서 전략적으로 결정적인 결과를 가져온 유일한 사례를 남기게 된 것이다.[124)]

반면에 일본은 함대결전에만 집착하여 미국에 대한 통상파괴전을 소홀이 하였다. 그 결과 미국의 선박들은 미국 서해안에서 괌 서부 750마일까지는 독자적으로 항해할 수 있었고 그 이서 해역에서만 호송을 실시하였다. 그러나 북대서양에서는 총 47,997척의 선박이 1,134개의 선단을 구성하여 총 8,233척의 함정으로부터 호송을 받아야 했다. 미국이 참전한 4년 동안 7,639,491명의 병력이 해상으로 수송되었다. 그 중 4,791,237명이 대서양으로, 2,848,254명이 태평양 지역으로 수송되었다. 상선 선적능력은 8,800만 톤으로 전쟁 전보다 두 배가 늘었다.[125)] 만일 태평양에서도 일본이 미국에 대하여 통상파괴전을 적극적으로 실시하였다면, 미국의 많은 전력은 분산되었을 것이고, 과달카날과 솔로몬 전역은 더 길어졌을 것이며, 미국은 대서양을 위해 태평양에서는 협상에 임하였을지도 몰랐다.

1945년 5월 8일 독일이 항복하자 미국의 막대한 보급품과 병력이 태평양에 재배치되었다. 1945년 5월 12일에서 8월 25일 사이 총 155,354명의 지상군이 태평양에 재배치되었고, 유럽에서 미국으로 귀국한 886,000여 명 중 1/3에서 1/2의 병력이 태평양으로 다시 출전하라는 명령을 받았다. 미국 해군은 8월 중순까지 전투함 1,137척, 전투기 14,847대, 대형 상륙함 2,783척과 수많은 소형 상륙주정, 그리고 잠수함 전력의 90%를 태평양에 배치하였다. 이 모든 전력과 병력의 이동은 제해권이 가져다 준 혜택이었다. 그러나 이러한 전력이 사용되지는 않았다.[126)] 1945년 8월 6일과 9일 히로시마와 나가사키에 원폭이 투하된 이후 일본이 8월 15일 항복의사를 밝혔기 때문이다. 결국 9월 2일 도쿄만 미조리(BB-63, Missouri) 함상에서 일본 일왕은 공식적으로 항

124) John J. Mearsheimer(2001), 전게서, pp. 90~92.
125) George W. Baer(1993), 김주식 역(2005), 전게서, pp. 427~428.
126) 상게서, pp. 506~507.

복문서에 조인하였다.

지금까지 살펴본 바와 같이 미·일간 패권경쟁은 지상력의 경쟁이 아니라 해양력의 경쟁이었으며, 해양력은 패권전쟁의 원인이자 승리의 요인이었다. 특히 미국과 일본은 자원을 획득하기 위하여 원정작전이 불가피했기 때문에 해양력의 중요성이 더욱 부각되었다. 이 전쟁에서 일본은 러일전쟁과 같은 함대결전에 집착하였지만 미국은 새로운 전술과 기술의 혁신을 바탕으로 봉쇄와 통상파괴전의 전략적 효과를 극대화하였으며, 전쟁양상도 항모와 잠수함 등에 의한 입체적 작전으로 획기적으로 확대되었다.

당시 주일 독일 무관 베네카(P. H. Weneka)는 전쟁 패배의 근본적 원인을 세 가지로 요약하였다. 첫째, 가장 중대한 원인은 고도의 효율을 발휘하였던 미국 잠수함의 상선대 공격이었으며 그 중에서도 중요했던 것은 유조선의 격침과 이로써 남방석유의 공급이 두절된 것이었다. 둘째, 일본 해군의 전면적 파멸이라는 엄연한 사실이다. 일본은 자국의 생명선인 해역 안에서 적이 방약무인하게 날뛰는 것을 억제할 술책을 마련할 수 없었고, 수수방관할 수밖에 없었다. 셋째, 전쟁종결을 촉진시킨 본토에 대한 폭격의 맹위였다.[127)]

그러나 일본 수상 도조 히데키(東條英機, 1884~1948)는 일본이 패배한 원인보다는 미국이 승리한 원인을 찾았다. 첫째는 미국 잠수함에 의한 통상파괴작전의 성공이었고, 둘째는 미국이 일본의 강력한 기지가 있는 섬을 우회하여 진격하는 전략(Frog Jump)을 구사한 것이었고, 셋째는 자급자족적인 고속항공모함의 능력이라고 하였다.[128)]

아키라 이리에는 태평양 전쟁에서 일본의 전략적 계산에 세 가지 오류가 있었다고 분석하였다. 첫째, 미국과 영국이 초전의 패배를 신속하게 극복하고 반격할 의지와 능력을 가졌다는 점을 과소평가하였다. 둘째, 유럽에서 독일이 계속 영국의 국력을 소진시키거나 심지어 소련까지도 굴복시킬

127) 정호섭(2001), 전게서, p. 62.
128) George W. Baer(1993), 김주식 역(2005), 전게서, p. 441.

수 있을 것으로 과대평가하였다. 셋째, 일본이 태평양에서 미·영·중·네덜란드 등 다수의 적국을 상대하여 초전 승리를 지켜나갈 종합적인 전략을 발전시키지 못했다면서 전쟁의 발단이 잘못되었음을 지적하였다.[129]

최근에 노나카 이쿠지로(野中郁次郎) 등 일본 학자 6명은 태평양 전쟁의 실패원인을 과거의 성공에 매달려 자기혁신을 이룩하지 못한 조직문화 때문이라고 지적하면서, 전략기획에 있어서 애매한 전략목표, 단기결전만을 고집한 편협성, 과학적·이성적 판단보다는 정신적 분위기의 지배, 진화하지 않은 전략의 대안들 등의 문제들을 제시하고 오늘날 조직경영의 교훈으로 삼아야 한다고 주장하였다.[130]

세계 최대의 해양국가인 미국은 대서양과 태평양의 양 대양전쟁에서 승리함으로써 세계의 제해권을 장악하는 최강대국으로 부상하였다. 일본과 독일의 무장이 해제되었고 그들의 공백을 중국과 소련이 대신 채우기 시작하자 해양세력과 대륙세력간의 경쟁이 다시 시작되었으며 림랜드가 충돌지역이 되었다. 해양세력이 전 세계에 걸쳐 대륙세력을 봉쇄하는 전략을 추구하면서 해양은 자유진영의 동맹을 결성하는 고리 역할을 수행하게 되었다. 대륙에서는 철도가 그 역할을 대신 수행하였다. 그러나 40년이 지난 후 해양체제가 경제적 부를 앞세워 대륙체제를 붕괴시켰다. 이 대륙체제에서 이탈한 중국은 해양국가인 미국과 손을 잡고 변혁을 시도했다. 그 결과 해양으로의 진출에 성공한 대륙국가 중국이 세계 2위의 자리에 올랐다.

---

129) Akira Irie, *The Origins of the Second World World War in Asia and the Pacific* (London : Longman, 1992), pp. 171~174.

130) 노나카 이쿠지로, 스기노오 요시오, 데라모토 요시야, 가마타 신이치, 도베 료이치, 무라이 도모히데 지음, 박철현 옮김, 이승빈 감수, 『왜 일본 제국은 실패하였는가?』 (인천 : 주영사, 2009).

7장

미·중간 동아시아 패권경쟁과 해양력

1. 미·중간 패권경쟁체제의 특징
2. 미·중간 패권목표
3. 미·중간 패권전략과 해양력의 역할

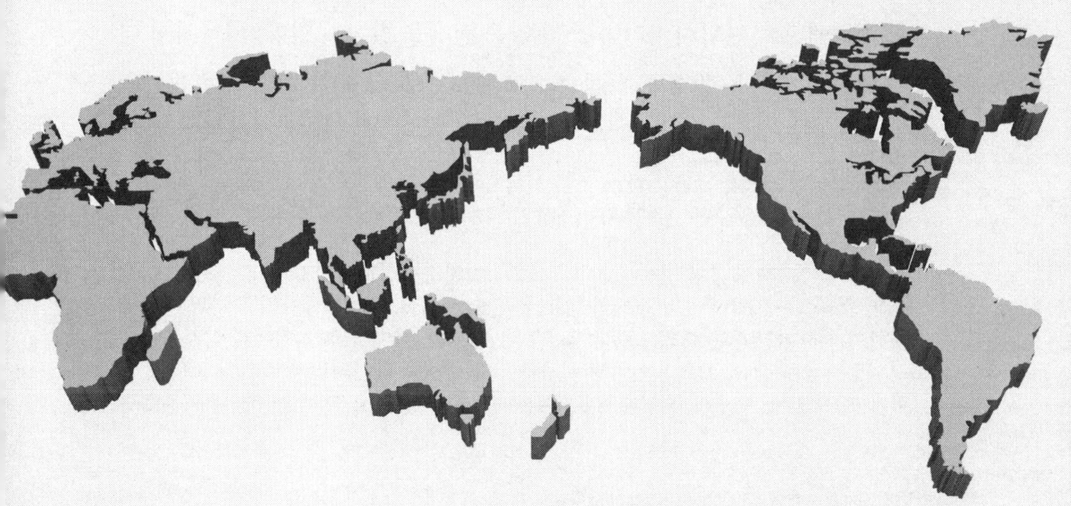

1. 미·중간 패권경쟁 체제의 특징

가. 세계화·정보화 시대의 패권경쟁

오늘날의 패권경쟁이 과거의 패권경쟁과 가장 큰 차이점은 세계화 체제의 변화이다. 과거의 세계화 원리는 식민 제국주의와 자유무역과 만국공법이었고 수단은 상업과 해상교통로였다. 오늘날 세계화의 원리는 자유 민주주의 및 시장경제체제와 보편적 원칙이며, 그 수단은 해상운송체계에 추가하여 지식정보 유통체계가 더 중요해지고 있다. 무력과 강압에 의한 일방적 세계화도 경제협력과 교류에 의한 양방향 세계화로 변화되고 있다. 중국에게 더 의미가 있는 변화는 100년 전 세계화는 서양의 제국주의 세력이 중국으로 몰려와 분할 점령하는 양상을 띠었으나 오늘날 세계화는 중국이 세계로 나아가는 양상으로 변화되었다는 것이다.[1] 세계화는 패권경쟁에서 다음과 같은 영향을 주고 있다.

첫째, 패권의 목표를 변화시키고 있다. 과거 패권경쟁의 핵심이었던 영토적 획득이 목표가 아니라 세계체제에 대한 지도력을 획득하는 것을 목표로 하고 있다. 미·중간에도 세계체제와 지역체제의 주변국이나 제3국을 자국의 영향권으로 편입시키려는 소리 없는 전쟁을 벌이고 있다. 세계체제 면에서 미국과 중국은 워싱턴 컨센서스(Washington Consensus)와 베이징 컨센서스(Beijing Consensus)로 경쟁하고 있으며,[2] 아시아 지역 체제에서는 미국이 주도

---

1) James R. Homles and Toshi Yoshihara, *Chinese Naval Strategy in the 21st Century* (NewYork : Routledge, 2008), p. ix.

2) 매일경제 국제부 중국팀 지음, G2시대(서울 : 매일경제신문사, 2009), pp. 28~29 ; 워싱턴 컨센서스는 1989년 미국 경제학자 John Williamson이 중남미 국가의 경제위기를 타개하기 위하여 제시한 해법으로서 자유무역, 민영화, 규제완화 등 미국식 신자유주의 경제정책을 말한다. 2008년 미국발 금융위기가 세계로 확산되면서 비판의 도마에 올랐다. 2009년 4월 런던에서 개최된 G20회의에서 고든 브라운 영국 총리는 낡은 워싱턴

하는 TPP(환태평양경제동반자협정 : Trans-Pacific Partnership) 체제와 중국이 주도하는 RCEP(역내포괄적경제동반자협정 : Regional Comprehensive Economic Partnership) 체제가 아태지역 경제주도권을 놓고 경쟁하고 있다.

둘째, 패권경쟁 수단이 다양해졌다. 기존의 군사력, 경제력, 세계무역 통제능력에 추가하여 정보화 시대의 네트워킹 통제능력, 세계적 정책 형성 능력, 세계의 자원·금융·시장·첨단기술의 유통능력, 세계적 평화안보 및 환경 등 지구적 문제에 대한 접근능력이 새로운 패권경쟁의 수단으로 대두되었다.

셋째, 세계화는 지배국가와 도전국가 간의 상호의존성을 심화시키고 있다. 이미 중국과 미국은 세계에서 최대 교역국이고, 최대의 경제 협력 파트너이다. 중국은 달러 최대 보유국이며, 미국은 중국에 대해 최대 채무국이다. 세계화 추세에 따라 안보 분야에서도 미·중간에는 대립과 갈등뿐만 아니라 상호 협력해야 할 분야도 많아지고 있다. 중국해에서는 양국 함대 간에 충돌이 일어나고 있지만, 세계 해양 문제에 대해서는 서로 협력하고 있고, 2014년 7월, 중국 함정 4척이 미국이 주관하는 서태평양 훈련인 림팩(RIMPAC) 훈련에 최초로 참가한데 이어, 2014년 9월에는 우성리 중국 해군 총사령원이 미국 해군대학에서 주관하는 국제 해양력 심포지엄에 처음으로 참석하였으며[3] 이후 림팩 훈련과 국제 심포지엄에 지속적으로 참가해 오고 있다. 즉, 양국 간에는 자국의 이익과 관련된 핵심 사안에서는 갈등을 하면서도 세계 안보문제에 대해서는 협력이 필요하다는 점을 시사하고 있다.

컨센서스의 시대는 끝났다고 선언하였다. 이 G20회의에서는 금융시장 정상화를 위해 규제와 감독을 강화하기로 하였다. 베이징 컨센서스는 2004년 중국 칭화대 라모 교수가 제시한 것으로 정부 주도 아래 점진적으로 시장개혁을 이루어야 한다는 경제정책으로 중국식 사회주의 시장경제를 지칭한다.

3) 윤석준, 「동아시아 해양안보 이슈와 도전」 한국해양전략연구소 편, 『2014~2015 동아시아 해양안보 정세와 전망』(서울 : 한국해양전략연구소, 2014), p. 12, p. 17.

나. 불균형 단극체제에서의 패권경쟁

1991년 12월 소련이 붕괴되자 세계의 모든 권력이 미국에 집중되었다. 미·소간 세기의 대결이 미국의 승리로 판가름 나자 '역사는 끝났다'는 평가와 함께 미국은 세계의 군사, 경제, 과학기술, 문화 등 모든 면에서 압도적인 위치를 차지하였다.

그런데 2008년 금융위기에서 비롯된 미국의 경제력 침강과 상대적으로 부상한 중국의 위상은 미국의 지위를 흔들어 놓았다. 이른바 G2시대가 도래할 일단의 징후들이 나타나기 시작하였다. 그러나 미국은 여전히 세계 최강대국이고 국제체제는 앞으로 오랜 시간 미국 중심의 단극체제를 유지할 전망이다. 예를 들면 미국의 지위가 가장 흔들렸던 2008년 경제위기 당시에도 미국은 여전히 세계체제를 주도하면서 경제위기를 해결해 나가고 있었다. 군사력에서도 세계 최강의 지위는 흔들리지 않았다. 2008년 경제위기 속에서도 미국은 전 세계 군사 지출비 중 약 42%인 6,070억 달러를 지출하였다. 이 국방비는 세계 2위에서 10위 국가들을 합한 국방비인 4,767억 달러보다도 훨씬 많았다.[4] 세계패권 유지의 척도라 할 수 있는 해군 함정규모에서도 미 해군은 312만 1,014톤으로 세계 13개국(2위~14위) 해군의 총합 톤수보다 많다.[5] 요제프 요페(Josef Joffe)는 『포린 어페어즈』(*Foreign Affairs*)지 기고문을 통하여 미국을 '디폴트 파워(default power)'로 규정하고, 앞으로도 미국의 힘과 사명감을 대신할 수 있는 나라는 없다고 하면서 그간 미국 쇠망론은 10년 주기로 유행하였지만 미국의 쇠락을 뒷받침할 사실적 근거는 찾기 힘들다고 하였다.[6]

---

4) 매일경제 국제부 중국팀 지음(2009), 전게서, pp. 52~53. 2008년 국방비 순위는 미국에 이어 중국 849억 달러, 프랑스 657억 달러, 영국 653억 달러, 러시아 586억 달러, 독일 468억 달러, 일본 463억 달러였고, 한국은 242억 달러로 11위에 올랐다.

5) NEAR 재단 엮음, 『미·중 사이에서 고민하는 한국의 외교·안보』(서울 : 매일경제신문사, 2011), p. 122.

6) Josef Joffe, "The Default Power : The False Prophecy of America's Decline," *Foreign Affairs*

그러나 역사적 조류는 단극체제가 영원할 것이라고 전제하지는 않는다. 세계 GDP 전망에서 골드먼 삭스(Goldman Sachs) 사는 2030년 중국-미국-인도-일본-브라질-러시아 순으로, 2050년에는 중국-미국-인도-브라질-러시아-인도네시아 순으로, 호크워쓰와 쿡슨(John Hawksworth and Cordon Cookson)은 2050년 중국-미국-인도-브라질-일본-러시아 순으로, 일본 내각부는 2030년 중국-미국-일본-인도-독일-영국 순으로 예측하는 등 세계 여러 기관에서 연구한 자료에 의하면 2030~2050년대에 세계 권력이 미국, 중국, EU, 인도, 일본, 브라질 등 새로운 중강대국에 의해 분점될 것으로 예측하고 있다.[7] 특히, 동아시아는 미·중뿐만 아니라 일본, 러시아, 인도 등이 동아시아 패권경쟁에 영향을 미칠 것이다. 따라서 중국의 동아시아에서의 패권경쟁은 세계적으로는 미국 중심의 단극체제가 완화되고, 아시아 지역에서는 미국의 권력이 상대적으로 쇠퇴하는 시기와 더불어 가속화될 것이다.

다. 거대 대륙국가간 해양 패권경쟁

근대 동아시아 패권경쟁은 대륙강대국 중국이 무너지는 가운데 제3의 국가들에 의한 경쟁이었다. 미·일간 경쟁도 섬나라 강대국 간의 경쟁양상을 띠었었다. 그런데 오늘날의 미·중간 패권경쟁은 아메리카와 아시아 대륙에 기반을 둔 대륙국가간의 경쟁이다. 미국은 세계 3위, 중국은 세계 4위의 거대면적(landmass)을 보유하고 있다. 이 양국은 모두 대륙을 바탕으로 해양으로 진출하였거나 진출하고 있다.

미국은 1800년대 후반에, 대륙 개척을 마치고 해양으로 진출하기 시작하

(2009), pp. 20~35, 상게서, pp. 121~122에서 재인용 ; 10년 주기 쇠망론은 1957년 소련이 세계 최초로 인공위성 스푸트니크 1호 발사 성공 시, 1960년대 후반 닉슨과 키신저가 제기한 미·소 양강체제를 대체할 신5강체제 도래설, 1979년 지미 카터가 제기한 신뢰의 위기설, 1987년 폴 케네디의 강대국의 흥망설, 조지 W. 부시 행정부 말 문명대결설, 2008년 자본주의 위기설 등이다.

[7] NEAR 재단 엮음(2011), 전게서, pp. 120~124.

였고, 1898년 미·스페인전쟁을 승리로 이끌고 태평양에 진출하였다. 제1차 세계대전을 거치면서 세계 대양국가인 영국은 채무국으로 전락한 반면, 신생 해양국가인 미국이 채권국이 되어 양국의 위상이 전이되었다. 제2차 세계대전에서 미국은 태평양과 대서양 모두에서 결정적인 해군 승리를 거두면서 전후 'Pax Americana' 시대를 개척하였다. 미국은 전 세계 해양을 지배할 뿐만 아니라 해상교통로라는 국제 공공재를 지구상 모든 국가에게 제공해주는 명실상부한 대양국가가 되었다.

중국은 지대박물(地大博物)의 대륙국가로서 19세기 중반까지 세계 최강대국의 지위를 누렸다. 중국이 바다에 관심을 갖게 된 것은 서양 제국들에게 국토가 유린되고 나서부터였다. 해양력이 약했기 때문에 굴욕과 치욕의 역사를 겪게 되었다고 인식한 중국은 근대화와 함께 1875년과 1885년 두 차례의 해양방어 대토론회를 거쳐 해군건설에 나선 결과 1894년까지 4천2백만 냥을 투자하여 아시아 최강의 북양함대를 건설하였다. 1912년 중화민국을 수립한 쑨원(孫文)은 "해권을 상실하면 주권을 잃게 된다. 국력의 흥망성쇠와 강약은 육지가 아니라 바다에서 발원되고 있다"고 하면서 강한 해군건설, 해양산업의 발전, 대외개방을 주창하였다.[8)]

그러나 봉건 왕조체제에서 근대 국가체제로 전환하는 사이 내우외환이 길어지면서 중국의 해양진출도 훨씬 뒤로 미루어졌다. 1978년이 되어서야 덩샤오핑의 개혁개방과 함께 해양의 시대가 열리기 시작하였다. 1984년 덩샤오핑은 제11기 3중전회의에서 해양산업 발전과 현대적 해군 건설을 국가정책으로 재확인하였으며, 같은 시기에 현재의 3도련 확장방어 개념인 류화칭(劉華清, 1916~2011)의 3단계 해군발전론이 대두되었다. 중국이 말하는 제1도련선은 미국이 1950년 태평양 방어선에서 한반도와 타이완을 배제하였던 애치슨 라인(Acheson Line)과 같고 제2도련선은 일본이 제1차 세계대전 후

8) 劉中民 저, 이용빈 역, 『중국근대해양방어사상사』(서울 : 한국해양전략연구소, 2013), pp. 160~173, pp. 433~451.

에 차지하여 제2차 세계대전 시 지키려고 했던 절대 해양방어권과 같으며 제3도련선은 제2차 세계대전 중 일본이 기습공격으로 무력화시키려고 했던 하와이와 미드웨이의 해역과 같다.

1900년대 들어 중국은 소련으로부터 지상위협이 사라진 반면, 국가의 전략적 요충지가 동남부 해안으로 이동하게 됨에 따라 육중경해(陸重輕海)의 국방정책도 해중경육(海重輕陸)으로의 변화를 모색하게 되었다. 2000년대 들어서는 중국의 산업, 과학, 경제발전이 급속히 성장하게 되자, 중국 해군은 안보, 자원, 경제, 대외정책 등 미래 문제를 해결하는 핵심군으로 위상이 바뀌었다. 중국은 글로벌 시대의 해양은 지구의 혈맥으로서, 국가역량을 세계 각지로 수송하고 세계자산을 모국으로 가져다주는 매개체이며, 해양을 통제하는 것이 세계를 통제하는 관건이라고 인식하고 있으며, 2012년 11월 공산당 전국자 대회에서는 해양굴기를 국가 미래 발전전략으로 공식 채택하였다. 이제 중국은 국방예산의 30% 이상을 해군에 투자하는 세계에서 유일한 국가가 되었으며 지대박물의 대륙국가에서 해양이 없으면 미래가 없는 해양국가로 변모되고 있다.

이처럼 중국과 미국 간의 패권경쟁은 거대한 대륙에 기반을 두고 해양화된 대륙국가(미국)와 해양화 과정을 겪고 있는 대륙국가(중국) 간의 해양 패권경쟁 양상을 띠고 있다.

라. 경제우선의 패권경쟁

과거의 패권경쟁, 특히 최근의 미·소간의 패권경쟁은 핵무기를 비롯한 군사력 중심의 패권경쟁이었다. 그러나 오늘날 미·중간 패권경쟁은 경제패권 경쟁에서 비롯되고 있다. 미국의 국가목표는 민주주의와 자유시장 경제체제 중심의 세계질서를 유지하고 이에 대한 도전세력을 제거하거나 억제하는 것이며, 중국의 국가목표도 잃었던 강대국으로서의 지위를 회복하기 위해 경제력 중심의 내부권력을 증진시키고 이를 바탕으로 중국 중심의 질서를 보존하고 확장하는 것이다. 1930년대 미국이 경제공황을 겪는 사이 1928년부터 계획경제개발을 추진하던 소련이 지구촌 강자로 부상한 것처럼, 2008년 미국이 금융위기를 겪는 사이 중국은 사회주의 시장경제로 세계경제를 주도하는 G2로 부상하였다. 따라서 세계의 모든 이목은 중국과 미국 간의 군사적 충돌이 아니라 경제적 패권경쟁에 쏠리고 있다. 이미 코헨(Robert O. Keohane)은 세계적 패권을 장악하기 위해서는 세계의 시장, 자본, 신기술 상품, 자원을 통제할 수 있는 경제적 능력을 가져야 한다고 주장한 바 있다.[9)]

중국은 미국이 2000년 9·11테러 이후 이라크와 아프가니스탄의 전쟁에 매달려 있는 사이 경제적 팽창을 거듭하여 왔다. 2008년은 1978년 덩샤오핑이 개혁개방을 표방한 지 30년이 된 해로서 중국 역사에 있어서 특별한 한 해였으며 이를 기념하기 위하여 2008년 베이징 올림픽이 개최되었고 미국이 전대미문의 금융위기를 맞은 사이에 모든 국제경제지표가 중국에 집중되었다. 중국은 세계 1위의 외자유치국, 세계 1위의 외환보유국, 세계 2위의 경제대국, 세계 1위의 교역대국, 세계 2위의 군사대국의 지위에 오르게 되었다. 미국은 지금까지 자국보다 더 큰 경제규모를 가진 국가와 경쟁을 해본 적이 없다. 애런 프리드버그(Aaron L. Friedberg)는 "만일 중국이 국민 총생산에서 미국을 앞지르게 된다면 이는 태양 아래 벌어진 완전히 새로운 사건으로 기록될 것이다"[10)]라고 하였다.

이제 정보화·세계화된 사회에서 중국의 능력은 감출 곳도 없고, 감출 필요성도 없어지게 되었다. 도광양회(韜光養晦 : 빛을 감추고 어둠을 기른다)의 전략

---

9) Robert O. Keohane, *After Hegemony : Cooperation and Discord in the World Political Economy* (Priceton N. J. : Princeton University Press, 1984), p. 32.

10) Aaron L. Friedberg, *A Contest for Supremacy : China, America, and Struggle for Mastery in Asia*, 안세민 옮김, 『패권경쟁 : 중국과 미국, 누가 아시아를 지배할까』(서울 : 까치글방, 2012), p. 18.

은 효용성을 잃어가고 그 자리를 유소작위(有所作爲 : 당연히 해야할 일은 한다) 전략이 대신하게 되었다.

마. 미·중간 상대적 권력 변동추세 분석

오늘날 세계화·정보화 시대에 들어서 미국과 중국은 탈근대화 양상의 포괄적인 체제적 경쟁과 근대적인 해양경쟁을 동시에 벌이고 있다. 이에 따라 패권경쟁 수단도 연성권력과 경성권력을 포함한 똑똑한 권력과 종합권력으로 확대됨과 동시에 해양력이 중요한 수단으로 부상하고 있다.

1) 국력

〈표 7-1〉 미·중 간 국력 비교

(2016년 말 기준)

구 분	중 국	미 국	비 고
영토(㎢)	960만	983만	미국 +23만
인구(명)	13억 7,930만	3억 2,663만	중국 +4.2배
GDP(달러) 구매력(PPP)	11조 1,991억 21조 2,900억	18조 5,691억 18조 5,700억	미국 +1.6배 중국 +1.1배
GDP성장률(%)	6.7	1.6	중국 +4.2배
국방예산(달러)	1,458억	5,957억	미국 +4.9배

·출처 : CIA, *World Fact book*, 2017 및 *The Military Balance*, 2017에서 추출

중국과 미국은 거대 대륙국가이자 강대국이다. 미국은 제1차 세계대전 이후 세계 최대의 경제대국이자 세계 최강의 군사강국으로 부상한 이래 여전히 세계체제를 지배하고 있다. 그러나 중국도 국가개조와 해양화를 통하여 세계에서 경이로운 경제성장을 지속해 온 결과 세계 2위의 자리로 부상하였다. 중국은 1980년부터 2011년까지 30년간 연평균 9.8%의 경제 성장률을 유지하였으며, 2012년 7.8%, 2014년 7.3%, 2016년 6.7%로 둔화되고 있지만

여전히 세계 최고의 성장수준을 유지하고 있다. 중국의 지속적인 경제발전은 군사력 강화를 위한 재정적 토대를 제공해 주고, 공세적 대외정책을 추진하는 원동력이 되고 있다.

세계시장 측면에서 살펴보면 중국은 30년간 계속된 경제성장으로 구매력이 계속 증가일로에 있다. 2009년부터 독일을 제치고 부동의 세계 1위의 수출국이 되었고, 2014년 3월 WTO 발표에 따르면 2013년 중국은 무역액 총 4조 1,600억 달러로 미국의 3조 9,100억 달러를 훨씬 추월하여 세계 1위의 최대 무역국이 되었다. 향후에도 중국은 자국 내의 시장규모나 해외시장 점유율에서 세계 1위를 계속 유지할 것이다.

자본 면에서도 중국은 2006년 일본을 제치고 세계 1위의 외환보유국이 되었다. 그 해 10월 세계에서 처음으로 외환보유액 1조 달러를 돌파하였고, 그 후 3년 만인 2009년에는 그 두 배인 2조 달러를 돌파했다. 2009년 3월 저우샤오촨(周小川) 인민은행 은행장은 중국에게는 더 이상 달러화가 필요하지 않다고 하면서 달러화 대신에 국제통화기금의 특별인출권을 기축통화로 사용하자며 새로운 기축통화방안을 구체적으로 제시하였다. 1944년 브레튼 우드(Bretton Wood) 협정으로 기존에 국제화폐로 통용되던 영국의 파운드화가 미국의 달러로 바뀐 것을 연상시키는 발언이었다. 2009년 3월 글로벌 은행 순위(시가 총액)에서 중국은행이 1, 2, 3위를 모두 차지했다.[11] 2013년 중국 시진핑은 중국 주도의 아시아 인프라투자은행(AIIB, Asia Infra Investment Bank)의 설립을 제안하였다. 미국과 일본이 주도하는 세계은행과 아시아개발은행 등에 대항하기 위한 이 은행은 2016년부터 활동에 들어갔다. 이처럼 중국은 자본 면에서도 세계 금융시장을 지배하고 있다.

기술면에서도 중국의 추격은 눈부실 정도이다. 1970년 최초로 인공위성 창정(長征) 1호를 발사하는데 성공한 이래 지난 30년간 우주 개척에 나서왔다. 1992년 유인우주선 프로그램을 시작하여 1999년 무인우주선 선저우 1호

11) 매일경제 국제부 중국팀 지음(2009), 전게서, p. 17, pp. 19~21, p. 153.

를 발사하였고, 2003년 10월 첫 유인우주선인 선저우 5호를 발사하고 세계 3번째로 유인우주선 발사와 귀환에 성공하였다. 이를 토대로 중국은 2006년 정보, 바이오, 신소재, 우주산업 등 8개 분야에 대한 최첨단 기술 개발에 나선다는 「국가중장기과학기술발전계획(2006~2020)」을 발표하였다. 2011년 9월, 우주정거장 건설을 위한 무인 실험우주선 텐궁(天宮) 1호 발사에 성공하였으며, 2016년 유인우주선을 발사하고 2020년까지 우주정거장을 건설할 계획이다. 또한, 2000년에서 2003년 5월까지 세 차례에 걸쳐 베이더우(北斗) 항법측위 위성을 발사하였고, 2011년 12월부터 중국 대륙에서 호주에 이르는 지역의 위치정보를 시범적으로 제공하고 있으며, 2020년까지 30개 위성으로 구성된 완전한 GPS체계를 구축할 예정이다. 또한 중국은 핵심전략산업을 육성하기 위하여 우주, 항공, 해양, 고속철도, 자동차, 조선, 철강, IT 및 영화 등에서도 세계 최고를 지향하며 무서운 속도로 세계를 지배하고 있다.[12)]

자원 면에서 중국은 세계 1위의 희귀자원 보유국이다. 그러나 에너지 및 산업 자원은 해외에서 주로 획득하여야 한다. 이를 위해 중국은 아프리카, 중동, 동남아시아, 남미 등 자원국들과 다양한 자원외교를 강화하고 있다.

2) 군사력

군사력 면에서 미국은 부동의 세계 1위의 패권적 지위를 누리고 있다. 미·중 간에 군사력을 비교하는 것은 의미가 없을 정도로 불균형을 이루고 있다. 핵무기만 해도 미국이 핵탄두 7,000여 기를 보유하고 있는데 비해 중국은 260여 기로 비교가 되지 않는다. 미 국방비가 세계군사비에서 차지하고 있는 점유율은 1986년 28.2%, 1994년 34.3%, 1999년 45.9%, 2002년 52.6%, 2012년 46.5%로 2위인 중국의 10배에 달한다. 미국의 국방비는 7,000억 달러인데

12) 상게서, pp. 81~116, 히라마쓰 시게오(平松茂雄) 저, 이용빈 편역, 『마오쩌둥과 덩샤오핑의 백년대계 : 중국군의 핵, 해양, 우주 전략을 독해한다』(서울 : 한국해양전략연구소, 2014), pp. 17~18, pp. 126~132.

비해 중국은 700억 달러 수준이다. 1990년대까지 미국은 동아시아에서 무소불위의 힘을 과시할 수 있었다. 미국 중심의 동맹과 파트너십을 유지하기 위하여 한국, 일본, 오키나와, 태국, 필리핀, 싱가포르 등으로부터 군사력을 자유자재로 움직일 수 있었다. 중국의 영공과 영해 주변에 대해서도 일상적인 경계와 정찰 임무를 수행하였고, 인공위성도 아무런 방해를 받지 않고 중국을 감시할 수 있었다.13)

그러나 중국도 갈수록 강력해진 경제력을 바탕으로 군사력을 획기적으로 증강시키고 있다. 1990년 이후 매년 두 자리 수의 국방예산 증가율을 보인 중국은 2008년부터 국방비 지출에서 미국에 이어 세계 2위의 군사대국 자리를 유지하고 있다. 2013년엔 1,122억 달러로 미국 6,004억 달러의 1/5 수준이나, 일본 510억 달러의 두 배 수준을 유지하고 있다. 중국은 이미 260여 기의 핵무기를 보유하고 있고, 2050년까지 세계 어떤 국가의 공격도 격퇴할 수 있는 군현대화 계획을 완성하겠다고 공표하고 있다.14)

이에 따라 오늘날 동아시아에서 미국의 군사행동은 중국에 의해 많은 제한을 받고 있다. 중국은 타이완뿐만 아니라 동북아 전역에 있는 미군의 기지를 감시하고 타격할 수 있는 능력을 보유하고 우주기반 정찰 시스템, 초수평 레이더, 무인항공기 등을 이용하여 아태지역에 있는 미국의 고정목표뿐만 아니라 이동하는 군함도 추적하여 표적으로 삼을 수 있다. 2007년 1월에는 탄도유도탄으로 고도 860㎞ 궤도상의 노후 인공위성을 명중시켜, 미국의 위성 감시나 공격체계를 무력화시킬 수 있음을 보여 주었다. 중국은 남동해안을 따라 설치된 1,000여 기의 탄도 미사일과 수상 함대와 수중 잠수함에 탑재된 초음속 순항 미사일을 결합하여 미국의 접근을 거부할 수 있는 능력(A2AD)도 갖추고 있다. 랜드연구소 등의 연구결과에 따르면 중국의 탄도유도탄 능력은 오키나와와 가데나에 있는 미국 공군기지의 75%를 초

13) Aaron L. Friedberg, 안세민 옮김(2012), 전게서, pp. 250~252.
14) 매일경제 국제부 중국팀 지음(2009), 전게서, pp. 52~54.

전에 파괴시킬 수 있다고 한다. 동아시아에서 미국의 군사적 우위가 갈수록 소진되어가고 있다는 것이다.[15)]

또한, 중국은 미국과의 기술격차를 줄여가면서 핵 억지력, 우주 및 해양에서 미국의 지배권에 도전하고 있다. 1964년 핵실험에 성공한 중국은 1970년 4월 인공위성 발사에 성공하여 중거리 핵공격 능력을 구비하였고, 1980년 남태평양 피지섬 근해에서 대륙간 탄도탄 발사실험을 성공하여 미국을 직접 겨냥할 수 있게 되었다. 2020년에는 최대 640기의 핵탄두를 보유할 것으로 예상되고 있다.[16)]

〈표 7-2〉 중국의 핵억지력

구분	1980년대 초	2010년	2020년 추정치
육상	DF-5 : 20기 이하	DF-5A : 20기 DF-31A : 10기~15기	DF-31A : 35기-100기
해상	없음	JL-2 : 현재 개발 중	JL-2 : 60기
핵탄두	20기 이하	30-35기	95-640기*

* 1개 핵무기에 4기의 MIRV 장착하여, 5척 잠수함 각 척당 12기, JL-2 탑재 각 JL-2 당 3-4의 MIRV 장착 기준으로 640기로 추산함

•출처 : Aaron L. Friedberg, *A Contest for Supremacy : China, America, and Struggle for Mastery in Asia*, 안세민 옮김, 『패권경쟁 : 중국과 미국, 누가 아시아를 지배할까』 (서울 : 까치글방, 2012), p. 263.

중국의 대륙간 탄도탄 개발과 비슷한 시기인 1982년 류화칭 해군사령원은 3단계 해군발전론을 제시하고, 중국해를 넘어 태평양으로의 해양 진출을 주창하였다. 2020년까지 제2도련선, 즉 쿠릴열도, 일본 열도, 마리아나 열도, 마셜 열도, 피지에 이르는 해역에 대한 통제권을 확보하겠다는 계획이었다. 2007년 5월 미국 태평양함대사령관 키팅(T. Keating) 제독이 중국을 방문하였을 때, 그는 중국의 어느 간부로부터 향후 하와이를 경계로 미국과

15) Aaron L. Friedberg, 안세민 옮김(2012), 전게서, pp. 254~260.

16) 상게서, pp. 261~263.

중국이 양분하여 관리하자라는 불쾌한 농담을 들어야 했다.[17]

또한, 중국은 2014년 랴오닝 항공모함의 작전운용에 이어 두 번째 항공모함을 2017년 4월에 진수하였고, 건국 100주년이 되는 2049년까지 항공모함 10척을, 제1단계 중형 스키점프형, 제2단계 대형 전자식 사출형, 제3단계 핵항모 건조를 목표로 추진 중인 것으로 알려졌다.[18] 영국「제인국방연감(IHS Jane's Defence Weekly(2014. 6. 18)」에 따르면, 중국 해군이 2017년 독자적으로 건조한 항공모함을 전력화하고 2019년에는 추가로 3척의 항공모함을 보유할 예정이며, 기존 송급 잠수함에 추가하여 신형 칭(靑)급 잠수함을 건조 중인 것으로 알려졌다.[19]

이와 같이 중국은 지상, 우주, 해양, 사이버에서 미국의 주도권에 도전하고 있다.

3) 미·중간 권력변동 단계의 구분

중국의 GDP는 과거 20세기 이전 약 2,000년간 세계 GDP의 22~23%를 차지하였었다. 그러나 20세기 이후 미국이 이 자리를 차지하면서 중국의 GDP는 급속도롤 떨어졌다. 중국의 GDP는 19세기 초반에서 20세기 초에 급감하여 1950년에 4.5%를 기록했다. 그러다가 1990년 5.61%, 2000년 11.01%, 2005년 14.39%, 2007년 15.83%로 상승하여 과거의 수준으로 회복하고 있는 중이다.[20]

미국과 중국 간의 GDP 성장추세를 비교해 보면 〈표 7-3〉에서 보는 바와 같이, 1990년대에 이르기까지 중국의 GDP는 미국의 6%~7% 수준에 불과하였지만 1990년대 후반부터 미국의 10%를 넘어서기 시작하더니 2005년부터

---

17) 히라마쓰 시게오(平松茂雄) 저, 이용빈 편역, 전게서, pp. 9~11.

18) http : //www.yonhapnews.co.kr/bulletin/2017/11/21/(검색일 : 2017. 11. 25.) ;「연합뉴스」(2017. 11. 21), "중국 2049년까지 항모 10척 건조, 미 해군과 맞먹는다."

19) *IHS Jane's Defence Weekly*, June 18. 2014, p. 14 ; 윤석준,「동아시아 해양안보 이슈와 도전」, 한국해양전략연구소 편(2014), 전게서, p. 14에서 재인용.

20) NEAR 재단 엮음(2011), 전게서, p. 126.

2010년 사이에는 40%까지 상승하였고, 2016년에는 60% 수준을 넘어섰다.[21]

〈표 7-3〉 미국과 중국의 GDP 변화 비교

(단위 10억 달러)

구 분	1980	1985	1990	1995
미 국	2,862.5	4,346.7	5,979.6	7,664.1
중 국	189.4	306.7	356.9	728.0
대미 비율	6.6%	7.1%	6.0%	9.5%
구 분	2000	2005	2010	2016
미 국	10,284.8	13,093.7	14,964.4	18,569.1
중 국	1,198.5	2,256.9	5,930.5	11,199.1
대미 비율	11.6%	17.2%	39.6%	60.3%

·출처 : 세계은행, "국가별 GDP 연도별 현황," http : //www.worldbank.org/(검색일 : 2017. 9. 20.)

골드만 삭스(Goldman Sachs), 앵거스 매디슨(Angus Maddison), 일본 내각부 등의 전망에 의하면 2030년에는 중국의 GDP가 미국의 GDP를 훨씬 앞지를 것으로 보고 있다. 인터내셔널 퓨처스(International Futures)의 2011년 자료에 따르면, 미국의 경제력과 군사력을 종합한 경성권력은 2005년 23%에서 2025년 19%로 약 4% 정도 하락하는 반면, 중국의 경성권력은 2005년 전 세계의 11%에서 2025년에는 17%로 약 6% 상승할 것으로 예상하고 있다. 세계 점유율에서 미국과 중국의 격차는 2005년 12%에서 2025년에는 1%~2%로 줄어들 것이다. 반면에 연성권력에서는 중국의 민주화, 선진화, 세계화 능력이 미국과의 격차를 크게 줄이지 못할 것이라고 예측하였다.[22]

중국도 이를 크게 인식하고 연성권력을 종합국력 증진 차원에서 적극 추진하고 있다. 2009년 후진타오(胡錦濤) 주석은 중국지도부와 최고위 외교관

---

21) http://dataworldbank.org//indicator//NY.GDP.MKTP.CD//(검색일 : 2015. 2. 27.)

22) 김정, 「2025년 소프트 권력시장에서의 미국과 중국의 매력」 김병국·전재성·차두현·최강 공편, 『미·중관계 2025』(서울 : EAI, 2012), pp. 225~226.

료가 모인 회합에서 "정치적으로 보다 영향력이 있는 중국, 경제적으로 보다 경쟁력 있는 중국, 도덕적으로 보다 매력 있는 중국"을 만들어야 한다고 주장하면서 소프트 권력의 강화를 역설하였다.23) 이처럼 중국은 경제력 우선의 경성권력뿐만 아니라 종합국력을 향상하기에 유리한 대외환경을 조성하기 위해 연성권력을 강화하고, '도광양회', '조화세계론' 등을 내세우며 협력적 대외관계를 형성하는데 노력하고 있다.

그럼에도 불구하고 미국의 잠재역량을 고려할 때, 미국은 향후 15년간 국제사회의 네트워크 장악력, IT와 신과학기술, 문화 등 종합국력 등에서 우위를 바탕으로 연성권력과 경성권력에서 우월한 지위를 지속 유지할 것으로 전망된다. 그러나 2030년부터 경제력을 필두로 중국이 부분적으로 미국을 능가하는 분야가 확대되면서 2050년에 이르면 중국의 국력이 미국에 도전할 정도로 강력해질 수도 있다.

미·중간 군사력은 대체로 중국이 230만 명, 미국이 140만 명의 병력을 유지하고 있는 것으로 알려져 있다. 그런데 거대한 대양을 사이에 둔 대륙 간의 패권경쟁에서 지상군이 가지고 있는 의미보다는 해군의 변동이 의미가 더 있다. 중국 해군력을 미국에 비교 한다면 1978년 개혁 개방 이전에는 중국 해군은 없는 것과 마찬가지였다. 1975년 마오쩌뚱과 1979년 덩샤오핑이 해군증강을 지시하였지만 1985년 되어서야 실제로 해군 현대화 계획에 착수할 수 있었다. 중국 공산당 중앙군사위원회는 1985년 류화칭 제독이 주창한 3단계 해군 현대화 계획을 승인하였는데 이 계획에 따라 중국은 해군 창설 60주년인 2010년 서태평양상의 1도련(연안으로부터 1,000해리)을 확보하였고, 70주년이 되는 2020년에 2도련선(연안으로부터 2,000해리)까지 진출할 예정이며, 100주년이 되는 2050년에는 전 세계 해양을 무대로 작전 가능한 해군을 건설할 계획이다.24)

---

23) 상게서, pp. 225~226.

24) 김민석, 「중국의 해양강국 지향과 지역 해양안보 함의」, 한국해양전략연구소 편,

〈표 7-4〉 중국 해군력 증강 현황

구분	1970	1978	1985	1990	1999	2008
구축함	4	9	12	16	18	29
잠수함	26	73	107(3)	92(5)	96(6)	60(5)

* ( )는 핵전략잠수함

•출처 : 정진근, 「중국의 해양전략 변화요인에 관한 연구」, 경남대학교 박사학위논문 (2012), p. 75, p. 96, p. 118, p. 141에서 발췌하여 작성.

중국 해군은 북해, 동해, 남해 3개 함대를 운용하고 있으며, 군사변혁을 추진하면서 해군에 대한 적극적인 투자로 2011년에는 항공모함 랴오닝을 시험 운항할 수 있었고 5척의 핵전략 잠수함을 포함하여 원자력 잠수함 65척을 보유할 수 있었다. 「밀리터리 발란스(Military Ballance)」에 따르면 2017년 현재 중국은 항모 1척을 비롯하여, 구축함 19척, 프리킷함 57척 등 주력 전투함 80여 척, 전략핵잠수함 4척을 비롯한 잠수함 57척, 상륙함정 140여 척 등 총 900여 척의 함정을 보유하고 있으며, 폭격 등 전투 임무에 투입할 수 있는 348대의 항공기와 수십 대의 헬기 등을 보유하고 있고,[25] 규모면에서는 아시아 1위, 세계3위의 해군력을 보유하고 있는 것으로 평가되고 있으며 향후 2020년까지 2개 항모전투단을 확보할 것으로 예상되고 있다.

한편 미국은 제2차 대전 후부터 냉전시대에 4개의 대양함대를 운용하고 15개의 항모전투단과 600척의 전투함정을 운용하여 왔다. 레이건(Ronald Wilson Reagan, 재직기간 1981~1989) 행정부에서 가장 강력한 해군을 운용해오다가 냉전이 해체됨에 따라 항공모함을 비롯하여 양적인 감축과 질적 개선을 추진해 가는 과정에 있으며 2020년까지 11개 항공모함 전투단과 전투함 300여 척을 운용할 예정이다. 도널드 트럼프(Donald J. Trump) 대통령은 대선 공약으로 주요 전투함을 현재 275척에서 355척으로 증강하겠다고 밝힌 바 있고,

---

『2014~2015 동아시아 해양안보 정세와 전망』(서울 : 한국해양전략연구소, 2014), p. 159.

[25] IISS, *The Military Balance*, 2017, pp. 281~283.

군사력 강화 방침에 따라 2018 회계연도 국방예산도 전년대비 540억 달러가 증액된 6,030억 달러(684조 1,035억 원)로 책정됐다. 국방비가 10% 이상 증가한 것은 2007년과 2008년 이후 10년 만의 일이다.[26)]

그러나 미국과 중국 간의 권력변동시기를 구분하는 것은 권력개념의 변화와 권력자원의 다양성 및 복잡성에 따라 정확하게 분간해 내기가 매우 어렵다. 더구나 해양력에 있어서도 그 구성요소와 전력구조가 상이한데다 양적·질적 차이가 너무나 크기 때문에 상호 비교할 척도를 정할 수도 없다. 그럼에도 불구하고 전반적인 상대적 국력의 변동 및 중국의 해양력이 성장하는 시기와 미래의 추세를 고려하여 권력변동의 의미를 가질 수 있는 시기를 패권순환론의 4단계 패권전이 과정에 따라 분류하면 〈표 7-5〉와 같이 4단계로 구분할 수 있겠다.

〈표 7-5〉 미·중간 권력변동시기 구분

구분	권력 불균형기	권력 재분배기	권력 대등화기	권력 전이기
시기	중국건국(1949) 개혁개방(1978)	개혁개방(1978) 금융위기(2008)	금융위기(2008) 2030~2050	2050년 이후?
관계	대립관계	전략적 제휴	협력과 갈등	대립과 충돌 ?
주요 사건	한국전쟁 베트남전쟁 타이완위기	텐안먼 사태 WTO 가입 베이징올림픽	G2 등극 (중. 소강사회)	(중국특색 사회주의 완성)

먼저 1단계 미·중간 권력 불균형기는 1949년 중화인민공화국이 탄생한 이후부터 1978년 중국의 개혁개방 이전까지의 기간이다. 중국에게는 마오쩌둥의 자력갱생시대로서 대약진운동과 문화혁명 등 생산력 향상 노력이 마이너스 성장을 겪을 만큼 실패로 끝난 시기였다. 미국이 세계 GDP에서 차지하는 점유율은 1950년 27.3%에서 1978년 27.0%로 여전히 최고의 지위를

26) http : //magazine.hankyung.com/money/apps/news?2017060100sub_view(검색일 2017. 10. 15.)

차지한 반면 중국은 4.5%에서 오히려 1.8%로 낮아졌고[27] 이에 따라 중국의 국방비에 대한 투자도 제대로 이루어지지 못했다.

2단계 미·중간 권력 재분배기는 1978년 중국의 개방개혁에서 2008년 미국의 금융위기 직전까지의 시기이다. 중국은 개혁·개방과 국가 해양화를 바탕으로 경제적 부흥의 시대를 열었으며 미국과의 국력차를 좁혀 왔다. 2008년에 이르러서 중국은 세계 GDP의 16% 이상을 차지하고 G2를 향하고 있다.

3단계 미·중간 권력 대등화 시기로서 2008년 미국 금융위기 이후부터 현재 진행형으로, 많은 학자들이 경제력에서 중국이 미국에 근접하거나 추월할 것으로 예견하는 2030~2050년까지의 기간이다. 중국은 미국의 금융위기를 기화로 소련을 대신하여 G2의 위치로 부상하였고 아·태지역에서도 미국과 경쟁구도를 형성하고 있다.

4단계는 2030~2050년 이후 양국 간 상대적 권력의 변동추세에서 변곡점이 일어날 것으로 예상되는 시기로서 권력의 충돌이나 평화적 전이 여부는 지금으로서는 불확실하다.

---

27) 노훈 외 국방발전연구진, 『국방정책 2030』(한국국방연구원, 2010), p. 37, p. 63.

2. 미·중간 패권목표

가. 미국의 국가목표

제2차 세계대전 이후 미국의 국가목표는, 첫째, 미국의 해외이익을 확장하기 위해 세계의 안보, 자원, 시장, 교통로 등 전략적으로 중요한 요충지에 대한 자유로운 접근을 확보하는 것이었다. 미국은 타의 추종을 불허하는 해양력을 통해 이를 달성하려고 하였다. 둘째, 자유민주주의와 시장경제체제를 세계에 확산하여 미국 중심의 세계질서를 구축하는 것이었다. 이를 위해 냉전기간 동안 미국은 자유세계의 종주국으로서 소련을 중심으로 한 공산주의 세계와 맞서 왔으며 국제권력의 주요 수단도 이데올로기와 군사력, 특히 핵전력이었다. 미국은 유럽의 NATO, 중앙아시아의 CENTO, 동남아시아의 SEATO 등 집단안보기구뿐만 아니라 전 세계에 걸쳐 개별국가와 동맹 및 파트너십과 같은 제휴관계를 맺고 공산주의에 대하여 봉쇄와 강압전략을 구사해 왔다.

냉전체제가 붕괴된 이후 미국의 목표는 세계화를 통하여 미국 중심의 세계질서를 구축하는 것이었다. 그러나 세계는 지역차원의 분쟁 및 테러와 같은 초국가적 위협 등이 새로이 등장하게 되었고 미국의 우방이었던 유럽과 일본이 후퇴하는 가운데 중국이 세계 강대국으로 부상하였다. 강대국 중국은 세계문제를 해결하는데 필요한 전략적 협력의 동반자이기도 하였지만, 잠재적 도전국으로서 미국 주도의 국제질서 형성과 미국 우방국들에 대한 잠재적 위협이기도 하였다. 이에 따라 미국은 중국과의 협력과 경쟁이라는 두 가지 요소를 혼합한 이른바 봉쇄적 포용정책(congagement policy)을 취하게 되었다.

그러나 2011년 테러와의 전쟁이 종식되고 금융위기에서 회복세로 돌아서자 미국은 아시아로 복귀를 선언하고 중국에 대하여 적극적인 대처에 나서고 있다. 미국 정책의 최우선 순위가 대테러전쟁에서 다시 세계적 차원이나 지역적 차원에서 적대적 경쟁자의 출현을 거부하는 것으로 전환된 것이다.

나. 중국의 국가목표

1949년 10월 1일 중화인민공화국이 탄생한 이후 중국의 국가목표는 잃어버린 세계대국으로서의 위상을 되찾는 것으로 그 방법은 부국강병이었다. 이를 위하여 중국의 국가목표와 전략은 크게 3시기로 구분할 수 있는데 마오쩌둥(毛澤東, 1893~1976)의 국가체제정비 및 자력갱생, 덩샤오핑의 개혁개방과 도광양회(韜光養晦), 시진핑(習近平)의 신형대국관계 형성 및 유소작위(有所作爲)가 그것이다.

마오쩌둥의 집권 초기에 중국은 대외적으로는 연소반미의 정책으로 미국의 봉쇄정책에 대항하는 한편, 대내적으로는 소련을 모델로 삼아 1954년부터 5개년 경제개발에 착수하여 중공업 우선정책을 추진하였다. 그러나 1958년부터 1968년까지 흐루쇼프(Nikita S. Khrushchev, 1894~1971)의 평화공존론을 둘러싸고 소련과 이념적 갈등을 빚은데 이어 우수리-아무르 강에서의 영토분쟁까지 겪게 되자 중국은 양조선(兩條線) 전략 즉, 반미반소 두 개의 전선을 형성하고 제3세계국가 및 개발도상국들과 연합하여 제3세계 강화전략을 추진하였다. 이 기간에 중국은 한국, 타이완 및 베트남에서 미국과 충돌하였다. 그러나 1969년부터 1976년까지 중국의 대외전략은 미국의 베트남에서의 철수와 함께 전환기를 맞게 되었다. 중국은 일대편일조선(一大片一條線) 전략, 즉 소련에 반대하여 하나로 뭉친다는 전략을 추진하여 1972년 미국 및 일본과의 관계를 정상화하였고, 미국으로부터는 안보적 지원을, 일본으로부터는 경제적 지원을 받을 수 있는 길을 열었다. 이 기간 동안 중국은 양탄일성(兩彈一星 : 원자폭탄 및 수소폭탄과 인공위성)의 발사에 성공하여 군사대국의 기초를 닦았고 유엔안보리 상임이사국의 자리를 회복하고 국제정치에서 미·중·소 삼각체제를 형성할 정도로 위상을 제고시켰다.[28)]

마오쩌둥의 뒤를 이어받은 2세대 지도자 덩샤오핑도 중국이 세계대국의 행렬에 합류하는 것을 국가목표로 삼았지만 그 방법은 전혀 달랐다. 경제우선의 실사구시 전략을 채택한 덩샤오핑은 1978년 말 11기 3중전회(중앙위원회 전체회의)에서 중국 국가발전을 위한 현대화 사업과 사회주의 사업을 제시하면서 개혁·개방을 주창하였다. 덩샤오핑은 중국 특색의 사회주의 건설을 위한 치국총강으로서 '하나의 중심과 두 개의 기본점 원칙'을 제시하였다.

하나의 중심이란 마르크스(Karl Max, 1818-1883)의 중요한 원리인 생산력 발전을 위하여 경제건설 중심으로 국가를 경영해야 한다는 것으로서, 덩샤오핑은 1984년 3단계 중국 현대화 발전계획을 제시하였다. 1단계는 1990년까지 중국의 GDP를 1980년 대비 2배로, 2단계는 2000년까지 다시 1990년의 2배로 배가시켜 20세기 말 소강상태(小康狀態 : 인민 의식주 해결 수준)에 도달하고, 3단계는 21세기 30~50년 동안 중국 GDP를 4배로 증가시켜 중등 선진국 수준에 도달하자는 목표였다.

기본점 하나는 1979년 3월 당 이론학습에서 덩샤오핑이 제시한 입국(立國)의 근본원칙을 의미하는 것으로, 등은 사상정치에서 4개 기본원칙 즉, ① 사회주의 노선 ② 무산계급 독재 ③ 공산당 영도 ④ 마르크스·레닌주의와 마오쩌둥 사상의 견지를 제시하였다.

기본점 둘은 신시기 강국의 길로 나아가기 위해서는 개혁·개방의 원칙을 견지해야 한다는 것이었다. 덩샤오핑은 1978년 11기 3중전회에 앞서 행한 연설에서 개혁·개방은 중국 사회주의 발전의 동력이자 강국의 길이며 지금 개혁하지 않으면 현대화 사업과 사회주의 사업은 매장될 것이라고 개혁·개방을 강조하였다. 중국 현대화를 위한 핵심전략은 국내적으로는 경제

28) 예쯔청(叶自成) 지음, 이우재 옮김, 『중국의 세계전략』(서울 : 21세기북스, 2005), pp. 57~63.

적 발전이었고 대외적으로는 평화적인 환경을 조성한다는 것이었다.[29] 따라서 덩샤오핑 등장 이후 미·중간의 관계도 안보와 경제 등 모든 분야에서 전반적으로 협력적 관계를 조성하였다.

덩샤오핑 다음 세대의 지도자인 장쩌민(江澤民) 주석의 '평화로운 발전(和平屈起)'이나 후진타오(胡錦濤) 주석의 '조화로운 세계(和諧世界)' 전략도 이러한 덩샤오핑의 전략을 충실히 이행하자는 취지였다. 중국은 2001년부터 2020년까지 20년간을 전략적 기회로 보고 이 기간 동안 전면적 소강사회(小康社會)를 건설한다는 목표를 설정하였다. 장쩌민은 2002년 11월 공산당 제16차 당대회 보고에서 중화민족의 위대한 부흥을 위해 1단계로 경제건설기반 위에 정치군사적 역량을 발전시키고, 2단계는 균형발전단계로서 정치·경제·군사·문화·과학기술을 전면 성장시켜 종합국력에서 세계대국을 건설하자고 주장하였다.

후진타오 주석도 2008년 12월 개혁개방 30주년기념연설에서, 당 창건 100주년인 2021년까지 중국 인구 10억 명이 높은 수준의 생활 혜택을 누리는 고도 소강사회(高水平的 小康社會)를 건설하고 중화인민공화국 건국 100주년인 2049년에는 부강하고 민주적이며 문명화되고 현대화된 조화로운 사회주의 국가 건설을 목표로 제시하였다.

세계 1위의 미국과는 다소 차이가 있지만 이미 세계적으로 G2지위에 오른 중국의 국제적 역할이 달라짐으로써 중국 5세대 지도자 시진핑도 국가전략에서 새로운 과제를 안게 되었다. 시진핑은 2012년 11월 18차 당대회에서 새로운 국정목표로 중화민족의 위대한 중흥을 위한 '중국 꿈(中國夢)'의 실현을 제시하고, 1단계 2021년 공산당 창당 100주년까지, 2단계 2049년 중국 건국 100주년까지 단계별 목표를 완성해야 한다고 강조하였다. 시진핑의 등장과 함께 새롭게 대두된 국가전략의 특징은 신형 대국관계 형성과 해양

29) 펑광첸(彭光謙) 주편, 이두형 옮김, 『중국군의 덩샤오핑 전략사상 강좌』(서울 : 21세기군사연구소, 2010), pp. 181~195.

강국 건설이다.

먼저 신형 대국관계란 강대국 간에 공정하고 민주적이며 조화로운 세계 질서를 수립하는 것으로서 세계 강대국으로서 대국책임론을 수용함과 동시에 이에 걸맞은 요구도 하겠다는 의도로 보인다.

또한 중국은 2012년 11월 당 대회에서 해양강국 건설을 국가정책으로 공식 선포하고, 그 해 12월 전국해양경제발전 5개년계획을 발표하였다. 2013년 7월 30일 개최된 공산당 정치국 8차 집단학습의 주제는 해양강국 건설의 연구였다. 이 자리에서 시진핑은 중국은 육지대국이면서 동시에 해양대국으로 광범위한 해양전략 이점을 갖고 있다고 강조하면서 국가 해양권익을 핵심이익으로 간주하고 그 수호를 강조하였다.[30] 그 결과는 바로 행동으로 나타났다. 중국은 2013년 11월 23일 동중국해에 방공식별구역을 선포하였고, 남중국해에 적용되는 어업법시행령을 2014년 1월 발효시켰으며, 2014년 5월, 서사군도에서 일방적으로 원유 시추시험을 하여 베트남과 갈등을 빚었다. 2015년에서 2016년 사이 중국은 남중국해의 일련의 도서군을 둘러싼 구단선(九段線)에 대한 영유권 강화를 위하여 남사군도 등 도서에 인공시설과 군사시설을 보강하였고 2016년 7월 국제상설재판소(PCA)에서 중국의 구단선에 대한 영유권 주장이 국제법적 근거가 없다고 판결을 내리자 이를 거부하고 대규모 해상훈련을 통한 무력시위로 대응하였다. 이와 같이 중국은 해권을 그들의 사활적 이익으로 간주하고 해양진출을 강력히 추진하고 있어서 이것이 미국과 충돌하게 되는 주요 요인으로 작용될 전망이다.

---

30) 조영남, 「시진핑 시대의 중국외교 과제와 전망」, 『STRATEGY 21』 통권33호, Vol.17, No.1(한국해양전략연구소, 2014), pp. 13~21.

3. 미·중간 패권전략과 해양력의 역할

가. 미·중간 권력 불균형기

1) 미·중간 패권경쟁 전략

미·중간 권력 불균형기는 중화민국 건국에서부터 중국의 개혁개방 이전의 기간으로서 마오쩌둥이 중국을 지배하던 시기와 일치한다. 이 불균형 기간 동안 미국과 중국 간에는 전략상 큰 변화를 겪었다. 변화시점을 기준으로 앞의 1기는 중국인민공화국 건립부터 미국의 1969년 닉슨(Richard M. Nixon, 재임기간 1968~1974) 행정부 등장 이전까지 미국과 중국이 대립하던 시기이다. 뒤의 2기는 닉슨 행정부 등장 이후 1978년 덩샤오핑 등장 이전까지 미·중간 관계정상화를 추진하던 시기이다. 제1기에서 미국은 중국에 대하여 봉쇄와 고립화 정책을 실시하였고, 중국은 소련과 연합하여 미국에 대하여 반봉쇄 및 거부정책을 추진하였다. 중국에게는 마오쩌둥의 자력갱생시대로서 대약진운동과 문화혁명 등 생산력 향상 노력이 실패로 끝난 시기였다.

이 기간 동안 미국은 세계에서 최강의 군사력과 경제력을 유지한 가운데 특히 월등한 해양력을 바탕으로 공산진영에 대하여 봉쇄정책을 추구하였다. 1949년 중화민국 수립 당시부터 미국은 중국에 대하여 대외적으로는 봉쇄와 고립정책을 추진하였고, 대내적으로는 중국을 침식하고 약화시키려는 정책을 사용하였다. 특히 1950년 한국전쟁 후 미국은 중국에 대하여 소련보다 더 단호한 봉쇄정책을 실행하였는데 타이완이 중국 본토를 공격할 수 있도록 지원을 강화하고 우방국에게도 중국과의 해상무역을 금지하도록 요구하였다. 그러나 1965년대 중반부터 중·소간 갈등과 미·소간의 경쟁이 심화됨으로써 양국 간 관계는 과거와는 180도 다른 길로 가게 되었다. 소련과 적대적 관계를 형성한 미·중 두 나라는 긴밀한 전략적 제휴관계를 형성하였고, 미국은 중국에 대하여 포용과 확대(Engagement and Enlargement) 전략을 구사하고 안보와 경제면에서 전반적인 협력을 강화하였다.

반면, 중국은 마오쩌둥 주도아래 국가체제를 정비하고 자력갱생을 통해 내부국력을 증진시키고자 하였으나 유럽연합이나 일본 등 다른 국가에 비하여 성장속도가 느렸다. 소련을 비롯한 공산진영과 동맹관계를 구축하고 미국에 대하여 반봉쇄전략을 추진하였다. 이 기간 동안 중국의 전략방향은 1949~1957년에는 동방의 해양위협(미국)에 대하여, 1958~1968년간에는 기존 해양위협에 추가하여 북방의 대륙위협(소련)에 대항하는 양방향에 대하여, 1969~1976년간에는 북방의 대륙위협(소련)에 대하여, 1980년대 중반 이후는 동남방의 해양위협에 대하여 전략의 주안점을 두었다.

이 기간에 중국은 주로 대륙을 통하여 외부와 교류하였고 중소분쟁으로 내륙에 집중하는 시기였으므로 해양에 대하여서는 힘을 쏟을 여력이 없었다. 반대로 해양국가인 미국은 아메리카 대륙을 넘어 전 세계의 림랜드 및 도서국가와 연합하여 공산진영에 대한 봉쇄선을 구축하였기 때문에 해양력이 동맹전략과 봉쇄전략의 핵심수단이 되었다.

2) 미국 해양력의 역할

• 위기관리와 제한전쟁에서 해양력의 역할

미·중간 권력 불균형기에 특히 초기 미·중간 갈등이 고조되던 시기에 미국의 해양력은 중국 주변에서 제한전쟁을 수행하는데 중요한 역할을 수행하였다. 먼저 소련의 지원 하에 중국이 참전한 한국전쟁에서 미 해군은 전쟁을 수행하고 종결시키는데 다음과 같은 핵심적인 역할을 수행하였다.

첫째, 한국전쟁 개전과 동시에 국제적인 협력을 도모하여 전쟁수행태세를 갖추는데 기여하였다. 1950년 6월 25일 한국전쟁이 발발하자 미국은 유엔의 안보리 소집을 요청하고, 27일, 극동사령부에는 한국의 방어를 지원할 것을, 7함대에는 타이완에 대한 침략에 대비하여 중립화 조치를 취할 것을 하달하였으며 미 의회는 징병법안을 통과시켰다. 6월 30일에는 38도선 이북에 대한 공격권과 북한에 대한 해상 봉쇄령이 하달되었다. 유엔안보리는 6월 25일, 6월 27일, 7월 7일 세 차례에 걸쳐 결의안을 채택하고 북한이 38도선 이북으로 철수할 것과 한국에 대한 유엔회원국의 지원을 결의하였다. 이에 따라 유엔군의 이름으로 미국 358척, 영국 52척 등 10개국에서 항모 41척을 비롯하여 총 449척의 함정이 참전하였고, 전투병력은 미국 1,789,000명 등 총 16개국에서 1,938,330명이 참전하였다. 이외에도 39개국이 물자와 재정을 지원하였고, 5개국이 의료지원을 해주었다.[31] 이 모든 유엔군의 작전과 지원은 대부분 해군이 수행하였다. 개전과 거의 동시에 발효된 북한에 대한 해상봉쇄는 대륙 이외에는 어떠한 보급로도 허용하지 않았고, 해상을 이용한 어떠한 작전도 허용하지 않았다.

둘째, 반면에 미 해군은 유엔군이 해상에서의 자유와 이점을 누릴 수 있도록 해주었다. 우선 극동지역의 미군 병력과 물자가 한반도로 긴급 투입되었고, 미국 서해안의 물자와 병력이 극동으로 수송되었으며, 대서양의 병력과 물자가 미국 서해안으로 순차적으로 이동되었다. 북한과 인접한 소련의 시베리아 철도는 하루에 1만 7천 톤을 수송할 수 있었지만 미국 서해안에서 한반도까지는 하와이를 거치면 7,000마일이 넘었다. 미국은 소련과의 경쟁에서 겪어야 할 시간과 거리의 불균형을 대규모 해상수송을 통해서 극복하였다. 한국전쟁 기간 동안 화물 5천 4백만 톤과 유류 2천 2백만 톤이 선박을 통하여 한국으로 운반되었다. 한국으로 가는 군인 한 명당 장비 5톤을 가지고 갔고, 그곳에서 임무를 수행하기 위하여 매일 64파운드의 보급이 필요하였다. 태평양을 횡단하여 공중으로 1톤을 실어 나르는 동안 해상으로는 270톤이 운반되었다. 항공기가 1톤을 운반하는데 소요되는 4톤의 개솔린도 배로 수송해야 했다.[32] 이와 같은 해상수송능력이 있었기에 한반도가

---

31) 국방부, 『2012 국방백서』(국방부, 2012), pp. 282~285, 해군본부, 『6·25전쟁과 한국해군작전』(계룡대 : 해군본부, 2012), pp. 521~529.

32) James A. Field, Jr., *History of United States Naval Operations : Korea*, 김주식 역, 『미국 해

공산주의에 함락 당하기 전에 반격을 할 수 있었고, 3년간의 전쟁도 수행할 수 있었다.

셋째, 한국전쟁의 위기를 극복하는데 결정적인 역할을 수행하였다. 전쟁 초기 미 해군은 수송능력을 25척에서 70척으로 확장하여 일본에 주둔 중인 제24보병사단, 제25보병사단, 제11기갑사단을 부산으로 전개시킬 수 있었고 그 결과 낙동강 전선에서 지연작전을 전개할 수 있었으며 이것이 반격의 기회를 제공할 수 있었다. 7월 3일부터는 항공모함 2척이 서해로 진입하여 평양에 대한 종심 깊은 포격작전을 실시하였으며 더욱 결정적이었던 것은 9월 15일 인천상륙작전을 통하여 전세를 역전시키고 서울을 수복한 것이었다.[33] 또한 11월 25일부터 전 전선에서 중국군의 대규모 역습으로 전세가 불리해지자 흥남, 성진, 원산, 진남포, 인천, 옹진 등에서 고착에 빠졌던 지상군을 철수시켜 전투력을 보전하고 재반격의 기회를 제공할 수 있었다. 특히 흥남 철수에서는 병력 105,000명, 차량 17,500량, 화물 350,000톤뿐만 아니라 피난민 91,000명을 후송하였으며, 12월 15일부터 열흘간 항공기가 총 1,700회 출격하여 지원하였고, 미조리 전함 등에서 내륙 10마일까지 함포공격을 하였으며 당시의 탄약소모량은 인천상륙작전보다도 훨씬 많았다.[34]

밴 플리트(J. A. Van Fleet, 1892~1992) 장군은 한국전쟁에서 수행한 해군의 역할을 평가하면서 "한국에서 해군이 없었다면 살아남을 수 없었다. 해양봉쇄는 완벽하여 적의 보급로를 차단하였고, 우리는 해상에서 자유를 누렸다. 동·서해 양 해안에서 해군의 함포지원은 적들을 곤경에 빠뜨렸으며 미8군이 적에게 보다 공격적인 작전을 하도록 해주었다"고 하였고, 맥아더 장군은 "해양력의 우세는 어떠한 형태의 전쟁에서도 미국에게 필수적인 조건이다"[35]라고 하였다.

군작전의 역사 : 한국전』(서울 : 한국해양전략연구소, 2013), pp. 115~152.

33) Malcolm W. Cagle, Frank A. Manson, *The Sea War in Korea*, 신형식 역, 『한국전쟁해전사』(서울 : 21세기군사연구소, 2003), pp. 49~128.

34) 해군본부(2012), 전게서, pp. 348~371.

해군이 전쟁에서 중요한 역할을 한 것은 베트남전쟁(1964~1973)에서도 마찬가지였다. 베트남전쟁은 한국전쟁과 유사하게 중국 주변에서 10여개 국가가 참여한 국제전이자 제한전쟁이었다. 중국과 소련은 한국전쟁에서와 마찬가지로 북베트남을 지원하고 있었고 중국이 한국전에 참전한 과거의 역사가 미국이 베트남전쟁에 뛰어들게 만든 원인 중 하나가 되었다. 존슨(Lyndon B. Johnson, 1908~1973) 대통령은 베트남전쟁은 더 큰 전쟁을 막기 위한 전쟁, 즉 중국 공산주의가 동남아시아로 진출하는 것을 저지하기 위한 전쟁이라고 하였다. 1964년 8월 통킹 만에 대한 폭격으로 미국의 본격적인 참전이 시작되었는데 1965년에는 중국도 북베트남에 비전투병력 30만 명을 지원하였고 중월국경지역에 전투병력을 추가로 보강하였다. 미국은 1967년까지 거의 50만 명에 육박하는 지상군을 파병하였고, 제2차 세계대전 기간 동안 소모한 폭탄보다 더 많은 폭탄을 투하하였으며 총 200억 달러가 넘는 전비를 쏟아 부었다. 공중폭격은 1965년 25,000회 출격, 6만 3천톤 폭탄 투하, 1966년 7만 9,000회 출격, 13만 6천톤 투하, 1967년 108,000회 출격, 22만 6천 톤을 투하하였으며, 1968년까지 항공기 950대가 손실되고 60억 달러가 소비되었다. 매 1달러의 공습효과를 보기 위하여 9달러 60센트를 지출한 셈이 되었다. 베트남전쟁은 마땅한 대안도 없는 그야말로 물량전이자 소모전이었다.[36] 전쟁결과에 대해서는 논외로 하더라도 이러한 전쟁을 10년간이나 지속할 수 있었던 것은 바로 미국이 해상에서의 자유와 대규모 해상수송능력을 확보하고 있었기 때문에 가능한 일이었다.

또한, 1950~1951년 중국의 해남도 점령, 1954~1955년 중국의 금문도와 마조도에 대한 포격, 1958~1959년 2차 육·해·공군 합동포격 및 타이완과 중국 간의 공중교전, 1995~1996년 타이완 해협에 대한 미사일 발사 및 대규모 육·해·공 합동상륙훈련 등 양안분쟁 시마다 미국 해군은 해상에서의 자유와

35) Malcolm W. Cagle, Frank A. Manson, 신형식 역(2003), 전게서, pp. 573~580.

36) 홍규덕, 「베트남 전쟁」, 문정인, 김명섭 외, 『동아시아 전쟁과 평화』(서울 : 연세대학교출판부, 2007), pp. 275~305.

우세를 바탕으로 타이완 해협에 항공모함 전투단을 파견하고 무력시위를 통하여 중국의 군사행동이 확대되는 것을 억제시켰으며 타이완 위기를 해결하였다.

• 미국의 동맹전략에서 해양력의 역할

미국의 해양력은 냉전시대에서 해양네트워크 체제를 통해 우방 및 동맹국가들과의 협력체제를 유지하는 핵심수단이 되었다. 특히 냉전시대에 미국은 중국을 봉쇄하기 위하여 ANZUS(1951), SEATO(1954), 바그다드조약(Baghdad Treaty, 1955년 ; 1959년에는 CENTO로 확대됨)과 같은 다자동맹과 한국(1953), 일본(1954), 타이완(1954), 필리핀(1951), 태국(1954) 등 중국 주변의 국가들과 쌍무적 관계를 맺고 군대를 주둔시켰다. 미국은 이들 동맹국가들과 주기적인 연합훈련을 하여 우방군간 협력체제를 강화하여 전투수행능력을 증진시키며 군사적 능력도 강화시켰다. 이들 국가들은 대부분 미국의 해양네트워크로 연결된 도서와 반도국가들로서 이 동맹에 대한 결속과 신뢰의 척도는 바로 미국의 자유로운 해양 접근성에 달려 있었다. 미국의 해양력은 해외 군사력 유지와 우방 및 동맹관리를 위해 미국 관심지역에 대한 주기적인 방문과 연합훈련을 통하여 미국의 공약을 확인하는 한편, 전진배치에 의한 억제와 기동성에 의한 신속대응개념의 군사력 운용능력을 보장해 주었다.

냉전 시 해상통제권은 미국에게 축복이었다. 미국이 해양통제권을 보유하고 있었기 때문에 태평양 너머에서 전쟁도 수행할 수 있었고 동맹도 유지할 수 있었다. 그러나 이러한 미국 해양력의 역할이 그 진가를 제대로 평가받지 못하고 있는 것은 사실이다. 이는 그 역할이 중요하지 않기 때문이 아니라 미국이 일방적으로 해양통제권을 행사할 수 있었기 때문에 문제화되지 않은 탓에 기인한 것이었다.

3) 중국 해양력의 역할

• 국가지도부의 해양력에 대한 인식 부재

마오쩌둥의 지배체제 아래에서 중국은 대륙 중심의 지정학적 전략을 추구하였기 때문에 해양력의 중요성에 대한 인식이나 해양으로의 진출에 대한 의지가 전혀 없었다. 중국 해군도 공산혁명군의 군대의 하나로서 주로 지상을 지원하거나 연안을 보호하는데 그쳤고 해군의 발전도 더딜 수밖에 없었다.

이러한 요인은 중국의 역사적 전통에 바탕을 두고 있었다. 먼저 중국은 역사적으로 내륙에서 패권경쟁을 해 왔으며 그 핵심수단은 지상군이었다. 인민전쟁의 방어적 전략사상도 지상군에 중심을 두고 있었다. 마오쩌둥은 해군 없이 인민전쟁을 30년 이상 치러 왔다. 또한 자급자족의 경제원칙은 해양의 중요성을 무시하게 만들었고 해군건설계획을 수립할 긴요성도 제공해 주지 못했다. 마오쩌둥은 동아시아에서 소련 해군의 활동이 활발해지기 시작한 1975년이 되어서야 해군 현대화계획을 승인하였지만 별 진전은 없었다.

나. 미·중간 권력 재분배기 해양력의 역할

1) 미·중간 패권경쟁 전략

가) 미국의 전략

미·중간 권력 재분배기는 중국의 개방개혁에서 미국의 금융위기 직전까지의 시기이다.

미국은 냉전시대에는 소련을 견제하기 위하여 중국을 포용하였고 냉전 이후에는 미국 중심의 세계질서를 유지하기 위하여 중국을 포용하였다. 그러나 중국이 갈수록 잠재적 경쟁국으로 부상하게 되자 미국은 중국을 전략적 경쟁자로 보게 되었다. 이렇게 미·중 간의 협력과 갈등이 중첩된 현실을 반영한 전략이 봉쇄적 포용전략이었다. 이 전략은 정책의 스펙트럼이 넓어서 유기적이고 변화무쌍한 융통성을 가지고 있기 때문에 적용하기가 용이하였고 조지 허버트 워커 부시(George H. W. Bush, 재직기간 1989~1992), 빌 클린턴(Bill Clinton, 재직기간 1993~2001), 조지 워커 부시(George W. Bush, 재직기간 2001~2009), 버락 오바마(Barack Obama, 재직기간 2009~2017) 대통령에 이르기까지 장수하고 있으며 앞으로도 지속 유지될 가능성이 높다. 왜냐하면 복잡하고 다원화된 중층구조를 가지고 있는 오늘날의 세계정치 속에서 정형화되고 엄격한 정책은 장기간 유지하기가 힘들 것이기 때문이다.[37]

한편 **미국이 구상하는 군사전략**도 세계 강대국답게 전 지구적 안보정세의 변화에 대응하는 개념으로 발전되어 왔다. 소련의 핵개발과 함께 냉전이 시작되면서 초기 미국의 군사전략은 핵억제전략이 군사전략의 핵심으로 부상되었다. 소련에 비해 압도적인 핵 우위를 유지하고 있었던 1950년대에는 제1격에 대한 대량보복전략(MRS : Massive Retaliation Strategy)이 채택되었고, 1960년대 들어 소련과 핵 경쟁에서 양 강대국이 상호확증파괴능력(mutual assured capability)을 갖추어 공포의 균형(balance of terror)을 이룬 반면, 핵 위협 아래에서도 재래식 전쟁이 지속 발생하자 핵전쟁과 재래식 전쟁에 동시에 대응할 수 있는 유연반응전략(Flexible Reponse Strategy)이 채택되었다. 1970년대 들어서는 중·소간 대립구도가 심화되고 중동지역에서 분쟁이 발생하자, 아시아의 안보는 아시아인이 주도한다는 닉슨 독트린이 나왔고 미·소 간에도 SALT-I, SALT-II 등 전략핵 감축협상이 성사되었다. 1980년대 소련이 베트남, 아프가니스탄 등에 진출하자 레이건 행정부는 전략적 방어구상(SDI, Strategic Defense Initiative)을 내세워 전방위적으로 소련을 압박하는 적극적 억제전략을 구사하였다.

---

37) Aaron L. Friedberg, 안세민 옮김(2012), 전게서, p. 113.

냉전 해체 이후 미국의 군사전략은 1990년 이후와 2001년 이후로 구분하여 볼 수 있다. 1990년대 들어 주적이 사라진 반면 전 세계 도처에서 분쟁가능성이 높아지자 미국의 안보목표도 이전과는 다른 성격을 띠게 되었다. 미국 영토와 주권과 국민의 보호, 대테러, 적대적 패권국가 또는 지역연합의 출현 방지, 국제교통체계(해상, 공중, 우주)의 자유로운 이용 보장, 중요 지역·시장·에너지원에 대한 미국의 접근 보장 등이 안보목표가 되었다. 아버지 부시행정부는 새로운 세계질서를 위하여 지역국들과의 협력 및 개입을 통한 지역안정 및 분쟁예방 전략을 채택하였고, 제3세계로의 대량살상무기 확산방지 및 예기치 않은 핵공격에 대한 지역방어전략(GPALS : Global Protection Against Limited Strikes)을 채택하였다. 이에 따라 지구적 또는 지역적 범위에서 탄도유도탄의 탐지·추적·요격을 위한 지역국가와의 협력과 이와 관련된 무기체계의 개발에 박차를 가하게 되었고 이것이 오늘날의 미국 MD 체계로 발전하게 되었다.

그런데, 2001년 전대미문의 9·11 테러사태를 당하게 되자 미국의 안보목표도 변경되었다. 미국 본토에 대한 방어가 군사전략의 최우선 목표가 되었고, 테러 네트워크 격퇴, 적대국가 및 불량국가와 테러 네트워크 간의 결합 방지, 대량살상무기 확산 방지, 전략적 기로에 있는 국가들의 올바른 선택 유도 등 비대칭적 또는 비정규적 위협에 대한 대응으로 우선순위가 바뀌게 되었다. 21세기에 들어 테러와의 전쟁과 같은 새로운 전쟁 양상은 미국에게 이전과 다른 혼합형 전략(hybrid strategy)을 요구하게 되었다. 기존의 전통적 위협에 대한 대응뿐만 아니라 테러 및 비정규전 위협에 대하여 선제공격 및 예방공격 등 공격적이고 일방적인 전략을 구사하게 되었으며, 불량국가 및 테러집단으로의 대량살상무기 확산 방지와 제한된 핵 공격 등에 대비한 맞춤형 억제전략(tailored deterrence strategy)이 채택되었다.[38] 군사전략개념도

38) 한용섭, 「미국의 군사전략」, 한용섭·박영준·박창희·이홍섭, 『미·일·중·러의 군사전략』(서울 : 한울, 2011), pp. 40~41.

냉전 후 세계질서 유지를 위하여 적용되었던 여건조성(shaping), 억제(deterring), 대비(preparing), 대응(responding) 등 수세적 개념에서 선제공격 및 예방공격 등을 포함한 결정적 격퇴, 억제와 강압, 설득과 포기 등 공세적 개념으로 변화되었다.

미국의 군사교리에서도 획기적인 변화가 있었다. 미국은 압도적으로 우위에 있는 국방과학기술과 정보력을 바탕으로 네트워크에 기반한 효과중심의 작전개념을 발전시키고 합동 및 통합 작전능력을 강화하였다. 2003년에서 2005년에 걸쳐 합동능력통합개발체계(JCIDS : Joint Capability Integration Developement System)를 구축하고 합동개념(Joint Concept)을 발전시켰으며 2012년에는 기능과 군종과 영역을 초월한 통합 시너지 효과를 극대화하기 위한 합동작전접근개념(JOAC : Joint Operation Access Concept)을 발전시켰다.[39]

미국은 대테러전쟁 기간 동안 세계질서를 유지하기 위하여 강대국들의 협력이 필요하였기 때문에 중국과의 마찰도 최소화시키고자 하였다. 그러나 2010년대에 들어 주요 테러전쟁이 종료되고 중국이 아시아에서 뿐만 아니라 세계적 국가로 부상하게 되자 미국은 이를 묵과할 수 없었다. 냉전 시 소련을 상대로 했던 것과 같은 수준은 아니었지만 중국에 대해 다시 봉쇄 및 억제 전략을 채택하게 되었고, 테러와 같은 불특정 위협에 대응하던 능력기반의 합동기획도 위협 중심의 기획으로 전환되었다. 2012년 1월 신전략지침(New Strategic Guidance)을 발표하고 잠재적 경쟁국가가와의 정규전에 대비한 합동개념의 군사교리를 발전시킬 것을 강조하였으며 2013년에는

---

39) DOD JCS, *Joint Operational Access Concept(JOAC) Version 1.0*, 17 January 2012. 합동이란 기능과 군종과 영역을 통합한 시너지 효과(cross-function, cross-services, cross-domain synergy)를 의미한다. 접근능력이란 지구 공유재(global commons)나 선택된 지상, 해양, 공중, 우주, 사이버 공간을 방해받지 않고 국가적으로 사용할 수 있는 능력을 의미한다. 지구 공유재란 어느 국가에도 속하지 않으며 모든 나라가 이용할 수 있는 공동 자산을 말한다. 반접근이란 작전지역으로의 진입을 저지하기 위한 행위로서 통상 장거리 투사능력을 말한다. 지역거부란 작전 역내에서 적대세력의 행동을 제한시키는 행위로서 통상 단거리 투사능력이 이에 해당된다.

중국의 반접근지역거부(A2AD)에 직접 대응하기 위하여 합동해상전투개념(Joint Operation at Sea)에 근거한 공해전투(ASB : Air Sea Battle) 개념을 발전시켰다.

나) 중국의 전략

한편 중국은 2.2만여 ㎞의 지경선에서 14개국과 지상국경을, 1.8만여 ㎞의 해안선에서 9개국과 해상국경을 접하고 있다. 이와 같이 대륙성과 해양성의 양면 모두를 동시에 보유하고 있는 대국으로서 중국은 주 전략방향을 국제정세의 변화에 따라 유동적으로 선택해 왔다. 마오쩌둥 집권시기에는 대륙 중심의 지정학적 전략을 추구하였다. 해양은 폐쇄되었으며 대부분 소련과 동구권 국가와 정치관계 및 경제교역을 추진하였다. 그러나 덩샤오핑의 개혁개방 이후 해양을 통하여 전 세계로 교류가 확대되었고, 해양에서의 이익도 급증하게 됨에 따라 전략적 전선을 해양으로 확대하였다. 특히 냉전해체 이후에는 러시아와 제휴를 강화하여 대륙위협을 완화시키는 한편 해양권익을 국가 핵심이익으로 간주하고 적극적인 해양전략을 추구하였다.[40]

미중간 권력 재분배기에 중국은 미국과 전략적 협력관계를 구축하고 미국에 편승하여 자본주의 경제로 변혁을 이루었으며 내부 국력을 증진시키고 경제와 군사력을 중심으로 세계 2위의 지위에 오르게 되었다. 이에 따라 해양력의 중요성이 부각되었고 해군 현대화에 박차를 가하게 되었다.

중국의 군사전략도 대내외 환경변화에 따라 여러 차례 진화해 왔다. 중국 공산당이 중앙군사위원회를 통해 하달하는 군사교리의 개념과 군사전략방침을 정리해보면 〈표 7-6〉에서와 같다.

중국은 ① 1950~1960년대 초 연소반미의 안보전략에 따라 적극방어를 전략방침으로 설정하였다. ② 1960년대 중반~1970년대 초까지는 미국과 소련을 모두 위협으로 간주하고 유적심입(誘敵深入)과 지구작전(持久作戰)을 채택

40) 張文木 저, 주재우 역, 『중국 해권에 관한 논의』(국방대학교 국가안전보장문제연구소, 2010), pp. 16~23.

하였다. ③ 1970년대 초에서 1980년대 중반까지는 중월전쟁과 소련의 아프가니스탄 침공 등의 영향으로 연미반소 노선에 따라 적극방어와 유적심입 전략을 택하게 되었다. ④ 중국은 1980년대 중반 국제전략환경을 재평가한 결과 강대국 간의 전면전 위협은 감소한 반면 제한전쟁·국지전의 가능성은 높아진 것으로 평가하고 현대조건하의 국부전쟁 교리를 발전시키고 적극방어전략을 택하였다. ⑤ 1993년에는 1991년의 걸프전 교훈을 반영하여 첨단기술하의 국부전쟁 교리를 개발하였다. ⑥ 2003년 이라크 전쟁 이후에는 컴퓨터시스템, 정보기술, 지휘체계 등 네트워크 중심의 지식정보가 전쟁승패의 관건임을 인식하고 정보조건하의 국부전쟁 교리를 발전시켰다.41)

〈표 7-6〉 중국의 군사교리와 군사전략방침

군사교리		군사전략방침	
1950~1970	인민전쟁	1950~1960	적극방어(積極防禦)
		1960~1970	유적심입(誘敵深入)
1970~1980	**현대적 조건하 인민전쟁**	적극방어, 유적심입	
1980~1993	**현대적 조건하 국부전쟁**	적극방어	
1993~2004	**첨단기술 조건하 국부전쟁**	1993~현재	신시기 적극방어
2004~현재	**정보화 조건하 국부전쟁**		

·출처 : 정광호, 「공격과 방어의 관점에서 본 해양국가와 대륙국가의 해양전략」, 『Strategy 21』 통권 32호, Vol.16, No.2(2013), p. 177.

중국이 추진하고 있는 정보조건하의 국부전을 수행하기 위한 신시기 적극방어 전략의 특징은 다음과 같다.

첫째, 선제타격을 포함하여 공격과 방어를 동시에 수행한다. 과거의 유적심입과는 반대 개념이다. 둘째, 원거리 정밀타격 및 신속결전을 중시한

41) 박창희, 「중국의 군사전략」, 한용섭·박영준·박창희·이홍섭, 『미·일·중·러의 군사전략』 (서울 : 한울, 2011), pp. 213~216.

다. 이는 국가 산업 도시 및 전략적 중심에 대한 종심 깊은 방어를 제공하고 피해를 최소화하기 위한 것이다. 셋째, 군사영역 이외에도 정치·외교·경제·사회 등 광범위한 영역에 대한 공격을 포함한다. 적의 군대뿐만 아니라 적국의 지도자와 국민을 압박한다는 것이다. 넷째, 비대칭성을 추구한다. C4ISR 네트워크, 사이버, 우주, 해양 등 상대적 취약성을 결정적으로 타격한다는 것이다.[42]

2) 미국 해양력의 역할

• 미국의 세계체제유지 수단으로서 해양력

권력 재분배기 미 해군이 수행한 역할은 냉전체제하에서 대소(對蘇) 봉쇄 및 억제와 냉전 종식 후 세계질서 유지를 위한 역할로 구분할 수 있다.

첫째, 냉전이 해체될 때까지 미국은 세계 제1위의 해양력을 바탕으로 대소 봉쇄전략을 유지하였다. 미국의 해양력은 3지창(trident)으로 구성된 대소 핵억제전략의 한 축으로서 역할을 하였으며 자유진영을 결속하는 해양동맹을 구성하고 유지하는 핵심적 역할을 하였다.

둘째, 냉전이 해체되자 세계질서는 미국 중심의 단극체제로 재편되었고, 미국 해군은 세계 경찰군으로서의 역할을 자임하게 되었다. 소련의 붕괴로 전면전 위협이 감소하는 대신 세계 도처에서 힘의 공백지대를 중심으로 지역 갈등과 분쟁이 많아지자 기동성과 융통성을 가진 미국 해군의 역할은 더욱 확대되었다.

셋째, 중국에 대한 압박 및 위기관리수단으로 해양력을 이용하였다. 1989년 텐안먼 사태와 1995~1996년 타이완문제를 해결하기 위하여 미국은 항모를 파견하는 등 적극적으로 개입하였으며 중국과 갈등을 겪었으나 미 해군의 위력을 보여주기도 하였다.

---

42) 정광호, 「공격과 방어의 관점에서 본 해양국가와 대륙국가의 해양전략」, 『Strategy 21』 통권 32호, Vol.16, No.2(2013), p. 178.

넷째, 이라크, 아프가니스탄 등 테러와의 전쟁에서 미국 해군은 신속대응군으로서 원정작전을 수행하였고 통합 기동군수지원을 제공하였다.

다섯째, 초국가적 위협과 대량살상무기의 확산에 대한 관심이 높아짐에 따라 미 해군의 작전도 국제 해양안보 및 재해재난을 비롯한 비군사적 작전 등 새로운 분야를 개척하게 되었다.

여섯째, 미국은 세계최강의 해양력을 바탕으로 국제 해상교통로의 안전을 제공하고 중국에게 자유로운 접근을 허용하였다.

일곱째, 세계체제를 감시하고 관리하는 해양력의 역할을 창출하였다. 미국 해군은 안보위협의 초국가화와 비군사적 위협의 확산에 따라 새로운 세계전략을 개발하고 적용하려고 하였다. 즉, 전쟁의 불확실성, 비대칭성, 비선형성에 따라 개발된 네트워크 및 효과기반작전 등 새로운 작전개념에 근거하여 융통성, 민첩성, 합동성과 연합성을 강화한 협동교전개념(Cooperative Engagement Concept)을 강조하였고, 2007년에는 '21세기 해양력 구현을 위한 협력전략(A Cooperative Strategy for 21st Century Sea Power)'을 발표하여[43] 해양력이 우방국과 함께 세계체제와 질서를 관리하는 데에도 중요한 역할을 맡을 것임을 공표하고 미국의 새로운 전략을 구현코자 하였다.

3) 중국 해양력의 역할

• 해군 현대화 및 해양진출

냉전체제에서 미국과 전략적 제휴를 하고 개방에 나선 중국은 우선적으로 지상의 소련 위협에 대응해야 했기 때문에 해상에 대한 진출은 제한되었다. 그러나 대외개방이 확대됨에 따라 해외시장과 자원에 대한 자유로운 접근과 해양의 중요성을 인식하기 시작하였다.

첫째, 중국은 해군력을 현대화시키고 전략개념을 정립하고 체계화시켰

---

43) Geoffrey Till, *Seapower : A Guide for the Twenty-first Century* (London : Routledge, 2009), 배형수 역, 『21세기 해양력』(서울 : 한국해양전략연구소, 2011), pp. 3~37.

다. 덩샤오핑은 1979년 7월 당 해군위원회 상무회의에서 현대식 해군력 건설을 군사정책으로 채택하였으며 1982년 류화칭 제독은 3도련 개념의 3단계 해군 현대화 계획을 제창하였다. 1985~1987년간 인민해방군 전략변법(戰略變法 : 군사변혁)[44]을 시행하고 류화칭의 3단계 해군 현대화 계획을 국가정책으로 공식 채택하여 해군력 증강에 본격적으로 나서게 되었다. 1980년대 SLBM을 탑재한 핵전략잠수함이 작전에 투입되었고 2000년대 들어 항모가 건조되기 시작하였다.

둘째, 해군력 증강뿐만 아니라 해양에 대한 진출도 강화되었다. 냉전이 해체되고 고도성장을 이룰수록 중국에게 해양의 중요성은 더욱 강조되었다. 1980년대 말 남사군도의 영서초를 인공섬으로 개조하였고, 1990년대에 들어서는 남사군도 중앙의 환초에 감시시설을 구축하였으며, 서사군도의 융싱다오에 부두, 활주로, 통신장비들을 설치하였고, 동중국해의 중앙에서는 펑후(平湖) 유전과 춘샤오(春曉) 유전을 개발하기 시작하였다. 이 시기에 중국은 동남아에서 아프리카에 이르는 해양 실크로드를 구축하였다. 미얀마의 벵골만, 방글라데시의 치다공, 파키스탄의 과다르, 케냐의 라무 항, 남아프리카 공화국의 리처드만 항 등에 조차지나 중국의 기항지를 설정하였다. 1999년부터는 인도양에 있는 몰디브(Maldives)의 마라오(Marao) 섬을 25년간 조차하였으며, 2007년 세이셜(Seychelles)과 상호 협력조약을 체결하였고 2009년 모리셔스(Mauritius)에는 공장과 도로를 건설하여 주었다. 최근에는 피지, 사모아, 통가 등 남태평양 도서국가들에 대한 경제원조를 확대하여 영향력을 강화하고 있다.[45]

셋째, 대륙에서의 위협이 감소됨에 따라 중국 해군의 역할도 육군을 지원하는 역할에서 해양영유권을 확대시키는 역할로 변화되었다. 2003년 정

---

44) 히라마쓰 시게오(平松茂雄), 이용빈 편역(2014), 전게서, p. 109 ; 중국은 전략변법을 통하여 1985~1987년간 100만 명, 1997년 50만 명, 2005년 20만 명 등 총 170만 명을 감축하여 230만 명 수준을 유지하고 있다.

45) 정광호(2013), 전게서, pp. 179~180.

보전하 국부전 교리를 채택한 이후 해양, 우주, 사이버에 대한 진출을 적극 추진하면서 중국 해군도 국가적 해양권익의 증진과 국제적 해양안보협력 등 적극적인 역할을 수행하고 원해작전능력을 강화하였다. 일본과는 조어대, 한국과는 이어도, 동남아와는 남중국해의 서사군도, 남사군도, 동사군도 등에서 중국은 해양영유권에 대한 자기주장을 높일 뿐만 아니라 군사적 행동도 마다하지 않고 있다.

넷째, 중국연안의 중공업 및 상업지대 등 전략적 요충지에 대한 방어와 해상안정을 제공해 주었다. 중국의 해군력 증강과 함께 중국 연안에서 해적 활동도 급격히 줄어들었다.

다섯째, 중국 해군의 해외역할을 증대시키고 국가정책을 지원하였다. 2001년 중국은 WTO에 가입하여 세계 경제질서에 융입되었고, 2008년 베이징 올림픽을 개최하여 세계적 위상을 높였다. 이에 따라 중국 해군의 해외역할은 더욱 확대되었다. 1990년부터 시작한 해외 PKO 파견을 활성화하여 유엔 안보리 상임이사국 중 가장 많은 인원을 파견하고 있다. 2001년 베이징 군구에 국제구호대를 결성하고 지금까지 8차례나 인도주의적 지원 및 재난구호에 참가하였다. 2007년 이래 서태평양 원해훈련을 20여 차례에 걸쳐 실시하였고 90여 척이 참가하였다. 2005년부터 러시아와 '평화사명' 연합연습을, 2007년부터 아라비아 해역에서 '평화훈련'을 매 2년 주기로 실시해 오고 있다. 2008년부터 아덴만과 소말리아 해역에 호송편대를 파견하고 있다.[46]

여섯째, 더욱 중요한 것은 패권국 미국에 대한 반접근/지역거부 능력을 강화하고 있다는 점이다. 이는 본토에 있는 전략적 거점에 대한 종심 방어력을 확장시켜주는 동시에 중국이 서태평양으로 진출하는데 필요한 여건을 형성해 주고 있다. 그러나 한편으로 중국의 이러한 해양진출은 미·중간 서태평양에 대한 해양패권 경쟁의 서곡을 알리는 것으로도 이해되고 있다.

---

46) 국방정보본부, 『2012 중국국방백서』(국방부, 2013), pp. 15~27.

다. 미·중간 권력 대등화기 해양력의 역할

1) 미·중간 패권경쟁 전략

미·중간 권력 대등화기는 미국 금융위기 이후부터 현재 진행형으로, 많은 학자들이 중국이 경제력에서 미국에 근접하거나 추월할 것으로 예견하는 2030~2050년까지의 기간이다. 2008년부터 시작된 중국의 G2로의 부상은 양국 간의 관계를 급속히 변화시키고 있다. 도광양회에서 벗어난 중국은 종합국력을 바탕으로 마땅히 할 일은 하겠다는 유소작위의 입장으로 전환되었으며 신형 대국관계를 앞세워 아·태지역에서도 미국과 경쟁구도를 형성하고 있다.

2010년대 들어 미국도 지난 10년에 걸친 테러와의 전쟁을 종식시키는 한편, 2008년 금융위기로 야기된 경제침체를 회복하고 경성권력과 연성권력을 통합한 '똑똑한 권력(smart power)'을 바탕으로 세계패권국의 지위를 강화하면서 아시아로의 복귀를 선언하였다. 미국은 테러와의 전쟁 12년 동안 동아시아가 중국의 무대로 변하고 있음을 인식하고 중국의 지역패권을 방치하면 지역 동맹국들이 미국 중심의 동맹 네트워크에서 이탈하여 중국의 압력에 굴복하거나 심지어 중국에 역편승할 수도 있고 더 나아가 독자적인 자위력을 향상시키기 위하여 대량살상무기를 확보하는데 관심을 가질 수도 있다고 우려하게 되었다. 이에 따라 미국은 갈수록 제한되는 미국 국방예산의 압박과 중국의 A2/AD 능력의 발전을 고려하여 아태지역의 군사력을 재배치하고 해·공군간 합동성을 강화하여 시너지 효과를 극대화하는 방향으로 작전개념을 발전시키고 있다.

2012년 1월 오바마 대통령은 신국방전략지침을 발표하고 직접 중국을 겨냥하여 군사력을 재배치하기 시작하였으며 이어 2014년 3월 발표된 4개년 국방검토보고서(QDR)를 비롯하여 미국의 모든 외교 및 군사 공식문서에서 미국은 자신의 패권적 지위에 도전하거나 경쟁하는 것을 결코 용납하지 않겠다고 천명하고, 비정규전 위협뿐만 아니라 미래의 정규전 위협에도 대응하겠다는 의도를 표명하였다.

한편 중국은 중화민족의 위대한 부흥이라는 중국 꿈을 실현하기 위하여 대내적으로는 균형과 조화로운 발전을 도모하여 소강사회를 완성하고, 대외적으로는 종합국력을 증진시켜 신형 대국관계를 형성하려고 한다. 2014년 2월 초 중국사회과학원은 '아시아-태평양지구발전보고서'를 통해 향후 10년 간 중국의 세계전략을 제시하였는데 미국과 주변국간에 균형적 전략을 채택할 것을 주장하였으며,[47] 2014년 4월, 시진핑 국가주석은 중국 상하이에서 개최된 '아시아 교류 및 신뢰구축회의(CICA : Conference on Interaction and Confidence Building Measures in Asia)'에서, '아시아인에 의한, 아시아인을 위한, 신아시아 안보론(A New Regional Security Cooperation Architecture)'을 주창하였다. 미국의 개입을 배제하고 중국 주도의 동아시아 지역 질서를 구축하자는 의도였다.[48]

특히 중국은 해양을 미래 국가발전의 원동력으로 삼고 있다. 2013년 7월 30일 중앙정치국 집단학습에서 시진핑 국가주석은 해양강국의 실현은 중국의 핵심 이익인 국가의 주권, 안보, 발전이익의 보호와 지속적 경제발전, 그리고 전면적 소강사회 실현 및 중화민족의 위대한 부흥과 관련된 사업이라고 규정하였다.[49]

이어 2013년 10월 시진핑 국가 주석은 인도네시아에서 개최된 아·태경제협력회의에서 '21세기 해양실크로드(A 21st Century Maritime Silk Road)'를 주창하면서 동남아 국가와의 협력을 강조하였고, 2014년에는 이를 중앙아시아 지역의 내륙 실크로드 경제지대(Silk Road Economic Belt)와 연결하는 '일대일로(一帶一路)' 전략구상을 밝히고, 남태평양에서 인도양에 이르는 국가들과의 교류협력을 강화하는 등 적극적인 해양팽창 정책을 추진하고 있다.

---

47) 「중앙일보」(2014. 10. 26.) 4면.

48) Office of the Secretary of Defense, *Annual Report to Congress : Military and Security Developments involving the People's Republic of China 2013* (US DoD, 2014), p. 272.

49) 윤석준(2014), 전게서, p. 137.

군사적으로도 중국은 원해 적극방어전략 개념에 따라 비대칭적 전력을 다층적으로 구성하여 미국에 대한 반접근/지역거부 능력을 3,000㎞까지 확장시키고 있다. 제1도련선 이내를 중국의 내해로 기정사실화하여 해양 치안기관들이 통제하게 하고, 해군은 1도련선 밖으로 활동범위를 넓히고 있으며 인도양까지 진출하고 있다.

2) 미국 해양력의 역할

미·중간 권력 대등화기에 미국의 해양력은 중국의 해양팽창을 억제시키는 한편 미국 중심의 세계질서를 안정적으로 관리하는 핵심수단이 되고 있다.

첫째, 미국의 해양력은 국가의 핵심이익을 보호하는데 기여한다. 2000년 미국 국가이익연구위원회는 국가이익을 네 개의 법주로 분류하였다. 곧, 사활적 이익(Vital), 극히 중요한 이익(Extremely important), 중요한 이익(important), 부차적으로 중요한 이익(Less important or secondary important)이다. 미국은 해양, 우주 등 지구공유재에 대한 자유로운 접근과 미국의 국익과 관련된 특정지역/시장/자원에 대한 접근보장을 사활적 이익 또는 극히 중요한 이익과 같은 핵심 이익으로 간주하고 있다.

2012년 미국은 유능한 동맹국 및 파트너국과 함께 지구 공유재에 대한 접근과 사용보장을 위해 전 세계적인 노력을 이끌어갈 것임을 천명한 바 있으며, 2016년 10월에는 미국의 지구적 공유재에 대한 자유로운 접근은 그 자체가 하나의 국가목표이자 군사력 투사를 위한 수단으로서 미국의 이익에 사활적으로 중요하다고 강조하면서 지구적 공동영역(Global Commons)에 대한 다양한 형태의 반접근/지역거부(A2AD)에 대하여 기존의 합동작전 차원을 뛰어넘는 새로운 차원의 합동개념(Beyond Joint Operatiopn for Joint Operation)을 적용하기로 하였으며, 이를 '지구적 공동영역에서의 접근과 기동을 위한 합동개념(JAM-GC : Joint Concept for Access and Maneuver in the Global Commons)'으로 공식 명명하여 채택하고 2030년까지 추진하기로 하였다.

이에 따라 미국 해군도 해양 뿐 아니라, 우주 등 지구공공재에 대한 자유로운 접근과 미국의 국익과 관련된 영역과 관심지역에 대한 전력투사 보장, 미국의 해외이익 보호 등을 중요 임무로 부여 받았고, 이를 실행하기 위하여 해군을 중심으로한 합동 및 통합 작전개념을 발전시키고 있다.

또한 미국 해군은 이러한 세계적 임무를 수행하기 위하여 정부의 재정적 압박에도 불구하고 2014년에서 2019년까지 함정 규모를 291척에서 309척으로 증강시킬 계획이다. 여기에는 핵추진 항모11척, 항모항공단 10개단(항모 조지 워싱턴은 치장), 대형 전투함 92척, 소형 전투함 43척, 상륙함 33척, 공격용 핵잠수함 51척, 유도탄 잠수함 4척, 현역 323,000명, 예비역 58,800명, 해병원정부대(MEF) 2개, 해병원정여단(MEB) 3개, 해병원정대(MEU) 7개 부대와 해병대 현역 182,000명과 예비역 39,000명을 확보하여 운영할 예정이다.[50]

둘째, 미국의 해양력은 세계적 또는 지역적 패권국가나 적대적 동맹의 출현을 거부하는데 핵심적인 역할을 수행한다. 미국은 중국의 부상에 따라 2020년까지 해군력의 60%를 태평양에 배치할 예정이다. 중국의 부상을 방치할 경우 중국이 지역패권국으로 등장하는 반면 이 지역에서 미국의 영향력이 쇠퇴할 것을 우려하기 때문이다. 2014년 이미 항모 11척 중 6척과 잠수함 전력의 60%가 태평양 지역에 배치된 것으로 알려져 있고, 아프간 전쟁을 마무리한 공군전력들이 중동에서 아시아로 전환되고 있으며, 6만 명 이상의 지상병력이 태평양 사령부 예하로 재배치되었다.[51]

셋째, 미국 해양력은 동맹국 및 파트너 국가들과 해양 네트워크를 구축하고 관리하는 핵심 수단이다. 이미 미국은 아태지역 각국과 군사협력관계를 강화하여, 괌을 중심으로 'Hub & Spoke' 개념에 따라 군사력을 재배치하고 있으며 나아가 동남아 및 인도양 국가들과도 군사협력을 강화하고 있다.

---

50) 정삼만, 「미국의 진행형 동아시아 군사력 재균형 전략과 해양안보 딜레마」, 한국해양전략연구소 편, 『2014-2015 동아시아 해양안보 정세와 전망』(서울 : 한국해양전략연구소, 2014), p. 90.

51) 상게서, pp. 81~97, 윤석준(2014), 전게서, pp. 14~15.

미국은 우선 일본의 오키나와에 있는 해병대 9,000명을 괌, 하와이, 호주로 2016년까지 전환 배치하였으며, 2014년 4월 필리핀과 방위협력확대협정(EDCA : Enhanced Defense Cooperation Agreement)을 체결하여 향후 10년 간 미군병력과 대테러, 해군 및 공군 전력의 순환배치를 확대할 수 있게 되었다. 2014년 8월에는 호주와 군사력 지위협정(FPA : Force Posture Agreement)을 체결하여 미국군이 호주에 합법적으로 주둔하는 것이 가능해졌다. 이에 따라 미국은 다윈(Darwin)에 순환배치 해병대 병력 규모를 현재 1,200명에서 2,500명으로 증가시켜 해병공지부대급으로 확장하고 공군부대 수용을 위한 인프라를 구축하며, 탄도미사일 방어 분야에서도 협력을 강화할 예정이다. 2014년 3월 27일에서 4월 7일까지 한국에서 실시된 한미 연합해병훈련(쌍용 2014)에 호주 육군이 처음 참가하였다. 미국은 2014년 6월에 필리핀, 싱가포르 등 아세안 국가와 다국적 연합해상훈련(CARAT : Cooperation Afloat Readiness and Training)을 실시하였고, 2014년 7월에는 인도 해군이 주관하여 동중국해에서 실시한 연합훈련(Exercise Malabar)에 참가하여 인도 및 일본과 함께 전술토의와 해상훈련을 하였다. 이처럼 미국은 전진배치, 순환배치와 주기적인 훈련 등을 통하여 중국을 둘러싼 주변국과 군사협력을 강화하고 있다.[52)]

넷째, 특히 미국 해군은 중국의 반접근지역거부(A2/AD) 전략을 무력화시키기 위하여 중국 해군에 대한 봉쇄능력을 강화할 것이다. 미국은 중국의 A2/AD전략을 무력화시키기 위해 합동작전접근개념(JOAC : Joint Operational Access Concept)에 의한 공해전투(ASB : Air-Sea Battle)체제를 구축하고, 해상에서의 합동전투(Joint War at Sea) 능력을 강화하고 있다.

공해전투(ASB)개념은 〈그림 7-1〉처럼 미국의 육·해·공군 전력의 네트워크화되고, 통합된 종심타격 능력(NIA-D3 : Networked, Integrated, Attack-in-Depth, to Disrupt, Destroy and Defeat)에 기반하여 적대세력의 원거리 반접근능력과 단거리 지역거부 능력을 와해·파괴·패퇴시키고 결정적 승리를 쟁취한다는 개념

52) 정삼만(2014), 전게서, pp. 90~103.

으로서 중국의 본토를 직접 겨냥하고 있다.[53)]

〈그림 7-1〉 공해전투(ASB)의 개념과 구성요소

Anti-Access　　　　　Area-Denial ·적 종심 타격 : 적C4ISR 교란 → 적 능력 파괴 → 적의 무기체계 격퇴 ·우군능력방호 : Sea Basing → Sea Striking → Littoral Warfare → Forced Entry
·NetWorked : 합동전력을 지휘통제할 C2 ·Integrated : 임무와 작전이 가능한 육해공 능력통합 ·Attack-in Depth : 적 거부영역에서 전력투사
·Disrupt C4ISR network to Gain Decision Advantage
·Destroy Enemy Capabilities to Regain Freedom of Action
·Defeat Employed Weapons to Sustain Offensive Operation

·출처 : Air-Sea Battle Office, *Air-Sea Battle* (2013. 5.12), p. 5.

중국의 반접근/지역거부 개념이나 미국의 공해전투개념은 전장공간 지배능력(Command of Battle Space)에 근간을 두고 있으며 그 능력은 전장기능별로 지휘통제·전장인식·정보우위·이동 및 기동의 자유·화력·방호 및 지속생존 능력으로 구성되어 있다.

다섯째, 미국 해군은 미국 중심의 세계질서를 안정적으로 관리하는 핵심 수단이 될 것이다. 미국은 테러와의 전쟁이 끝나자 안보전략 환경을 재평가하고 2012년 1월, "미국의 세계지도력 유지 : 21세기 국방우선순위(Sustaining U.S. Global Leadership : Priorities for 21st Century Defense)"라는 전략지침을 하달하였다. 이 문서는 21세기의 다양한 임무를 수행할 수 있는 다방면의 재능(a broad portfolio military capability)을 가진, 강하고 민첩하고 유능한 합동군(Joint Force 2020) 건설이 필요하다고 강조하면서 국가 경제 및 재정 압박을 고려하여 효율적인 전력운용과 전력건설의 우선순위를 요구하였다. 또한 세계의 평화와 안정을 위하여 각 지역별 동맹국과 전략적 파트너 국가들과의 협력을 강

53) DOD Air-Sea Battle Office, *Air-Sea Battle*, 12 May 2013.

조하였다.[54]

이에 따라 미국 해군은 세계 전 지역에 안정적이고 지속적인 현시를 제공하여 세계체제를 안정시키는 역할을 요구받았다. 미국 해군은 동맹 및 파트너 국가들에 대한 다양한 형태의 전방배치와 순환배치, 쌍무적 및 다자적 훈련 등을 통하여 상호 작전운용성과 동맹국의 방위력을 증진시키고, 지역 내 미국의 영향력을 확장시키며, 분쟁을 예방(shaping)하고 억제(deterring)하며 대비하고(preparing) 신속히 대응(responding)하여 세계체제를 안정적으로 관리하는 임무를 수행한다.

여섯째, 미국의 해양력은 세계 공공재를 안전하게 제공하는데 기여한다. 미국은 2015년 국가안보전략을 발표하고, 미국이 세계평화와 번영을 주도하기 위해 해야 할 정책의 원칙과 우선순위를 제시하였다. 미국은 민주주의와 자유시장경제를 전 세계에 확산시키고 있는데 이를 촉진시키는 것이 해상무역로이다. 미국 해군은 주요 국제교통로의 안전을 보호하는데 주동적인 역할을 담당하고 있고, 항해에 절대적으로 필요한 GPS 위치정보를 제공해 주고 있다. 미국 해군은 해적퇴치, 수색 및 구조, 인도주의 지원 및 재난구조 등 다양한 비군사적 작전을 통하여 해양안전을 도모하고 미국의 소프트 권력을 향상시키는 데에도 기여하고 있다.

3) 중국 해양력의 역할

중국의 적극적인 대외정책과 해양진출에 따라 중국 해양력의 역할도 획기적으로 확대되고 있다.

첫째, 중국의 해양력은 21세기 국가 핵심이익을 수호하는 가장 중요한 무력역량이 되고 있다. 중국은 국가이익을 핵심이익, 중요이익, 일반이익으로 분류하는데, 2011년 9월 6일 '평화발전'이라는 외교백서를 발간하면서

---

54) The Secretary of Defense, *Sustaining U.S. Global Leadership : Priorities for 21st Century Defense* (Washington, D.C. : 1000 Defense Pentagon, January 5, 2012), pp. 4~8.

중국의 핵심 이익을 ① 국가주권 ② 국가안보 ③ 영토안정 ④ 국가통일 ⑤ 중국 정치제도와 사회의 전반적 안정 ⑥ 경제·사회 지속발전 보장으로 요약하였다.[55] 이어 2012년 중국은 국방백서를 통하여 새로운 세기, 새로운 단계, 새로운 역사적 사명이라는 주제를 제시하고 해군의 임무를 기존의 국가 영토·주권 안보와 해양방위와 같은 기본임무에 추가하여 국가 경제·사회발전의 보장을 위한 해양권익 보호를 새로운 임무로 제시하였다. 해양은 중국의 지속발전을 실현하는데 중요한 공간이자 자원을 보장하며 국민의 복지와 국가의 미래와 관련되어 있고, 해양강국 건설은 국가를 부요하게 하는 발전전략으로 국가 해양권익 수호는 인민해방군의 중요한 책무라는 것이었다.[56] 이에 따라 중국 해양력은 타이완 통일 지원, 다오위다오/센가쿠 열도에 대한 영유권과 남중국해에서 분쟁 중인 해양영유권의 확보, 그리고, 해양권익 수호와 중국의 해외이익 보호, 중국으로 접근하는 전략물자의 안정한 공급과 국제해상통로의 안전확보 등의 임무를 수행하게 되었다.

둘째, 중국 해양력은 중국의 국가전략과 대외진출을 지원하는 역할을 수행할 것이며 특히 중국이 '21세기 해양실크로드'나 '일대일로(一帶一路)'와 같은 해양전략을 추진하는데 선도적 역할을 수행할 것이다. 중국 해양력은 태평양으로의 진출과 함께 인도양으로도 진출하고 있다. 2000년대 들어와 중국은 이른바 진주목걸이(string of pearl) 전략에 따라 인도양에서 아프리카에 이르는 연안국가들에 대한 협력과 지원을 강화하고, 동남아시아에서 아프리카 남단에 이르는 전략적 주요 거점을 확보하고 있으며[57] 이에 부응하여

---

55) 김흥규, 「중국 핵심이익 연구 소고」, 『동북아연구』 제28권 2호, 2013, pp. 291~293.

56) 국방정보본부, 『2012년 중국국방백서』(국방부, 2013), pp. 20~21.

57) Christopher J. Pehrson, "String of Pearl : Meeting the Challenge of China's Rising Power across the Asian Littoral," *Strategic Studies Institute* (2006, July), 정광호(2013), 전게서, p. 179에서 재인용 ; 진주목걸이란 용어는 2005년 1월 미국의 중국컨설팅회사 부즈 엘런 해밀턴이 미 국방부의 의뢰로 작성한 「아시아에서 미래 에너지 보고서」에서 처음 사용하였다. 이 보고서는 중국이 에너지 자원안보와 광범위한 국가안보를 위하여 방어적 또는 공격적 입지를 구축하는 방식으로 남중국해에서 중동에 이르는 인도양 주변 국가에 대규모 항만시설을 건설하고 있다고 하면서, 이 전략적 거점을 진주로, 거점

중국 해군도 남태평양과 인도양에 있는 도서들을 조차하거나 사용권을 얻어 통신 및 기상 관측 시설을 설치하고, 연안 국가들과 주기적인 연합훈련을 실시하는 등 활동범위를 확대하고 있으며 2009년부터 인도양에서, 2014년부터 지중해에서, 2017년에는 발틱해에서 러시아 해군과 연합해상훈련을 실시하는 등 그 활동범위를 전 지구적 해양으로 확대하고 있다.

〈그림 7-2〉 중국의 도련선과 진주목걸이 전략

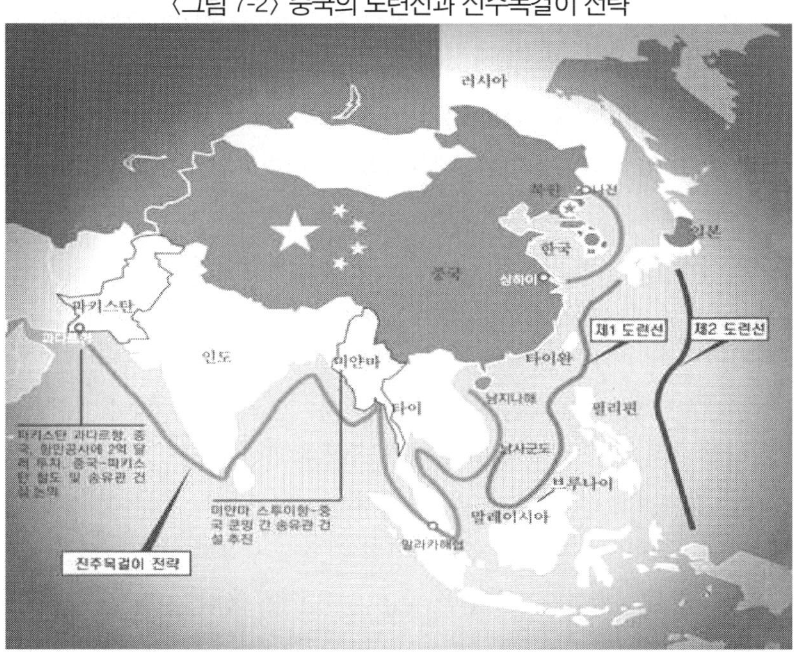

출처: 「시사 IN」 자료, http://www.sisain.co.kr/?mod=news&act=articleView&idxno=9377 (검색일 2018. 4. 6.)

셋째, 중국의 해양력은 중국의 이익권 또는 중요한 영향권에 대한 강대국들의 접근을 거부하는데 중요한 역할을 할 것이다. 특히 중국은 동중국해와 남중국해에 대한 반접근/지역거부(A2/AD) 능력을 강화하고 있다. A2/AD

들을 연결한 해상교통로를 목걸이로 표현하였다.

개념은 적으로 하여금 분쟁지역으로부터 멀리 떨어지게 만들거나, 또는 적의 지원전력이 전역으로 전개되는 것을 저지시키거나 지연시키고, 특정 작전지역 내에서 자유로운 행동을 하지 못하도록 하는 작전개념이다.

이를 위해 중국은 지상에 기지를 둔 항공기와 중장거리 탄도유도탄, 함정의 순항유도탄, 잠수함, 우주 및 반우주전, 그리고 정보전 체계 등을 다층적·중복적으로 복합 배치하여 중국 연안으로부터 서태평양에 대하여 1,000~3,000마일의 전력투사능력을 강화하고 있다. 2010년부터 실전배치한 CJ-10 지상발사 순항 미사일과 DF-21 중거리 탄도유도탄, 2013년부터 실전 배치하기 시작한 DF-21D(사정거리 1,500km), 성능 개량된 수상함 및 잠수함용 순항미사일, H-6 폭격기에 장착할 신형 장거리 순항미사일, 2011년부터 생산되고 있는 공군의 J-20 스텔스기 등은 중국의 서태평양에 대한 전력투사능력을 강화시켜 준 반면, 미국의 자유로운 접근을 위협하고 있다.

넷째, 중국 해양력은 미국의 동아시아에 대한 영향력을 상대적으로 감쇠시키는 한편 중국의 영향력을 확대하는데 기여할 것이다. 특히, 중국 해군은 원해 적극방어 및 작전능력을 강화하여 미국의 서태평양에 대한 접근과 개입을 거부하고 있다. 중국은 향후 15년 이내에 여러 척의 항공모함과 Type-081급 헬기모함, 루양급 구축함과 지앙카이 초계함 등 신형 전투함을 건조할 예정이며, 4만 톤급의 강습상륙함 건조도 시작되었다.[58] 첫 번째 항모 랴오닝함 취역 후 4년 7개월 만 지난 2017년 4월 26일 두 번째 항모 001A(산둥)함을 진수시켰다. 랴오닝함은 우크라이나에서 도입해 개조한 반면 001A(산둥)함은 중국 자체기술로 건조되어 중국산 항모시대를 열었다. 세 번째 항모도 2015년부터 상하이 장난조선소(江南造船所)에서 건조 중이다. 네 번째는 핵추진함이 될 것이며 총 10척의 항모를 확보할 것으로 알려졌으며, 향후 10년 이내에 인도양에서도 독립적 작전이 가능할 것으로 보인다.[59]

---

58) Office of the Secretary of Defense, *Annual Report to Congress : Military and Security Developments involving the People's Republic of China 2013* (US DoD, 2014), pp. 32~39, p. 81.

59) 박호섭, 정삼만, 「중국의 제2항모 진수를 보는 두 가지 시각」 KIMS Periscope 第83호

이미 미국의 전통적 우방국가였던 필리핀, 말레이시아, 싱가포르의 미국에 대한 태도는 이전과 같지 않다. 영국 「이코노미스트(The Economist)」 주간지는 2014년 11월 15일자 태평양 특집에서 "2014년 한 해 동안 남중국해, 인도양, 남태평양을 포함한 동아시아 전 지역이 미국의 동아시아로 군사력 재균형 전략보다 중국의 해양강국 지향에 더 많은 영향을 받았다"고 평가하였다.[60]

다섯째, 중국 해양력은 세계에 공헌하는 중국의 소프트 권력을 강화시켜주는 역할을 수행한다. 중국은 해양력의 부드러운 다재다능성을 이용하여 외교 다변화와 중국의 평화로운 부상이라는 이미지를 구축하는데 노력하고 있다. 중국은 항공모함과 잠수함 등 해군력 증강이 군비경쟁이 아니라, 대국발전에 따라 증가된 방어소요를 충당하기 위한 해군발전 현상이라고 강조하고, 과거 정화함대가 영토정복이 아니라 평화적 교역을 목적으로 원양항해에 나선 것처럼 중국의 해양굴기도 세계경제교류에 기여할 것이라고 한다. 반면에 서구의 해양팽창은 패권주의와 제국주의에 의한 영토정복이었다고 비난한다.

또한 중국 해군은 국제 인도주의적 원조 및 재난구호, 국제 해상교통로 보호 및 해적퇴치, 유엔 평화유지활동 등 다양한 비군사적 작전활동과 전 대륙에 걸친 친선방문과 연합훈련 등을 통하여 부드러운 강대국의 모습을 시현하고 있다.[61] 중국은 2008년부터 아덴만과 소말리아 해역에서 국제 해상교통로 보호 임무를 수행하고 있으며 9개국에서 유엔평화유지활동을 하고 있다. 중국 해군 병원선(Peace Ark : 平和方舟)은 2010~2011년간 「화해사명(和諧使命)」이라는 작전명으로 아시아·아프리카 5개국과 라틴 아메리카 4개국에 대하여 193일간 약 5만 명에게 의료 서비스를 제공하였으며, 2010년 아

(2017), p. 1.

60) "Maritime Power : Your Rules or Mine?," *The Economist*, November 15. 2014, pp. 10~11.

61) Toshi Yoshihara and James R. Homes, *Red Star Over The Pacific : China's Rise and the Challenge to U.S. Maritime Strategy*, 윤석준 역, 『태평양의 붉은 별』(서울 : 한국해양전략연구소, 2012), pp. 215~262.

이티와 파키스탄에서도 의료지원활동을 하였다. 또한 중국 해군은 2011년 3월 일본 대지진 피해와 2011년 7~9월 태국과 파키스탄의 홍수 피해에 대한 복구지원을 하였고 2012년에는 가봉, 페루, 인도네시아에서 대민 의료지원을 실시하였다. 2013년에는 필리핀 하이엔(Haiyan) 태풍 피해복구, 2014년에는 남태평양 도서국가에 대하여 의료지원 활동을 실시하였다. 인도양과 남태평양 등에서 태국, 파키스탄, 인도, 프랑스, 미국, 일본, 베트남 등 많은 국가와 양자 또는 다자간 연합 훈련을 실시하였고, 2014년 이후에는 미국이 주도하는 림팩훈련에도 참가하고 있다. 그리고 함정 해외순방과 공개행사로 각국과 우호친선관계를 돈독히 하였으며, 최근에는 항공모함과 잠수함을 공개하는 등 대담한 행보를 보이고 있다.[62)]

4) 향후 전망(2018~2030)

중국 시진핑 주석은 2017년 10월 열린 제19차 공산당 전국대표회의에서 중국 특색 사회주의 현대화 강국을 건설하기 위한 3단계 발전전략을 제시하였는데, 이는 2050년까지 중국을 지역 수준의 강대국에서 세계적 수준의 강대국으로 변모시키고 더 나아가 미국을 능가하는 초강대국 지위를 추구하겠다는 것을 공공연히 밝힌 것으로 볼 수 있었다. 반면에 동년 12월 미국 트럼프 대통령은 국가안보전략(National Security Strategy, 2017)을 발표하면서 미국 우선주의 정책을 강화하여 세계에 대한 미국의 지도력을 확고히 하고 미국의 영향력과 가치를 확대해 나가겠다고 밝혔다.

이와 같이 미국은 세계패권을 유지하기 위하여 미국의 힘을 더 강력하게 행사하고자 하고, 중국 역시 세계강대국을 향하여 나아가고 있음을 볼 때 미·중간 해양경쟁은 더욱 치열해질 것이 확실해 보인다. 왜냐하면 갈수록 양국 간의 국가이익이 해양에서 충돌하는 현상이 심화되고 있고 이에 따라

62) 윤석준, 「중국의 해양전략평가와 발전」, 한국해양전략연구소 편, 『2013~2014 동아시아 해양안보 정세와 전망』(서울 : 한국해양전략연구소, 2014), pp. 164~165.

양국의 해양력의 대치상태도 갈수록 강화될 것이기 때문이다.

미국은 아시아로의 복귀를 선언한 10주년인 2020년을 목표로 전 군사력의 60%를 태평양으로 전환 중에 있고, 트럼프 정부는 해군력을 현재의 280척 규모에서 355척 규모로 증강시킬 예정이다. 중국도 미국의 해양 위협을 거부하기 위하여 2020년까지 제2도련선을 확보하는 것을 목표로 해군력을 증강하고 있고 2050년까지 항모 10척을 확보하여 제2도련선 이원의 세계해양으로 진출할 목표를 가지고 있다. 더구나 시진핑의 일대일로(一帶一路) 전략과 트럼프의 인도-태평양(Indo-Pacific) 전략은 중국대륙의 해양진출과 중국대륙에 대한 봉쇄라는 창과 방패의 대립양상을 띠면서 해군력의 공세적 운용 양상도 서태평양은 물론, 남태평양, 인도양으로 확산되고 있다.

장기적 측면에서도 현상유지를 원하는 미국과 현상타파를 추구하는 중국과의 해양 패권경쟁은 불가피해 보인다. 미국은 세계체제 유지를 위하여 특히 동아시아에서 영향권을 유지하기 위해서는 역내 동맹국 및 파트너 국가들과 해양협력 네트워크체제를 지속적으로 유지해야만 하며, 이에 도전하는 어떤 세력도 용납하지 않을 태세이다. 반면에 중국은 2050년 이후에는 전 세계 대양으로 진출하고자 하는 목표를 가지고 있다. 이에 따라 미중 양국 간에는 설사 정치, 경제, 과학, 기술 등에서 다양한 교류협력이 이루어진다하여도 해양에서는 서늘한 전쟁(Cool War)[63]이 계속될 것이다. 이는 갈수록 해양은 양국에게 서로 양보할 수 없는 국가 핵심이익이 될 것이며 그만큼 해군의 역할도 중요해진다는 것을 의미한다.

그러나 양국 간 해양 패권경쟁이 급속하게 전면적인 대결상태로는 이어지지 않을 것이다. 미·중간의 패권경쟁은 세계에서 지금까지 경험해 보지 않은 거대 대륙국가간의 해양경쟁이며 장기간에 걸친 체제적 경쟁이고 상

---

63) Noah Feldman, "Managing the Coming Cool War with China," 「The Korea Herald」, 2013. 6. 4. 탈냉전 후 세계 분쟁과 갈등 수준을 표현하는 용어(Hot War, Warm War, Cool War, Cold War)의 하나로서 Cool War는 미소냉전체제(Cold War)와 구별되는 미중관계를 의미함.

호 공멸을 가져올 수 있는 핵무기를 보유한 대국 간의 경쟁이기 때문이다.

라. 미·중간 권력전이 전망과 해양력 역할

1) 미·중간 권력전이 가능성에 대한 논쟁들

미·중간 권력전이로 예측되는 시기는 대체로 2050년 경 이후로 보여진다. 그런데 과연 중국이 미국과 패권을 겨룰 수 있는 강대국으로 성공적으로 부상할 것인가, 아니면 실패할 것인가? 성공한다면 부드러운 강대국으로 부상할 것인가? 까칠한 강대국(위소욕위, 爲所欲爲)으로 부상할 것인가? 미국은 중국의 부상을 억제할 것인가? 아니면 포용할 것인가? 미·중간 권력전이가 발생할 것인가? 미·중간 권력전이는 패권전쟁을 일으킬 것인가? 아니면 평화적 패권이양이 이루어질 것인가? 혹은 양 강대국간 전략적 거래를 통하여 세계를 공동관리 할 것인가? 더 나아가 기존의 국제정치의 논리와 다른 대안이 나올 것인가? 등 미래의 미·중간 관계변화와 전략에 대해서는 이론적 방식을 취하든지 역사적 방식을 취하든지 다양한 예측이 가능하다.[64] 여기서는 국제정치 이론적 관점과 역사적 경험의 관점에서 살펴보기로 한다.

---

64) 미·중간 관계에 대해선 신냉전 관계, 서전(cool war)관계, 우방도 적도 아닌 회색지대, 적대적 관계, 경쟁관계(강경/온건), 협력관계(전면적/제한적), 중립적 관계, 상호의존적 관계, 대립관계, 결속관계(binding), 전략적 보증관계, 전략적 제휴관계, 방관자 관계, 균형자 관계, 전략적 동반자 관계 등의 다양한 표현으로 설명되고 있고, 전략에 대해선 봉쇄전략, 반봉쇄전략, 교류전략, 개입전략(적극적/소극적/선별적), 봉쇄적 개입전략(congagement), 헤징(Hedging)전략, 유보전략(withhold), 관여전략, 포용전략, 편승전략, 패권전략, 다극화 전략, 리더십 전략, 균형전략(연성/경성, 지역/역외), 타협전략. 책임전가 전략, 강압전략, 유화전략, 선린 우호전략, 억제전략, 거부전략, 공세전략, 수세전략, 고립주의(구/신), 집단안보(세계/지역/협력적), 개입주의, 국가우선주의, 국수주의, 협력주의, 수정주의, 현상타파, 현상유지, 화평연변(和平演變 : peaceful evolution)전략, 컨센서스 전략(consensus strategy), 부드러운 확장(soft- border)전략, 우회적 전략, 직접전략, 간접전략, 이중전략, 양면전략 등 셀 수 없이 많은 용어와 개념들이 난무하고 있다.

가) 국제정치 이론적인 관점

현대 국제정치 이론의 주류는 현실주의, 자유주의, 구성주의 학파로 대별할 수 있으나 미·중관계의 미래에 대해서는 이들 학파간에는 물론 학파 내에서도 비관론(충돌 불가피론)과 낙관론(충돌 회피가능론) 등 다양한 의견이 존재한다.

〈표 7-7〉 미·중간 충돌 불가피론과 충돌 회피 가능론

구분	미·중 충돌 회피 가능론	미·중 충돌 불가피론
현실주의	중국부상 평화적 세력전이 중국 국력소진 도전유보/포기	세력전이기 미·중간 패권전쟁 중국 국력의 팽창과 미국의 봉쇄
	미·중 전략적 타협	미·중 공세적 전략/예방전략
	안보딜레마의 완화	안보딜레마의 격화
자유주의	상호의존 및 협력, 공동이익 추구	상호 배타적 이익 경쟁
	국제기준 및 제도의 통용	미국 또는 중국의 자국 우선주의
	평화지향적 성향으로 성공적 이행(민주평화론, 자본평화론)	불완전 이행(Incomplete Transition)[65]에 따른 도발 위험
구성주의	동·서양 문명의 교류와 융화	동·서양 문명의 충돌
	유연한 가치의 상호작용	경직된 가치의 배타적 작용

·출처 : 전재성, 『동아시아 국제정치 : 역사에서 이론으로』(서울 : EAI, 2011), p. 194. 등 참고하여 작성

먼저, 국제정치를 안보이익 증대를 위한 힘의 투쟁으로 보는 현실주의자들의 주장에서도 공격적 현실주의(세력전이론)와 방어적 현실주의자(세력균형론)들의 관점이 다르다. 공격적 현실주의자들은 강대국은 패권을 추구하기 때문에 미·중간 의 충돌은 불가피하다고 한다. 반면에 방어적 현실주의자들은 패권국은 기득권 유지를 위해 다른 국가와 연합하여 부상국의 도전

65) 불완전 이행(Incomplete Transition) : 중국의 공산당 독재, 비민주적 사회 등 내부의 비효율성과 부정부패가 중국의 발전 속도에 맞는 여건을 충족시키지 못함으로써 경제성장 둔화, 공산당의 정통성 훼손 및 사회불안을 야기시키는 현상을 말한다 ; Minxin Pei, *China's Trapped Transition ; The limits of Developmental Autocracy* (Cambridge : Harvard University Press, 2006), pp. 312~313.

을 저지하기 때문에 충돌을 피할 수 있다고 한다. 미국이 중국 주변국가와 연합하여 중국의 도전을 저지할 수 있다는 것이다.

국제정치를 경제이익 증대를 위한 상호 의존관계로 보는 자유주의자들 중에서도 낙관론과 비관론이 있다. 낙관론자들은 미국과 중국의 경제적 교류협력과 상호의존이 심화될수록 공동이익이 더 커지기 때문에 안보적 이해를 조정하여 충돌을 피할 수 있으며 더 나아가 경제발전이 중국의 민주화와 제도화를 촉진시켜 평화적인 국가로 변모시킬 것이라고까지 주장한다. 반면에 비관론자들은 부유하고 민주화된 중국은 과거 중화 민족주의와 같이 국가주의 경향을 띠게 되어 일방적이고 공격적인 성향을 갖게 되며, 상호의존의 이익보다 자국의 취약성에 더 민감하게 반응할 수 있다고 한다.

구성주의자들은 국가관계와 국가전략을 결정하는 데에는 사회를 구성하고 있는 가치, 문화, 이념, 종교, 인식 등 비구조적 요인의 상호작용이 중요한 영향을 미친다고 주장한다. 이들 가운데에도 미중관계에 대해서는 낙관론과 비관론은 존재한다. 낙관론자들은 세계화·민주화·정보화·네트워크화 추세를 고려할 때 동서양의 문화가 서로 교류·융화될 수 있고, 특히 중국이 보편적 가치의 세계로 유입됨으로써 미·중간에도 공존할 수 있다고 본다. 반면에 비관론자들은 서구문화(기독교 문화)를 대표하는 미국과 동양문화(유교문화)를 대표하는 중국은 서로 전통적 문명의 차이를 극복하지 못하고 충돌하게 될 것이라고 한다.[66]

그러나 미국의 학자들의 요점은 학파별 이론의 차이에도 불구하고 그 구심점은 미국의 패권적 지위를 성공적으로 유지하는데 있다. 그래서 비관론자의 주장도 향후 합당한 대책을 강구하라는 하나의 경고로 받아들여진다. 현실주의론자인 프리드버그(Aaron L. Friedberg)는 중국의 성쇠와 관계없이, 즉 미래 중국이 허약하고 불안하고 독재적인 중국이 되거나 반대로 부강하고

---

66) 전재성, 『동아시아 국제정치 : 역사에서 이론으로』(서울 : EAI, 2011), pp. 191~202. Aaron L. Friedberg, "The Future of U.S.-China Relations : Is Conflict Inevitable?," *International Security 80*, 2(2005), pp. 7~45.

안정되고 민주화된 중국이 되거나를 막론하고 공격적인 국가가 될 수 있다고 지적하면서 어느 경우든 중국이 오판하지 않도록 미국은 힘의 우위를 유지해야 한다고 강조하고 있다.[67] 더 나아가 자유론자인 조지프 나이도 하드 권력뿐만 아니라 소프트 권력에서도 우위를 확보하여 미국이 중국보다 매력적인 국가가 되어야 한다고 주장하였다.[68]

중국 내에서도 학파별로 비슷한 논의가 있다. 다만 중국 내 논쟁이 미국 내의 논쟁과 다른 점은 중국 학자들은 중국의 붕괴 가능성보다는 중국의 지속 발전전략을 놓고, 진취적(유소작위)이냐 타협적(도광양회)이냐, 경제 우선 발전이냐 국력 균형발전이야, 급진적 민주화냐 점진적 민주화냐, 전통적 대륙주의냐 진보적 해양주의냐, 중국 중심의 세계구현이냐 다자 공동의 협력발전이냐 등 정책이나 전략의 선택문제에 논쟁의 초점이 맞추어져 있다. 특히 중국은 그들의 대미정책이나 전략이 대일본과의 관계에 어떠한 영향을 미칠 것인가를 고려한다.[69]

반면에 전재성은 기존 전통적 이론과 다른 전망을 제시하였다. 세계권력이 다원화되고 다양한 네트워크 체계에 의해 분산되는 21세기의 세계패권 개념은 근대적 개념의 물리력뿐만 아니라 탈근대적 개념의 거버넌스 능력과 비전, 이념, 리더십 등 정당성 있는 지도력이 더욱 중요하게 된다는 것이다.[70] 따라서 현재 강대국 중 최하위 수준에 있는 중국의 세계화, 민주화, 네트워크화 분야의 지수를 고려할 때[71] 2050년의 새로운 국제환경에서도

67) Aaron L. Friedberg, 안세민 옮김(2012), 전게서, pp. 282~302.

68) Joseph S. Nye Jr, *The Future of Power* (NewYork : Public Affairs, 2011), pp. 81~110.

69) Rex Li, *A Rising China and Security in East Asia : Identity Construction and Security Discourse* (NewYork : Routledge, 2009), pp. 181~208.

70) 전재성(2011), pp. 201~202.

71) 세계화 지수란 경제, 사회, 정치 영역에서 국제사회의 다양한 행위자와 네트워크를 구성한 상태를 말하며 0-100을 평가기준으로 한다. 2025년 중국은 40 수준이지만 미국은 70 이상으로 상승할 것으로 전망된다. 민주화 지수는 권위주의와 민주주의 사이를 2-14로 평가한다. 2025년 중국은 3.6, 미국은 14로 전망된다 ; 김정, 「2025년 소프트 권력시장에서의 미국과 중국의 매력」, 김병국·전재성·차두현·최강 공편(2012), 전게서,

중국이 강대국일 수는 있지만 세계 지도국가로서의 지위를 획득하기 위해서 중국은 미국보다 우선 먼저 네트워크와 경쟁에서 우위를 점해야 된다는 것이다.

나) 역사적 경험의 관점

미래의 미·중간 관계를 예측하는데 있어서 다양한 이론이 존재하는 것처럼, 실제 과거의 역사에서도 세계 패권경쟁은 다양한 양상이 있었다. 근대 이후에 있었던 중요한 패권경쟁의 사례를 유형화한다면 다음 세 가지로 분류할 수 있다.

〈표 7-8〉 근대 이후 강대국간 패권경쟁 유형

패권경쟁 유형	사례
강대국간 전면경쟁 •전면적 무력충돌, 패권전쟁	러일전쟁, 미일전쟁
강대국간 제한경쟁 •완충지대 유지, 직접 충돌회피 •제3국 이용한 대리전·제한전	근대 영·러 패권경쟁 냉전시 미·소 패권경쟁
평화적 패권이양 •패권국의 부상 인정, 평화공존 •도전적 붕괴	양차 대전간 영국-미국 냉전 말기 소련-미국

첫째, 강대국간 전면적인 패권경쟁 유형이다. 이 유형의 패권경쟁은 지정학적 목표를 쟁취하기 위해 직접적 무력충돌을 마다하지 않았고 패권전쟁으로 종말을 지었다. 그 예로서 러일전쟁과 미일전쟁 등이 있다. 러일전쟁은 대륙을 지정학적 목표로 삼아 제한전쟁을 치렀는데 비해 미일전쟁은 서태평양을 지정학적 목표로 삼아 무제한적 전쟁을 치렀다.

둘째, 강대국간 제한적인 패권경쟁이다. 경쟁국간 직접적인 무력 충돌

---

pp. 225~230.

을 회피한 가운데 완충지대를 유지하거나 중간지대에 있는 제3국가를 이용하여 대리전쟁 또는 제한전쟁을 치르는 형태이다. 이러한 예로서는 근대 영·러간 패권경쟁과 현대 냉전체제 시 미·소간의 패권경쟁이 이에 해당된다. 영·러간 패권경쟁에서는 독일의 부상이라는 제3의 변수가 있었고, 미·소 양극체제에서는 중국이라는 제3의 변수와 핵무기라는 강대국 간의 대규모 전쟁을 억지하는 기재가 작동되고 있었다.

셋째, 강대국 간에 충돌 없이 평화적으로 패권이 이양된 유형이다. 패권국이 신흥 부상국을 억제하는 것보다 용납하는 것이 국익에 이로운 경우 또는 신흥부상국이 패권국에 대한 도전을 스스로 포기하는 경우 그리고 패권국과 도전국이 모두 대결보다는 협력을 택하여 세계권력을 분점하고 평화공존을 하는 경우가 이에 해당된다.

중세 16세기에 스페인과 포르투갈은 전 지구의 해양을 양분하여 양국간 충돌 없이 100년여 간 공동관리를 한 바 있다. 또한 근대에 들어서도 양차대전 사이에 패권국 영국은 신흥 부상국 미국에게 세계패권을 평화적으로 이양했다. 영국은 제1차 세계대전 후 채권국에서 채무국으로 전환되었던 반면 미국은 채무국에서 채권국으로 지위가 변경되었다. 세계 패권국 영국은 신흥부상국 미국에 대한 억제를 포기하고 수용하는 정책을 취하였고, 미국도 영국을 지원하여 대서양 위협을 전방에서 차단하였다. 당시 영국에게는 유럽대륙이라는 변수가 있으며, 미국에게는 태평양의 일본이라는 변수가 있었다. 반면에 영국과 미국은 지정학적으로 같은 대서양 해양문화권에 속해 있었다. 그 이후 영·미간에는 지금까지 포괄적 동맹관계를 유지해 오고 있다. 현대에 들어와서도 미·소 양극체제가 총성 없이 붕괴됨으로써 패권이양도 평화적으로 이루어졌다. 양극 중 한 극이었던 소련이 냉전 말기에 국력이 소진되자 미국과의 경쟁을 포기하고 개혁개방을 통하여 서방과 교류협력을 확대하려고 하였다. 그러나 개혁개방의 과정에서 발생한 내부 혼란을 극복하지 못하고 스스로 무너졌고, 미국은 세계패권을 장악하고 일극체제를 형성할 수 있었다.

2) 미·중간 패권전이 전망에 따른 해양력의 역할 분석

여기서는 논점을 집약하기 위하여 이론적 관점보다는 역사적 경험에서 나타난 패권경쟁의 유형별로 미·중간의 패권경쟁 양상을 전망해 보고 각 유형별 해양력의 역할을 살펴보고자 한다.

가) 미·중간 전면적 패권경쟁 가능성과 해양력의 역할

결론적으로 말하자면 미·중간 전면적 경쟁 가능성은 대체로 제한적 경쟁 가능성보다 낮다. 특히 전면적인 무제한적 패권전쟁의 가능성은 더욱 낮다. 그 이유는,

첫째, 미·중 양국의 안보적 이익이 중요한 만큼 패권전쟁은 안보적 이익보다 양측에게 감당할 수 없는 커다란 피해를 더 줄 수 있기 때문이다. 미·중간 전면적 무력충돌은 양국이 보유하고 있는 영토의 크기와 인구 규모, 군사력과 그 파괴력 등을 고려할 때 승자가 되더라도 오랜 기간 복구가 불가능한 피해를 당할 수가 있다. 양국의 정책결정자들이 합리적 선택을 하게 된다면 세계 강대국으로서 누리는 이익을 포기하고 공멸의 전쟁을 택할 가능성은 적어진다. 냉전 시 미국과 소련도 45년 간 양극체제를 유지하면서 각 진영의 종주국으로서 지위와 혜택을 누렸다. 미국과 중국은 과거 냉전시대에 정치·사회·경제·이념과 제도, 모든 면에서 적대적 관계를 유지해 왔음에도 불구하고 서로의 관계를 정상화시킨 경험을 가지고 있고, 냉전 해체 후에는 양국 간 갈등과 협력을 조정하는 방법을 터득해 오고 있다.

둘째, 미국과 중국은 상대방의 대륙에 대한 영토 야욕을 가지고 있지 않다. 21세기 후반기에 갈수록 강대국들은 영토 정복 이외에도 상대방을 통제할 수 있는 다양한 수단들을 더 많이 가지게 될 것이며, 패권을 쟁취하는 방법도 비용 대 이익 면에서 불리한 영토확장보다는 보다 더 합리적인 목적

즉 세계 지도력을 확장하는 것이 될 것이다. 더구나 미국과 중국은 세계에서 3위와 4위의 광활한 대륙을 보유하고 있기 때문에 생활공간이 부족하지도 않으며, 광활한 영토와 국민을 통제하는데 드는 비용이 이를 통해서 얻을 수 있는 이익보다 훨씬 크고, 정복 가능성도 불확실하다. 영토정복은 강대국들간에 전면전쟁을 의미하게 되는데 강대국 간의 대전쟁은 엄청난 부담이 되므로 양국 정책결정자들은 대체로 영토정복 이외의 다른 대안은 없는가라는 합리성을 추구하게 될 것이다.

셋째, 미중 양국이 보유하고 있는 핵무기는 상대방의 본토에 대한 직접적인 공격을 억제시키는 기능을 수행한다. 핵무기가 탄생한 이후 강대국 간에 전면전쟁은 아직 발생하지 않았다. 만일 양국에게 핵무기가 최후의 방어수단이라고 한다면 그것은 본토에 대한 방어가 불가능할 경우일 것이다. 미·중 양국은 상대방의 핵무기 공격을 초래할 수 있는 임계선(Red Line)을 넘지 않을 것이다.

넷째, 미·중간 상호 의존성의 증진이다. 프리드버그와 같은 현실주의자들은 경쟁이냐 협력이냐의 균형점은 쉽게 무너질 수 있다고 우려한다. 그러나 2050년의 세계는 미·중간 경쟁보다 협력에서 얻을 수 있는 공동이익이 훨씬 더 커지게 될 것이다. 냉전체제에서는 미·소간에 상호의존성이 전혀 없었음에도 불구하고 직접적 무력충돌이 발생하지 않았다. 1970~1980년대 소련의 대외교역 중에서 미국이 차지하는 비중은 1%에 불과했다. 미·소교역이 가장 많을 때가 1979년의 45억 달러였으며, 1987년에는 20억 달러로 떨어졌다. 1985년 소련의 대외의존도는 4%에 불과하였고 그 중 90%가 공산진영과의 교역이었다. 반면에 중국은 미국과 같은 자본주의 시장경제 체제를 가지고 있다. 중국과 미국과의 무역은 1979년 24억 달러에서 2000년에는 745억 달러로 증가했고, 중국의 수출에서 미국이 차지하는 비중은 2004년 GDP의 10% 수준에 이르기도 하였다. 2012년 중국의 대외 의존도는 62%를 넘었다. 세계 2위의 경제력을 가진 일본이 미국에서 차지하고 있는 무역비중은

1990년에서 16%에서 2009년에는 6% 미만으로 떨어진 반면, 같은 기간 중국의 비중은 4%에서 16% 이상으로 상승했다.[72] 또한 미국과 중국은 서로 최대의 채무와 채권관계로 맺어져 있다. 스티브 챈(Steve Chan)은 미국과 중국 간의 장기적 채권-채무관계를 전략적 상호 재보장(strategic reassurance)을 위한 신뢰성 있는 경제공약의 한 형태이며, 미·중간의 경제적 상호의존관계를 결속관계라고 규정하였다.[73] 경제적으로 미·중관계는 미·일관계보다 더 중요하고, 공생관계를 맺고 있기 때문에 양국의 이와 같은 이해관계를 깨뜨릴 다른 이해는 영토 정복 외에는 별로 없어 보인다.

따라서 전면전쟁의 길목으로 가는 상황에서 양국의 해양력은 오히려 패권경쟁이 전면전 양상으로 확대되지 않도록 예방하고 억제하는 역할을 수행할 것이다. 다음으로 억제가 불가능할 경우 양국의 해양력은 무력분쟁이 해양전·국지전·제한전으로 한정되도록 통제하는 역할을 수행할 것이다. 그리고 만일 전면적 무력충돌이 불가피하다면 양국의 해양력은 자국의 피해를 최소화한 가운데 결정적 승리를 쟁취하는 역할과 자국에게 유리한 협상 여건을 조성하는 역할을 수행하게 될 것이다. 위와 같은 역할을 수행하기 위한 해군의 임무를 구체적으로 살펴보면 다음과 같다.

첫째, 양국 해군은 전방 예방/억제 전략(forward preventing/deterring)을 수행하는 임무를 맡게 될 것이다. 미국은 동맹 및 파트너 국가와 연합하여 부채살 개념의 전방배치(forward deployment)와 순환배치(cycling employment)로 미국 본토

---

72) 김홍규, 「전략적 경쟁에서 전략적 협력으로 : 미·중관계의 변화와 한국에의 함의」, 『중소연구』 제33권 제3호(한양대학교 아태지역연구센터, 2009. 가을), p. 21. 김동훈, 「미·중 무역관계 2025」, 김병국·전재성·차두현·최강 공편(2012), 전게서, pp. 125~126, p. 177.

73) Steve Chan, "Money Politics : International Credit/Debt as Credible Commitment," *East Asia Institute Fellows Progrom Working Paper 28* (February 2011), 전재성(2011), 전게서, pp. 200~201에서 재인용. 전략적 재보장(strategic reassurance)이란, 미 국무부 차관 스타인버그가 미국과 중국 간에 투명성과 상호 의존성을 통하여 신뢰를 확증해 나가면 미국은 중국의 부상을 견제하지 않을 것이라고 주장한데서 재기된 개념이다 ; James B. Steinberg, "Administration`s Vision of the U.S.-China Relationship," *Keynote Address at the Center For a New American Security*, Washington, D.C. September 24. 2009.

로부터 최대한 멀리 방어전선을 형성하고자 한다. 중국도 도련선을 단계적으로 확장하고 적극적 원해 방어개념에 따라 중국대륙으로부터 가급적 멀리 방어선을 구축하고자 한다. 양국의 본토에서 보다 더 먼 곳에서 접촉선이 형성된다면 대륙에서 충돌하기 이전에 해양에서 먼저 충돌할 가능성도 높아지게 되고, 내륙으로 확전되기 이전에 충돌상황을 통제할 시간과 기회도 많아지게 된다. 따라서 이러한 이점을 강화하기 위해 쌍방의 최전방 전선은 주로 해군의 재래식 첨단 무기체계로 구축될 것이며, 상호 해군의 세력균형을 유지하거나 또는 상대방보다 우위의 전력을 유지하여 도발을 예방하고 억제하는데 노력할 것이다.

둘째, 양국 해군은 보복억제(Retaliation Deterrence) 전략을 수행하는 중요 수단이 될 것이다. 미·소 냉전기간 동안 전략 핵잠수함은 그 은밀성·침투성·생존성·모호성의 장점으로 말미암아 제2타격 능력으로서의 유용성을 입증해 왔다. 앞에서 살펴본 바와 같이 중국 해군도 미국의 MD체제에 대항하여 핵잠수함 전력을 증강시키고 있다. 상대방의 도발을 억제하는 데는 방어능력보다 공격능력이 더 효과적이며 특히 적의 공격으로부터 생존성이 클수록 억제효과가 크다. 지상이나 공중의 억제전력은 상대방의 인공위성에 노출되어 있지만 바다 속에 숨겨놓은 핵전력은 억제의 핵심요소인 공격 불가성·은밀성·불확실성을 담보해 준다.

셋째, 쌍방 간에 분쟁이 발생할 경우, 양국 해군은 분쟁의 일차적 해결수단인 동시에 이 분쟁이 상대방의 영토나 본토로 확전되지 않도록 제한하는 임무를 수행할 것이다. 양국 해군은 먼저 다층적인 해상 방책(layered barrier at sea)을 구축하고 원해에서 대륙에 인접한 근해로 무력충돌이 확산되는 것을 방지할 것이다. 물론 억제 또는 확전 방지를 위하여 본토에 대한 위협이나 협박 등이 동원될 수 있지만, 이러한 위협이나 협박을 거부하는 데에도 해군력이 동원될 것이다.

넷째, 가능성은 희박하지만 양국 간에 전면적인 무력충돌이 발생할 경우 핵전쟁 가능성을 배제한다면, 양국 해군의 주요 임무는 대륙에 대한 무력투사와 투사차단, 해양봉쇄와 반봉쇄, 동맹국간 해양네트워크 구축과 해양네트워크 교란 및 차단 등의 임무를 수행하게 될 것이다. 양국 사이에 있는 태평양은 넓고 해양에서는 다양한 종류의 공격자산을 가지고 있어서 어느 일방의 완전한 해양통제권 장악이나 봉쇄는 불가능해지는 반면 세계는 갈수록 군사적 목표 이외에도 상대방에게 치명적인 영향을 줄 수 있는 공격표적들이 다양해지고 있기 때문에 전면적이고 소모적인 전략보다 핵심목표를 선별하여 고립 차단하고 격멸하는 맞춤식 핀포인트 타격전략이 더 유용하게 될 것이다.

나) 미·중간 제한적 패권경쟁 가능성과 해양력의 역할

반면에 미·중간에는 쌍방의 영토가 아닌 제3국 또는 중간지대에서 제한된 무력충돌이 일어날 가능성을 배제할 수 없다. 전통적으로 강대국들은 자국에게 치명적인 위험을 줄 수 있는 직접적인 무력 충돌보다는 보다 안전한 방법을 선택해 왔다. 완충지대 또는 중간지대의 제3국을 이용한 대리전쟁이나 제한전쟁을 통해 상대방을 약화시키고 자신의 입지를 강화시키는 전략이 그것이다. 19세기 중반에서 20세기 초반에 있었던 영·러 간의 세계 패권경쟁에서 양국은 극동지역을 포함하여 유라시아 대륙의 림랜드를 두고 패권경쟁을 벌였지만 가장 가까이에서 마주 보고 있는 상대방의 본토에 대한 공격은 하지 않았다. 반면에 영국은 일본과 동맹을 체결하고 일본으로 하여금 러시아의 아시아 지배를 저지하도록 하였다. 미·소 냉전체제에서도 양 강대국은 한국(1950), 베트남(1965), 아프가니스탄(1979) 등 림랜드 국가에 개입하였지만 직접 충돌하지는 않았다.

2050년 이후에도 한반도 통일이나 중국의 영토완정이 이루어지지 않는다면 미·중간에는 북한 급변사태, 타이완 통일문제, 남중국해와 같이 미군기지가 있는 도서국가들과 중국과의 해양영유권 분쟁 등 미·중이 개입할 수 있는 여러 분쟁 소지가 여전히 남아있게 된다. 현재에도 세계패권 국가인 미국은 일본의 군사역량을 강화시켜 중국을 견제하면서 중국과 해양분쟁을 겪고 있는 나라들의 후견자를 자처하고 나섰다. 반면에 중국은 부채살 봉쇄선을 뚫고 남태평양과 인도양의 도서국가와 협력관계를 구축하고 이 지역에서 군사작전 능력을 강화하고 있다.

지정학적 면에서도 미·중간에는 제한적 경쟁을 할 가능성이 높다. 양 강대국 사이에는 태평양이라는 대양이 가로놓여 있다. 이 대양은 양국 간의 충돌가능성을 차단해주기도 하고 완충시켜주기도 한다. 대양을 건너 적의 본토에 있는 군사력을 제압하기 위해서는 이보다 압도적인 전력을 적지에 투사할 수 있어야 한다. 그러나 대륙 강대국들의 방어능력을 고려할 때 상대방을 압도할 전력을 대양을 횡단하여 투사한다는 것은 매우 힘든 일이다. 양국이 대륙경쟁으로 확전하기 위해서는 먼저 해양경쟁에서 이겨야만 될 것이며, 이것이 분쟁을 해양으로 제한하는 역할을 수행하게 될 것이다.

이처럼 미·중간의 세력 균형점이 태평양 상의 해양에서 형성될 가능성이 많아짐으로써 이 해양의 균형에 영향력을 줄 수 있는 중요 거점이나 도서국가가 양 강대국에게 전략적 요충지가 될 것이며 미·중간에 분쟁이나 갈등이 심화될수록 국제정치에서 대륙의 파편국가로 취급받던 주변국가가 전략적 중심국가로 부상할 가능성도 높아지고 있다. 더구나 21세기 후반으로 갈수록 지상자원이 고갈됨으로써 해양자원을 보유한 도서국가나 연안국가에 대한 관심이 더 높아질 것이다.

따라서 제한적 패권경쟁에서 양국 해양력은 다음과 같은 임무를 수행하게 될 것이다.

첫째, 제3지대에서 양국 간 제한적인 무력 충돌이 발생할 경우, 충돌양상은 핵무기에 대한 언급을 자제한 가운데 전통적 해전의 양상을 띠게 될 것이며 지역적으로 제한된 범위 내에서 '해양통제(sea control) 임무'와 '해상거부(sea denial) 임무'가 상호작용을 하게 될 것이다. 즉, 상대적으로 우세한 해양력을 보유한 측은 제3지대에 대하여, 봉쇄와 고립, 해상교통로 유지 및 지속작전능력 제공, 전력투사 등 '해양통제의 임무'를 수행할 것이며, 해양력이 열세한 측은 제3지대에 대하여 반봉쇄 및 해상교통로 개척, 상대방의 해상교통로 교란, 무력투사 차단 등 '해양거부의 임무'를 수행하게 될 것이다.

둘째, 양국은 전략적 거점이나 해양자원을 보유한 제3국을 자기의 동맹국으로 끌어들이거나 영향력을 유지하기 위해 해양력을 적극적으로 활용할 것이다. 전략적 가치가 높은 도서 또는 연안국가에 대한 자유로운 접근을 보장하고 이들 국가에 대한 자국의 입지를 강화하는 한편 이들 국가들이 경쟁국가에 편승하지 않도록 차단하기 위해 강압과 설득 등 다양한 해군외교를 수행할 것이다.

셋째, 양국의 해양력은 각자 유지하고 있는 해양 동맹체제와 해양협력 네트워크를 공고히 하는데 중요한 역할을 수행하게 될 것이다. 양국 해군은 동맹국이나 우방국에게 확장된 방어력 또는 억제력을 제공하고 경쟁국의 위협으로부터 보호하는 역할을 수행할 것이다. 즉, 전방배치, 예비 군사시설의 구축, 주기적인 방문 및 훈련 등 다양한 군사협력 증진 프로그램을 수행하여 공약의 신뢰성을 증진시키고, 더 나아가 동맹국이나 우방국이 경쟁국과 지속적인 갈등관계를 유지하거나 필요시 경쟁국에게 대항할 수 있도록 전력제공자(force provider) 역할을 수행할 것이다.

넷째, 양국의 해양력은 제한된 경쟁에서 발생할 수 있는 위기관리의 중요한 수단이 될 것이다. 양국의 학자들 특히 현실주의자들은 어느 일방의 공세적 전략이나 행동은 상대방을 예민하게 만들고 오해를 일으킬 수 있다고 우려하고 있고 심지어 자국의 방어적 전략이나 행동이라 할지라도 상대방의 오산이나 오판을 유발할 수 있다고 우려하고 있다. 그런데 최전방에 배치된 해양 군사력은 국가의 핵심이익이나 위기상황에 대한 자국의 입장은 물론 상대방의 행동에 대한 자국의 메시지를 전달하는 신호수단으로 이용되며, 때로는 상대방의 의도를 타진하는 수단으로도 이용된다. 더구나 강대국들은 국제분쟁을 처리함에 있어서 강대국으로서 국가위신이 추락하거나 의도하지 않은 상황으로 악화되는 것을 우려하는데,[74] 해군은 지상군이나 공군보다 직접적인 무력충돌을 일으키지 않으면서도 이와 같이 독특하고도 유연한 임무를 수행하는데 유용성을 갖고 있다.

또한 미국과 중국은 양국의 이해관계가 충돌하는 지역에 대한 상대방의 관심을 다른 지역으로 전환시키기 위해 타 지역에서 갈등을 유발하거나, 또는 상대방의 관심을 유인하기 위해 미끼로 다른 약소국을 이용할 수 있다. 미·중간에는 한반도, 타이완, 일본, 필리핀, 인도네시아, 말레이시아, 베트남 등 이해관계가 얽혀 있는 곳이 많고 언제나 분쟁화 될 수 있어서 강대국들의 경쟁전략에 이용될 수 있고, 해군의 기동력은 양국에게 이러한 전략을 선택하는데 다양성과 유용성을 제공해 줄 것이다.

다) 미·중간 평화적 패권이양 가능성과 해양력의 역할

미·중간에 평화적으로 패권이 이양되거나 공존할 수 있는 경우는 다음과 같다. 첫째, 미국과 중국 간에 경쟁보다는 협력을 통하여 얻을 이익이 클 경우, 양국은 세계를 공동으로 관리하기 위해 전략적 거래를 할 수 있다. 이미 미·중간에는 1970년대 초 이러한 거래를 성공시킨 경험을 가지고 있고, 최근 'G2', '차이메리카(Chimerica)', '신형 대국관계', '신양극', '미·중 공영(co-evolution)' '미·중 공동통치론' 등 전략적 협력 가능성이 꾸준히 제기되고 있다. 사실 국제정세의 전반적 추세는 미·중간의 여러 갈등요인에도 불구하고 협력에 의한 공동이익이 더 커지고 있는 양상을 보이고 있다. 먼저 미·

74) 한국전쟁을 연구한 조지(Alelxander L. George)는, 전쟁을 '바라지 않은 전쟁(unwanted war)/예상치 않은 전쟁(unexpected war)'과 사전 계획된 전쟁(premeditated war)으로 구분하고, 바라지 않은 전쟁/예상치 않은 전쟁의 범주를 우발적 사고에 의한 전쟁(accidental war)과 부주의에 의한 전쟁(inadvertent war)으로 구별하였다. 그는 한국전쟁을 일어나지 않아도 될 부주의에 의한 전쟁으로 분류하면서 위기관리에 실패한 대표적 사례로 꼽았다 ; 상세한 내용은 Alexander L. George, *Avoiding War : Problems of Crisis Management* (Boulder : Westview Press, 1991)를 참조.

중간에는 세계에서 가장 깊은 상호 의존관계를 형성하고 있다. 미국은 세계 최대의 소비국이고 중국은 세계 최대의 생산국이며, 서로 세계 최대의 채권국과 채무국으로 공생관계를 유지하고 있다. 또한 미·중간에는 세계문제에 대하여 공동으로 대처할 사안이 많아지고 있다. 테러, 대량살상무기 확산 등 초국가적 위협 등 군사적 안보뿐만 아니라 지구온난화, 환경, 대규모 재해재난, 에너지 및 자원 등 비군사적 안보영역에서도 협력이 갈수록 필요하다. 그리고 미국의 정치력과 경제력 등 세계 지배력이 약화되는 가운데 상대적으로 중국이 부상함에 따라 미국도 세계적 문제를 관리하는데 중국의 도움이 갈수록 더 필요해지고 있다. 2006년 이후 미국은 안보전략보고서(SSR)와 4개년 국방태세보고서(QDR) 등 공식문서를 통해 중국에게 책임있는 이해당사자의 역할을 강조해 오고 있다. 2013년 6월 미중정상회담에서 시진핑은 태평양은 양국이 다 같이 공영하기에 충분히 넓다고 하였고, 오바마는 중국의 평화로운 부상은 미국에게도 유익하다고 언급한 바 있다.

둘째, 기존 패권국이 국력을 소진하여 신흥 부상국의 패권적 지위를 용납할 수밖에 없는 경우이다. 미국이 2001년 이후 테러와의 전쟁에 국력을 소진하고 2008년 금융위기를 겪으면서 중국과의 국력 격차가 급격히 감소되자 대두된 논리 중 하나이다. 그러나 미국의 세계화·민주화·정보화 수준과 세계지도력을 고려할 때, 다른 변수가 없다면 2050년 이후에도 미국이 여전히 세계 패권국의 지위를 유지할 가능성이 높다.

셋째, 도전국의 내부 혼란이나 국력소진으로 도전을 스스로 포기하는 경우이다. 대표적인 것이 중국붕괴론이다. 과거에는 중국이 공산주의를 지켰지만 오늘날에는 공산주의가 중국을 지킨다고 한다. 그러나 2050년 이후의 미래 중국을 경직된 공산주의 체제로 유지하기는 어려울 것이다. 최근 들어 중국의 경제성장 속도가 10% 대에서 7%대로 떨어지고 있다. 경제안정과 균형발전을 위한 정책 조정의 결과로서 예상된 결과이기는 하지만 향후 경제성장의 속도에 부합된 사회발전이 이루어지 지지 않을 경우 중국 내부의 모순이 증폭되어 사회불안으로 이어질 가능성은 남아 있다. 그럴 경우 패권에 도전할 기회를 잃게 되거나 미국과의 권력 대등화기의 도래는 더욱 지연될 것이다.

넷째, 신흥 부상국이 패권국의 질서로부터 얻는 이익에 만족하여 패권을 행사할 의지를 갖고 있지 않을 경우이다. 중국이 성공적으로 자유민주주의와 자본주의 세계질서에 성공적으로 융입된다면 미국 주도의 세계질서에 순응하면서 더 많은 이득을 취하려고 할 수도 있다. 즉, 중국은 지역 패권적 국가로 만족하면서 세계관리는 미국에게 위탁할 수도 있다. 중국도 패권을 추구하지 않는다고 결부당두(絶不當頭 : 결코 우두머리가 되지 않는다)를 누누이 강조해 왔다.

그러나 대부분의 중국인들은 중국이 세계 중심국가로서의 지위를 회복하는 것을 당연한 역사적 귀결로 생각하고 있다. 중국 특색의 사회주의 완성은 과거 굴욕의 역사를 극복하고 중화민족의 위대한 부흥을 실현하는데 있다는 것이다. 결국 2050년대 이후 중국은 세계국가로 성공하더라도 실용주의냐 중화 민족주의냐의 전략적 선택문제에 직면하게 될 것이다.

미중 간에 평화적 패권이양의 경우에 양국의 해양력이 수행할 역할은 다음과 같이 예측된다.

첫째, 해양력은 양국의 전략적 협력을 강화시켜주는 매개체 역할을 할 것이다. 양국의 해양력은 두 나라에게 공통적으로 다가오는 위협에 대처하기 위하여 상호 운용성을 증진시키고, 양국 간의 교류협력과 신뢰를 증진시키는데 선도적 역할을 할 것이다. 여기에는 다른 제3자가 지역 또는 세계적 강대국으로 부상하는 것을 저지하거나 혹은 양국의 이해관계에 제3국이 개입하는 것을 방지하는 목적도 포함될 것이다.

둘째, 양국 해양력은 세계평화와 번영에 공헌하는 역할을 수행할 것이다. 세계 해양질서와 합의(order & consensus) 유지, 해상교통로 등 지구공공재를 안정적으로 공급하는데 세계강대국으로서 양국은 서로의 역할을 분담하거나 공동으로 협력할 것이다. 또한, 범세계적 해양 파트너십(global maritime partnership)이나 다국적 해양협력 네트워크(multinational maritime network) 구축 등 해양에서 평화안보 메커니즘을 구성하고, 세계 분쟁의 예방이나 억지 또는 분쟁의 평화적 해결을 위하여 양국 해군이 적극적으로 운용될 것이다.

셋째, 양국 간 협력의 필요성에도 불구하고 양국 해양력은 자국의 해양 권역을 팽창하는데 중요한 역할을 수행할 것이다. 강대국으로 성장한 만큼 각 국가의 핵심이익도 해외로 확대될 것이며 이를 보호하기 위해 해양력의 활동영역도 확대될 것이다. 이 과정에서 미국과 중국은 세계적 이슈에 대해서는 협력하면서도 자국의 이익과 관련된 해양권역을 확장하기 위해 서로 경쟁하는 이중적 구조가 형성될 수 있다. 미국과 중국 간에는 이념, 가치, 제도, 국력의 요소의 차이뿐만 아니라 무역수지 불균형, 타이완문제, 자원 확보 등 갈등요인이 내재하고 있다.[75]

지금까지 살펴본 바와 같이 미·중 간의 패권경쟁 양상은 전통적 대륙국가와 해양국가 간의 양상을 보여 왔다. 지정학적으로 미국은 중국의 해양진출을 차단하려고 하였고, 중국은 이를 거부하고 해양진출로를 확대하려고 하고 있다.

미·중간 권력 불균형기에 미국은 강력한 대중 봉쇄를 추진하고 이를 위해 해양력을 공세적으로 운용하였다. 이에 대하여 중국은 대륙강국 소련과 연합하여 반봉쇄 전략으로 맞섰지만 해양력이 없어서 수세적일 수밖에 없었다. 이 시기에 한국전쟁, 베트남전쟁, 타이완 위기 등에서 미국은 해양통제권을 장악하고 이를 적극 활용하였으며 동맹 네트워크를 관리하는데 해양력을 적극적으로 활용하였다.

권력재분배기에 미국은 해양력을 대소 억제 및 봉쇄에 중요한 수단이자 세계체제의 관리 및 유지 수단으로 적극 활용한 가운데 중국을 포용하고 중

---

75) 주형민, 「미·중관계의 과거, 현재, 미래 : 협력자 혹은 경쟁자」, 『평화연구』 제19권 1호(고려대학교 평화와 민주주의 연구소, 2011 봄), pp. 100~115.

국의 자유로운 해상교통로 사용을 보장해 주었다. 이 시기에 중국은 미국과 전략적 협력관계를 맺고 개방과 해양화에 성공을 거두고 세계 강대국으로 부상하였다.

권력대등화기에 중국이 세계 2위의 국력을 바탕으로 해양진출과 해양력 건설에 박차를 가하고 태평양에서 인도양까지 진출하였으며 특히 중국 이익권에 대한 미국의 접근을 거부하는 등 아·태지역의 해양에서 경쟁구도를 형성하였다. 반면에 미국은 아태지역에 대한 중국의 해양진출을 억제하고 해양에서 봉쇄망을 구성하고 있다.

권력 전이기에 미·중간 충돌가능성에 대해서는 여러 가지 다양한 논쟁이 존재한다. 역사적으로 보면 전면적 패권경쟁, 제한적 패권경쟁, 평화적 패권이양 등의 형태가 있으나 미·중간에는 전면적 패권경쟁의 가능성은 낮은 반면 재래식 전력에 의한 제한적 패권경쟁의 양상을 띠게 될 가능성은 충분하다.

2050년 이후 세계화·민주화·정보화 추세가 전 세계의 모든 지역에까지 확산되고 초국가적 네트워크 중심으로 탈근대화 현상을 겪게 된다면, 해양에서도 지구적 차원의 협력 메커니즘이 강화될 것이다. 이러한 다양하고 포괄적이며 체제중심적인 패권경쟁에서는 해양력은 다른 무력으로는 할 수 없는 독특하고 유용성 있는 역할을 더 많이 수행하게 될 것이다. 반면에 2050년 이후에도 자국의 이익을 위해 시장/자원/기술이나 지구공공재에 대한 자유로운 접근 또는 거부를 위한 경쟁이 갈수록 심화된다면 해양력은 근대적 개념의 지정학적 목표로 여전히 남아 있을 가능성이 높다.

따라서 2050년 이후로 예상되는 미·중간 권력 전이기에도 세계적 차원에서의 해양협력 필요성도 증대될 것이지만, 강대국들의 세계정치에 대한 주도권 경쟁과 자국의 해양권익(海權)을 확장하기 위한 해양경쟁도 지속될 전망이다.

8장

결 론

1. 동아시아 패권경쟁에서 해양력 역할과 시사점
2. 미·중간 패권경쟁에 대한 우리의 대비방향

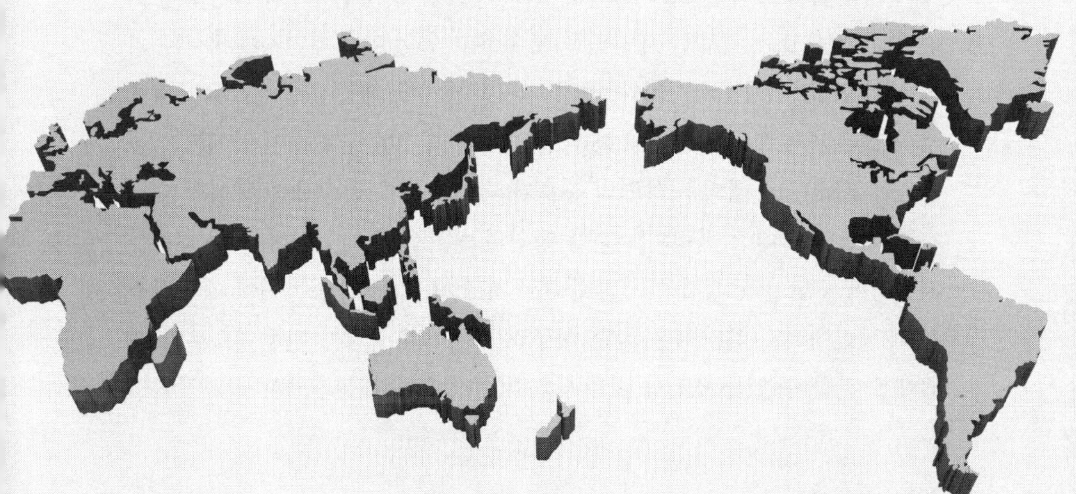

1. 동아시아 패권경쟁에서 해양력 역할과 시사점

인류의 활동영역이 자국이 속한 지상을 벗어나 바다로 나갈 때부터 해양력의 속성은 모험적이고 공세적인 것이었다. 이러한 공세적인 힘을 보유하지 않고서는 세계패권에 도전하거나 패권국의 지위를 유지할 수가 없었다. 특히 해양력은 세계체제에 대한 감시·감독 및 세계문제에 대한 민첩한 개입능력, 지구공공재에 대한 접근 및 통제 능력, 한 국가의 관심 영역/지역/시장/자원 등 전략적 목표에 대한 국력투사능력, 지구촌 어디에든지 도달할 수 있는 무제한적인 활동범위, 국가의 힘과 의지를 전달하는 매개성, 전평시를 막론한 다재다능한 임무수행능력, 전술적 융통성 및 전력 통제의 용이성, 동맹 및 해양 네트워크체계 구축 및 경쟁국의 그러한 능력을 거부할 수 있는 능력 등의 특장으로 말미암아 오래 전부터 패권경쟁의 핵심 수단이 되어 왔다. 더구나 세계체제가 물리적으로나 기능적으로 하나의 해양체제로 구성되어 있다는 특성을 고려할 때, 강대국간 패권경쟁 자체가 해양경쟁이기도 하였다.

이는 지금까지 살펴본 바와 같이 근대 이후 동아시아에서 벌어진 패권경쟁의 사례에서도 확인되고 있다. 19세기 이후 동아시아에서 패권경쟁에 도전한 국가는 모두 강력한 해양력을 보유하고 있었으며 패권경쟁에서 승리한 국가도 모두 해양국가였다. 해양력은 동아시아 패권경쟁에서 국제체제의 구조와 과정 모두에서 중요한 역할을 수행하였다. 구조적인 면에서는 동아시아 패권체제 내의 해양력의 분포가 국제질서를 결정하는 핵심적 요소가 되었으며 상대적 권력의 변화를 촉진하는 요인이 되었고 결국 해양력이 패권경쟁 수단을 구성하는 가장 중요한 요소가 되었다. 동아시아 패권경쟁의 과정면에서도 해양력은 국가 내부권력을 증대시키는 원동력으로서 패권에 도전할 수 있는 조건을 갖추게 하여 주었으며 패권전쟁에서 결정적인 승리를 보장해 주었고 패권체제와 질서를 유지하는데 필요한 최적의 수단을 제공해 주었다.

가. 동아시아 패권경쟁 구조에서 해양력 역할

1) 동아시아 패권경쟁체제 유형과 특징

〈표 8-1〉 동아시아 패권경쟁 유형별 특징

구 분	러·일간 패권경쟁	미·일간 패권경쟁	미·중간 패권경쟁
세계정치	제국 식민주의	근대화·산업화	세계화·정보화
지역구조	불균형 다극체제	불균형 양극체제	불균형 양극체제
경쟁구도	유럽대륙세력 : 도서해양화세력	대륙해양세력 : 도서해양세력	대륙해양세력 : 대륙해양화세력
경쟁목표	만주, 한반도 (영토 지배권)	산업자원 (태평양통제권)	세계/지역 지도력 (체제통제권)
상호의존도	상호의존도 빈약	일본의 일방적 대미 의존성 심화	상호의존도 심화
전쟁성격	제한전쟁	무제한 전쟁	포괄적 경쟁?

제국 식민주의 시대에 동아시아에서 벌어진 러·일간 패권경쟁은 역외 강대국과 역내 강대국이 혼재한 불균형 다극체제 하에서 대륙세력과 해양세력 간의 완충지대이자 충돌지역인 변방지대에 대한 지배권을 놓고 다툰 제한된 패권경쟁이었다. 산업화·근대화 시대의 동아시아 패권경쟁은 세계 산업화의 선발주자 그룹에 속한 미국과 아시아 산업화의 선발주자인 일본 간의 해양패권 경쟁이자 자원경쟁으로서 미·일간 양극체제하에서 수행된 전면적 패권경쟁이었다. 미·중 간의 패권경쟁은 세계화·정보화로 변화되는 과정에서 약 100여 년에 걸쳐 지속되고 있는 현재 진행형이다. 그 중 전반기는 소련이라는 변수를 매개로하여 미·중 경쟁국 간에 협력과 갈등이라는 이중적 구조 속에서 진행되어 왔으나 소련이 붕괴된 이후에는 미국 중심의 일

극체제하에서 거대 대륙국가 간에 해양경쟁을 중심으로 진행되고 있다.

위와 같은 동아시아 패권경쟁의 특징이 시사하는 점은 다음과 같다.

첫째, 동아시아 지역 패권경쟁은 역내 강대국과 역외 강대국 간의 대결이었다. 전반적인 역사의 흐름은 19세기 아시아에 몰려왔던 역외세력이 후퇴하는 양상을 보이고 있다. 즉, 과거 중국 중심의 지역체제로 회귀하고 있는 것이다.

둘째, 동아시아 패권경쟁에서도 국가가 해양화 되지 않고서는 패권에 도전할 수 없었고, 패권에서 승리한 국가도 해양력이 우세하거나 제해권을 장악한 국가였다. 일본은 도서 내륙국가에서 도서 해양국가로 탈바꿈한 이래 패권도전에 나설 수 있었으며, 20세기 말 러시아는 대륙국가였지만 세계 최강의 함대와 견줄 수 있는 3개의 대함대를 거느린 해양강대국이었다. 대륙국가 미국도 19세기 대륙개척을 마치고 해양화 길로 나선지 약 100여년 만에 세계국가(world power)로 부상할 수 있었다. 중국은 일본의 해양화보다 100년이 지난 뒤였지만 해양화 길로 나선 이후에야 패권 경쟁국의 반열에 오르게 되었다. 즉, 동아시아 패권경쟁은 한마디로 해양화 경쟁이었던 것이다.

셋째, 패권경쟁은 한 국가의 경쟁이 아니라 세력 간의 경쟁이며 이에 따라 동맹의 획득 특히 해양국가를 동맹으로 획득하는 것이 패권경쟁의 필수적임을 알 수 있다. 제0차 세계대전이라 일컬어지는 러일전쟁이나 제2차 세계대전인 태평양 전쟁 모두 대서양·유럽 국가들과의 동맹아래에서 수행되었다. 오늘날에도 미·중간에는 동맹과 지지세력을 획득하기 위한 치열한 경쟁이 벌어지고 있다.

넷째, 해양세력이 대륙세력보다 강력한 응집력과 실효성을 보여주었다. 러일전쟁에서 영·미·일간 동맹은 전쟁에 직접적인 기여를 하였지만 독·프·러 동맹은 형식만 갖추었을 뿐 실효성이 별로 없었다. 또한 태평양 전쟁에서 연합국은 동맹으로서 양 대양 통합전쟁을 치렀지만 주축국은 양 대양으로 분리된 전쟁을 치렀다. 향후 중국이 어떠한 해양동맹을 획득할 것인지 관심사이다.

다섯째, 다극화 체제에서의 패권경쟁에서는 제3자가 개입할 여지가 많고 이것이 패권전쟁을 제한시키는 기재로 작용하지만 양극체제에서는 이를 제한할 기재가 작동되기 어렵기 때문에 무제한전으로 나갈 가능성이 높다. 오늘날 미·중간 양극화되고 있는 상황에서도 유념해 볼 필요가 있다.

여섯째, 패권경쟁의 획득목표가 확대되고 경쟁수단이 다양화지고 있다. 과거 식민 제국시대의 영토적 경쟁이 산업화 시대에는 자원경쟁으로 변모되었고 오늘날의 세계화·정보화시대에는 자국 중심의 세계질서 특히 경제적 체제에 대한 경쟁양상을 보이고 있다.

일곱째, 패권경쟁체제가 세계화 체제로 확대되면서 경쟁국간 상호의존도도 변화되고 있다. 오늘날 미·중간에는 특히 경제적인 면에서 깊은 상호의존관계를 맺고 있는데 이것이 향후 패권경쟁에서 중요한 영향을 미치게 될 것이다.

2) 동아시아 패권경쟁의 목표·수단에서 해양력의 역할

동아시아 패권경쟁의 목표와 수단에서 해양력의 역할과 시사하는 바는 다음과 같다.

첫째, 패권목표는 시대가 갈수록 팽창적이었고 세계적으로 확대되었다. 러·일간 패권경쟁의 목표는 대륙에서 해양으로 또는 해양에서 대륙으로 이동하는 교통지대인 한반도와 그 배후지역인 만주를 놓고 대륙세력 러시아와 해양세력인 일본이 충돌한 사례로서 주로 영토정복이 주 목표였다.

미·일간 패권목표는 대륙의 영토뿐만 아니라 동남아 및 남서 도서국가의 산업자원을 확보하기 위한 남서 태평양 지역에 대한 통제권이 목표였다. 이처럼 패권경쟁의 대상이 대륙영토 중심에서 해외자원 중심으로 변함에 따라 해양력의 역할은 전평시를 막론하고 더욱 중요해질 수밖에 없었다. 미·

중간의 패권경쟁은 영토나 자원보다는 자국 중심의 세계질서 구축을 목표로 세력다툼의 양상을 보이고 있다. 더구나 세계화·정보화 시대에서의 경쟁대상은 세계적 지도력이 될 가능성이 높아짐에 따라 세계적 개입능력이 탁월한 해양력은 미래의 패권경쟁에서도 유용성이 높아질 것이다.

〈표 8-2〉 동아시아 패권경쟁 사례별 목표·수단·권력변동시기

구분	러·일 패권경쟁	미·일 패권경쟁	미·중 패권경쟁
패권목표	러, 해양진출 일, 대륙진출	미, 태평양 통제권 일, 대동아공영권	미, 중심 세계질서 중, 중심 세계질서
경쟁대상	만주, 한반도 (영토지배권)	산업자원 (태평양통제권)	세계/지역 지도력 (거버넌싱)
패권수단	군사력(+산업력)	산업력(+군사력)	경성+연성 권력
경쟁기간	단기(약 50년)	중기(약 100년)	장기(약 150년)
권력변동	급격	완만	더욱 완만
관계설정	러일 수호조약(1855)	미일 수호조약(1853)	중국건국(1949)
불균형기	일. 타이완 원정(1875)	청일전쟁(1894)	중, 개혁개방(1978)
재분배기	청일전쟁(1984)	제1차세계대전(1914)	미, 금융위기(2008)
대등화기	영일동맹(1902)	중일전쟁(1937)	중, 건국100년(2050)
전이기	러일전쟁(1905)	태평양전쟁(1945)	(2090 ?)

둘째, 동아시아 패권경쟁에서 강대국들의 상대적 권력변동은 경쟁국간 관계와 국가 행동에 변화를 가져왔으며 그 시기별 구분은 모델스키나 길핀이 제시한 4단계 패권전이 과정에 따라 권력 불균형기, 재분배기, 대등화기, 전이기의 시기로 분류할 수 있다.

셋째, 동아시아 패권경쟁에서 경쟁국간의 상대적 권력과 국가행위가 급격히 변화하는 시점은 경쟁국간 해양력의 변동시기와 일치하고 있다. 경쟁국 간에 상대적 권력변동이 급격히 일어나는 경우는 대부분 권력이 충돌하는 전쟁이나 권력이 통합되는 동맹결성 또는 경쟁국간의 외교적 관계변화나 국제 경제적 위기 등과 같은 중요한 사건이 가장 큰 영향을 미쳤는데 그

럴 때마다 해양력은 그 동인이나 결과로서 작용하였던 것이다.

넷째, 동아시아 패권경쟁의 수단인 국가권력은 시대적 변화에 따라 군사력 중심의 국력에서 산업력 중심의 국력으로 확대되었고 오늘날에는 경성권력뿐만 아니라 연성권력의 중요성이 갈수록 부각되고 있다. 그럼에도 불구하고 패권경쟁 수단으로서 해양력의 위치는 국가권력의 핵심으로서 흔들리지 않고 있다. 향후 패권경쟁에서 군사력의 유용성도 영토정복보다는 세계체제 경쟁과 세계 경제활동 보호에 기여하는데 더 가치를 두게 될 것으로 예상되는데 본래 해양력은 이런 임무에 적합한 특성을 지녔기 때문에 앞으로의 패권경쟁에서도 해양력은 더욱 필수적인 수단이 될 것이다.

다섯째, 패권목표와 수단이 확대되면서 패권경쟁의 기간도 장기화되고 있다. 미·중간에는 경쟁이 시작된 지 곧 100년이 도래하지만 권력전이가 도래하는 시기는 이보다 훨씬 더 늦춰질 것이다. 경쟁국간 권련변동의 범위도 과거에 비하여 완만해지고 있다. 따라서 향후 미·중간에도 단기결전적인 방법으로 패권경쟁이 판가름 나지는 않을 것이다. 중국이 비록 경제력에서 미국을 추월한다 하여도 해양력이 대등해지는 데에는 더 많은 시간이 요구되기 때문이다.

나. 동아시아 패권경쟁 과정에서 해양력의 역할

동아시아 패권경쟁에서도 패권경쟁국 간의 전략과 해양력의 역할은 〈표 8-3〉에서 보는 바와 같이 경쟁국간 상대적 권력변동에 따라 크게 변하였다.

권력 불균형기에는 지배국과 도전국의 해양력은 일방적으로 불균형을 이루었고 국가간의 관계도 불평등한 관계를 형성하였다. 지배국의 해양력은 해외진출의 수단으로, 도전국의 해양력은 국가내부를 정비하는 수단으로서의 역할을 수행하였다.

권력재배분기에는 양국 간에 포용과 편승전략을 채택하였고 해양력은 양국 간의 전략적인 협력관계를 맺는 중요한 매개체였다.

〈표 8-3〉 경쟁국간 패권경쟁 전략과 해양력의 역할

구분		러·일 패권경쟁	미·일 패권경쟁	미·중 패권경쟁
권력 불균형	경쟁전략	**강압 : 순응**	**강압 : 순응**	**봉쇄 : 반봉쇄**
	해양력 역할	국가대외정책지원 국가내부국력증진	국가대외정책지원 국가내부권력증진	봉쇄·동맹지원 수세적 연안방어
권력 재분배	경쟁전략	**포용 : 편승**	**포용 : 편승**	**포용 : 편승**
	해양력 역할	전략적 협력 대외진출	전략적 협력 대외진출	전략적 협력 해외진출
권력 대등화	경쟁전략	**억제 : 균형**	**봉쇄 : 거부**	**갈등 : 협력**
	해양력 역할	해양력 경쟁 패권도전 수단	해양력 경쟁 패권도전 수단	해양력 경쟁 영향권 경쟁
권력 전이기	경쟁전략	**격퇴 : 도전**	**격퇴 : 도전**	**봉쇄? : 거부?**
	해양력 역할	동맹수단 전승요인	동맹수단 전승요인	체제경쟁? 승리요인?

권력 대등화기에 경쟁국간에는 억제/봉쇄와 균형/거부 등의 전략을 채택하였고 권력경쟁의 방편으로 모두 해군 군비경쟁에 뛰어 들었다.

권력 전이기에 경쟁국간에는 권력이 직접 충돌하는 시기로서 해양력은 세력전이를 도모하거나 세력균형을 유지하기 위한 중요한 수단으로서 역할을 하였으며, 패권전쟁에서 승리하는데 결정적 역할을 수행하였다.

1) 경쟁국간 권력 불균형기 해양력의 역할

지배국과 도전국 간의 권력의 차이가 심한 불균형기에 양국 간에는 일방적인 관계를 유지한 가운데 각기 내부 국력의 증대수단으로 해양력을 활용하였다. 이 시기에 작용한 해양력의 역할과 그 시사점은 다음과 같다.

첫째, 강대국은 해양력을 이용하여 해외무역로와 시장을 개척하였다. 러시아는 19세기 초까지 서구 열강 중 제일 먼저 극동에 기지를 구축하고 함대를 건설하였으며 북태평양에 자국이 지배하는 해양권역을 형성하고 일본에 진출하였다. 미국은 19세기 중반 대륙개척을 마치고 해양개척에 나서기 시작하였으며 1840년대 중국과 무역로를 개설한 이래 1900년에 이르기까지 하와이, 미드웨이, 괌, 필리핀에 거점을 구축하였다.

둘째, 강대국은 월등한 해양력을 이용하여 원정작전을 실시하고 약소국가에 대한 포함외교를 통하여 일방적인 불평등 관계를 구축하였으며, 이 과정에서 외교적 강압수단으로서 해군력의 유용성을 입증하였다. 1853년 미국의 흑색함대가 포함외교를 통해 서구에서 가장 먼저 일본을 개항시켰고 이어 1855년 러시아의 푸티아틴이 동아시아 함대를 이용하여 일본과 불평등 관계를 구축하였으며 1861년 대마도를 강점하여 부동항을 확보하려고 하였다.

셋째, 강대국은 월등한 해양력을 바탕으로 잠재적 도전세력을 봉쇄할 수 있었다. 미국은 냉전 초기 중국의 아킬레스인 타이완과 한국을 잇는 봉쇄선을 구축하고 제해권을 바탕으로 타이완 위기, 한국전쟁, 베트남 전쟁 등에서 중국을 압도하였으며, 호주, 태국, 필리핀 등 중국을 포위하는 해양동맹체제를 구축할 수 있었다.

넷째, 약소국은 강대국의 강압에 순응하면서 해양력 건설을 내부국력을 증진시키는 원동력으로 삼았다. 특히 국가체제의 해양화와 산업화 등을 통해 해외팽창의 기반을 닦았다. 해군이 없었던 나라 일본에게 해군력 건설은 국가의 근대화와 산업화의 초석이 되었고 쇄국주의 나라에서 팽창주의로 나라로 전환시키는 추동력이 되었다. 일본은 이 해군력을 바탕으로 청일전쟁, 러일전쟁, 미일전쟁과 같은 패권전쟁을 연이어 수행할 수 있었다.

다섯째, 해양화가 되지 못한 국가는 경쟁국과의 권력 불균형을 오히려 심화시켰다. 중국의 마오쩌둥은 대약진운동, 문화혁명 등 내륙중심의 자력갱생 정책을 추진하였으나 전통적, 폐쇄적, 대륙적 속성으로 말미암아 근대화 되지 못하여 실패하고 말았다. 다른 대륙세력을 이용하여 해양국가와의 불균형을 극복하려고 하였으나 이것이 오히려 국가 해양화를 지연하게 함으로써 같은 아시아의 일본보다 100년이나 국가성장이 늦춰졌다.

2) 경쟁국간 권력 재분배기 해양력의 역할

동아시아에서 패권 경쟁국 간에 권력이 재분배되는 시기에 지배국은 도전국을 포용하였고 도전국은 이에 편승하여 국력을 증진시켰다. 경쟁국 간에 포용과 편승의 관계가 형성될 수 있었던 요인은 강대국들은 우선 다른 강대국과 경쟁을 하여야 했기 때문이다. 러시아는 영국의 북진을 저지하기 위해, 영국과 미국은 러시아의 남진을 저지하기 위해 각각 일본을 포용하였다. 냉전기간 미국도 소련을 견제하기 위해 중국을 포용하였고 중국도 대륙국가인 소련의 남진을 저지하기 위하여 이념이 다른 해양 강대국인 미국과 손을 잡을 수 있었다. 이 시기에 해양력의 역할과 시사점은 다음과 같다.

첫째, 해양력은 경쟁국간에 전략적 협력관계를 구축하는 중요한 수단이 되었다. 러시아가 1870년대에서 1890년대까지 중국으로 남진하는 동안 일본은 류큐(1872), 타이완(1874), 그리고 한국(1875)에 진출하였다. 대륙국가와 해양국가간 전략적 제휴가 이루어진 것이다. 1900년대 영국과 미국은 일본과 해양 연합체제를 구축하고 러시아의 남진에 공동 대응하였다. 중국도 해양 강대국인 미국과 전략적 제휴관계를 맺고 소련에 대항하였다. 이러한 협력관계에서 지상군끼리 공동으로 작전한 사례는 없다. 모두 직간접적으로 협력국가의 해양력을 이용하거나 해양력을 매개로 하여 협력체제를 구축한 것이었다.

둘째, 해양국가들은 해양에서 경쟁보다 협력을 도모하였다. 해양국가가 가장 큰 위협으로 인식하고 대처한 것은 대륙 강대국의 해양진출이었다. 러시아와 중국의 해양진출이 더딘 이유 중 하나도 여기에 있다. 미국도 중국이 해양으로 지출하지 않을 때에는 적극적으로 협력할 수 있었지만 해양진출을 추진한 이후에는 갈등이 심화되고 있다.

셋째, 해양력은 해양국가 간의 해양 협력네트워크를 구축하는 핵심세력이 되었다. 러일전쟁과 제1차 세계대전에서 보여준 미국·영국·일본 간의 해양협력체제나 냉전체제 시 미국을 축으로 한 해양 동맹체제는 해양력에 의해서 형성되고 해양력으로 유지되었다.

넷째, 도전국은 해양지배국에 편승하여 해양진출을 도모하고 패권에 도전할 수 있는 역량을 갖출 수 있었다. 일본은 청일, 러일전쟁을 거쳐 제1차 세계대전 후 마리아나, 마셜, 캐롤라인 제도 등 남서태평양으로 진출하였다. 중국은 미국이 제공해 준 해상교통로에 무임승차하여 그 활동영역을 세계로 확장할 수 있었다. 중국은 이 교통로를 이용하여 2001년 WTO에 가입하였고 현재 세계 무역량 1위의 국가로 부상하였다.

3) 패권경쟁국간 권력 대등화기 해양력의 역할

경쟁국간 권력 대등화기에 패권경쟁 전략은 억제와 균형 또는 봉쇄와 반봉쇄 전략으로 변경되었고 이에 따라 해양력 경쟁도 치열해졌다. 이 시기에 해양력이 수행한 역할과 시사점은 다음과 같다.

첫째, 해양력은 지배국의 억제전략과 도전국의 균형전략을 수행하는 중요한 수단이 되었다. 일본이 청일전쟁의 승리로 지역 강대국으로 부상하자 러시아는 삼국간섭과 러청동맹을 통하여 일본의 대륙진출을 차단하였다. 이어 러시아는 극동함대를 증강시켜 일본을 억제하고 만주의 뤼순항과 다롄항과 한반도의 거제도와 마산포를 장악하여 일본의 대륙 진출을 봉쇄하고자 하였다. 반면에 일본은 미국, 영국과의 해양동맹체제를 구축하고 해군력을 증강하고 러시아와 균형을 이루려고 하였다. 태평양전쟁에서도 미국은 연합국과 대일 해양동맹을 결성하였다.

둘째, 해양력에 대한 통제기재가 국제질서를 유지하는 중요한 요인이 되었다. 1922년 워싱턴 해군조약체제는 단순한 해군군비경쟁의 제한뿐만 아니라, 세계 강대국의 질서를 안정적으로 관리하자는 취지였으며 해군력이 그 기준이 되었다. 이 체제를 통하여 패권국 미국은 태평양의 안정을 도모하였던 반면 1936년 일본이 이 해군조약체제를 탈퇴하자 세계도 불안해졌다. 이 세계적 조약체제가 성립된 것은 해군력 균형이 무너지는 데에 대한 우려 때문이었고 조약체제가 해체된 것은 해군력의 균형을 깨뜨리고자 함이었다.

셋째, 권력 대등화기에서 해양력은 패권경쟁의 핵심수단이었다. 19세기 말 청일전쟁 후 러·일간 해군 군비경쟁, 20세기 중반 태평양전쟁 직전 미·일간 해군 군비경쟁 그리고 21세기 들어 현재에 진행되고 있는 미·중간 해군력 경쟁은 동아시아 패권경쟁이 지상력이 아니라 해군 군비경쟁에서 시작되었다는 것을 보여주고 있다.

4) 경쟁국간 권력 전이기 해양력의 역할

권력전이기에 들어서면서 패권경쟁국들은 자국의 국력 증진뿐만 아니라 동맹과 연합을 통해 국력을 극대화하려는 활동이 활발해지는 경향이 있었다. 도전국은 보다 상황이 악화되기를 기다리기보다는 전쟁을 선택하였고, 전투력에서의 우위를 차지하기 위하여 선제기습공격도 마다하지 않았다. 경쟁국간 권력이 충돌한 전이기에 해양력의 역할과 그 시사점은 다음과 같다.

첫째, 해양력은 동맹결성의 중요 수단인 동시에 권력의 전이를 가져오는 중요한 요인이 되었다. 러일전쟁시 영일동맹은 일본과 러시아와의 균형을 깨뜨리는데 핵심적 역할을 하였다. 미일 패권경쟁에서 일본은 유럽의 독일, 이탈리아와 삼국동맹을 체결하였는데 독일과 이탈리아의 선제공격으로 미국의 해양력이 태평양에서 대서양으로 이동함에 따라 태평양에서는 일본에게 유리하게 해양력 전이가 이루어 질 수 있었다. 즉, 러·일간 패권경쟁이나 미·일 간 패권경쟁에서 동맹관계는 지상력보다 해양력을 상호 지원하는데 더 큰 의미가 있었다.

둘째, 해양력 우세가 패권전쟁을 결심하는데 결정적인 요인이 되었다. 일본은 러일전쟁과 태평양 전쟁에서 다른 능력은 부족했음에도 해군력에서만 우세를 보이고 있었고 이것이 전쟁결심의 중요한 요인이 되었다. 러시아 해군은 발틱함대, 흑해함대, 극동함대로 분산되어 있었고, 극동함대도 뤼순과 블라디보스토크로 분리되어 있었다. 극동에서 지상군은 비슷한 수준이었지만 해군력에서는 일본이 우세하였고 영일동맹까지 합하면 그 격차는 더 벌어지게 되었다. 미·일간 태평양 전쟁에서는 지상력은 깊이 있게 고려되지도 않았다. 미국이 대서양을 우선으로 해군력을 배치하였기 때문에 태평양에서는 오히려 일본이 연합국 전 전력을 합친 것보다 훨씬 우세했고, 이것이 전쟁을 결심하는데 가장 큰 영향을 주었다.

셋째, 패권전쟁에서 해양력은 결정적 승리를 쟁취하는 수단이 되었다. 러일전쟁에서 일본 연합함대는 해양통제권을 장악하여 요동반도, 산둥반도, 만주 등 다방면에서 지상으로 전투력을 투사하였고 모든 군수물자를 해상을 통하여 안전하게 지원할 수 있었다. 더구나 쓰시마 해전의 승리로 러시아를 재기불능의 상태로 만들었다. 러시아는 지상전투력은 남아 있었지만 제해권이 없는 상태에서 전쟁을 지속할 수가 없었기 때문에 굴복하고 말았다. 미·일 해양국가 간의 태평양전쟁은 두 말할 필요 없이 해전에서 시작하여 해전으로 종결된 전쟁이었다. 함대결전, 해상봉쇄전, 전략적 공략을 위한 상륙전 등에서 세계 해전사에 길이 남을 전투를 통하여 미국은 제해권을 확보하고 이를 적극적으로 활용하여 승리를 거두었다.

넷째, 이러한 패권전쟁에서 승패를 좌우한 것은 해군의 기술과 전술에서의 혁신이 가장 큰 영향을 주었다. 러일전쟁에서 일본은 시모세 화약과 'T'자 기동을 개발하여 질적인 우세를 유지할 수 있었고, 태평양전쟁에서 미국은 어뢰, 레이더, 소나 등의 기술뿐만 아니라 항모전, 잠수함전, 봉쇄 및 해상교통로 파괴전 등 전략적, 전술적 개념에서 전함 위주의 함대결전에 매달린 일본을 압도할 수 있었다. 오늘날 미국과 중국 간에도 해군 기술과 전술의 혁신을 두고 치열한 경쟁을 벌이고 있다.

다섯째, 현재 진행되고 있는 미·중간의 패권경쟁도 해양에서 시작되고 있으며, 그 결과도 해양력에 의해서 결정될 것이다.

이와 같이 동아시아 패권경쟁에서도 세계 패권경쟁에서와 마찬가지로 모두 해양국가가 승리하였고 앞으로도 그렇게 될 가능성이 높다. 동아시아 패권경쟁에서 해양력의 분포는 지역체제의 구조를 결정하는 중요한 요소였으며 패권경쟁 과정이 해양력경쟁 과정이기도 하였다. 동아시아 패권경쟁 과정에서 해양력은 국가내부의 권력을 증진시켜 패권에 도전할 수 있는 기반을 조성하는 역할을 수행하였고, 패권에 도전하는 조건으로서 역할을 담당하였으며, 동맹을 획득하고 세력전이를 달성하며 패권전쟁에서 결정적 승리를 쟁취하는 핵심수단이 되어 왔다. 패권적 지위를 확보한 후에는 자국 중심의 질서를 유지하기 위한 포함외교 등 다양한 대외정책 수단으로서 해양력을 활용하였다. 물론 해양력만이 패권경쟁에 동원된 것은 아니다. 그러나 해양력이 없이는 패권 도전에 나설 수도 없었고 성공할 수도 없었으며 패권질서를 유지할 수도 없었다. 충분한 해양력은 동아시아 지역패권을 쟁취하는데 있어서 필수조건이 되었던 것이다.

2. 미·중간 패권경쟁에 대한 한국의 대비방향

가. 미·중간 패권경쟁이 한반도에 미치는 영향

한반도는 동아시아 패권경쟁에서 전략적 요충지였다. 러·일 패권경쟁의 결과로 승전국인 일본의 식민지가 되었고, 미·일 패권경쟁의 결과로 분단국이 되었으며, 같은 민족끼리 전쟁을 치르기도 하였다. 오늘날 벌어지고 있는 미·중간의 패권경쟁이 한반도에 어떤 영향을 줄 것인지는 한국에게는 초미의 관심사다. 향후 미·중간의 패권경쟁은 우리에게 다음과 같은 과제를 안겨주게 될 것이다.

첫째, 미국과 중국은 미·중간 패권경쟁에서 전략적 요충지인 한국을 자신들의 지지세력으로 편입시키고자 할 것이다. 이를 위해 미국과 중국은 한국에 대하여 당근과 채찍을 사용할 가능성이 있다. 이미 경제적으로도 한국은 미국의 환태평양경제동반자협정(TPP)이냐, 중국의 역내포괄적경제동반자협정(RECP)이냐의 가입문제에 시달린 바 있고, 2016년 미국은 남중국해에서 발생한 미·중간 갈등에 대하여 한국의 입장 표명을 요구한 바 있으며 2017년 중국은 한국의 고고도미사일방어체계(THAAD) 배치에 대하여 경제적 보복조치를 서슴지 않음으로써 한반도 안보문제에 적극적으로 개입하고 있어서 미·중간의 패권경쟁이 남중국해에서 한반도로 상륙하는 것 아니냐는 우려를 낳고 있다.

둘째, 패권경쟁 과정에서 미국과 중국의 갈등이 격화될 경우 양 강대국은 대리전이나 타협의 대상으로 남북한은 물론 일본, 타이완, 말레이시아, 필리핀 등 아시아 대륙의 주변국가들을 이용할 수 있다. 특히 상대방의 도발행동을 저지시키거나 관심을 다른 데로 전환시키기 위하여 한반도 주변 해역에서 모험적 행동을 할 수도 있다. 한국전쟁이 발발하자마자 미국은 타이완에 항공모함을 파견하였고, 중국은 타이완과 한반도에서 동시에 미국이 적대적 행동을 할 것을 우려한 바 있다. 더구나 남북 분단상황은 강대국들이 언제든지 이용 가능한 카드이며, 한·중간에는 서해 및 이어도 등에서 해양 영유권 갈등이 잠재해 있다.

셋째, 한반도 서해에서 이어도에 이르는 해역은 중국과 한국의 전략적 요충지가 밀집되어 있는 핵심해역이자 양국 수도의 관문이며 미국과 중국뿐만 아니라 남북한이 서로 교차하는 해역이다. 만일 이 해역에서 미·중간 긴장이 발생한다면 한국의 안보에 심각한 영향을 주게 될 것이다. 한반도는 미국과 중국의 사정권 안에 있다.

넷째, 미·중간 해양 패권경쟁 해역은 우리의 사활이 걸린 해상교통로가 통과하는 지역으로서 미·중간 갈등이 심화될 경우 이 해상교통로의 안전이 위태롭게 된다. 더구나 미국과 중국의 분쟁은 인도양의 해상까지 확대될 수도 있다.

다섯째, 미·중 패권경쟁에 중요한 변수로 작용할 수 있는 러시아와 일본이 한반도 주변해역을 둘러싸고 있다. 동해와 대한해협은 이들의 활동이 활발한 지역인데 이들이 미·중 패권경쟁에 가세하게 된다면 한반도 해양안보는 크게 위협을 받게 될 것이다.

여섯째, 미·중 양 강대국이 협력을 통한 세계관리나 평화적 패권이양이 이루진다면 한반도는 양 강대국의 처분에 맡겨지는 운명에 처할 수도 있다. 1494년 포르투갈과 스페인은 '토르데실라스 조약(The Treaty of Tordesillas)'을 맺고 지구를 양분하여 관리하였다. 1900년대 초 영국과 미국은 세계해양을 관리하는데 서로 협력하였었고 1900년대 중반부터 미국과 소련은 세계를 양분하여 관리한 경험이 있다. 이와 같이 미·중이 세계를 공동관리하게 된다면 한국의 의사를 배제한 채 강대국들의 이익을 중심으로 한반도 문제를 해결하려고 할 수도 있다. 1945년 한국분단은 강대국들간 타협의 산물이었다.

나. 한국의 대비방향

한반도는 여전히 미·중간에 세력의 충돌지점이자 완충점이다. 중국은 전통적으로 한반도를 중국의 핵심부를 보호하는 순망치한의 관계로 인식해 왔다. 한국전쟁 후 미국도 역시 한반도를 자유민주주의 진영과 순망치한의 관계로 보고 있다. 즉, 한반도의 역할은 미·중간 대칭성을 보이고 있고 이것이 미·중간의 대치점을 한반도에서 형성하게 만들었다.

그러나 우리나라는 안보는 미국과, 경제는 중국과 깊은 의존관계를 비대칭적으로 유지하고 있고, 국가경제력은 해양으로부터 획득하고 있는 반면, 군사력은 지상군 중심으로 구성되어 있어 불균형을 이루고 있다. 이러한 국가관계와 자원의 비대칭적이고 불균형적인 분배는 미래 미·중간의 패권경쟁에 효과적으로 대처할 수 없을 뿐만 아니라 한국의 전략적 선택의 폭도 제한시킬 것이다. 따라서 한국은 미래의 다양한 가능성에 대비하여, 전략적 발상을 새롭게 하고 국가전략 차원에서 대비책을 강구해야 하며 이에 필요한 해군전력을 지금부터 건설해 나가야 한다. 패권경쟁은 국제적이고 복잡한 장기간의 전쟁이다. 지금의 북한 위협에 대비한 군사전략 개념으로는 이런 새로운 환경에는 대응할 수가 없다. 미·중간 패권경쟁 과정에서 전략적 선택의 융통성을 갖기 위해서는 국제적 문제에 개입할 수 있는 능력을 갖춘 해양력을 건설하고 국가전략적으로 운용할 수 있어야 한다.

첫째, 한국은 장기적으로 동아시아 지역 내 해양력의 분포가 일극 또는 양극으로 집중화되지 않도록 동아시아 역내에서 한국 해군의 비중을 높여야 하며 중단기적으로는 강대국이 협력의 파트너로 인정할 수 있는 해군력을 보유하여야 한다. 동아시아 패권경쟁 사례에서 본 바와 같이 패권경쟁체제가 양극화될수록 무제한 경쟁으로 나가는 경향에 따라 약소국의 희생이 커지게 되는 반면 경쟁체제가 다극화될수록 제3자의 개입 등으로 패권경쟁이 제한될 수 있었다. 또한 강대국과 해양력이 불균형할 경우 강대국의 일방적 이익에 따라 약소국은 순응할 수밖에 없었지만 비록 약소국일지라도 어느 정도 상당한 해군력을 보유했을 경우에는 강대국들의 협력대상으로서 인정받을 수 있고 이렇게 협력의 대상으로 인정받을 때부터 자기 목소리를 낼 수도 있었다. 일본도 연합함대가 북양함대를 물리치고 나서야 불평등조약의 개정에 나설 수가 있었고 서구열강의 협력파트너로서 인정받을 수 있었다.

미·중간 패권경쟁이 해양력 경쟁에서 비롯된다는 것은 두말할 나위 없는 사실이 되고 있다. 이 강대국간 해양패권경쟁에서 해양력이 없으면 강대국들의 휘둘림에 일방적으로 당할 수밖에 없다. 미·중간에 경제적 문제이든지 안보적 문제이든지 중요한 결정을 할 때, 한국의 해양력이 그들에게 중요한 고려요소가 될 수 있는 수준의 해군력을 유지하여야 한다. 한국 해군력이 미·중에게 의미있는 전력이 되려면 은밀성, 침투성, 파괴성이 뛰어난 원격, 또는 장거리 감시 및 타격무기체계가 필요하다. 특히 미·중간 틈새전력을 확보하게 된다면 한국의 전략적 지위를 높일 뿐만 아니라 우리의 선택폭도 넓힐 수 있을 것이다.

둘째, 주변국들의 해양패권과 위협을 거부할 수 있는 능력을 갖추어야 한다. 즉, 우리 스스로를 지킬 수 있는 전략적 방어 및 억제적 보복전력을 확보하여야 하며 특히 주변국에 비하여 비용대 투자면에서 효과가 높은 비대칭적·전략적 무기체계를 확보해야 한다. 예를 들어, 원자력 추진 잠수함, 항공모함, 초고속 무인체계 등과 같은 플랫폼뿐만 아니라, 초공동어뢰 해양글라이더 등 수중 공격무기, 장거리 대지 유도탄, 초에너지 무기, 전자기탄 등 핵 위력에 버금가는 치명적인 무기체계를 개발하여야 할 것이다.

셋째, 동아시아 패권경쟁 과정에서 한국이 전략적 선택을 요구 받을 때 융통성을 보장할 수 있는 해군력을 확보하여야 한다. 해양약소국들이 해양강대국에 취했던 순응, 편승, 헤징과 같은 소극적 전략으로는 국가안보와 이익을 담보할 수 없다. 양적인 측면에서는 다소 부족하더라도 적어도 효과면에서는 질적 균형전략을 추구할 수 있는 전력을 확보하여야 한다. 이를 위해 강대국이 가진 동일한 동종의 무기체계를 따라갈 필요는 없다. 효과에서의 균형을 달성할 비대칭적 무기체계일수록 더욱 효과적이다.

넷째, 지구공공재에 대한 자유로운 접근을 보장하고, 해양영유권·해외자원·해외시장 등 우리의 국가이익과 관련된 전략적 목표에 영향력을 투사할 수 있는 해양력을 건설하여야 한다. 이를 위해선 이해당사자들에게 영향을 줄 수 있는 강한 위력과 방호능력을 갖추고 원양에서 장기간 독립적으로 작전할 수 있는 '작지만 강한' 기동전투함대가 필요하다. 특히 인도양-말라카 해협-남중국해-동중국해-제주도에 이르는 남방 해상교통로는 세계경제를 주도하는 가장 중요한 해상교통로이자 우리의 생명선인 반면에 미·중간 해양분쟁이 발생할 경우 가장 심각한 위협을 직접 받게 될 것이다. 이들에 대한 보호가 불가능하게 된다면 국가경제에도 치명적인 영향을 받을 뿐만 아니라 군사적·정치적으로도 우리는 어느 일방의 요구에 굴복할 수밖에 없게 될 것이다.

다섯째, 미·중 간의 패권경쟁 과정에서 북한의 모험을 억제하고, 만약 도발한다면 북한의 위협을 최단시간 내에 제거할 수 있는 해군력을 확보해야 한다. 지금까지 한반도 위기가 발생할 때마다 미국 해군력이 주요 위기관리 수단으로 사용되어 왔고 이에 대하여 중국은 예민한 반응을 보여 왔다. 한반도 위기를 빌미로 미·중간에 긴장이 고조되면 한국안보와 경제에 큰 영향을 주게 되며, 더구나 미·중간 패권경쟁 과정에서 한국이 전략적 선택을 요구받을 경우 북한변수는 큰 부담이 아닐 수 없다. 따라서 미·중간 패권경쟁 과정에서 북한의 모험을 억제할 수 있는 독자적인 능력을 우선적으로 확보하여야 한다. 또한 한반도 전쟁 발발 시에 전쟁을 조기에 종결시킬 수 있는 결정적 전력으로서 해군을 육성해야 한다. 현재의 한국군 군사력 구조 및 배비는 해군력을 단지 지상군을 지원하는 개념으로 운용하도록 되어 있는데, 이처럼 지상전투 중심의 전쟁수행은 소모전과 파괴전을 초래하여 군사는 물론 민간 분야에 큰 피해만 가중시킬 뿐이다. 조기에 적을 굴복시키기 위해서는 다방면의 전투를 강요하고 종심깊은 타격으로 적의 중심을 조기에 무력화시켜야 한다. 이를 위해 한국 해군은 북한 핵 및 장거리 미사일에 대한 타격 및 요격체계를 구비하여야 하며, 북한지도부를 타격할 수 있는 다양한 능력도 갖추고 이를 시현할 수 있어야 한다.

특히, 우리에게 가장 위협이 되는 북한 장거리 미사일에 대비한 한국 군의 '3축 체계'인 미사일방어체계(KAMD : Korea Air and Missile Defense), 타격체계(Kill Chain) 및 대량응징보복체계(KMPR : Korea Massive Punishment and Retaliatipon) 구축에서도 기동성과 침투성과 생존성이 높은 해군전력을 적극 활용해야 한다. 현재 우리 해군은 적 미사일을 탐지할 수 있는 이지스(Aegis)체계를 갖추고 있음에도 타격체계를 갖추지 못하고 있고 향후 한국에 배치될 미국의 고고도방어체계(THAAD : Terminal High Altitude Area Defense)는 지상의 후방기지에 대해서 고정된 방어력만을 제공할 수 있을 뿐으로 전략적 핵심인 수도권은 여전히 무방비 상태이다. 대량살상무기에 대한 방어는 그 시급성과 불확실성으로 말미암아 전후방에 걸친 다중방어와 감시와 타격의 동시적 시행이 필수적으로 요구된다는 점을 고려할 때, 한국 해군의 장거리 미사일 타격 및 응징보복 능력의 확보는 시급히 해결해야할 과제이다.

여섯째, 세계 해양체제와 질서의 안전관리에 일정 부분 공헌할 수 있는 해양력 특히 동아시아와 서태평양에서는 적극적인 역할을 수행할 수 있는 해군력을 건설하여야 하며 이를 위해 해군의 임무 및 작전영역을 획기적으로 확장해야 한다. 기존의 북한의 해상도발 억제뿐만 아니라 주변국과의 해양분쟁 관리, 국제해협 통제 및 해상교통로 보호 등 해상질서 유지를 위한 국제 해양안보 협력, 위험구역 강제 진입·통제 및 국제적 통제해역(금지구역, 제한구역 등) 관리 등 국제 해상 위기관리, 국제적 해상재난 대비 및 인도주의적 지원작전 등의 새로운 임무에 대비해야 하며, 이를 위해 원해에서 다양한 다국적 협력 및 연합작전을 수행할 수 있는 입체적 전력과 수행체제를 갖추어야 한다.

일곱째, 국가 내부의 국력증진의 수단으로서 해양력 건설을 적극 추진하고 이를 21세기 국가부흥의 새로운 전기로 삼아야 한다. 오늘날의 세계는 해양화를 통하지 않고서는 세계화 시대에 적응할 수 없으며 국가성장의 동력을 얻을 수도 없다. 향후 우리나라도 국가지도의 원리를 해양화로 삼고 해군력 건설을 통하여 국가의 신성장 동력을 창출해 내어야 한다. 국가 해양화는 국민의식을 개방적이며 도전적이며 진취적인 성향으로 유도하고 세계로 진출하며 세계와 교류하는 초석을 제공한다. 해군력 건설에 필요한 항모, 잠수함, 항공기, 초고속 수상함, 입체적 무인체계, 장거리 정밀 타격체계, 통합전투체계 등 제 분야는 첨단 국방과학과 미지의 해양산업을 접목시켜주며, 스텔스(stealth) 기술, 첨단 소재기술, 무인 및 로봇 체계, 초고속해양수송체계, 심해저 해양자원 탐사 및 개발, 신 IT 기술 등 새로운 기술개발을 선도하는 역할을 수행할 수 있다.

여덟째, 해군 스스로도 끊임없는 혁신을 통해 미래의 전략적 상황과 안보 위협과 전장변화에 대비하여야 하며, 이를 위해 해군 기술과 전술에서의 혁신 뿐 아니라 전략적 사고와 첨단기술로 무장된 똑똑한 해군을 운용할 수 있는 인력관리체계를 구축하여야 한다. 현재 해군인력은 조선시대 수군의 2/3 수준에 불과하다. 이런 규모로는 해군으로서 할 수 있는 일이 별로 없다. 임무소요에 부합된 인력을 확충하고 우수한 인재를 양성해야 하며 과학기술의 발달속도에 맞게 군사교육체계도 시급히 개선하여야 한다.

아홉째, 무엇보다도 중요한 것은 이러한 미래 안보환경 변화에 대비할 수 있도록 한국군 구조와 국방태세를 혁신시켜야 된다. 한국군은 지금까지 육군은 한국군 주도로, 해군은 미국 해군의 지원 아래 전쟁을 수행한다는 개념에 따라 배비되고 건설됨으로써 3군 균형발전이라는 의미를 퇴색시켜 왔으며, 한국군에서 합동군이라 함은 육·해·공군의 합동성을 의미하는 것이 아니라, 해·공군을 육군을 지원하는 보조적 군대로 인식하고 육군 중심의 통합성을 의미하고 있을 정도로 왜곡되어 있다. 현재의 지상군 중심의 군 구조, 지상군 중심의 국방정책 결정구조, 지상군 중심의 전쟁수행개념으로는 미·중간 해양 패권경쟁의 상황에 효과적으로 대비할 수 없다. 따라서 지상에 고착된 대북중심의 단기적 시각에서 해양으로 개방된 지역적 중심의 장기적 시각에서 국가미래를 위한 안보전략을 재설정하고 이에 맞는 기술집약형의 3군 균형체제를 조속히 갖추어야 할 것이다.

지금까지 살펴본 바와 같이 근대 이후 동아시아 패권경쟁은 세계체제와 동아시아의 지역체제간의 침입과 투쟁과정으로서 이 양 체제 사이의 해양이 패권경쟁의 목표이자 수단이 되어 왔다. 현재의 미·중간의 패권경쟁도 세계적 차원에서의 체제적 경쟁과 지역적 차원에서 해양경쟁이 동시에 이루어지고 있다. 미·중간의 패권경쟁 과정에서 한국이 전략적 선택을 강요받을 때마다 해양력은 가장 먼저 고려해야 될 핵심요소가 될 것이다. 따라서 우리는 국가의 미래를 위한 국가 전략적 차원에서 해군력을 건설해야 한다.

▪ 참고문헌

1. 국내문헌

가. 단행본

- 고영자, 『러일전쟁과 대한제국』, 서울 : 탱자 출판사, 2007.
- 김덕기, 『21세기 중국해군』, 서울 : 한국해양전략연구소, 2000.
- 김병국·전재성·차두현·최강 공편, 『미·중관계 2025』, 서울 : 동아시아연구원, 2012.
- 김용구, 『세계외교사』, 서울 : 서울대학교 출판부, 1992.
- ______, 『거문도와 블라디보스토크』, 서울 : 서강대학교 출판부, 2010.
- 김우상, 『신한국 책략』II, 파주 : 나남, 2007.
- 김종두, 『한반도 해양지정학』, 서울 : 문영사, 2000.
- 김종성, 『동아시아 패권경쟁』, 서울 : 도서출판 자리, 2011.
- 송금영, 『러시아의 동북아 진출과 한반도 정책(1860-1905)』, 서울 : 국학자료원, 2005.
- 신동준, 『근대일본론』, 서울 : 지식산업사, 2004.
- 심헌용, 『한반도에서 전개된 러일전쟁 연구』, 서울 : 국방부 군사편찬연구소, 2011.
- 이삼성, 『동아시아의 전쟁과 평화 2』, 서울 : 도서출판 한길사, 2009.
- 이재형, 『중국과 미국의 해양경쟁』, 서울 : 도서출판 황금알, 2014.
- 이종학, 『군사전략론』, 대전 : 충남대학교출판부, 2009.
- 전웅 편역, 『지정학과 해양세력이론』, 서울 : 한국해양전략연구소, 1999.
- 전재성, 『동아시아 국제정치 : 역사에서 이론으로』, 서울 : EAI, 2011.
- 정호섭, 『해양력과 미일 안보관계』, 서울 : 한국해양전략연구소, 2001.
- 조덕현, 『전쟁사 속의 해전』, 진해 : 해군사관학교, 2011.
- 차도회, 『동아시아 미·중 해양패권 쟁탈전』, 서울 : 북코리아, 2012.
- 최덕규, 『제정 러시아의 한반도 정책 1891-1907』, 서울 : 경인 문화사, 2008.
- 최문형, 『러시아의 남하와 일본의 한국침략』, 서울 : 지식산업사, 2007.
- 한용섭·박영준·박창희·이홍섭, 『미·일·중·러의 군사전략』, 서울 : 한울, 2011.
- 해군본부 편, 『일본·영국 해군사 연구』, 계룡대 : 해군본부, 1997.

나. 논문

·강희각, 「한·중·일 해양분쟁 심화요인과 그 함의에 관한 연구」, 박사학위논문, 한남대학교 대학원, 2013.

·金容旭, 「청일전쟁(1894~1895)·러일전쟁(1904~1905)과 조선 해양에 대한 제해권」, 『법학연구』 제49권 제1호, 부산대학교, 2008.

·김태준, 「영일동맹 결성과 러일전쟁의 외교사적 분석」, 『한국정치외교사 논총』 제29집 2호, 한국정치외교사학회, 2008.

·김현일, 「해양력과 동북아시아의 전쟁 발생 : 1860-1993」, 박사학위논문, 연세대학교대학원 정치학과, 2002.

·양정승, 「국제분쟁 해결을 위한 해군력의 정치적 사용에 관한 연구」, 박사학위논문, 충남대학교 대학원, 2009.

·유삼남, 「해군력이 러일전쟁에 미친 영향」 박사학위논문, 한국해양대학교, 2007.

·이지원, 「일본의 동아시아 패권정책과 미국의 견제정책에 관한 연구」, 박사학위논문, 고려대학교 대학원, 2012.

·정진근, 「중국의 해양전략 변화요인에 관한 연구」, 박사학위논문, 경남대학교, 2012.

·조명철, 「러일전쟁기 군사전략과 국가의사의 결정과정」, 『일본사연구』 제2집, 일본사학회, 1995.

·조영남, 「시진핑 시대의 중국외교 과제와 전망」, 『STRATEGY 21』 통권 33호. Vol.17, No.1. 한국해양전략연구소, 2014.

·최기출, 「남사군도 분쟁 : 협력적 구성주의 이론을 중심으로」, 박사학위논문, 한양대학교, 2010.

2. 외국문헌

가. 단행본

·Admiral Sir Bacon, Reginald & McMurtrie, Francis E., Modern Naval Strategy, London : Frederick Muller Ltd., 1940.

·Art, Robert J. & Jervis, Robert. *International Politics,* 8thed. NewYork : Pearson & Longman, 2007.

·Callwell, Charles E. *The Effects of Maritime Command on Land Campaigns since Wateroo*, Edinburgh : William Blackwood and Sons, 1897.

·CIA. Facebook 2017.

·Cohen, Saul Bernard. *Geopolitics : The Geography of International Relations.* Maryland Lanham : Rowman & Littlefield Publishers Inc., 2009.

·DOD JCS. *Joint Operational Access Concept(JOAC)*, Version 1.0, 17. January 2012.

·Fairgrieve, James. *Geography an World Power*, London : University of London Press, 1915.

·Gilpin, Robert. *War and Change in World Politics*, Cambridge : Cambridge University Press, 1981.

·Gorshkov, Sergei G. *The Sea power of State.* Oxfrd : Pergamon Press, 1979.

·Gray, Colin S. Barnett, Roger W. eds. *Sea power and Strategy*, Annapolis, Maryland : the United States Naval Institute, 1989.

·Haddick, Robert. *Fire on the Water : China, America, and the Future of the Pacific* Maryland : Naval Institute Press, 2014.

·Herodotos. *The Histories*, translated by de Selincourt, NewYork : Penguin Books, 1954.

·Homles, James R. and Yoshihara, Toshi. *Chinese Naval Strategy in the 21st Century*, NewYork : Routledge, 2008.

·Howson, Richard & Smith, Kylie. eds. *Hegemony : Studies in Consensus and Coercion*, New York : Routledge, 2008.

·IISS. *The Military Balance*, 2017.

·Kennedy, Paul. *The Rise and Fall of the Great Powers : Economic Change and Military Conflict from 1500 to 2000*, NewYork : Random House, 1987.

·Keohane, Robert O. *After Hegemony : Cooperation and Discord in the World Political Economy*, Priceton N. J. : Princeton University Press, 1984.

·Knorr, Klaus. ed. *Power, Strategy and Security*, Princeton, New Jersey : Princeton University Press, 1983.

·Lafeber, Walter. T. *The Clash U.S.-Japanese Relations Throughout History*, NewYork : W.W. Norton & Company, 1997.

·Lensen, George A. *Balance of Intrigue-International Rivalries in Korea and Manchuria*

1884~1899, 2vols. Florida State University Book, 1982.
- Li, Rex. *A Rising China and Security in East Asia : Identity Construction and Security Discourse*, NewYork : Routledge, 2009.
- Mahan, A. T. *The Influence of Sea Power upon History 1660-1783*, Boston : Little, Brown and Company, 1890.
- Mearsheimer, John J. *The Tragedy of Great Power Politics*, NewYork : W.W. Norton & Company, 2001.
- Modelski, George and Thompson, William R., *Sea Power in Global Politics 1494~1993*, Seatle : University of Washington Press, 1988.
- Modelski, George. *Long Cycles in World Politics*. NewYork : Macmillan Press, 1987.
- Nye, Joseph S. Jr., *Understanding International Conflicts : An Introduction to Theory and History*, 7th edition, NewYork : Pearson Longman, 2009.
- Organski, A. F. K., *World Politics*. NewYork : Alfred A. Knopf, Inc., 1968.
- Reynolds, Clark G., *Command of Sea : The History and Strategy of Maritime Empires*. Malaar, Florida : Robert E. Krieger Publishing Company, 1974.
- Simpson Ⅲ, B. Mitchell. *The Development of Naval Thught Essays by Herbert and Rosinski*. Newport, Rhode Island : Naval War College Press, 1977.
- Sir Julian S. Corbett. *Some Principles of Maritime Strategr*, London : Longmans, Green and Co., 1911.
- Thucydides. *The Peloponnesian War*, translated by Warner, Rex. Harmondsworth : Penguin, 1954.
- Wallerstein, Immanuel., *The Politics of Economy : The State, The Movement and The Civilizations Essays*, NewYork : Cambridge University Press, 1984.
- Yoshihara, Toshi and Homes, James R., *Red Star Over The Pacific : China's Rise and the Challenge to U.S. Maritime Strategy*, Naval Institute Press, 2010.

나. 논문

- Dahl, Robert. "The Concept of Power", *Behavioral Science*. Vol. 2. No. 3. July 1957.
- Mackinder, Halford. "The Geopolitical Pivot of History", *Geographical Journal*, Vol. 3, No. 4. 1904.
- ______________, "The Round World and the Winning of the Peace", *Foreign Affairs*,

Vol. 21 No. 4. 1943.
· Nye, Josheph S. "Redefining the National Interest", *Foreign Affairs* Vol. 78. 1999.
· Posen, Barry R. "Command of the Commons : The Military Foundation of U.S. Hegemony", *International Security*, Vol. 28, No. 1. Summer 2003.
· Stephan, John J. "The Crimean War in the Far East", *Modern Asian Studies*, Vol. III, No. 3. 1969.

3. 번역문헌

· Andrew Malozemoff. *Russian Far Eastern Policy 1881~1904*, Berkeley : University of California Press, 1958. 석화정 옮김, 『러시아의 동아시아 정책』, 서울 : 지식산업사, 2002.
· Baer, George. *One Hundred Years of Sea Power : The U.S. Navy, 1890~1990.* Stanford : Stanford University Press, 1993. 김주식 역, 『미국 해군 100년사』, 서울 : 한국해양전략연구소, 2005.
· CSIS. The Commission on Smart Power. *A Smarter, More Secure America, Report of the CSIS Commission on Smart Power.* 홍순식 옮김. 『스마트 권력』, 서울 : 도서출판 삼인, 2009.
· Flint, Colin. *Introduction to Geopolitics.* Routledge, 2006. 한국지정학회 옮김, 『지정학이란 무엇인가』, 서울 : 도서출판 길, 2009.
· Friedberg, Aaron L. *A Contest for Supremacy : China, America, and Struggle for Mastery in Asia*, 안세민 옮김, 『패권경쟁 : 중국과 미국, 누가 아시아를 지배할까』, 서울 : 까치글방, 2012.
· Friedman, George & Lebard, Meredith. *The Coming War with Japan*, 동아출판사 역, 남주홍 감수, 『제2차 태평양전쟁』, 서울 : 동아출판사, 1991.
· Gelb, Leslie H. *Power Rules*, 원은주 옮김, 『권력의 탄생 : 21세기 군주론』, 서울 : 지식 갤러리, 2010.
· Hendrix, Henry J. *Theodore Roosevelt's Naval Diplomacy : the U.S. Navy and the Birth of American Century*, 조학제 역, 『시어도어 루즈벨트의 해군외교』, 서울 : 한국해양전략연구소, 2010.
· Leonard, Mark. *Why Europe Will Run 21st Century?*. Harper Collins, 2005. 윤덕노 옮김, 『유럽의 세계지배』, 서울 : 매일경제신문사, 2006.

·Till, Geoffrey. *Sea Power : A Guide for the Twenty- First Century*, Routledge, 2007. 배형수 역, 『21세기 해양력』, 서울 : 한국해양전략연구소, 2011.
·가토 요코(加藤陽子), 박영준 옮김, 『근대일본의 전쟁논리』, 서울 : 태학사, 2003.
·로스뚜노프(I. I. Rostunov) 외 전사연구소 편, 김종헌 옮김, 『러일전쟁사 : 1904~1905』, 서울 : 건국대학교출판부, 2004.
·劉中民, 『中國近代海防思想史論』, 이용빈 역, 『중국 근대 해양방어 사상사』, 서울 : 한국 해양전략연구소, 2013.
·야마무로 신이치(山室信一), 『日露戰爭の世紀』, 정재성 옮김, 『러일전쟁의 세기』, 서울 : 도서출판 소화, 2010.
·예쯔청(叶自成), 이우재 옮김, 『중국의 세계전략』, 서울 : 21세기 북스, 2005.
·오비나타 스미오(大日方純夫), 「근대 일본 대륙정책의 구조」, 홍미화 역, 『동북아 역사논총』 제32호, 동북아역사재단, 2011.
·요시다 유타카(吉田裕), 최혜주 옮김, 『아시아 태평양 전쟁』, 서울 : 어문학사, 2012.
·張文木 저, 주재우 역, 『중국해권에 관한 논의』, 국방대학교 국가안전보장문제연구소, 2010.
·평광첸(彭光謙), 이두형 옮김, 『중국군의 덩샤오핑 전략사상 강좌』, 서울 : 21세기 군사연구소, 2010.
·하라다 게이이치(原田敬一), 최석완 옮김, 『청일전쟁·러일전쟁』, 서울 : 어문학사, 2012.
·히라마쓰 시게오(平松茂雄), 이용빈 편역, 『마오쩌둥과 덩샤오핑의 백년대계 : 중국군의 핵, 해양, 우주 전략을 독해한다』, 서울 : 한국해양전략연구소, 2014.

군사학 총서 발간 취지

군사학은 전쟁이란 무엇이며, 전쟁의 준비·수행 및 억제와 연구방법 등에 관한 지식의 체계이다. 전쟁은 오랫동안 인류 생존의 기본 요소이며 수단으로 등장하였고, 현재뿐만 아니라 앞으로도 형태를 달리하면서 존속하리라. 그리고 전쟁은 국민의 생사·국가의 존망과 직결되는 문제이기 때문에 신중히 대처하지 않을 수 없다. 한민족의 평화적 통일·생존권의 확보 및 번영의 초석이 되는 군사학의 연구·발전을 위해 군사학 총서를 발간하였다. 독자의 지도 편달과 육성, 그리고 동참을 기대한다. (**이종학** : leechoy@daum.net)

번호		책 명	저 자	발행연도	정가
1		군사학 개론	이종학·길병옥 편저	2009년 (4·6배판, 594쪽)	35,000
	내용	군사학이 우리나라에서 학문으로 공식적으로 인정된 것은 2002년 12월이다. 군사학의 간략한 정의는, "전쟁의 본질과 성격 및 무력전의 준비 및 수행에 관한 통일된 지식체계"라는 점에서 그 범위도 설정되었다. 이런 관점에서 군사학의 다양성, 다차원성, 다변화성을 포괄하는 학문적 개론서로서 새로운 학문영역으로 자리 잡고 있는 군사학의 학문체계를 정리하고자 각 분야의 전문가 13명의 공동집필로 출간되었다.			
2		군사전략론	이종학 편저	2009년 (신국판, 450쪽)	25,000
	내용	우리 국군은 6·25전쟁과 베트남전 참전을 통해 전투경험은 했지만 전쟁을 하지 않았다는 것을 잊어서는 안 된다. 즉, 군사전략을 수립하여 전쟁을 수행해 본 일이 없는 것이다. 그래서 이 책은 군사전략 수립을 위한, 제1편 군사전략의 기초, 제2편 군사전략의 이론, 제3편 군사전략의 실제로 구성되어 있다. 군사전략은 군사목표, 군사전략개념 그리고 군사자원으로 구성되어 있는 결심사항을 간략한 문장으로 표기하며, 이것은 세 가지 기준, 즉 적합성, 가능성 및 수락성에 의해 검토된다는 것을 상세히 설명하고 있다.			
3		나의 학문과 인생	이종학 편저	2009년 (4·6배판, 606쪽)	30,000
	내용	평생을 군사학 분야 발전을 위해 헌신해온 이종학 교수의 八旬을 맞이하여 펴낸 책이다. 제1편은 나의 학문과 인생(이종학), 제2편은 군사학의 학문체계 및 발전방향(교수 에세이), 제3편은 군사학의 발전방향으로 군사학과의 박사과정을 이수했거나 혹은 이수 중인 피교육자들의 학위논문 주제를 요약하거나 관심을 가진 분야에 대한 간략한 에세이를 수록했다. 부록에는 공군사관학교 57기생들에게 '군사학 특강'을 실시 후 그들의 소감문을 소개했다.			

<table>
<tr><td rowspan="2">4</td><td colspan="2">한국군사사연구</td><td>이종학 지음</td><td>2010년
(4·6배판, 632쪽)</td><td>30,000</td></tr>
<tr><td>내용</td><td colspan="4">1981년 국방대학원에 재직할 때, 「현대 군사사의 연구방향」이라는 논문을 발표하면서 '군사사'에 대한 이론 정립을 시도했다. 즉, 군사사는 군사이론과 역사학이 결합된 학문인 동시에 군사학의 이론적 기초이며 근원이다. 이것을 기초로 하여 한국사 가운데 군사문제를 다루기 시작해 30년간의 연구 성과를 집대성한 것이며, 21편의 논문으로 구성되어 있다. 저자가 지난 반세기 동안 군사사 연구에서 얻은 결론과 기본철학을 소개하면 다음과 같다. 즉, "평화를 바란다면, 전쟁을 이해하고 이에 대비하라!"</td></tr>
<tr><td rowspan="2">5</td><td colspan="2">전략이론이란 무엇인가
—『손자병법』과
『전쟁론』을 중심으로—</td><td>이종학 편저</td><td>2012년(개정보완판)
(신국판, 372쪽, 3판)</td><td>16,000</td></tr>
<tr><td>내용</td><td colspan="4">전략이론이란 무엇인가를 밝히면서, 원래 군사분야의 용어가 1960년대 이후 경영분야에도 활용되어 왔다는 것을 알아야 하고 군사전략뿐만 아니라, 국가전략 및 핵전략의 발전과정을 소개했다. 전략이론의 고전인 『손자병법』은 1972년 중국 산동성에서 『죽간 손자병법』이 나왔기에 그것을 삽입시켜 13편을 완역했다. 한편 클라우제비츠의 『전쟁론』은 초판본이 나왔고, 거기에서 내용이 너무 방대하기에 전술적 내용을 삭제한 抄譯을 했다. 직업군인과 최고 경영자들에게 전략이론을 알기 위한 필독서를 만들고자 꾸며 보았다.</td></tr>
<tr><td rowspan="2">6</td><td colspan="2">6·25전쟁이란
무엇인가</td><td>이종학 지음</td><td>2011년
(4·6배판, 623쪽)</td><td>30,000</td></tr>
<tr><td>내용</td><td colspan="4">이 책은 40여 년 간에 걸친 6·25전쟁 연구의 총 결산이자 집대성한 내용이다. 6·25전쟁에 대한 연구와 분석을 통해 그 원인을 밝혀내고 평시에 안보태세를 굳건히 하는 것이 가장 기본적인 대책이라고 해법을 제시한다. 이 책은 마치 6·25전쟁을 구석구석 현미경으로 확대해 들여다보는 듯하며 지금까지 나왔던 6·25전쟁 관련 서적과 다르게 새로운 사실들과 풍부한 사료들을 담고 있기 때문에 6·25전쟁을 연구하는 전문가들이나, 석·박사과정의 학생들에게 많은 도움이 될 것이다.</td></tr>
<tr><td rowspan="2">7</td><td colspan="2">현대 북한의 이해</td><td>박성규·길병옥 지음</td><td>2012년
(4·6배판, 336쪽)</td><td>25,000</td></tr>
<tr><td>내용</td><td colspan="4">탈냉전 이후 급변하는 국제상황 속에서 북한이라는 실체를 명확히 파악하고 한반도 평화통일의 기본 틀을 마련하는 데 기본적인 목적이 있다. 특히 남북한의 평화로운 통일과 기본적인 방향을 설정하는 데 있어서 가장 중요한 것은 북한을 제대로 이해하는 것이라는 점을 강조한다. 이 책은 현재 북한 관련 교재들이 북한의 실제를 제대로 파악하기에는 많이 부족하다는 점을 지적한다. 상식으로는 이해할 수 없는 북한이라는 체제 전체를 제대로 알 수 있는 교육이 절대적으로 필요하고 북한의 본질을 이해하여 그 대응책을 마련하는데 주요 초점을 두고 있다.</td></tr>
</table>

<table>
<tr><td rowspan="2">8</td><td colspan="2">군사고전의 지혜를 찾아서</td><td>이종학 지음</td><td>2012년
(신국판, 537쪽)</td><td>25,000</td></tr>
<tr><td>내용</td><td colspan="4">인류의 역사는 투쟁사 혹은 전쟁사의 연속이라 할 수 있다. 그러한 급변하고 위태로운 정세하에서 어떻게 생존하며 또한 승리할 것인가 하는 그 방법과 지혜를 제시했으며, 동양의 손무가 저술한 『손자병법』(기원전 513?)과 서양의 클라우제비츠가 저술한 『전쟁론』(1832)이 군사고전에 속하며, 그것들의 시대적 배경과 철학적 기초를 밝히려고 지난 반세기 동안 시도한 에세이를 편집한 것이 이 책이다. 군사고전은 심오한 철학사상을 바탕으로 하고 있기 때문에 생명력과 실용성을 보유하고 있을 뿐만 아니라, 인생철학의 지침서요 또 경영전략의 참고서로써 최근에 와서 더 많은 각광을 받고 있다.</td></tr>
<tr><td rowspan="2">9</td><td colspan="2">군제 기본원리와 한국의 병역제도</td><td>나태종 편저</td><td>2012년
(신국판, 353쪽)</td><td>16,000</td></tr>
<tr><td>내용</td><td colspan="4">이 책은 크게 두 편으로 구성되어 있다. 제1편 군제기본원리에서는 군사제도의 중요성과 제도에 관한 역사적 교훈, 현대 국방사상이 군제에 미치는 영향, 군사제도 설정의 기본원칙을 포함하였다. 제2편 한국의 병역제도에서는 정부수립 이후로부터 현재까지의 한국의 병역제도 변화과정을 분석하고 스위스, 이스라엘의 병역제도와의 비교평가를 통해 미래 한국의 병역제도 발전방안을 제시하였다.</td></tr>
<tr><td rowspan="2">10</td><td colspan="2">현대전략론</td><td>이종학·노양규·이성만 지음</td><td>2013년
(신국판, 457쪽)</td><td>24,000</td></tr>
<tr><td>내용</td><td colspan="4">『現代戰略論』(1972)은 40여년 전, 전략 입문서가 없었던 시절에 출간되어 그동안 전략 입문서로서의 기능을 발휘했으나, '한글세대'의 등장으로 절판되었다가 이번에 '한글화'된 개정판이 나왔다. 이번 개정판에는 전략의 기본문제를 보완하면서 미국에서의 새로운 전략연구의 추세와 한반도의 정세를 감안해서 내용을 구성했는데, 주요 내용은 '전략이란 무엇인가', '현대전쟁의 성격', '국가전략', '군사전략', '작전술', '전술' 그리고 '북한의 핵무기와 한반도 안보' 등이다. 전략을 연구하고자 하는 사관생도·일반 대학교의 군사학 전공자뿐만 아니라, 국제정치 전공자에게는 필독서이다.</td></tr>
<tr><td rowspan="2">11</td><td colspan="2">군사학 입문</td><td>송영필 지음</td><td>2014년
(신국판, 339쪽)</td><td>16,000</td></tr>
<tr><td>내용</td><td colspan="4">군사분야에 대한 입문서이다. 군사학의 정의와 연구대상으로부터 전쟁, 군사제도의 발전과정, 전쟁준비 차원에서 군사력 건설에 필요한 국방기획관리제도와 전투발전체계를 다루었다. 또한 전쟁수행 차원에서 군사력 운용의 용병술 체계와 전투수행에 대하여 방법, 수행절차를 기술하였다. 군사학을 공부하고자 하는 사람이나 군인의 길을 걷고자 하는 사람에게 기초가 되는 분야를 알기 쉽게 설명한 책이다.</td></tr>
</table>

번호	도서명	저자	발행	가격
12	웨드마이어 회고록과 논평	이종학 편저	2014년 (신국판, 323쪽)	20,000
	내용	이 책의 제1부 『웨드마이어는 보고한다!』는 웨드마이어 대장의 회고록이다. 그는 제2차 세계대전 당시 마셜 육군참모총장의 두뇌 역할을 수행했고, 당시 미국의 국가전략과 그 이면사를 솔직하게 밝혔다. 특히 1947년 트루먼의 특사로 중국과 한국을 방문하고 미국의 극동정책에 대해 건의한 「웨드마이어 보고서」가 수록되어 있다. 제2부는 '웨드마이어 회고록'에 대한 논평이 수록되어 있으며, 특히 6·25 전쟁의 복합적 원인에 대해 밝히고 있다. 그리고 평화적 남북통일에 대한 제안, 독도 영유권에 대한 해결방안, 한반도와 중국의 이해관계를 위한 단상 등이 수록되어 있다. (※이 책은 대한민국학술원의 「2015년도 우수학술도서」로 선정되었다.)		
13	예비전력의 이론과 실제	이원희 지음	2015년 (신국판, 372쪽)	16,000
	내용	이 책은 한반도에서 전쟁이 발발시 승리하기 위해 군사력의 한 축인 예비전력에 대해 무엇을 어떻게 준비해야 할 것인가에 대한 방향을 제시하고 있다. 책의 구성은 「예비전력의 이론과 역사」, 「외국의 예비전력 운영」, 「예비전력의 운영사례와 효율적 운영방향」으로 되어 있고, 부록에는 「향토예비군 설치법」을 비롯한 관련 법령이 수록되어 있다. 장차 군의 간성이 되기를 원하는 학생은 물론 군의 주요 지휘관과 관련 참모, 지역 및 직장예비군 지휘관들에게 예비전력 운영에 관한 유용한 지침서가 될 것이다.		
14	작전술	노양규 지음	2016년 (신국판, 470쪽)	24,000
	내용	처음으로 발간된 작전술 관련 전문서적이며, 한국군의 변화와 발전을 위해서는 작전술이 가장 먼저 발전되어야 한다고 주장한다. '작전술이란 무엇인가'에 대한 이론적인 배경을 설명한 후, 작전술이 소련군에서 태동하게 된 과정과 변화를 살펴보았고, 이어 현대 작전술의 중심인 '미군의 작전술' 변화과정을 1980년대부터 연대순으로 세밀하게 살펴보았다. 이어 '북한 작전술'을 살펴본 후, '한국군의 작전술'을 점검하고 미래 발전을 위한 방안을 제시하였다. 작전술은 한국군 변화와 발전의 관건關鍵이다.		

15	동북아시아의 전쟁과 평화	이종학 지음	2016년 (신국판, 577쪽)	35,000
	내용	미수(米壽, 88세)를 맞이하여 제자·후배들에게 남겨줄 선물로 이 책을 꾸며 보았다. **제1부** 동북아시아의 전쟁과 평화 : 평생 전쟁을 연구대상으로 하는 군사학을 연구하게 된 동기를 밝혔고, 또한 이론정립을 시도했으며, 저자가 바라는 평화적 남북통일 등을 수록했다. **제2부** 군사사학으로 본 역사산책 : 군사사학의 관점에서 지난날의 군사와 관련된 역사를 살펴보았다. **제3부** 대학교육과 국방 : 국가의 안보와 발전·번영에 필요한 인재를 양성하는 대학교육은 문·무가 일치된 교육이 실시되어야 한다는 관점에서 살펴보았다. **제4부** 한 군사학도의 인생단상 : 인생전략의 수립방법과 절차를 소개했다. 그리고 **제5부**는 군사학에 의한 일본의 역사산책으로 일본어로 발표한 논문을 수록했다.		
16	군사명언의 지혜를 찾아서	이종학 편저	2018년 (신국판, 388쪽)	20,000
	내용	이 책은 편저자가 90세를 맞이하여, 군 지휘관 및 구성원들에게 전쟁의 준비·수행의 지침서가 될 뿐만 아니라, 우리들 인생의 지침서도 되고 또한 경영의 참고가 되는 명구(名句)로 꾸몄다. 제1장 국가안전보장, 제2장 전쟁, 제3장 지휘와 통솔, 제4장 전략·작전술 그리고 전술, 제5장 군사교육과 훈련, 제6장 전쟁의 원칙, 제7장 전략문화로 구성되어 있다. 전장(戰場)에서의 승패는 최고 지휘관의 자질에 의해 결정되어 왔기에 이 책의 제3장 지휘와 통솔에 역점을 두었다는 것을 밝히고, 군사전략의 수립뿐만 아니라, 인생전략의 수립방법도 소개했으니 60대 이후의 인생을 충실히 사는 방법을 제시했다. 부록으로 「나의 학문과 인생」을 첨부했으니 참고하기 바란다.		

· 펴낸곳 : 충남대학교출판문화원
· 전　화 : 042-821-6045
· e-mail : cnupress@cnu.ac.kr